管永祥　李　亚　等编著

江苏农业野生植物资源

JIANGSU NONGYE YESHENG ZHIWU ZIYUAN

U0397341

东南大学出版社
SOUTHEAST UNIVERSITY PRESS
·南京·

内 容 提 要

本书根据江苏省境内农业野生植物资源的状况,收录了分布较广的种类560余种。按经济用途分为11类,包括了野生牧草(饲料)植物86种,绿肥植物23种,野生蔬菜植物122种,淀粉植物39种,野果植物45种,油脂植物84种,纤维植物83种,芳香植物63种,土农药植物81种,有毒植物102种,蜜源植物113种。每种植物的基本形态特点、用途、在江苏的主要分布地点等都给出了具体的描述,并附有图片,可供从事农业生产、管理的一线人员参考。

图书在版编目(CIP)数据

江苏农业野生植物资源 / 管永祥,李亚等编著.——南京:东南大学出版社,2015.12
ISBN 978-7-5641-6058-6

Ⅰ.①江… Ⅱ.①管…②李… Ⅲ.①野生植物—植物资源—概况—江苏省 Ⅳ.①Q948.525.3

中国版本图书馆 CIP 数据核字(2015)第 242234 号

江苏农业野生植物资源

编　著	管永祥　李亚　等	电　话	(025)83795627 / 83362442(传真)
责任编辑	陈跃	电子邮件	chenyue58@sohu.com
出版发行	东南大学出版社	出 版 人	江建中
地　址	南京市四牌楼 2 号	邮　编	210096
销售电话	(025)83794121 / 83795801		
网　址	http://www.seupress.com	电子邮箱	press@seupress.com
经　销	全国各地新华书店	印　刷	南京工大印务有限公司
开　本	889 mm × 1 194 mm　1/16	印　张	22
字　数	792 千		
版印次	2015 年 12 月第 1 版　　2015 年 12 月第 1 次印刷		
书　号	ISBN 978-7-5641-6058-6		
定　价	180.00 元		

* 本社图书若有印装质量问题,请直接与营销部联系。电话:025-83791830

编 写 人 员

JIANGSU NONGYE YESHENG ZHIWU ZIYUAN

管永祥：江苏省农业环境监测与保护站

李　亚：江苏省中国科学院植物研究所

汪　庆：江苏省中国科学院植物研究所

梁永红：江苏省农业环境监测与保护站

白延飞：江苏省农业环境监测与保护站

邱　丹：江苏省农业环境监测与保护站

杨如同：江苏省中国科学院植物研究所

王　鹏：江苏省中国科学院植物研究所

李林芳：江苏省中国科学院植物研究所

王海芹：江苏省农业环境监测与保护站

沈建宁：江苏省农业环境监测与保护站

尹增芳：南京林业大学

王淑安：江苏省中国科学院植物研究所

摄　影：

姚　淦 等：江苏省中国科学院植物研究所

序 言 *Preface*

　　野生植物资源指在一定时间、空间、人文背景和经济技术条件下,对人类直接或间接有用的野生植物的总和。

　　我国是一个历史悠久的国家,也是最早记载有关人类认识和利用野生植物资源的国家之一。我国古代就有许多重要的有关植物或野生植物的典籍传给后代。如在两千多年前,《诗经》中就已经记载了200多种植物,包括纤维、染料、药材等不同用途的野生植物,并涉及大量植物名称、分布、分类、文化和植物生态等方面的知识;汉代的《神农本草经》是我国最早的本草著作;公元6世纪北魏贾思勰编著的《齐民要术》中,对当时农、林、果树和野生植物的利用等进行了概括;明代李时珍的《本草纲目》(1578)中记载描述的植物就达1 173种,而且绝大多数为野生植物;清代吴其濬编著的《植物名实图考》和《植物名实图考长编》(1848),记载了野生植物和栽培植物共1 714种。除了这些著名的古代典籍外,还有其他许多有关野生植物资源利用的传统知识论著,如晋代戴凯的《竹谱》,唐代陆羽的《茶经》,宋代刘蒙的《刘氏菊谱》、蔡襄的《荔枝谱》、陈景沂的《全芳备祖》,以及明代王象晋的《群芳谱》和清代陈淏子的《花镜》等。我国古代有关野生植物资源的研究记载都是以应用为目的的,涉及人们日常生活中衣食住行、防病治病、自然环境、民俗等各个方面,这些记载反映了不同时代人们对野生植物资源的认知情况。

　　江苏省地处我国东部沿海,位于东经116°18′～121°57′,北纬30°45′～35°20′。全省面积10.26万 km²,占全国国土总面积1.06%。处于亚热带向暖温带过渡地带,大致以淮河—灌溉总渠一线为界,以南属北亚热带湿润季风气候,以北属暖温带湿润季风气候。全省气候温和,具有寒暑变化显著、四季分明的特征。年平均温度13～16℃。最冷月均温-0.6～3℃,最热月均温26～28℃。年降水量800～1 200 mm,雨热同季,夏季(6～8月)是全年降水量最集中的时期,占年降水量的40%～60%,降水率由南向北逐渐递减。全省植被类型包括暖温带典型落叶阔叶林、北亚热带落叶阔叶—常绿阔叶混交林以及北亚热带常绿阔叶林。全省种子植物有157科672属2 200多种,蕨类植物有32科64属130多种。

　　江苏省野生植物资源非常丰富,截至2013年,据不完全统计有850多种,可利用和具有开发前途的尚有600多种。

　　江苏丘陵山区总面积1.52万 km²,占全省总面积的15%,是野生植物资源的主要分布区域。野生植物资源的类型多是按其用途来源划分,大致可分为工业用植物资源、食用植物资源、园艺植物资源、改善环境及特殊用途植物资源、药用植物资源等五大类。其中药用植物资源和园艺植物资源种类数目比较多，也较为受到关注，另外编写，在本书中未包括。本书包括野生牧草饲料植物、野生绿肥植物、野生蔬菜、野生淀粉植物、野果植物、野生纤维植物、野生油脂植物、野生芳香油植物、野生土农药植物、有毒植物、野生蜜源植物等 11 类野生植物资源。

　　本书在写作过程中主要参考了《中国高等植物》、《江苏植物志》、《中国经济植物志》等书，在此向作者表示感谢！

　　因编者水平有限，书中难免有错误之处，敬请读者不吝指正。

编　者

2015 年 12 月

目 录 Contents

第二章　绿肥植物

第三章　野生蔬菜

第四章　野生淀粉植物

第五章　野果植物

第六章　油脂植物

第七章　野生纤维植物

第八章　野生芳香油植物

第九章　野生土农药植物

第十章　有毒植物

第十一章　野生蜜源植物

第一章

野生牧草饲料植物

　　牧草饲料植物是草食家畜植物性营养蛋白的主要来源,是畜牧业发展的重要基础。

　　江苏省自然条件优越,气候温和,雨量充沛,光热资源丰富,气候和土壤条件从南到北跨越三个纬度,从丘陵岗地、湖滩湿地到盐碱滩涂有显著的变化,天然草地植被主要是草丛和灌草丛,野生牧草资源十分丰富。野生牧草组成中以禾本科牧草比重最大,其中不乏有较高饲用价值的草种。优良的野生豆科牧草种类亦较多,其中主要的有决明属、木蓝属、胡枝子属、野豌豆属等。除此以外,其他如菊科、莎草科、蓼科、蔷薇科等也有许多具有较高饲用价值的野生牧草。

　　江苏丘陵草地牧草主要分布在宜溧、宁镇、长江沿岸、云台山地、徐州石灰岩丘陵山地,以灌木、草丛类草地为主,江苏各地丘陵多为原生林破坏后出现的植被类型,又是山地丘陵不稳定的植被类型。零星分布的乔木主要为麻栎、枫香等,以灌木种类为主,如茶条槭、黄荆、茅栗、枫木、山胡椒、三桠乌药等。常见的野生牧草有芒、野燕麦、野古草、橘草、黄背草、截叶铁扫帚、大叶胡枝子、美丽胡枝子、野葛、救荒野豌豆、细叶、菝葜、牛尾菜等。

　　湿地草地牧草主要分布在湖泊周围的湖滩草洲及各河流两岸的一二级阶地、水库、山塘周围草地。该类草地为江苏湿地生态系统的重要组成部分,多分布一些湿生或耐水淹的野生牧草,主要有看麦娘、狗牙根、蜈蚣草、双穗雀稗、芦苇、薹草、莎草、水竹叶、鸭舌草、酸模、喜旱莲子草、竹叶眼子草、蛇莓、翻白草、鸡眼草等。

　　田隙草地牧草主要分布于农田林隙闲地,如冬闲田、田埂、路旁、住宅周围、果园、经济林行间隙地,分布广泛,常不成片,是圈养家畜的主要饲料来源,与上述低地草甸类草地共同构成江苏小农户养畜的天然放牧场所。田隙野生牧草种类多为常见农田杂草,主要有狗尾草、狗牙根、秀竹、荩草、剪股颖、台湾剪股颖、鹅观草、雀稗、牛鞭草、马唐、羊蹄、酸模、母草、鸡眼草、苦苣菜、续断菊、鸡儿肠、泥湖菜、十字花科及苋属植物。

　　水生野生牧草为分布于溪流、沟渠、山塘、池塘的水生植物,常见种为萍、槐叶苹、满江红、菹草、黑藻、水鳖、矮慈姑、节节菜、喜旱莲子草、野菱、眼子菜科多种。

　　滨海盐土牧草盐地碱蓬、灰绿藜、藜大穗结缕草、獐毛、白茅、朝鲜碱茅等都是优良或较好的牧草。

槐叶苹(蜈蚣藻) *Salvinia natans* (Linn.) All.

【形态特征】　一年生浮水蕨类。茎横走,长 3~10 cm,有毛,无根。叶 3 片轮生,均

有柄,2片漂浮水面,1片沉水;浮水叶在茎的两侧紧密排列,形如槐叶,叶片矩圆形或长卵形,全缘,上面淡绿色,侧脉有刺毛,下面被棕色透明的毛茸;沉水叶,细裂如丝,形成须根状,密被有节的粗毛。孢子囊果4~8枚,聚生于沉水叶的基部。孢子期9~12月。

【地理分布】 产江苏各地。生于水田、沟塘和静水溪渠内。

广布于我国长江以南及华北、东北各地;越南、印度、日本和欧洲也有。

【饲料】 鱼和各种家禽及猪的好饲料,茎叶柔嫩,含粗纤维少,可以直接饲喂,也可切碎或打浆混以糠麸喂猪、禽;多为生喂,也可发酵后饲喂。

芡实(鸡头米) *Euryale ferox* Salisb.

【形态特征】 多刺一年生水生草本。叶漂浮,革质,圆形或稍带心脏形,大型者直径达130 cm,盾状,上面多皱折,下面紫色,两面叶脉分枝处有锐刺;叶柄和花梗多刺。花单生在花梗顶端。浆果球形,直径3~5 cm,海绵质,紫红色,密生有刺;种子球形,黑色。花期7~8月,果期8~9月。

【地理分布】 产江苏各地。生于池塘、湖沼中。

分布于黑龙江、吉林、辽宁、河北、河南、山东、安徽、浙江、福建、湖北、湖南及广西;俄罗斯、朝鲜、日本、印度也有。

【饲料】 根茎,以及剥去外皮的叶柄、花梗,均为优等饲料,猪喜食。

金鱼藻 *Ceratophyllum demersum* Linn.

【形态特征】 多年生沉水草本,全株暗绿色。茎细长有分枝。叶通常5~12片,轮生,二叉分枝,裂片丝状。花小,单生叶腋。小坚果,椭圆形,长4~6 mm,花柱宿存,有3刺。花期6~7月,果期8~10月。

【地理分布】 产江苏各地。生于池塘、湖泊。
分布于我国各地。世界广布种。

【饲料】 可作猪、鱼及家禽饲料。

马齿苋 *Portulaca oleracea* Linn.

【形态特征】 一年生草本,肉质,无毛。茎匍匐状斜升,带暗红色。叶互生或近对生,扁平肥厚,倒卵形或匙形。花单生或3~5朵簇生枝端;花瓣5,黄色。蒴果圆锥形,盖裂。种子多数,肾状卵形,极小,黑色,有小疣状突起。花期6~9月,果期7~10月。

【地理分布】 产江苏各地。生于菜园、旱地和田梗、沟边、路旁。

我国南北各地均产。

【饲料】 含有畜禽必需的维生素 B_1、维生素 E、维生素 C 等多种营养成分。饲喂肉用雏鸡,既能节省饲料,又可减少投药量和降低饲养成本,提高养鸡效益。

空心莲子草(水花生) *Alternanthera philoxeroides*(Mart.) Griseb.

【形态特征】 多年生草本植物。茎有节,节上生须根。茎中空,有分枝。叶对生,长卵形,全缘,绿色,叶腋内着生叶芽。头状花序单生于叶腋;花被片白色,长圆形。胞果扁平。花期 6～9 月,果期 8～10 月。

【地理分布】 产江苏各地。生于村庄附近草坡、水边、田边潮湿处。原产巴西,1930 年传入中国。

【饲料】 嫩茎叶可作饲料。20 世纪 50～70 年代,随着养猪事业的发展,作为优良饲料被大力推广,80 年代后期逸为野生,自然蔓生面积迅速扩大。在农田、空地、鱼塘、沟渠、河道等环境中蔓延为害。

喂猪时多切碎或打浆后拌精料和盐喂,也可青贮。喂羊时一般用整枝鲜喂。长期生喂水生饲料,猪易感染姜片吸虫、蛔虫等,从而影响猪的生长发育,严重者还会导致死亡。需对水生饲料生长地进行消毒或经过发酵杀灭虫卵。

江苏常见同属植物:莲子草 *A. sessilis*(Linn.) DC. 产江苏各地。生于村庄附近草坡、水边、田边潮湿处。嫩茎叶可作饲料。

反枝苋 *Amaranthus retroflexus* Linn.

【形态特征】 一年生草本。茎直立,粗壮、有钝棱,密生短柔毛。叶菱状卵形或椭圆状卵形,先端微凸,具小芒尖,全缘,两面均被柔毛。圆锥花序顶生和腋生,花被片膜质,绿白色,有一淡绿色中脉。胞果扁圆形,盖裂;种子直立,卵圆状,黑色,有光泽。花期 7～8 月,果期 8～9 月。

【地理分布】 产江苏各地。生于田园、田边、宅旁。
原产美洲热带,现世界广布。我国东北、西北、华北有栽培。

【饲料】 嫩茎叶可作家畜饲料。

江苏常见同属植物:

尾穗苋 *A. caudatus* Linn. 可作家畜及家禽饲料。凹头苋 *A. lividus* Linn. 茎叶可作猪饲料。皱果苋 *A. viridis* Linn. 嫩茎叶可作饲料。

盐地碱蓬 *Suaeda salsa*(Linn.) Pall.

【形态特征】 一年生草本,高 20～80 cm,绿色,晚秋变紫红色。茎直立,无毛,多分枝,斜升。叶肉质条形,半圆柱状,先端尖或微钝。团伞花序簇生于叶腋,构成间断的穗状花序,

花被半球形,稍肉质,果期背部稍增厚,基部延生出三角状或狭翅状突出物。胞果包于宿存的花被内,果皮膜质。种子横生,斜卵形或近圆形,稍扁,黑色,表面网纹饰。花果期7~10月。

【地理分布】 产苏北沿海和盐碱地区。生于渠岸、荒野、湿地。

分布于黑龙江、吉林、辽宁、内蒙古、河北、陕西、山西、宁夏、甘肃、青海、新疆、山东、浙江;亚洲及欧洲也有。

【饲料】 适口性差,幼株仅牛、羊少量采食,骡、马、驴不食,所以在生长季节,一般不作放牧草地用,多留待秋末种子成熟后,采集籽实和部分枝叶作为代用饲料。

萹蓄 *Polygonum aviculare* Linn.

【形态特征】 一年生草本,高15~50 cm。茎丛生、平卧、斜展或直立。叶互生,矩圆形或披针形,全缘;托叶鞘膜质,下部褐色,上部白色透明,有不明显脉纹。瘦果卵形,具棱,黑色或褐色,表面密被由小点组成的细条纹,包于宿存的花被内。花期6~8月,果期9~10月。

【地理分布】 产江苏各地。生于山坡、田野、路旁。

分布于全国大部分地区;北温带广泛分布。

【饲料】 茎叶柔软,适口性良好,生育期长,各类家畜全年均可食用。在青鲜期羊、猪、鹅、兔最喜食,牛喜食,马、骆驼及其他禽类也乐食。调制成干草,羊、牛、马、骆驼均喜食。把干草加工成粉,配合其他饲料煮熟,适宜喂猪、鹅、鸭、鸡和兔。萹蓄生育期长,耐践踏、再生性强,为理想的放牧型牧草。

酸模(猪耳朵) *Rumex acetosa* Linn.

【形态特征】 多年生草本,高30~100 cm,根茎黄色。茎直立,通常不分枝。基生叶有长柄;叶片长圆形至披针形或卵形,全缘或有时呈波状;茎上部的叶较小,披针形,无柄而抱茎。花序圆锥状,顶生。瘦果椭圆形,有3锐棱,暗褐色。花期5~7月,果期6~8月。

【地理分布】 产江苏各地。生于山坡、路边荒地、山坡阴湿处。

分布于黑龙江、吉林、辽宁、内蒙古、河北、河南、陕西、山西、甘肃、宁夏、新疆、青海、山东、安徽、浙江、福建、台湾、江西、湖北、湖南、广东、广西、云南、贵州、四川及西藏;日本、朝鲜、俄罗斯、高加索、哈萨克斯坦及欧洲、美洲也有。

【饲料】 叶可喂猪。

枫香 *Liquidambar formosana* Hance

【形态特征】 落叶乔木,高25 m,树干挺直,树皮灰褐色,方块状剥落。叶阔卵形,掌状3裂,边缘有锯齿,齿尖有腺状突。花单性,雌雄同株,无花被,雄花排列成柔荑花序;雌花排列成头状花序。头状果序球形,宿存花柱和萼齿针刺状。花期3~4月,果10月成熟。

【地理分布】 产江苏各地。多生于平地,村落附近及低山次生林。

分布于海南、广西、云南、广东、香港、福建、湖北、四川、台湾、河南、陕西、甘肃;老挝、越南北部、朝鲜南部也有。

【饲料】 叶质地柔软,无毒害,适口性好,可饲喂天蚕、柞蚕,羊、牛、猪喜食。粗蛋白质、粗脂肪含量高,与柳树叶、楠树叶相当。

苦槠(苦槠栲) *Castanopsis sclerophylla* (Lindl. et Pax) Schott

【形态特征】 常绿乔木,高8~15 m;小枝无毛。叶革质,长椭圆形或倒卵状椭圆形,长6~15 cm,宽3~6 cm,先端尾尖或长渐尖,基部楔形或近圆形,边缘中部以上有细锯齿或全缘,下面银灰色。壳斗近球形至椭圆形,几全包果实,不规则瓣裂,宿存于果序轴上;苞片贴生,细小,鳞片形或针头形,排列成连接或间断的6~7环;坚果圆锥形,直径0.8~1.3 cm,成熟后无毛或有毛。花期4~5月,果期10~11月。

【地理分布】 产苏南。生于林中向阳山坡。

分布于长江中下游以南、五岭以北及贵州、四川以东各地。

【饲料】 叶虽为革质,但脆嫩多汁,无毒害、无异味,猪喜食,山羊、绵羊和牛乐食。经加工成叶粉,各种畜禽均喜食。分布区群众用作猪的优良饲料。种子含淀粉,亦可作饲料。

麻栎 *Quercus acutissima* Carr.

【形态特征】 落叶乔木,高达30 m;树皮暗灰色,浅纵裂;幼枝被黄色柔毛。叶长椭圆状披针形,先端渐尖,基部圆形或宽楔形,边缘具芒状锯齿。壳斗杯状,包围坚果约1/2,苞片锥形,粗长刺状,有灰白色绒毛,反曲;坚果卵球形或长卵形;果脐隆起。花期4月,果期翌年10月。

【地理分布】 产江苏各地,是本省落叶阔叶林的主要建群种之一。生于土层深厚、排水良好的山坡。

分布于华东、中南、西南及辽宁、河北、山西、陕西、甘肃等地;日本、朝鲜也有。

【饲料】　叶含蛋白质 13.58％,可饲柞蚕。种子含淀粉 56.4％,可作饲料。

槲树（柞栎）*Quercus dentata* Thunb.

【形态特征】　落叶乔木,高 25m,小枝粗壮,有灰黄色星状柔毛。叶倒卵形至倒卵状楔形,尖端钝,基部耳形,有时楔形,边缘有 4～6 对波浪状裂片,下面有灰色柔毛和星状毛;叶柄极短,长 2～3 mm。壳斗杯形,包围坚果 1/2;苞片狭披针形,长约 1 cm,反卷,红棕色。坚果卵形至宽卵形,无毛。花期 4～5 月,果期 9～10 月。

【地理分布】　产江苏各地。生于山地阳坡林中。

分布于黑龙江、吉林、辽宁、河北、河南、山西、陕西、甘肃、山东、安徽、浙江、台湾、湖北、湖南、贵州、广西、云南及四川。

【饲料】　树冠大,叶量丰富,其粗蛋白质含量达 14.9％,与苜蓿干草相当,氨基酸含量均衡,动物所必需的氨基酸含量较高,微量元素含量也较丰富,为牲畜提供了丰富的营养。叶羊、牛均喜食,猪也爱吃,可青饲,也可晒制干草、制成草粉,作为冬季贮料。种子含淀粉 58.7％,亦可作饲料。

栎属植物有微毒,长期、大量饲用可引起牛、羊等慢性中毒,其主要有毒成分为鞣酸,但与其他饲用植物混饲则可避免中毒。

叶含蛋白质 14.9％,可饲柞蚕。生产的丝叫柞蚕丝,比一般的蚕丝色泽更光亮。

栓皮栎 *Quercus variabilis* Bl.

【形态特征】　落叶乔木,高达 30 cm。树皮黑褐色,木栓层发达。小枝无毛。长椭圆形,基部圆形或宽楔形,具芒状锯齿,下面密生灰白色星状细绒毛。壳斗杯形,包围坚果 2/3 以上;小苞片钻形,反曲。坚果宽卵圆形或近球形顶端圆;果脐隆起。花期 3～4 月,果期翌年 9～10 月。

【地理分布】　产江苏各地。为本省落叶阔叶林建群树种之一。

分布于辽宁、河北、山西、陕西、甘肃、山东、安徽、浙江、江西、福建、台湾、河南、湖北、湖南、广东、广西、四川、贵州、云南;朝鲜、日本也有。

【饲料】　树叶可作饲料,果实称橡子,富含淀粉,是好的精饲料。

珍珠菜（矮桃）*Lysimachia clethroides* Duby

【形态特征】　多年生草本,被黄褐色卷毛。具横走根茎。叶卵状椭圆形或宽披针形,顶端渐尖,基部渐狭至叶柄,两面疏生黄色卷毛,有黑色斑点。总状花序顶生,初时花密集,后渐伸长;花白色。蒴果球形,直径约 2.5 mm。花期 5～7 月,果期 7～10 月。

【地理分布】　产江苏各地。生于山坡林下、林缘、路旁草丛中。

分布于吉林、辽宁、河北、山东、安徽、浙江、福建、江西、河南、湖北、湖南、广东、广西、贵州、云南、四川及陕西;俄罗斯远东地区、朝鲜半岛及日本也有。

【饲料】　嫩茎叶可作猪饲料。

旱柳(河柳) *Salix matsudana* Koidz.

【形态特征】　落叶乔木,高达 20 m;树皮灰黑色,纵裂。叶披针形至狭披针形,背面有白粉;托叶披针形,具腺锯齿。蒴果 2 瓣裂开;种子细小,基部有白色长毛。花期 4 月,果期 4～5 月。

【地理分布】　产江苏各地。生于平原地区。

分布于黑龙江、吉林、辽宁、内蒙古、河北、山西、河南、山东、安徽、浙江、福建、江西、湖北、湖南、广东、广西、贵州、云南、四川、陕西、宁夏、甘肃、青海及新疆。

【饲料】　嫩枝叶绵羊、山羊喜食,牛偶食;干枝叶,牛、羊均喜食。其蛋白质和脂肪含量均较高,对羔羊有促进发育作用,是良好的饲料来源。

江苏常见同属植物:垂柳 *S. babylonica* Linn. 平原水边常见树种。产江苏各地。生于沟渠、湖边、平原地区。叶可作羊、马等的饲料。

荠(荠菜) *Capsella bursa-pastoris*（Linn.）Medic.

【形态特征】　一年或二年生草本,高 20～50 cm。茎直立,有分枝。基生叶莲座状,大头羽状分裂,顶生裂片较大,侧生裂片较小,狭长,先端渐尖,浅裂或有不规则粗锯齿。总状花序顶生和腋生,花白色。短角果倒三角形或倒心形,扁平,先端微凹;种子 2 行,椭圆形,长 1 mm,淡褐色。花果期 4～8 月。

【地理分布】　产江苏各地。生于旷野、路边、住宅附近空地。

分布几遍全国;全世界温带地区广布。

【饲料】　全草质地鲜嫩,柔软,无特殊气味,富含水分,其干鲜比为 1∶7。营养价值较高,为中等饲用植物,青草牛、马、羊均最喜食;干草马、牛最喜食,羊喜食。因其萌发返青早,产量高,可作为家畜的早春饲草,到了每年的晚秋,因其大量繁殖,还可重复利用。另外,荠菜还是优良的猪饲料,始花期质地鲜嫩,适口性好,易消化,营养丰富,鲜草蛋白质含量 2.99%,风干后蛋白质含量为 21.5%,而且富含钙及维生素 C。

辽椴（糠椴）*Tilia mandshurica* Rupr. et Maxim.

【形态特征】　落叶乔木,高达 20 m。树皮灰褐色,老时纵浅裂。顶芽、幼枝有黄褐色星状毛。叶近圆形或宽卵形,齿端呈芒状,下面密被灰白色星状毛。花 7～12 朵组成下垂的聚伞花序,花序轴被黄褐色绒毛;苞片长 5～9 cm,中部以下与总花梗合生。花黄白色。核果扁球形或球形,密被黄褐色绒毛。花期 7 月,果期 9 月。

【地理分布】　产连云港等地。生于山间沟谷及山坡杂木林中。

分布于黑龙江、吉林、辽宁、内蒙古、河北、河南及山东;朝鲜及俄罗斯西伯利亚南部也有。

【饲料】　树叶是优良的能量饲料,粗脂肪和无氮浸出物的含量丰富。蛋白质中含有家畜生长发育所需要的各种必需氨基酸。其中,蛋氨酸、异亮氨酸的含量比豆科胡枝子叶高 2～3 倍,而胱氨酸含量则高 11 倍,此外,还含有其他植物叶子很少含有的色氨酸。

糙叶树 *Aphananthe aspera* （Thunb.）Planch.

【形态特征】　落叶乔木,高达 25 m。树皮褐色或灰褐色,有灰色斑纹,纵裂,粗糙。叶卵形或卵状椭圆形,基出脉 3,有锐锯齿,两面均有糙伏毛。花单性,雌雄同株;雄花成聚伞花序,生于新枝基部的叶腋;雌花单生新枝上部的叶腋。核果近球形或卵球形,黑色。花期 3～5 月,果期 8～10 月。

【地理分布】　产江苏各地。生于山坡林中。

分布于山东、安徽、浙江、福建、台湾、江西、湖北、湖南、广东、广西、贵州、云南南部、四川及陕西南部;朝鲜、日本及越南也有。

【饲料】　叶可作马饲料。

榆树 *Ulmus pumila* Linn.

【形态特征】　落叶乔木,高达 25 m。树皮暗灰色,粗糙纵裂;枝灰褐色,微被毛或无毛。叶椭圆状卵形、长卵形或卵状披针形,基部偏斜生不对称,一边楔形,一边圆形,边缘具重锯齿或单锯齿。花先叶开放,簇生于去年生枝的叶腋。翅果椭圆状卵形或椭圆形,无毛。种子位于翅果中部或稍上处。花期 3～4 月,果期 4～6 月。

【地理分布】　产江苏各地。生于庭园、山坡、山谷、川地、丘陵及沙岗。

分布于东北、华北、西北及西南各地,长江下游各地有栽培;朝鲜、日本、俄罗斯及蒙古也有。

【饲料】 叶、嫩枝及果在青鲜状态或晒干后为家畜所喜食,但牛、马较少采食。嫩果和嫩枝叶含有较丰富的蛋白质和无氮浸出物,纤维含量较低,灰分中含钙较多,磷较少,且变化较大。必需氨基酸中,组氨酸和蛋氨酸含量较高,为良等饲料。

构树(野杨梅) *Broussonetia papyrifera* (Linn.) L'Hér. ex Vent.

【形态特征】 落叶乔木,高达 16 m;树皮平滑,浅灰色或灰褐色,全株含乳汁。叶卵圆至阔卵形,边缘有粗齿,不分裂或 2~5 裂,两面有厚柔毛;雌雄异株;雄花序柔荑状;雌花序头状,直径1.2~1.8 cm。聚花果球形,直径约3 cm,橙红色,肉质;瘦果有小瘤状突起。花期4~5月,果期6~7月。

【地理分布】 产江苏各地。生于低山丘陵、荒地、田园、沟旁。

分布很广,北自华北、西北,南到华南、西南各省区均有,为各地低山、平原习见树种;日本、越南、印度也有。

【饲料】 树叶是很好的猪、牛、羊等家畜饲料,蛋白质含量高达 20%~30%,氨基酸、维生素、碳水化合物及微量元素等营养成分也十分丰富,经科学加工后可用于生产全价畜禽饲料。据测算,40~45 棵构树即可饲养一头猪,65~80 棵构树即可饲养一头羊,120~160 棵构树即可饲养一头牛。

葎草 *Humulus scandens* (Lour.) Merr.

【形态特征】 一年生或多年生缠绕草本,茎长达数米,茎藤和叶柄有倒钩刺。单叶对生,近肾状五角形,掌状5~7 裂,边缘有粗锯齿,两面均有粗糙刺毛,下面有黄色腺点。单性花,雌雄异株,雄花序为聚伞圆锥状,雄花花被片和雄蕊各5,黄绿色;雌花序穗状下垂。瘦果淡黄色,扁圆形。花期6~10月,果期8~11月。

【地理分布】 产江苏各地。生于沟边、路旁荒地。

除新疆、青海、宁夏及内蒙古外,南北各地均产;日本及越南也有。

【饲料】 叶量大,占总重 70% 以上,但其茎和叶柄具有倒钩刺,叶面粗糙具硬刺毛,在自然情况下,畜禽都不喜食,仅见牛、羊偶食其嫩枝叶。但幼嫩期刈割,切碎或经蒸煮,是畜禽的好饲料。含有较丰富的粗蛋白质和无氮浸出物,分别为 17.35%~21.0% 和 2.66%,而粗纤维含量低。

苎麻（荨麻）*Boehmeria nivea*（Linn.）Gaud.

【形态特征】 亚灌木或小灌木。茎高 1～2 m；小枝上部密被开展长硬毛和粗毛。叶卵形或宽卵形，上面被疏伏毛，下面密被白色毡毛。通常雌雄同株，圆锥花序腋生。瘦果小，椭圆形，顶端有凸出的宿存柱头，基部缢缩成细柄。花期 8～9 月，果期 10～12 月。

【地理分布】 产江苏各地。生于山谷、山坡、山沟、路旁。

分布于浙江、福建、江西、湖北、湖南、广东、广西、贵州、四川、陕西南部。

【饲料】 苎麻叶是蛋白质含量较高、营养丰富的饲料。

江苏常见同属饲料植物还有：

八角麻 *B. tricuspis*（Hance）Makino 产江苏各地。叶片扁五角形或扁卵圆形，边缘有粗大重锯齿。叶可作猪饲料。序叶苎麻 *B. clidemioides* Miq. var. *diffusa*（Wedd.）Hand.-Mazz. 产宜兴，生于丘陵、山坡灌丛、溪边阴湿处。茎、叶可饲猪。薮苎麻 *B. japonica*（Linn. f.）Miq. 产苏南，生于山坡、沟边或林缘。叶量大，茎叶柔软。其嫩叶猪、禽在切碎或打浆后喜食，牛、羊食其嫩叶，其他牲畜很少采食。营养成分中粗蛋白质含量较高，氨基酸中赖氨酸含量较高。可制成干草或青贮料，也可作配合饲料的组成成分，是畜禽的良质饲草。

山麻杆 *Alchornea davidii* Franch.

【形态特征】 落叶灌木，高 1～4 m。幼枝密被绒毛。叶宽卵形或圆形，上面绿色，下面带紫色，密被绒毛，基出 3 脉。蒴果球形，具 3 圆棱，密被柔毛，花柱宿存。种子卵状三角形，具小瘤状突起。花期 3～5 月，果期 6～7 月。

【地理分布】 产江苏各地。生于向阳山坡、路旁灌丛。

分布于山东、安徽、浙江、福建、江西、湖北、湖南、广东、广西、贵州、四川、云南、陕西及河南。

【饲料】 叶可用作饲料。

野桐 *Mallotus japonicus*（Thunb.）Muell. Arg. var. *floccosus* S. M. Hwang

【形态特征】 落叶灌木或小乔木。叶宽卵形或三角状圆形，长 6～12 cm，长宽相等或几相等，有 2 腺体，下面有灰白色星状粗毛及黄色腺点。总状花序顶生。蒴果球形，直径约 1 cm，表面有软刺，每果有种子 3 枚，黑色。花期 6 月，果期 9 月。

【地理分布】 产苏南。生于山坡、路边、灌木丛中。

分布于安徽、江西、福建、湖北、湖南、华南、西南、陕西及甘肃；尼泊尔、印度、缅甸及不丹也有。

【饲料】 叶可作猪饲料。

穗状狐尾藻 *Myriophyllum spicatum* Linn.

【形态特征】 多年生沉水草本。茎长可达1～2 m,多分枝。叶通常4～6片轮生,羽状深裂,裂片线形。穗状花序顶生或腋生;花粉红色,果球形,直径1.5～3 mm,成熟后分裂成4瓣。花果期4～9月。

【地理分布】 产江苏各地。生于湖泊、池塘、河沟等水中。

我国南北各地池塘、河沟、沼泽中常有生长。

【饲料】 夏季生长旺盛,一年四季可采,可作为猪、鱼、鸭的饲料。

龙牙草 *Agrimonia pilosa* Ledeb.

【形态特征】 多年生草本,高50～100 cm。根状茎棕褐色,横走。茎有开展的长柔毛和短柔毛。叶为不整齐奇数羽状复叶,具小叶5～7,小叶菱状倒卵形或倒卵状椭圆形,边缘有粗圆锯齿,两面被长柔毛和腺点。总状花序顶生,花黄色,瘦果倒圆锥形,包于宿存萼筒内,外面有10条肋,顶端有钩刺。花果期5～12月。

【地理分布】 产江苏各地。生于溪边、路旁、草地、灌丛、林缘及疏林下。

除海南及香港外,全国各地均有分布;欧洲中部及俄罗斯、蒙古、朝鲜、日本和越南北部也有。

【饲料】 适口性中等。青草期马、羊少量采食,牛乐食。虽然粗蛋白含量较高,纤维含量低,但家畜不愿采食,霜后其适口性有所提高。制青草粉可喂猪。

菱 *Trapa natans* Linn.

【形态特征】 一年生水生草本。叶二型,沉浸叶羽状细裂,漂浮叶聚生于茎顶,成莲座状,三角状菱形,边缘具齿,背面脉上被毛;叶柄长5～10 cm,中部膨胀成宽约1 cm的海绵质气囊,被柔毛。花白色,单生于叶腋。坚果连角宽4～5 cm,两侧各有一硬刺状角,紫红色;角伸直,长约1 cm。花期5～10月,果期7～11月。

【地理分布】 江苏各地的湖泊、池塘中广泛栽培。菱在中国已有三千多年的栽培历史,品种很多。依据果实坚果上角的有无和数目分为无角菱、三角菱和四角菱。

全国广为栽培;日本、朝鲜、印度及巴基斯坦也有。

【饲料】 茎叶可作家畜饲料。

田皂角（合萌）*Aeschynomene indica* Linn.

【形态特征】 一年生亚灌木状草本,高 30～100 cm,无毛。羽状复叶;小叶 20 对以上,线状长圆形,上面密生腺点,下面具白粉。总状花序腋生,短于叶,花少数;花黄色带紫纹。荚果条状矩圆形,微弯,有 6～10 荚节,荚节平滑或有小瘤突。花期 7～8 月,果期 8～10 月。

【地理分布】 产江苏各地。生于灌丛、旷野、水边。

分布于吉林、辽宁、河北、山西、河南、山东、安徽、浙江、福建、台湾、江西、湖北、湖南、广东、香港、海南、广西、贵州、云南、四川及陕西;非洲、大洋洲、亚洲热带地区及朝鲜和日本也有。

【饲料】 草质柔软、茎叶肥嫩,适口性好、营养价值高,既可放牧利用,也可刈割后青贮或调制干草,各类家畜均喜食,是一种较好的豆科饲用植物。粗蛋白质含量达15.8%,粗脂肪含量达 8.6%,粗纤维仅含 23.1%,比其他豆科牧草都低。在营养期,地上部分各种家畜均可利用,花期以后,仅可采食其嫩枝叶和果实。

紫穗槐 *Amorpha fruticosa* Linn.

【形态特征】 落叶灌木丛生,高 1～4 m。叶互生,奇数羽状复叶,互生,小叶 11～25,卵形、椭圆形或披针状椭圆形,下面有白色短柔毛,具黑色腺点。穗状花序数个集生于枝条上部;花紫色,旗瓣心形。荚果下垂,弯曲,棕褐色,有瘤状腺点。花期 5～6 月,果期 7～8 月。

【地理分布】 江苏各地栽培或逸为野生,抗逆性极强,在荒山坡、道路旁、河岸、盐碱地均可生长。

原产美国东北部和东南部,20 世纪初我国引入,广泛栽培。

【饲料】 叶量大且营养丰富,含大量粗蛋白、维生素等,是营养丰富的饲料植物。新鲜饲料虽有涩味,但对牛羊的适食性很好,鲜喂或干喂,牛、羊、兔均喜食。每 500 kg 风干叶含蛋白质 12.8 kg、粗脂肪 15.5 kg、粗纤维 5 kg、可溶性无氮浸出物 209 kg。目前主要用作猪的饲料。常以鲜叶发酵煮熟饲喂。粗加工后即可成为猪、羊、牛、兔、家禽的高效饲料;种子经煮脱苦味后,可作家禽、家畜的饲料。

紫云英 *Astragalus sinicus* Linn.

【形态特征】 二年生草本。茎多分枝或匍匐,高 10～30 cm,无毛。羽状复叶;小叶 7～13,宽椭圆形或倒卵形,上面近无毛,下面有白色长毛。总状花序近伞形,有 5～10 朵花;花紫红色或白色。荚果条状矩圆形,微弯,长 1~2 cm,黑色,无毛,具突起的网纹。花期 2~6 月,果期 3~7 月。

【地理分布】　江苏各地栽培或逸为野生。

分布于台湾、福建、江西、湖北、湖南、广东、广西、贵州、四川、云南及陕西。

【饲料】　可作为饲草料青饲或调制干草,适口性好,各类家畜均喜食,营养价值高,可作为家畜的优质青绿饲料和蛋白质补充饲料,喂猪效果更好。

杭子梢 *Campylotropis macrocarpa* (Bunge) Rehd.

【形态特征】　落叶灌木,高达 2.5 m;幼枝密生白色短柔毛。羽状复叶具 3 小叶,顶生小叶较大,长圆形或椭圆形,脉网明显,下面有淡黄色柔毛,侧生小叶较小。总状花序腋生。花梗有关节,有绢毛;花紫红色。荚果斜椭圆形,脉纹明显,边缘有毛,具 1 颗种子。花果期 5~10 月。

【地理分布】　产江苏各地。生于山坡、山沟、林缘、疏林下。

分布于辽宁、内蒙古、河北、山西、陕西、宁夏、甘肃、山东、浙江、安徽、福建、江西、河南、湖北、湖南、广东、海南、广西、贵州、四川、云南及西藏;朝鲜也有。

【饲料】　嫩叶质地柔软多汁,是很好的青饲料,牛、羊均喜食;但叶老后革质化,适口性下降。如晒干制成草粉,饲用价值很高,各种畜禽均喜食,堪称上等饲草。

野大豆 *Glycine soja* Sieb. et Zucc.

【形态特征】　一年生缠绕草本,茎细瘦,各部有黄色长硬毛。小叶 3,顶生小叶卵状披针形,两面生白色短柔毛,侧生小叶斜卵状披针形。总状花序腋生;花梗密生黄色长硬毛;花冠紫红色。荚果长圆形,密生黄色长硬毛;种子 2~4 粒,黑色。花期 7 月,果期 8 月。

【地理分布】　产江苏各地。生于田边、林中、荒地。

分布于黑龙江、吉林、辽宁、内蒙古、宁夏、甘肃、陕西、山西、河北、山东、浙江、安徽、福建、江西、河南、湖北、湖南、贵州、四川及云南;朝鲜、日本、俄罗斯也有。

【饲料】　茎叶柔软,适口性良好,为各种家畜所喜食。干草及冬春枯草亦为家畜喜食。

刺果甘草 *Glycyrrhiza pallidiflora* Maxim.

【形态特征】　多年生草本,高 80~200 cm。根和根状茎不含甘草甜素。茎直立,有条棱,有鳞片状腺体。羽状复叶,长 6～20 cm;小叶 5～13,披针形或宽披针形,两面有鳞片状腺体。总状花序腋生,花密集成球;花淡紫或淡紫红色。荚果卵形,褐色,密生尖刺,刺长约 5 mm。种子 2 颗,黑色。花期 6～7 月,果期 7～9 月。

【地理分布】 产苏北。生于河滩、田边、路边、河边、水沟边、堤岸。

分布于黑龙江、吉林、辽宁、内蒙古、陕西、山西、河北、河南、山东;俄罗斯远东地区也有。

【饲料】 放牧地上的中等饲用植物。花前期茎叶柔嫩多汁,没有怪味,绵羊、山羊亦采食,但不十分乐食。干枯枝叶羊、马、驴、骡均喜食,羊尤喜食,牛冬季乐食。花前青鲜期营养价值较高,但适口性较低,果期茎秆木质化,果刺变硬,均影响采食率。可青饲,亦可晒制干草,也可与禾本科饲料作物混合青贮。

多花木蓝 *Indigofera amblyantha* Craib

【形态特征】 落叶灌木,高 80～200 cm,枝条具棱,密生白色丁字毛。羽状复叶;小叶 7～11 枚,倒卵形或倒卵状长圆形,全缘,上面疏生丁字毛,下面的毛较密。总状花序腋生;花淡红色,外面有白色丁字毛。荚果圆柱形,棕褐色,有丁字毛,种子褐色,长圆形。花期 5～7 月,果期 9～11 月。

【地理分布】 产南京。生于山坡草地、沟边、路旁灌丛中及林缘。

分布于山西、河南、河北、浙江、安徽、江西、湖北、湖南、贵州、四川、云南、陕西及甘肃。

【饲料】 早春可萌发大量嫩枝。成长后的枝叶、花果均可青刈、青饲或放牧利用,牲畜喜食。种子含粗蛋白质 29.53%,是一种家畜喜食的优质精料。

江苏可作饲料的同属植物还包括:

苏木蓝 *I. carlesii* Craib 产镇江、南京、连云港。生于山坡灌丛。河北木蓝(马棘) *I. bungeana* Walp. 产宜兴、溧阳、南京、六合。生于山坡林缘、灌丛、草坡。

截叶铁扫帚 *Lespedeza cuneata* (Dum. Cours.) G. Don

【形态特征】 直立小灌木,高达 1 m。枝细长,被微柔毛。三出复叶互生,小叶 3 枚密集,叶柄极短,长不及 2 mm;小叶楔形或线状楔形。总状花序腋生,具花 1～4 朵;花淡黄色或白色;闭锁花簇生于叶腋。荚果宽卵形或近球形,被伏毛。花期 7～8 月,果期 9～10 月。

【地理分布】 产江苏各地。生于山坡、路旁。

分布于山西、山东、河南、安徽、浙江、福建、台湾、江西、湖北、湖南、广东、广西、贵州、云南、西藏、四川、陕西及甘肃；朝鲜、日本、印度、巴基斯坦、阿富汗及澳大利亚也有。

【饲料】　在分枝期，枝条细软，牛、羊采食。开花后，纤维增加，羊仍能采食。

江苏同属植物有 10 多种，种类多，分布广，石质山坡、干旱草坡、林下、路旁均有生长。均为优良的饲用植物，其嫩枝叶，草食牲畜喜食，营养价值高，是羊的好饲草。包括兴安胡枝子 *L. davurica* (Laxm.) A. K. Schindl.，多花胡枝子 *L. floribunda* Bunge，美丽胡枝子 *L. formosa* (Vog.) Koehne，绿叶胡枝子 *L. buergeri* Miq.，中华胡枝子 *L. chinensis* G. Don，白指甲花 *L. inschanica* Michx.，铁马鞭 *L. pilosa* (Thunb.) Sieb. et Zucc.，山豆花 *L. tomentosa* (Thunb.) Sieb.，细梗胡枝子 *L. virgata* (Thunb.) DC.。

南苜蓿 *Medicago polymorpha* Linn.

【形态特征】　一、二年生草本，高 20～90 cm；茎匍匐或稍直立，基部有多数分枝。三出复叶，具 3 小叶；宽倒卵形，先端钝圆或凹入。花 2～6 朵聚生成总状花序，腋生；花黄色，略伸出萼外。荚果盘形，顺时针旋转 1.5～3 圈，直径约 0.6 cm，边缘具有钩的刺。花期 3～5 月，果期 5～6 月。

【地理分布】　产江苏各地。生于田野、路旁草地、沟边。

我国各地普遍栽培，在长江下游亦有野生。

【饲料】　适口性很好，猪、牛、羊、家禽等都喜食。草质柔嫩，粗纤维含量低，蛋白质含量高，是品质优良的栽培牧草。鲜草主要利用时期是在 4～5 月，如制成干草粉或青贮料，家畜全年均可利用。

江苏常见同属植物：

天蓝苜蓿 *M. lupulina* Linn. 为优良牧草。小苜蓿 *M. minima* (Linn.) Barta. 为家畜喜好的牧草，也可作绿肥。紫苜蓿 *M. sativa* Linn. 江苏各地栽培或逸为野生。茎叶柔嫩鲜美，不论青饲、青贮、调制青干草、加工草粉、用于配合饲料或混合饲料，各类畜禽都最喜食，也是养猪及养禽业首选青饲料。

草木犀（黄香草木犀）*Melilotus officinalis* (Linn.) Lam.

【形态特征】　二年生草本，高 1～2 m，全草有香味。茎直立，多分枝。羽状三出复叶，小叶椭圆形至披针形，先端钝圆，基部楔形，边缘具不整齐锯齿。总状花序腋生含花 30～60 朵，花黄色。荚果卵圆形，有网纹，被短柔毛，含种子 1 粒；种子长圆形，黄色或黄褐色，平滑。花期 5～9 月，果期 6～10 月。

【地理分布】　江苏各地栽培，或逸为野生，生于山坡、河岸、路旁、砂质草地及林缘。

分布于东北、华南、西南各地。其余各省常见栽培。欧洲地中海东岸、中东、中亚及东亚也有。

【饲料】 分枝繁茂,营养丰富,比较高产,但在调制青干草时,落叶性很强,生长后期秆易于木质化。茎叶含有丰富的营养物质,其干草中粗蛋白质的含量较谷草高 4.6 倍,粗脂肪高 0.99%,而难于消化的粗纤维含量却比谷草低 6.12%。作为猪的青绿饲料,其总能和消化能较高。是富含蛋白质的优良饲草,虽然含有香豆素,影响采食率,但也能促进牲畜胃下腺的分泌,可以改善消化过程,增加采食量和饮水量。

江苏同属栽培植物还有印度草木犀(小花草木犀)*M. indica* (Linn.) All.,抗碱性强,味苦不适口,通常作保土植物,改良后也用作牧草。

葛藤 *Pueraria montana* (Lour.) Merr. var. *lobata* (Willd.) Maesen & S. M. Almeida ex Sanjappa & Predeep

【形态特征】 落叶藤本,茎长 10 余米,茎基部木质;块根肥厚;各部有黄色长硬毛。小叶 3 的羽状叶,顶生小叶菱状卵形,有时浅裂,两面有毛;托叶盾形,小托叶针状。总状花序腋生,长 20 cm,花密;花紫红色或紫色。荚果条形,长 5～10 cm,扁平,密生黄色长硬毛。种子长椭圆形、红褐色。花期 7～10 月,果期 10～11 月。

【地理分布】 产江苏各地。生于山坡、路旁疏林中。

除新疆、西藏外,全国各地均有分布;东南亚至澳大利亚也有。

【饲料】 对多数牲畜的适口性中等,以马较为喜吃;舍饲时,用葛叶与其他粗料混合,有增进食欲之效。四川盆地山区,广泛采叶晒干,作为冬季饲料,猪很喜吃。叶子含蛋白质高,粗纤维少,而藤则相反,在越冬期的老藤尤为显著。

刺槐(洋槐) *Robinia pseudoacacia* Linn.

【形态特征】 落叶乔木,高 10～25 m;树皮灰褐色至黑褐色,纵裂。小枝无毛。奇数羽状复叶互生,小叶 7～19 枚,卵形或长椭圆形,托叶刺状。总状花序腋生,长 10～20 cm,花白色,有香气。荚果条状椭圆形,沿腹线有窄翅,赤褐色,种子黑色、黄色并有褐色花纹。花期 4～6 月,果期 7～8 月。

【地理分布】 产江苏各地。生于山坡、路旁、沟边。

原产美国东部,于 1877～1878 年由日本引入我国。现遍布全国,以黄河、淮河流域最为普遍。

【饲料】 叶含粗蛋白质,是许多家畜的好饲料。

槐树(国槐) *Sophora japonica* Linn.

【形态特征】 落叶乔木,高 15～25 m;树皮灰褐色,纵裂,小枝绿色,皮孔明显,芽隐藏于膨大的叶柄基部。奇数羽状复叶;小叶 9～15 片,卵状长圆形,顶端渐尖而有细突尖,基部阔楔形,下面灰白色,疏生短柔毛。圆锥花序顶生;花乳白色。荚果果皮肉质,圆柱形串珠状,长 2.5～5 cm,无毛,不裂,种子 1～6 颗。种子肾形,褐色。花期 7～8 月,果期 8～10 月。

【地理分布】　产江苏各地。庭园栽培。

分布于辽宁、河北、山西、河南、山东、安徽、浙江、江西、湖北、湖南、广东、广西、贵州、云南、四川、陕西及甘肃;越南、朝鲜、日本及欧洲、美洲栽培。

【饲料】　嫩枝叶是绵羊的好饲料,其他牲畜也吃;槐籽的油粕可以充作精饲料,喂猪尤佳,风干后的嫩枝叶也可饲用。新鲜嫩枝叶有苦味,牲畜不喜食。嫩枝叶的营养价值较好,富含粗蛋白质和易浸溶的碳水化合物,粗纤维含量较低,氨基酸含量比较丰富,与一般豆科牧草相当,高于一般禾本科牧草,甚至比蛋白质含量较丰富的小麦麸还高。

白车轴草（白三叶）*Trifolium repens* Linn.

【形态特征】　多年生草本,高 10～30 cm。茎匍匐蔓生,上部稍上升,全株无毛。三出复叶,小叶倒卵形至倒心形,叶面具"V"字形斑纹或无。花序呈头状,含花 40～100 余朵,花冠蝶形,白色,有时带粉红色。荚果倒卵状长形,含种子 1～7 粒;种子肾形,黄色或棕色。花果期 5～10 月。

【地理分布】　原产欧洲。江苏各地均有引种或逸为野生,大片生于路边、林缘或草坪中。

【饲料】　再生性好,耐践踏,属放牧型牧草。开花前,鲜草含粗蛋白质 5.1%,粗脂肪 0.6%,粗纤维 2.8%,无氮浸出物 9.2%,灰分 2.1%。产量虽不如红车轴草,但适口性好,营养价值也较高,为优良牧草。

江苏常见同属植物:红车轴草(红三叶) *T. pratense* Linn. 江苏栽培或逸生于林缘、路边、草地等湿润处。原产小亚细亚与东南欧。优良牧草,但马等食后曾有过中毒现象,原因不明。

救荒野豌豆（大巢菜）*Vicia sativa* Linn.

【形态特征】　一年或二年生草本,高 25～50 cm。羽状复叶,叶轴顶端有 2～3 分枝的有卷须,小叶 8～16,长椭圆形或倒卵形,长 8～20 mm。花 1～2 朵生叶腋;花紫色或红色。荚果条形,扁平;种子圆球形,棕色。花期 4～7 月,果期 7～9 月。

【地理分布】　产江苏各地。生于河滩、山沟、草地、路旁或田边。

原产欧洲南部、亚洲西部,目前世界各地都有种植。我国 20 世纪 40 年代引入甘肃、江苏试种,80 年代发展到全国各地普遍种植。目前有逸生野化。

【饲料】　生长繁茂,产量高。茎叶柔嫩,营养丰富,适口性好,马、牛、羊、猪、兔和家禽都喜食。

江苏常见同属饲料植物:山野豌豆 V. amoena Fisch;窄叶野豌豆(紫花苕子)V. pilosa M. Beib.;广布野碗豆(苕子)V. cracea Linn.;小巢菜(硬毛果野豌豆)V. hirsuta (Linn.) S. F. Gray;四籽野豌豆(鸟喙豆)V. tetrasperma (Linn.) Schreber 等。

盐肤木 *Rhus chinensis* Mill.

【形态特征】 落叶乔木或灌木状,高达 12 m。树皮灰褐色。小枝、叶柄及花序都密生褐色柔毛。奇数羽状复叶互生,叶轴及叶柄有翅;小叶7～13,椭圆形或卵状椭圆形,背面密生绒毛。圆锥花序顶生,密被锈色柔毛;花小,黄白色。核果近扁圆形,直径约 5 mm,红色,有灰白色短柔毛和腺毛。花期 8～9月,果期 10 月。

【地理分布】 产江苏各地。生于向阳山坡及沟谷、溪边的疏林、灌丛和荒地。

分布于辽宁、河北、山西、河南、山东、安徽、浙江、福建、台湾、江西、湖北、湖南、广东、海南、广西、贵州、云南、四川、甘肃、陕西、宁夏、青海、西藏。日本、朝鲜半岛南部、中南半岛、印度、马来西亚及印度尼西亚也有。

【饲料】 为山区群众养猪的野生饲料。

毛梾 *Cornus walteri* Wanger.

【形态特征】 落叶乔木,高 6～14 m;树皮黑灰色,常纵裂成长条。叶椭圆形至长椭圆形,下面密生贴伏的短柔毛,侧脉4～5 对,网脉横出。伞房状聚伞花序顶生;花白色。核果球形,黑色,直径6 mm。花期 5 月,果期 9～10 月。

【地理分布】 产南京、苏州等地。生于林中、向阳山坡。

分布于辽宁、河北、山西、河南、安徽、山东、浙江、福建、江西、湖北、湖南、广东、广西、贵州、云南、四川、陕西、甘肃及宁夏。

【饲料】 一种良好的木本饲料植物。叶质地柔软,富含营养,无毒、无怪味,牛、羊、猪、兔、鸡、鸭、鹅均喜食;晒制的干叶,牛、羊喜食。制成叶粉,各种畜禽均可利用。种子产量高,营养丰富,可作精饲料;榨油后的油饼亦是很好的蛋白饲料。

荇菜(莕菜) *Nymphoides peltata*(Gmel.）O. Kuntze

【形态特征】 多年生水生草本,茎多分枝,沉水中,具不定根。叶漂浮,圆形。花簇生于叶腋;花金黄色,直径达 1.8 cm。蒴果长椭圆形,直径 2.5 cm;种子边缘具睫毛。花期4~8月,果期6~9月。

【地理分布】 产江苏各地。生于池塘、湖泊。

分布于黑龙江、吉林、辽宁、内蒙古、河北、江西、湖北、湖南、贵州、云南、陕西及河南;中欧、俄罗斯、蒙古、朝鲜、日本、伊朗、印度及克什米尔地区也有。

【饲料】 茎、叶柔嫩多汁,无毒、无异味,富含营养。猪、鸭、鹅均喜食,草鱼也采食。分布区的群众多喜欢捞取切碎喂猪和家禽,是一种良好的水生青绿饲料。生长快,其分枝的茎枝网织于水中,茎枝当年可伸长到1.5 m或更长;鲜草产量高,全生育期可收获4次,也可青贮。

野艾蒿 *Artemisia lavandulaefolia* DC.

【形态特征】 多年生草本,高50~120 cm。全株有清香气味。茎、枝被灰白色蛛丝状被密短毛。下部叶有长柄,二回羽状分裂,裂片常有齿;中部叶羽状深裂,裂片1~2对,条状披针形,或无裂片,顶端尖,上面被短微毛,密生白腺点,下面有灰白色密短毛,中脉无毛;上部叶渐小,条形,全缘。头状花序多数;花紫红色。瘦果长卵形或倒卵形,长不及1 mm,无毛。花果期8~10月。

【地理分布】 产江苏各地。生于路边、草地、山谷灌丛。

分布于黑龙江、吉林、辽宁、内蒙古、河北、山西、河南、山东、安徽、福建、江西、湖北、湖南、广东、广西、贵州、云南、四川、陕西、甘肃、青海及新疆;日本、朝鲜半岛、蒙古及俄罗斯西伯利亚东部及远东地区也有。

【饲料】 鲜草可作饲料。

蒌蒿(芦蒿) *Artemisia selengensis* Turcz.

【形态特征】 多年生草本,全株有清香气味。有地下茎;茎直立,高60~150 cm,无毛,常紫红色。下部叶在花期枯萎;中部叶密集,羽状深裂,上面无毛,下面被白色薄茸毛;上部叶三裂或不裂,或条形而全缘。头状花序直立或稍下倾。花黄色,内层两性,外层雌性。瘦果卵形略扁,微小,无毛。花果期7~10月。

【地理分布】 产江苏各地。生于河边、山坡、草地、路边。

分布于黑龙江、吉林、辽宁、内蒙古、河北、山西、河南、山东、浙江、安徽、江西、湖北、湖南、广东、贵州、陕西及甘肃;蒙古、朝鲜半岛、俄罗斯西伯利亚东部及远东地区也有。

【饲料】 适口性中等。鲜草马嗜好,羊喜食,牛少量采食。花序由于有异味,牛、羊均不食。干草马喜食,牛、羊乐食。返青早,生长快,为早春提供一定数量的青草,具有一定的饲用价值。水蒿的粗蛋白质和粗脂肪含量均较高,可作为牲畜早春和冬季的舍饲饲草。

刺儿菜 *Cirsium arvense*（Linn.）Scop. var. *integrifolium* Wimmer & Grabowski

【形态特征】 多年生草本,高 20～80 cm。根状茎长,茎直立。叶椭圆或椭圆状披针形,全缘或有齿裂,有刺,两面疏被蛛丝状毛。茎生叶均不裂,具密针刺。头状花序单生于茎顶,总苞片约 6 层,顶端长尖,具刺;管状花,紫红色。瘦果椭圆或长卵形,冠毛羽状。多层,整体脱落。花期 6～8 月,果期 8～9 月。

【地理分布】 产江苏各地。生于山坡、河旁或荒地、田间。

除台湾、广东、香港、海南、广西、云南、西藏外,几遍全国各地;欧洲东部及中部、中亚、俄罗斯西伯利亚及远东地区、蒙古、朝鲜半岛及日本也有。

【饲料】 幼嫩时期羊、猪喜食,牛、马较少采食。植株秋后仍保持绿色,仍可用以喂猪。叶老时有硬刺,茎秆木质化后粗硬,利用期为 5～7 月。早期供放牧,或带根采回,去掉泥土,切碎生饲喂猪或作青贮料,开花前后植株,割取晒干后,可供冬春制粉喂猪。

鳢肠 *Eclipta prostrata*（Linn.）Linn.

【形态特征】 一年生草本,高 15～60 cm。茎直立或平卧,被贴生糙毛。叶披针形、椭圆状披针形或条状披针形,全缘或有细锯齿。头状花序,有梗,腋生或顶生;花白色。筒状花的瘦果三棱状,舌状花的瘦果扁四棱形;表面具瘤状突起,无冠毛。花期 7～9 月,果期 9～10 月。

【地理分布】 产江苏各地。生于水边湿地、田边或路旁。

分布于吉林、辽宁、河北、河南、山西、山东、安徽、浙江、福建、台湾、江西、湖北、湖南、广西、贵州、云南、四川、陕西及甘肃;广泛分布于热带、亚热带地区。

【饲料】 茎叶柔嫩,各类家畜喜食,民间常用作猪饲料。

鼠麹草 *Gnaphalium affine* D. Don

【形态特征】 一年生草本,高 10～50 cm。茎簇生,不分枝或少有分枝,密被白色绵毛。基部叶花期时枯萎,下部和中部叶片倒披针形或匙形,全缘,两面被灰白色绵毛。头状花序在茎端密集成伞房状;总苞片,金黄色,干膜质;花黄色。瘦果长圆形,有乳头状突起;冠毛黄白色。花期 4～6 月,果期 8～9 月。

【地理分布】 产江苏各地。生于田埂、荒地、路旁。

分布于华东、中南、西南及河北、陕西、台湾等地;日本、朝鲜半岛、菲律宾、印度尼西亚、中南半岛及印度也有。

【饲料】 结实前,茎、叶柔嫩多汁,虽密被绵毛,但具香味,营养丰富,猪喜食,切碎后,鸡、鸭、鹅均喜食;马、牛、羊亦采食。霜打后,适口性稍有提高,是一种良等牧草。适合放牧利用,马、牛、山羊、绵羊全年均可利用。但由于草场土壤较湿,易被畜群踏坏,因此,放牧不宜过重。在苗期或花蕾期之前,最适于挖取或刈割嫩枝叶,切碎拌精料喂猪、禽效果。

泥胡菜(糯米菜) *Hemistepta lyrata* (Bunge) Fish. et Meyer

【形态特征】 二年生草本,高30～80 cm。茎直立。基生叶莲座状,倒披针形或倒披针状椭圆形,提琴状羽状分裂,下面被白色蛛丝状毛;中部叶椭圆形,无柄,羽状分裂,上部叶条状披针形至条形。头状花序多数;花紫色。瘦果楔形或斜楔形,长2.5 mm,具15条纵肋;冠毛白色,2层,异形,羽状。花果期3～8月。

【地理分布】 产江苏各地。生于山坡、路旁荒地、田间或河边。

分布于全国各地;越南、老挝、印度、日本也有。

【饲料】 莲座期叶片柔软,气味纯正,开花期前茎秆脆嫩,水分多,纤维少,花蕾和幼苗是猪、禽、兔的优质饲草,全株切碎煮熟喂猪,饲用价值更高。进入结籽期,根出叶老化,茸毛粗硬,叶片枯黄,除煮熟喂猪外,多数家畜不再采食。是一种春季短期饲用牧草。

中华苦荬菜 *Ixeris chinensis* (Thunb.) Nakai

【形态特征】 多年生草本,高10～40 cm,无毛,茎直立单生或丛生。叶多丛生于基部,条状披针形或倒披针形,基部下延成窄叶柄,全缘或具疏小齿或不规则羽裂;茎生叶,无柄,长披针形,全缘,基部耳状抱茎。头状花序排成疏伞房状聚伞花序;舌状花黄色,顶端5齿裂。瘦果狭披针形,稍扁平,红棕色,有10条纵肋,喙长约2 mm;冠毛白色。花果期1～10月。

【地理分布】 产江苏各地。生于山坡路旁、田野、河边灌丛或岩缝中。

分布于黑龙江、河北、山西、陕西、山东、安徽、浙江、江西、福建、台湾、河南、四川、贵州、云南、西藏;俄罗斯远东地区及西伯利亚、日本及朝鲜半岛也有。

【饲料】 茎叶柔嫩多汁,在青鲜时绵羊、山羊喜食,牛、马也少量采食,但干枯后不能利用。还是猪、兔、禽的良好饲料。营养价值也较高,据分析,在花果期含有较高的粗蛋白质和较低量的粗纤维。在各种氨基酸的含量中,以赖氨酸、苏氨酸、缬氨酸的含量较高。

尖裂假还阳参 *Crepidiastrum sonchifolium* (Maxim.) Pak & Kawano

【形态特征】 多年生草本,高30～80 cm,无毛。基生叶多数,莲座状,匙形,矩圆

形,基部下延成柄,边缘具锯齿或不整齐的羽状深裂;茎生叶较小,基部耳形或戟形抱茎,全缘或羽状分裂。头状花序密集成伞房状;舌状花黄色,先端截形,5齿裂。瘦果黑色,纺锤形,长2~3 mm,有10条细条纹及粒状小刺;冠毛白色。花果期3~5月。

【地理分布】 产江苏各地。生于荒野、山坡路旁、河边及疏林下。

分布于辽宁、河北、山西、内蒙古、陕西、甘肃、山东、浙江、河南、湖北、四川、贵州、北京;俄罗斯远东地区也有。

【饲料】 嫩茎叶可作鸡鸭饲料,全株可为猪饲料。

全叶马兰 *Aster pekinensis* (Hance) Kitag.

【形态特征】 多年生草本,高50~120 cm。茎直立,帚状分枝。叶线状披针形或倒披针形,无叶柄,全缘,两面密被粉状短绒毛。头状花序单生于枝顶排成疏伞房状;舌状花淡紫色。瘦果倒卵形,长约2 mm,浅褐色,扁平,有浅色边肋,或一面有肋呈三棱形,上部有短毛及腺;冠毛褐色,不等长,易脱落。花期6~10月,果期7~11月。

【地理分布】 产江苏各地。生于山坡、林缘、路旁。

分布于四川、陕西、湖北、湖南、安徽、浙江、山东、河南、山西、河北、辽宁、黑龙江、内蒙古、吉林;日本、俄罗斯西伯利亚地区也有。

【饲料】 对各种家畜有较好的适口性。粗蛋白质和粗脂肪的含量中偏上,灰分含量较高,1 g鲜叶含维生素C 0.6 mg。青草和干草,马、牛、羊均喜食,还可作兔和猪的饲草,加水蒸煮,拌入精料,气味浓香。虽然产量不甚高,但饲用品质良好,整个植株几乎都可供家畜饲用,花期过后,植株并不明显硬化,较长期间保持质地柔软,可以作饲用。

华北鸦葱 *Scorzonera albicaulis* Bunge

【形态特征】 多年生草本,茎枝被白色绒毛。根茎被棕色纤维状残鞘。叶线形或宽线形,全缘,两面无毛,基生叶基部抱茎。头状花序生于茎端排成伞房状;舌状花黄色。瘦果圆柱形,无毛,顶端喙状,冠毛污黄色,其中3~5根超长,长达2.4 cm,非超长冠毛长约1.8 cm,羽状。花果期5~9月。

【地理分布】 产连云港。生于海边盐碱地。

分布于辽宁、河北、山西、陕西、宁夏、甘肃、青海、新疆、山东、河南;蒙古及哈萨克斯坦也有。

【饲料】 地上茎叶营养成分高,饲用价值大。新鲜的或青贮过的茎叶,牛、马、羊、骡、驴等均喜食,还是兔和猪的优质饲草,尤其是煮熟后拌入精料,气味浓香,品质更佳。又因绿草期长,放牧可长达 5 个多月。虽其产草量不很高,但仍然是盐荒区的一种好牧草。肉质根富含营养物质,无论是新鲜的或煮熟的,用于喂猪营养价值很高。

苦苣菜 *Sonchus oleraceus* Linn.

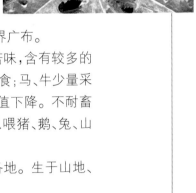

【形态特征】 一年生草本,高 30～100 cm。全株有白色乳汁。根纺锤状。茎不分枝或上部分枝,无毛或上部有腺毛。叶羽状深裂或大头状羽状全裂,边缘有刺状尖齿,下部的叶柄有翅,基部扩大抱茎,中上部的叶无柄,基部宽大戟耳形。头状花序在茎端排成伞房状;舌状花黄色。瘦果长椭圆状倒卵形,压扁,褐色,边缘有微齿,两面各有 3 条高起的纵肋,冠毛白色。花果期 5～12 月。

【地理分布】 产江苏各地。生于山谷、林缘、田野草坡。

分布于辽宁、河北、山西、陕西、甘肃、青海、新疆、山东、安徽、浙江、江西、福建、台湾、河南、湖北、湖南、广西、四川、云南、贵州、西藏。世界广布。

【饲料】 茎叶柔嫩多汁,嫩茎叶含水量高达 90%,无刺、无毛、稍有苦味,含有较多的维生素 C,是一种良好的青饲料。猪、鹅最喜食;兔、鸭喜食;山羊、绵羊乐食;马、牛少量采食。至开花期,茎枝仍比较脆嫩,还可饲用。果期茎枝逐趋老化,饲用价值下降。不耐畜禽践踏,耐热性差,以刈割利用为好,尤以开花期之前利用为宜。青草以喂猪、鹅、兔、山羊、鸭为好;干草以马、牛、羊等利用最为适宜。

可作饲料的同属植物还有:长裂苦苣菜 *S. brachyotus* DC. 产江苏各地。生于山地、路旁、田野。

女贞 *Ligustrum lucidum* Ait.

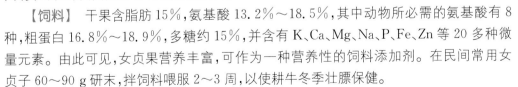

【形态特征】 常绿灌木或乔木,高 6～20 m。树皮灰褐色。枝条开展,无毛,有皮孔。叶卵形、宽卵形、椭圆形或卵状披针形,全缘,无毛。圆锥花序顶生;花冠白色,钟状,4 裂,花冠筒与花萼近等长;雄蕊2 枚;柱头 2 浅裂。浆果状核果,长圆形或长椭圆形,蓝紫色,被白粉。花期 6～7 月,果期 10～12 月。

【地理分布】 产江苏各地。生于林中、村边或路旁。

分布于河南、安徽、浙江、福建、江西、湖北、湖南、广东、香港、广西、贵州、云南、西藏、四川、甘肃及陕西。

【饲料】 干果含脂肪 15%,氨基酸 13.2%～18.5%,其中动物所必需的氨基酸有 8 种,粗蛋白 16.8%～18.9%,多糖约 15%,并含有 K、Ca、Mg、Na、P、Fe、Zn 等 20 多种微量元素。由此可见,女贞果营养丰富,可作为一种营养性的饲料添加剂。在民间常用女贞子 60～90 g 研末,拌饲料喂服 2～3 周,以使耕牛冬季壮膘保健。

黄荆 *Vitex negundo* Linn.

【形态特征】 落叶灌木或小乔木,枝四方形,密生灰白色绒毛。掌状复叶,小叶 3～5

片,中间小叶最大,两侧依次渐小;椭圆状卵形以至披针形,通常全缘或每边有少数锯齿,下面密生灰白色细绒毛。圆锥花序顶生;花淡紫色。果实球形、黑色。花期4~6月,果期7~10月。

【地理分布】 产江苏各地。生于山坡、谷地、河边、路旁、灌木丛中。

分布几遍全国;亚洲南部、非洲东部南美洲以及日本也有。

【饲料】 嫩枝叶山羊喜食,绵羊、牛乐食。在春季禾本科牧草未返青前,山羊喜采食,枯黄后,果实可食用,由于是灌木,采食部位一般为嫩枝和叶。嫩枝叶粗蛋白质含量中等,粗脂肪含量高,结实期前营养成分也均衡。氨基酸含量中除谷氨酸含量较高外,其他均中等偏低,为中等饲用植物。

江苏常见同属植物尚有牡荆 V. negundo var. canabifolia (Sieb. et Zucc.) Handel-Mazz. 和荆条 V. negundo var. heterophylla (Franch.) Rehd.

马蔺(马莲) *Iris lactea* Pall.

【形态特征】 多年生草本。根状茎短而粗壮;须根棕褐色,长而坚硬;植株基部有红褐色、枯死的叶鞘残留物常裂成细长纤维状。叶基生,多数,坚韧,条形,具两面凸起的平行脉。花葶有花1~3朵;花蓝紫色,外轮裂片较大,匙形,稍开展,顶端钝或尖,中部有黄色条纹,内轮倒披针形,直立。蒴果长椭圆形,具纵肋6条,有尖喙;种子近球形,棕褐色,有棱角。花期5~6月,果期6~9月。

【地理分布】 产连云港、阜宁、射阳、如东、淮安、靖江、东台、句容、镇江。生于荒地、路边、山野、砂质草地、路旁。

分布于黑龙江、吉林、辽宁、内蒙古、河北、山东、浙江、安徽、湖北、湖南、贵州、四川、西藏、新疆、青海、甘肃、宁夏、陕西、山西及河南;阿富汗、印度北部、哈萨克斯坦、朝鲜、蒙古、巴基斯坦及俄罗斯也有。

【饲料】 叶在冬季可作牛、羊、骆驼的饲料。

凤眼蓝(凤眼莲,水葫芦) *Eichhornia crassipes*(Mart.) Solms

【形态特征】 多年生浮水草本,高20~70 cm。茎极短,具长匍匐枝。叶基生,莲座状,宽卵形或菱形,全缘,无毛,具弧状脉;叶柄长短不等,可达30 cm,中部膨胀成囊状,内有气室,基部有鞘状苞片。花序穗状;花蓝紫色。蒴果卵形。花期6~9月,果期8~10月。

【地理分布】 产江苏各地,苏南地区较普遍。产生于水塘、沟渠。

原产巴西。现广布于长江、黄河流域及华南各地。

【饲料】　茎叶切碎用作鸡、鸭、鱼、猪、牛、羊等禽畜的青饲料,加工制成草浆,还是饲喂草鱼的好饲料。在饲用方式上,一般是将全草打浆、发酵、青贮,还可以冻贮、水藏,都能长期保持原有鲜嫩的特点。

凤眼莲富集重金属能力较强,污染严重区域的植株不宜用作饲料。

看麦娘 *Alopecurus aequalis* Sobol.

【形态特征】　一年生草本。高 15～40 cm。叶片扁平,长 3～10 cm,宽 2～6 mm。圆锥花序圆柱状,灰绿色;小穗椭圆形或卵状椭圆形。花果期 4～8 月。

【地理分布】　产江苏各地。生于潮湿地方及田边。

分布于安徽、福建、广东、贵州、河北、黑龙江、河南、湖北、江西、内蒙古、陕西、山东、四川、台湾、新疆、西藏、云南、浙江。环北温带分布。

【饲料】　可作牛、马青饲料。鲜时各种牲畜均爱吃。本属植物江苏境内还有日本看麦娘 A. *japonicus* Steud. 及引种栽培的大看麦娘 A. *pratensis* Linn.

野燕麦 *Avena fatua* Linn.

【形态特征】　一年生草本。秆高 30～150 cm。叶片宽 4～12 mm。圆锥花序开展,成金字塔状,长 10～25 cm;小穗长 18～25 mm,含2～3 小花,其柄弯曲下垂。颖果被杂毛,腹面有纵沟,长 6～8 mm。花期 4～5 月,果期5～6 月。

【地理分布】　产江苏各地。生于荒野、路边和田间。

分布于安徽、福建、广东、广西、贵州、河北、黑龙江、河南、湖北、湖南、江西、内蒙古、宁夏、青海、陕西、四川、台湾、新疆、西藏、云南、浙江。欧洲、亚洲、非洲温带地区广布。本属植物江苏境内尚有燕麦 A. *sativa* Linn.

【饲料】　全株可作牛、马青饲料。

拂子茅 *Calamagrostis epigeios*（Linn.）Roth

【形态特征】　多年生草本。具长根状茎,秆高 80～100 cm,粗壮。叶片条形,扁平或内卷,长15～27 cm,宽 4～8 mm,较粗糙。圆锥花序劲直,狭而紧密,呈纺锤状,长 20～35 cm。花期 5～6 月,果期7～8 月。

【地理分布】　产江苏各地。生于潮湿地、河岸、沟渠旁。

几遍布全国;欧亚大陆温带也有。

【饲料】　早春、初夏放牧时,为各种家畜所采食。牛较喜食,马、羊较差,但在夏末和秋季草质变粗糙,各种家畜的喜食性降低或放牧时基本不采食。同样,在开花前调制的干草,营养较丰富,各种家畜均喜食。结实后草质变硬,营养显著下降。

虎尾草 *Chloris virgata* Sw.

【形态特征】 一年生草本,秆高 20～60 cm。叶片条状披针形,宽 3～6 mm。穗状花序 4 至 10 余枚指状簇生茎顶直立,并拢呈毛刷状,带紫色;小穗排列于穗轴的一侧,长 3～4 mm。花期 7～11 月,果期 11～12 月。

【地理分布】 产江苏各地。生于路旁、荒野、沙地。

分布于甘肃、河北、黑龙江、河南、吉林、辽宁、内蒙古、宁夏、青海、四川、山东、陕西、山西、新疆、西藏、云南;世界热带及温带地区也有分布。

【饲料】 可作牛、马、羊青饲草。

橘草(桔草) *Cymbopogon goeringii* (Steud.) A. Camus

【形态特征】 多年生草本,有香气。秆高 60～90 cm。叶片条形,宽 3～4 mm。伪圆锥花序稀疏,狭窄,较单纯,由成对的总状花序托以佛焰苞状总苞所形成;总状花序带紫色;小穗成对生于各节,在每对总状花序之一的基部一对小穗不孕,其余各对有柄的不孕,无柄的结实;结实无柄小穗长 5～6 mm,基盘钝;第一颖背部扁平,两侧有脊;芒自第二外稃裂齿间伸出。花期 8～9 月,果期 9～10 月。

【地理分布】 产江苏各地。生于丘陵、山坡草地或林缘。

分布于安徽、福建、贵州、湖北、河北、香港、河南、湖南、江西、山东、台湾、云南、浙江;朝鲜及日本也有。

【饲料】 营养期草质柔软,为牛所采食,后期生殖枝抽出后,基部叶片部分干枯,并有一种香味,适口性随之下降。叶量大而柔嫩,放牧利用为宜。但由于橘草生长的地段一般都是较干旱的丘陵草坡,过度或不合理地放牧,会导致水土流失,因此,在牧草生长前期可轻度放牧利用,后期宜割草利用。在春季抽穗前蛋白质含量较高,具有较高的饲用价值。秋季抽穗结实后,叶量减少,蛋白质含量明显下降,饲用价值也随之降低。

马唐 *Digitaria sanguinalis* (Linn.) Scop.

【形态特征】 一年生草本。秆直立,常基部倾斜,高 40～100 cm。叶片线状披针形,宽 3～10 mm。总状花序 3～10 枚,指状排列或下部的近于轮生;小穗长 3～3.5 mm,披

针形,双生穗轴,一有柄,一无柄。花期6~9月,果期7~10月。

【地理分布】　产江苏各地。生于草地、荒野、路边。

分布于安徽、河南、河北、陕西、甘肃、四川、新疆、西藏。广布于温带和亚热带山地。

【饲料】　适应性强、繁殖快、草质柔嫩多汁、适口性好的优良野生牧草。富含碳水化合物。鲜草中无氮浸出物含量10%~16%,而粗蛋白质含量较少,平均在2.5%左右。一般多采用打浆、发酵或青贮喂猪,效果很好。

江苏常见同属植物:升马唐 *D. ciliaris* (Retz.) Koel.产江苏各地。生于山坡草地、荒地;止血马唐 *D. ischaemum* (schreb.) muhl.产江苏各地,生于路边,山坡。

稗 *Echinochloa crusgalli* (Linn.) Beauv.

【形态特征】　一年生草本,秆高50~130 cm。无毛叶线条形,长10~40 cm,宽5~20 mm。圆锥花序直立或下垂呈不规则的塔形,分枝可再有小分枝;小穗密集于穗轴的一侧,长约5 mm,有硬疣毛;颖具3~5脉;第一外稃具5~7脉,有长5~30 mm的芒;第二外稃顶端有小尖头并且粗糙,边缘卷抱内稃。花期10月。

【地理分布】　产江苏各地。生于杂草地、水稻田、沼泽地。

分布几遍全国。全世界温暖地区也有。

【饲料】　鲜草适口性好,各种家畜喜食。常在稻米无法生长的贫瘠地栽培稗。稗草很早就有种植,具有较高的营养价值。栽培稗草矿物质含量较高,不含生氰糖苷,对牲畜无毒害作用,常作为一年生牧草作物种植。稗含壳厚,粗纤维含量高,使用前应略加粉碎,常供鸟食,也可作鸡饲料。

本属植物在江苏分布的尚有无芒稗 *E. crusgalli* (Linn.) Beauv. var. *mitis* (Pursh.) Peterm.产江苏各地,生于路边、水田中或沼泽地。

牛筋草 *Eleusine indica* (Linn.) Gaertn.

【形态特征】　一年生草本。秆通常斜基部倾向四周开展,高15~90 cm。叶片线形,宽3~7 mm。穗状花序2~7枚指状着生于秆顶,有时其中1或2枚生于其花序的下方,长3~10 cm。囊果。种子卵形,有明显的波状皱纹。花期6~9月,果期7~10月。

【地理分布】　产江苏各地。生于荒地、路边。

分布几遍全国。全世界热带及温带广布。

【饲料】　可作牛、马、羊饲料。是抗逆性和再生力强、生长快、耐牧的野生牧草。

大画眉草 *Eragrostis cilianensis*（All.）Vign.-Lut. ex Janchen

【形态特征】 一年生草本,新鲜时具奇臭,有疣状腺体。秆高 20～90 cm,节下有一圈腺体。叶线形,无毛,叶脉及边缘常有腺体。圆锥花序长 7～20 cm;分枝粗,单生;小枝及小穗柄也都有腺体;小穗墨绿、淡绿以至黄褐色。颖果近圆形,径约 0.7 mm。花果期 7～10 月。

【地理分布】 产江苏各地。生于荒芜平地。

分布几遍全国。世界热带及温带地区也有。

【饲料】 可作青饲料或晒制牧草。马、牛、羊均喜食。

江苏常见同属植物:

秋画眉草 *E. autumnalis* Keng 产江苏各地。生于路旁、草地。小画眉草 *E. minor* Host. 产江苏各地。生于草地、路边、荒地。

芒 *Miscanthus sinensis* Anderss.

【形态特征】 多年生草本,秆高 1～2 m。叶片线形,长 20～50 cm,宽 6～10 mm,下面被白粉,边缘粗糙。圆锥花序扇形,长 5～40 cm,主轴长不超过花序的 1/2;总状花序长 10～30 cm;穗轴不断落。花果期 7～12 月。

【地理分布】 产苏南。生于山坡、丘陵、荒芜的田野。

分布于浙江、江西、湖南、福建、台湾、广东、海南、广西、四川、贵州、云南;朝鲜及日本也有。

【饲料】 4 月上旬可以进入羊的饱青期,4 月下旬可以达到牛的饱青期,6 月牧草生长旺盛,利用率最高,7 月份产草量达到高峰,此后生长停止,茎叶逐步老化,纤维素含量增高,粗蛋白质含量降低。芒抽穗开花后的茎秆,牲畜不喜食。

江苏常见同属植物:五节芒 *M. floridulus*（Labill.）Warburg ex K. Schumann 产江苏各地。生于山坡、草地、河边、丘陵。多年生高秆丛生型野生牧草。抗逆性强,耐酸性土壤,幼嫩时为草食牲畜所喜食,广大农村也有收割利用的历史习惯,为农忙季节耕牛的主要青饲料。

狼尾草（芮草） *Pennisetum alopecuroides*（Linn.）Spreng.

【形态特征】 多年生丛生草本。秆高 30～100 cm,花序以下密生柔毛。叶片线形,长 10～80 cm,宽 2～6 mm。穗状圆锥花序长 5～20 cm,直立,主轴密生柔毛;刚毛状小枝常呈紫色。颖果长圆形、长约 3.5 mm。花期 5～8 月,果期 8～10 月。

【地理分布】 产江苏各地。生于田边、路旁、山坡、林缘。

全国广布。日本、朝鲜及东南亚、大洋洲、非洲也有。

【饲料】 适应性广、分蘖力强、耐热、耐寒,在贫瘠土壤种植也能良好生长,产草量高,既可青割又可放牧利用;同时,也是水土保持的良好草种。

芦苇 *Phragmites australis* (Cav.) Trin. ex Steud.

【形态特征】 多年生草本,具粗壮根状茎,秆高 1～3 m。直径 1～4 cm,有 20 多节,节下被腊粉,叶披针状线形,长达 30 cm。圆锥花序长 10～40 cm,微垂头,分枝斜上或微伸展;小穗长 12～16 mm,通常含 4～7 小花。颖果长约 1.5 mm。花期 9～10 月,果期 10～11 月。

【地理分布】 产江苏各地。生于池沼、河旁、湖边或低湿地。

分布于全国各地。世界广布种。

【饲料】 嫩茎叶为各种家畜所喜食。目前大多数都作为放牧地利用,也有用作割草地或放牧与割草兼用,往往作为早春放牧地。有季节性积水或过湿,加之是高草地,适宜马、牛大畜放牧。芦苇地上部分植株高大,又有较强的再生力,除放牧利用外,可晒制干草和青贮。青贮后,草青色绿,香味浓,羊很喜食,牛马亦喜食。

早熟禾 *Poa annua* Linn.

【形态特征】 一年生或越年生草本。秆细弱,丛生,高 8～30 cm。叶片柔软,宽 1～5 mm。圆锥花序开展,长 2～7 cm,分枝每节 1～2(～3)枚;小穗长 3～6 mm,含 3～6 花。颖果纺锤形长约 2 mm。花期 4～5 月,果期 6～7 月。

【地理分布】 产江苏各地。生于草地、路边或阴湿处。

分布于全国。亚洲、欧洲及北美洲均有分布。

【饲料】 冬春生长良好,草质柔嫩多汁、适口性强,为各种草食畜禽越冬度春的良好青饲料,但生育期短,产草量低。

江苏常见同属植物:

白顶早熟禾 *P. acroleuca* Steud. 产江苏各地。生于林边或阴湿处。华东早熟禾 *P. faberi* Rendle 产江苏各地。生于山坡草地或河边、路边或林下。细长早熟禾 *P. prolixior* Rendle 产苏南。生于山坡草地。草地早熟禾 *P. pratensis* Linn. 引种栽培。

白茅 *Imperata cylindrica* (Linn.) Raeus.

【形态特征】 多年生草本,高 20～100 cm。根茎白色,匍匐横走,密被鳞片。秆丛生,直立,圆柱形,光滑无毛,基部被多数老叶及残留的叶鞘。叶线形或线状披针形。

圆锥花序紧缩呈穗状,顶生,圆筒状,长5～20 cm,宽1～2.5 cm。颖果椭圆形,暗褐色,成熟的果序被白色长柔毛。花期5～6月,果期6～7月。

【地理分布】 产江苏各地。以苏北滨海的盐渍土上较多。多生长于路旁、山坡、草地上。

在中国分布极为广泛,尤以四川、云南、贵州、湖北、湖南、广西、江西、福建、河南、江苏、浙江、安徽等地分布为多。分布于亚洲、非洲及大洋洲。

【饲料】 在中国南方分布广泛,数量多,是草食家畜在饲养上占重要地位的一种野生牧草。水牛、黄牛均喜采食,为放牧家畜、刈青和调制干草的重要草种。

鹅观草 *Elymus kamoji* (Ohwi) S. L. Chen

【形态特征】 多年生草本,秆高30～100 cm。叶片常扁平,光滑,长5～40 cm,宽3～13 mm。穗状花序长7～20 cm,弯曲或下垂;先端延伸成芒,芒粗糙,长20～40 mm;子房上端有毛。花果期5～8月。

【地理分布】 产江苏各地。生于湿润山坡、草地。
全国广布。

【饲料】 优良牧草。孕穗前,茎叶柔嫩,马、牛、羊、兔、鹅均喜食。抽穗后适口性下降。以利用青草期为宜,也可调制成干草。

江苏常见同属植物:纤毛披碱草 *E. ciliaris* (Trin.) Tzve. 产江苏各地。生于路边、潮湿草丛。抽穗前茎叶柔软,适口性好,各种家畜均喜食。干草含水分9.3%,粗蛋白质10.1%,粗脂肪3.1%,粗纤维33.0%,无氮浸出物39.2%,灰分6.3%。

狗尾草 *Setaria viridis* (Linn.) Beauv.

【形态特征】 一年生草本,秆高30～100 cm。叶片条状披针形,长4～30 cm,宽2～20 mm。圆锥花序紧密呈柱状,直立或稍弯,长2～15 cm;主轴被毛,小穗长2～2.5 mm,2至数枚成簇生于缩短的分枝上,基部有刚毛状小枝1～6条,成熟后与刚毛分离而脱落。颖果长圆形,灰白色,顶端钝,具细点状皱。花果期5～10月。

【地理分布】 产江苏各地。生于荒野、路边。
分布于全国各地。温带、亚热带均有分布。

【饲料】 秆、叶可作饲料,全草含粗脂肪2.6%,粗蛋白10.27%,无氮浸出物34.55%,粗纤维34.40%,粗灰分

10.60%。本属植物江苏尚有大狗尾草 S. *faberi* Herrm. 金色狗尾草 S. *pumila* (Poir.) Roem. & Schwltes 无毛。

大米草 *Spartina anglica* Hubb.

【形态特征】 多年生草本,具根状茎。秆直立高 30～150 cm,叶舌为一圈密生的纤毛;叶片狭披针形,长约 20 cm,宽 7～15 mm,中脉在上面不明显。穗状花序长 7～11 cm,劲直而靠近主轴,序轴无毛 3 棱,穗轴顶端延伸成刺芒状。颖果圆柱状,长约 10 mm。花期 5～11 月,果期 10～12 月。

【地理分布】 产苏北海岸。生于海滩潮间带的中潮带。

原产英国南海岸,是欧洲海岸米草和美洲米草的天然杂交种。我国北起辽宁、南至广东沿海均有栽培。

【饲料】 嫩叶及地下茎有甜味、草粉清香,马、骡、黄牛、水牛、山羊、绵羊、奶山羊、猪、兔皆喜食。此外鹅、鱼也喜食。营养成分为:粗脂肪 39%～40.5%,粗蛋白 39.3%～45.5%,粗纤维 63.6%～66%,无氮浸出物 46%～48.5%。反刍动物对大米草消化率也较高,是一种优良牧草。可全年放牧,割草堆贮全年均可用。由于赖氨酸含量较少,宜混饲。鲜草、干草、青贮、草粉、粉浆发酵等方式均可用。饲鲜草前最好先浸泡一夜,待凉后用,否则需多给家畜饮水。我省沿海滩涂地区还有互花米草 S. *alterniflora* Loisel.

黄背草(菅草) *Themeda triandra* Forsk.

【形态特征】 多年生簇生草本。秆直立,高 0.5～1.5 m。光滑无毛,实心,髓白色。叶鞘包秆,常被疣基硬毛。叶片线形,下面常被白粉。大型圆锥花序多回复出,长 30～40 cm,总状花序长 15～17 mm总苞佛焰苞状。颖果长圆形。花果期 6～12 月。

【地理分布】 产江苏各地。生于山坡、路旁、林缘等荒脊土地。

分布于安徽、福建、贵州、海南、湖北、河北、河南、江西、四川、山东、陕西、台湾、西藏、云南、浙江;日本、朝鲜也有。

【饲料】 干草含水 10.44%,粗蛋白质 6.12%,粗脂肪 2.22%,无氮浸出物 48.93%,粗纤维 26.88%,粗灰分 5.39%,钙 0.43%,磷酸 0.18%。

水鳖 *Hydrocharis dubia* (Bl.) Back.

【形态特征】 多年生水生飘浮植物,匍匐茎顶端生芽,须状根长达 30 cm。叶簇生,圆状心形,直径 3～5 cm,全缘,上面深绿色,下面略带红紫色,有宽卵形蜂窝状贮气组织;

有长柄;叶脉弧形5至多条。花白色。果实浆果状,卵圆形,直径约0.7 cm,6室。种子椭圆形,多数。花果期8~10月。

【地理分布】 产江苏各地。生于河溪、沟渠中。

全国各地广泛分布;亚洲其他地区及大洋洲也有。

【饲料】 饲料植物。

竹叶眼子菜(马来眼子菜) *Potamogeton wrightii* Mosong

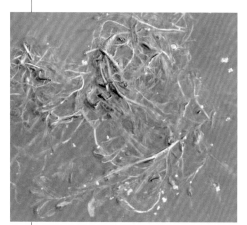

【形态特征】 多年生沉水草本,有根状茎。茎细长,不分枝或少分枝。叶互生,条状矩圆形或条状披针形,长8~16 cm,宽1~2 cm,边缘明显浅波状,有不明显的细锯齿。穗状花序腋生;开花时伸出水面,花小,绿色。果倒卵形,背部有3隆脊,中间1条凸出,喙短。花果期6~10月。

【地理分布】 产江苏各地。生于湖泊、池塘、灌渠和河流等。

除山西、甘肃、宁夏外,分布于中国南北各省。还见于西亚、印度西北部和东北部、东南亚各国、日本、非洲、澳大利亚、婆罗洲、马利亚纳群岛和琉球群岛等。

【饲料】 营养价值较高,是草食性鱼类的饵料和猪、鸭的良好饲料。在沉水植物中,草鱼对竹叶眼子菜的选择系数最大。竹叶眼子菜的地下根状茎是鹤类、天鹅等冬候鸟最喜掘食的对象。

江苏常见同属植物:

菹草 *P. crispus* Linn.产江苏各地。生于池塘、湖泊、溪流中,静水池塘或沟渠较多,水体多呈微酸至中性。草食性鱼类的良好天然饵料。小眼子菜 *P. pusillus* Linn.产江苏各地。生于池塘或沟渠。鲜草有腥味,牛、马不食,猪和鸡鸭喜食,干制后气味大减,各种家畜都喜食。

大薸(水浮莲) *Pistia stratiotes* Linn.

【形态特征】 多年生浮水草本,须根发达,悬垂水中。主茎短缩,叶簇生于其上,呈莲座状,倒卵状楔形倒卵形、扇形,先端钝圆而呈微波状,叶脉扇状伸展。花序生于叶腋间;肉穗花序,稍短于佛焰苞。果为浆果,内含种子10~15粒,椭圆形,黄褐色。花期6~7月。

【地理分布】 产苏南。生于湖泊、池塘等

静止水面。

长江以南地区广泛栽培;广泛分布于亚洲、非洲、美洲的热带和亚热带地区。

【饲料】 水生植物,含水较多,纤维少,比较柔嫩,是南方养猪普遍利用的一种青饲料。根茎叶都很柔嫩,含粗纤维少,常打浆或切碎混以糠麸喂猪,多为生喂或发酵后喂,也有制成青贮喂的。据分析,全草含蛋白质 1.25%,脂肪 0.75,碳水化合物和淀粉 9% 以及少量矿物质。是产量高、易培植、营养价值高的饲料。

浮萍(小浮萍) *Lemna minor* Linn.

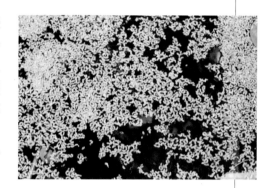

【形态特征】 浮水小草本,根 1 条,长 3～4 cm,纤细,根鞘无附属物。叶状体对称,倒卵形、椭圆形或近圆形,长 1.5～6 mm,两面平滑,绿色,全缘,不透明,具不显明的 3 脉纹。生于叶状体边缘开裂处,佛焰苞囊状。果实圆形近陀螺状,无翅或具窄翅。种子 1 粒,具凸起的胚乳和不规则的凸脉 12～15 条。花期 4～6 月,果期 5～7 月。

【地理分布】 产江苏各地。生长于池沼、水田、湖泊或静水中。常与紫萍混生。

全国广泛分布;全世界温暖地区均有分布。

【饲料】 可作家禽饲料。

紫萍(紫背浮萍) *Spirodela polyrrhiza* (Linn.) Schleid.

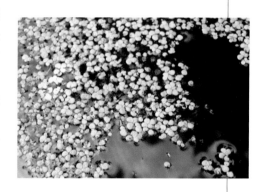

【形态特征】 一年生浮水草本。根 5～11 条束生,纤维状。叶状体扁平,倒卵状圆形,上面稍向内凹,深绿色,下面呈紫色,具掌状脉 5～11 条。花单性,雌雄同株,佛焰苞袋状,内有 1 雌花及 2 雄花。果实圆形,边缘有翅。花期 6～7 月。

【地理分布】 产江苏各地。生于池沼、稻田、水塘及静水河面。

全国南北各地均有分布;全世界热带及温暖地区均有分布。

【饲料】 可作猪饲料,鸭也喜食,为放养草鱼的良好饵料。

水烛(狭香蒲) *Typha anguclifolia* Linn.

【形态特征】 多年生水生或沼生草本。高 1～2.5 m。根状茎粗壮,横点,乳白色有节。叶线形,长 40～100 cm,宽 5～10 mm,上部扁平,中下部腹面微凹,下部横切面半圆形,海绵状,基部鞘状,抱茎,具白色膜质边缘。穗状花序圆锥状,雄花序与雌花序彼此不连接,相距 2.5～7 cm。小坚果椭圆形或长椭圆形,有 1 纵沟。果皮有长形褐色斑点。花果期 5～8 月。

【地理分布】 产南京、如东。生于湖泊、池塘、河旁、沟边。

分布于黑龙江、吉林、辽宁、内蒙古、陕西、山西、河北、河南、安徽、浙江、台湾、江西、湖北、湖南、广东、广西、贵州、四川、西藏及云南；菲律宾、日本、俄罗斯及大洋洲等地也有。

【饲料】 幼嫩的叶为良好的饲料，其根含有淀粉，也可作饲料。

第二章

绿 肥 植 物

　　绿肥植物是以其新鲜植物体经过就地翻压或沤、堆制肥为主要用途的植物的总称。绿肥作物多属豆科,在轮作中占有重要地位,多数可兼作饲草。

　　中国利用绿肥历史悠久。公元前200年前,为锄草肥田时期。公元2世纪末以前,为养草肥田时期(指在空闲时,任杂草生长,适时犁入土中作肥料)。公元3世纪初,开始栽培绿肥作物,当时已种植苕子作稻田冬绿肥。公元5世纪以后,绿肥广泛栽培。到唐、宋、元代,绿肥的种类和面积都有较大发展,使用技术广泛传播。至明、清时绿肥作物、粮、棉、肥间作、套种期,绿肥种类已达10多种。20世纪30~40年代又引进毛叶苕子、箭筈豌豆、草木犀和紫穗槐等。现在种植区域已遍及全国。

　　世界上农业发达国家都把厩肥、绿肥和种植豆科作物等,作为增加土壤养分的主要来源。20世纪80年代以来,由于世界性能源危机和环境污染,豆科作物和生物固氮资源的利用又引起高度重视。

　　绿肥作物现一般采用轮作、休闲或半休闲地种植,除用以改良土壤以外,多数作为饲草,而以根茬肥田,或作为覆盖作物栽培以保持水土和保护环境。

　　绿肥植物常见栽培方式有:粮肥轮作;粮肥复种;粮肥间作套种;果园、林地间套种;农田闲隙地、荒地种植;非耕地营造绿肥林;水面放养水生绿肥作物。绿肥作物的栽培利用,应实行种植业、养殖业结合,用地、养地结合,多种用途相结合。

槐叶苹(蜈蚣藻) *Salvinia natans*（Linn.）All.

　　【形态特征】　一年生浮水蕨类。茎横走,长3~10 cm,有毛,无根。叶3片轮生,均有柄,2片漂浮水面,1片沉水;浮水叶在茎的两侧紧密排列,形如槐叶,叶片矩圆形或长卵形,全缘,上面淡绿色,侧脉有刺毛,下面被棕色透明的毛茸;沉水叶,细裂如丝。孢子囊果4~8枚,聚生于沉水叶的基部。孢子期9~12月。

　　【地理分布】　产江苏各地。生于水田、沟塘和静水溪河内。

　　广布于我国长江以南及华北、东北各地;越南、印度、日本和欧洲也有。

　　【绿肥】　可作基肥,也可作追肥,鲜草含氮0.21%,磷酸0.07%,氧化钾0.13%。

满江红（红浮萍）*Azolla pinnata* Brown subsp. *asiatica* Saun. et Fowler

【形态特征】 小型漂浮水生蕨类。植株体态卵形或三角形。根状茎横走,羽状分枝,向水下生出须根。叶互生,成2行并列于茎上,斜方形或卵形,全缘,无柄;叶片绿色,成熟时红色,上面有多数乳状突起,下面有空腔,内含胶质,有蓝藻共生其中。孢子果有大小2种,成对生于侧枝第一片叶的下面;大孢子果小,长卵形,果内有一大孢子囊,内含1个大孢子;小孢子果大,球形,果内有许多小孢子囊,各含64个小孢子。

【地理分布】 产江苏各地。生于稻田或池沼中。

分布于长江以南各省区;日本、朝鲜半岛也有。

【绿肥】 常与有固氮作用的项圈藻共生,为优良的绿肥。

芡实（鸡头米）*Euryale ferox* Salisb. ex Konig & Sims

【形态特征】 一年生大型水生植物,茎叶都有刺。叶花漂浮水面;叶有沉水和浮水两种,浮水叶大型圆形至椭圆肾形,盾状养生。径可达1.3 m,叶面具刺,下面带紫色;花紫红色。浆果(芡实)圆球形,紫红色,外皮有刺。具黑色种子。花期6~7月,果期8~9月。

【地理分布】 产江苏各地。生于池塘湖沼。

分布于黑龙江、吉林、辽宁、河北、河南、山东、安徽、浙江、福建、湖北、湖南及广西;俄罗斯、朝鲜、日本、印度也有。

【绿肥】 全草可作绿肥。

空心莲子草（水花生）*Alternanthera philoxeroides*（Mart.）Griseb.

【形态特征】 多年生宿根草本植物。根为不定根系,茎有节,节上生须根。基部匍匐,上部上升中空,有分枝。叶长卵形。全缘。头状花序单生于叶腋,总花梗长1~4 cm;花白色,长圆形。胞果扁平。花期6~9月,果期8~10月。

【地理分布】 产江苏各地。生于村庄附近草坡、水边、田边潮湿处。

原产巴西,1930年传入中国,在上海郊区栽培用作养马饲料,20世纪50年代,中国南方一些省市将其作为猪羊饲料推广,随后又被进一步引入中国长江流域及南方各省。

【绿肥】 优质绿肥,鲜茎叶中含氮0.15%~0.2%,磷酸0.09%,氧化钾0.57%。

江苏常见同属植物:莲子草 *A. sessilis*（Linn.）DC. 产江苏各地。生于村庄附近草坡、水边、田边潮湿处。原产南美洲,目前已经在热带、亚热带和暖温带地区广泛归化。

葎草 *Humulus scandens*（Lour.）Merr.

【形态特征】 多年生蔓生草本。茎长 1～5 m,通常群生,茎和叶柄上有细倒钩,叶片近肾状五角形,掌状深裂,茎喜缠绕其他植物生长。雌雄异株,雄株 7 月中下旬开花,花序圆锥状;雌株 8 月上中旬开花,花序为穗状。花期 6～10 月,果期 8～11 月。

【地理分布】 产江苏各地。生于沟边、路旁荒地。

除新疆、青海、宁夏及内蒙古外,南北各地均产;日本及越南也有。

【绿肥】 产量高,植物体内含矿物元素丰富,其氮、磷、钾的含量依次为 3.36%、0.40% 和 1.02%,已超过或近似紫云英的含量,可沤制肥料。

菱 *Trapa natans* Linn.

【形态特征】 一年生水生草本。叶二型,沉浸叶羽状细裂,漂浮叶聚生于茎顶,成莲座状,三角状菱形,边缘具齿,背面脉上被毛;叶柄长 5～10 cm,中部膨胀成宽约 1 cm 的海绵质气囊,被柔毛。花白色,单生于叶腋。坚果连角宽 4～5 cm,两侧各有一硬刺状角,紫红色;角伸直,长约 1 cm。花期 5～10 月,果期 7～11 月。

【地理分布】 江苏各地的湖泊、池塘中广泛栽培。菱在中国已有三千多年的栽培历史。是我国水生蔬菜中种植面积最大,分布最广的种类。品种很多。依据果实坚果上角的有无和数目分为无角菱、三角菱和四角菱。

全国广为栽培;日本、朝鲜、印度及巴基斯坦也有。

【绿肥】 枝叶可作绿肥。

田皂角（合萌）*Aeschynomene indica* Linn.

【形态特征】 一年生亚灌木状草本,高 30～100 cm,无毛。羽状复叶;小叶 20 对以上,线状长圆形,上面密生腺点,下面具白粉。总状花序腋生,短于叶,花少数;花黄色带紫纹。荚果条状矩圆形,微弯,有 6～10 荚节,荚节平滑或有小瘤突。花期 7～8 月,果期 8～10 月。

【地理分布】 产江苏各地。生于灌丛、旷野、水边。

分布于吉林、辽宁、河北、山西、河南、山东、安徽、浙江、福建、台湾、江西、湖北、湖南、广东、香港、海南、广西、贵州、云南、四川及陕西;非洲、大洋洲、亚洲热带地区及朝鲜和日本也有。

【绿肥】 优良的绿肥植物。根瘤和叶瘤均有固氮能力,植株含氮丰富,生长 32 天其干物质成分如下:N 3.29%,P$_2$O$_5$ 0.66%,K$_2$O 0.69%。

紫穗槐 *Amorpha fruticosa* Linn.

【形态特征】 落叶灌木,高 1～4 m,丛生。奇数羽状复叶互生,小叶 11～25,长椭圆形,具明显油腺点。穗状花序密集顶生或近枝端腋生,花紫色。荚果短镰形,下垂密被瘤状腺点,不开裂。花期5～6月,果期7～8月。

【地理分布】 产江苏各地。栽培或逸为野生,抗逆性极强,在荒山坡、道路旁、河岸、盐碱地均可生长。

原产美国东北部和东南部,20 世纪初我国引入栽培。

【绿肥】 为高肥效高产量的"铁杆绿肥"。据分析,每 500 kg 紫穗槐嫩枝叶含氮 6.6 kg、磷 1.5 kg、钾 3.9 kg。可一种多收,当年定植秋季每亩收青枝叶 5 000 多 kg,种植 2～3 年后,每亩每年可采割 1 500～ 2 500 kg,足够供三四亩地的肥料。多有根瘤菌,用于改良土壤又快又好。

紫云英 *Astragalus sinicus* Linn.

【形态特征】 二年生草本。茎多分枝或匍匐,高 10～30 cm,无毛。羽状复叶;小叶 7～13,宽椭圆形或倒卵形,上面近无毛,下面有白色长毛。总状花序近伞形,有 5～10 朵花;花紫红色或白色。荚果条状矩圆形,微弯,长 1～2 cm,黑色,无毛,具突起的网纹。花期 2～6 月,果期3～7 月。

【地理分布】 产江苏各地。庭园栽培或逸为野生。分布于台湾、福建、江西、湖北、湖南、广东、广西、贵州、四川、云南及陕西。

【绿肥】 多在秋季套播于晚稻田中,作早稻的基肥,是我国稻田最主要的冬季绿肥作物。

杭子梢 *Campylotropis macrocarpa*（Bunge）Rehd.

【形态特征】 落叶灌木,高达 2.5 m,幼枝近圆柱形,密被绢毛。复叶互生,3 小叶,椭圆形至长圆形,叶背有淡黄色柔毛。花紫红色,排成腋生密集总状花序,花梗在萼下有关节。花期 8～9 月,果期 9～10 月。

【地理分布】 产江苏各地。生于山坡、山沟、林缘、疏林下。

分布于华北、华东地区及辽宁、江西、福建、陕西、甘肃;朝鲜也有。

【绿肥】 一种很好的水土保持植物。枝叶中氮、钙、磷含量很高,可沤制绿肥。

野百合 *Crotalaria sessiliflora* Linn.

【形态特征】 直立草本,高 20～100 cm;茎有平伏长柔毛。叶条形或条状披针形,下面有平伏柔毛。总状花序顶生或腋生,有花 2～20 朵;花紫色或淡蓝色,与萼等长。荚果圆柱形,与宿存萼等长,下垂紧贴于茎;种子 10～15,肾形。花果期 5 月至翌年 2 月。

【地理分布】 产江苏各地。生于荒地、路旁、山坡草地。

分布于辽宁、河北、山东、安徽、浙江、福建、台湾、江西、湖北、湖南、广东、香港、海南、广西、贵州、云南、四川西南部及西藏东南部;中南半岛、南亚、太平洋诸岛及朝鲜、日本也有。

【绿肥】 含有丰富的氮、磷、钾,可作绿肥,有改良土壤之效。

截叶铁扫帚 *Lespedeza cuneata* (Dum. Cours.) G. Don

【形态特征】 直立小灌木,高达 1 m。枝细长,被微柔毛。三出复叶互生,小叶 3 枚,密集,叶柄极短,长不及 2 mm;小叶楔形或线状楔形。花 1～4 朵生于叶腋,具极短的柄;花淡黄色或白色;闭锁花簇生于叶腋。荚果宽卵形或近球形,被伏毛。花期 7～8 月,果期 9～10 月。

【地理分布】 产江苏各地。生于山坡、路旁。

分布于山西、山东、河南、安徽、浙江、福建、台湾、江西、湖北、湖南、广东、广西、贵州、云南、西藏、四川、陕西及甘肃;朝鲜、日本、印度、巴基斯坦、阿富汗及澳大利亚也有。

【绿肥】 可用作绿肥。

小苜蓿 *Medicago minima* Linn.

【形态特征】 一年生草本,高 5～30 cm;茎从基部分枝多而铺散,全株有白色伸展疏柔毛。羽状小叶 3,中间小叶倒卵形,两面均有白色柔毛,两侧小叶略小。头状花序,腋生,有花 3～8 朵。花淡黄色。荚果球形旋转 3～5 圈,这缝线具 3 条棱、棱上具棘刺,刺端钩状,有种子数粒;种子肾形,平滑,棕色。花期 3～4 月,果期 4～5 月。

【地理分布】 产江苏各地。生于荒坡、河岸、草地、路旁。

分布于华东、华中及河北、山西、四川;欧亚大陆、非洲广泛分布,传播到美洲。

【绿肥】 2～4 龄的苜蓿草地,每亩根量鲜重可达 1 335～2 670 kg,每亩根茬中约含氮 15 kg,全磷 2.3 kg,全钾 6 kg。每亩每年可从空气中固定氮素 18 kg,相当于 55 kg 硝酸铵。

江苏常见同属植物还有:紫苜蓿（紫花苜蓿）*M. sativa* Linn.

田菁 *Sesbania cannabina*（Retz.）Poiret.

【形态特征】 一年生草本,高约 3 m。茎直立,经色,被白粉。偶数羽状复叶;小叶 20～30 对,条状矩圆形,两侧不对称,两面密生褐色小腺点。2～6 朵排成腋生疏松的总状花序;花冠淡黄色,旗瓣无。荚果圆柱状条形。种子多数,矩圆形,黑褐色。花期 9 月,果期 10 月。

【地理分布】 产江苏各地。生于田间、路旁或潮湿地。耐潮湿和盐碱。

分布于山东、台湾、福建、湖北、广东、海南、四川及云南、内蒙古、河北、山西、浙江、江西及广西,栽培或逸为野生。欧洲、亚洲及大洋洲热带地区也有。

【绿肥】 优良的夏季绿肥作物,也可作为饲料。由于固氮能力较强,植株养分含量丰富,翻压后改土增产效果显著,特别是在低洼易涝的盐碱地区。盐碱地上种植利用田菁,可以明显降低耕层土壤盐分,耕层盐分平均下降 30%～50%。

白车轴草（白三叶）*Trifolium repens* Linn.

【形态特征】 多年生草本,高 10～30 cm。茎匍匐蔓生,上部稍上升,全株无毛。三出复叶,小叶倒卵形至倒心形,叶面具"V"字形斑纹或无。花序呈头状,含花 40 至 100 余朵,总花梗长;花白色,有时带粉红色。荚果倒卵状长形,含种子 1～7 粒;种子肾形,黄色或棕色。花果期 5～10 月。

【地理分布】 原产欧洲。我国各地均有引种或逸为野生,大片生于路边、林缘或草坪中。

【绿肥】 绿肥植物为优良牧草。

小巢菜 *Vicia hirsuta*（Linn.）Gray

【形态特征】 一年生草本,高 10～90 cm,攀缓或蔓生,无毛。羽状复叶,叶轴末端有分枝卷须;小叶 8～16,线形或窄长形。总状花序腋生,短于叶,有 2～5 朵花;花白色或淡紫色。荚果矩圆形,扁,长 7～10 mm,有黄色柔毛;种子 2,扁圆形,两面凸出。花果期 2～7 月。

【地理分布】 产江苏各地。生于山沟、田野。

分布于河南、山东、安徽、浙江、福建、台湾、江西、湖北、湖南、广东、广西、贵州、云南、西藏、四川、青海、甘肃及陕西;北美、北欧、俄罗斯、日本及朝鲜也有。

【绿肥】 绿肥植物。

江苏常见同属植物还有：

山野豌豆 *V. amoena* Fisch. 产徐州、灌云。窄叶野豌豆 *V. angustifolia* Linn. 产江苏各地。大花野豌豆 *V. bungei* Ohwi 产苏北、南京。广布野豌豆 *V. cracea* Linn. 产苏南。假香野豌豆 *V. pseudo-orobus* Fich. et Meyer 产赣榆。救荒野豌豆 *V. sativa* Linn. 产江苏各地。四籽野豌豆 *V. tetrasperma*（Linn.）Schreber 产江苏各地。歪头菜 *V. unijuga* A. Br. 产江苏各地。

盐肤木 *Rhus chinensis* Mill.

【形态特征】 落叶小乔木，高 5～10 m，小枝被柔毛，有皮孔。奇数羽状复叶，叶轴具宽翅，小叶 7～13，椭圆形或卵状椭圆形，小叶边缘有粗锯齿，有柔毛。圆锥花序顶生，直立，宽大；花黄白色。核果近扁圆形，成熟后红色。花期 8～9 月，果期 10 月。

【地理分布】 产江苏各地。生于向阳山坡及沟谷、溪边的疏林、灌丛和荒地。

除黑龙江、吉林、内蒙古和新疆外，其余各省区均有分布；也见于日本、中南半岛、印度至印度尼西亚。

【绿肥】 嫩茎叶中含氮 0.43%、磷酸 0.11%、氧化钾 0.43%。每年 5～10 月可割青 2～3 次，成片栽植年累计采青可达 4 吨/亩，因其茎叶柔软多汁易腐烂分解，是一种很好的绿肥。

荇菜（莕菜）*Nymphoides peltata*（Gmel.）O. Kuntze

【形态特征】 多年生水生草本，茎多分枝，沉水中，具不定根。叶漂浮，圆形。花簇生于叶腋，黄色。蒴果长椭圆形，直径 2.5 cm；种子边缘具纤毛。花期 4～8 月，果期 6～9 月。

【地理分布】 产江苏各地。生于池塘、湖泊。

分布于黑龙江、吉林、辽宁、内蒙古、河北、江西、湖北、湖南、贵州、云南、陕西及河南；中欧、俄罗斯、蒙古、朝鲜、日本、伊朗、印度及克什米尔地区也有。

【绿肥】 产草量高，肥分含量也高，在果熟之前收获，可作绿肥用。

藿香蓟（胜红蓟）*Ageratum conyzoides* Linn.

【形态特征】 一年生草本，高 50～100 cm。茎直立，多分枝。叶卵形。叶柄被白色短柔毛及黄色腺点。头状花序于茎顶排成伞房状；花淡紫色，全部管状，花果期全年。瘦果黑褐色，5 棱，冠毛膜片状。

【地理分布】 在苏南逸生成入侵植物，茶园、果园和荒地大量发生。生于山谷、山坡

林下或林缘,荒地、果园、茶园常有生长。

原产中南美洲。作为杂草已广泛分布于非洲全境、印度、印度尼西亚、老挝、柬埔寨、越南等地区和国家。目前在浙江、江西、福建、台湾、广东、香港、澳门、广西、海南、贵州、湖南、四川、重庆、云南、西藏(东南部)均有。

【绿肥】 藿香蓟对橘树的化感抑制及竞争作用并不明显。在柑橘园中引种藿香蓟,可以迅速排除其他杂草。而且覆盖或翻埋藿香蓟植株,可以增加土壤的肥力,改善柑橘树的生长条件。

苦苣菜 *Sonchus oleraceus* Linn.

【形态特征】 一年生草本,高30~100 cm。全株有白色乳汁。根纺锤状。茎不分枝或上部分枝,无毛或上部有腺毛。叶羽状深裂或大头状羽状全裂,基部扩大抱茎。头状花序在茎端排成伞房状;舌状花黄色。瘦果长椭圆状倒卵形,压扁,褐色,边缘有微齿,两面各有3条高起的纵肋,雀毛白色。

【地理分布】 产江苏各地。生于山谷、林缘、田野草坡。

分布于辽宁、河北、山西、陕西、甘肃、青海、新疆、山东、安徽、浙江、江西、福建、台湾、河南、湖北、湖南、广西、四川、云南、贵州、西藏。世界广布。

【绿肥】 结合农田灭杂,可收集起来用作饲料或沤制绿肥。

凤眼蓝(凤眼莲,水葫芦) *Eichhornia crassipes*(Mart.)Solms

【形态特征】 多年生浮水草本。须根发达,茎短缩,具匍匐茎。叶呈莲座状基生,叶片卵形,倒卵形或圆形,光滑,有光泽,叶柄中下部膨大呈葫芦状气囊。穗状花序有花6~12朵,蓝紫色。蒴果卵形,种子有棱。花期6~9月,果期8~10月。

【地理分布】 产江苏各地水塘、沟渠、湖泊。

原产巴西。现广布于长江、黄河流域及华南各地。

【绿肥】 用作绿肥,每50 kg鲜草相当于过磷酸钙0.22 kg,硫酸钾0.07 kg,肥效较高。

菹草 *Potamogeton crispus* Linn.

【形态特征】 多年生沉水草本,根状茎细长。茎多分枝,侧枝顶端常结芽苞,脱落后长成新植株。叶宽披针形或条状披针形,顶端钝或尖锐,边缘波状而有细锯齿,脉3~5条。穗状花序顶生。小坚果宽卵形,长3 mm,背脊有齿,顶端有长2 mm的喙,基部合生。花期4~7月,果期7~9月。

【地理分布】 产江苏各地。生于池塘、湖泊、溪流中,静水池塘或沟渠较多,水体多呈微酸至中性。

分布于全国各地。全世界范围内广布。

【绿肥】 绿肥植物。

江苏常见同属植物：

光叶眼子菜 *P. lucens* Linn. 产苏州。生于静水池沼及沟渠中。

大薸（水浮莲）*Pistia stratiotes* Linn.

【形态特征】 多年生浮水草本，须根发达，悬垂水中。主茎短缩，叶簇生于其上，呈莲座状。叶倒卵开有、倒卵状楔形或扇形，先端钝圆而呈微波状。花序生于叶腋间，总花梗短，佛焰苞长约1.2 cm，背面被毛；肉穗花序，稍短于佛焰苞。果为浆果，内含种子10～15粒，椭圆形，黄褐色。花期6～7月。

【地理分布】 产苏南。生于湖泊、池塘。

长江以南地区广泛栽培；广泛分布于亚洲、非洲、美洲的热带和亚热带地区。

【绿肥】 鲜草的养分含量，氮为0.22％，磷酸0.06％，氧化钾0.11％，既可以作基肥，也可以作追肥。

第三章

野 生 蔬 菜

野生蔬菜是指至今未被人工栽培或未被广泛栽培的可供人们食用的植物以及部分真菌、藻类的总称。主要包括目前还在野生状态下,没有人工栽培或极少有人工栽培用作蔬菜的植物,如蕨菜、荠菜;同时也有部分人工栽培植物,如荠菜、香椿、蕺菜、马齿苋、水芹等。

中国自古就采食野生蔬菜,在2 500年前的《诗经》中已有采蓝、采苕、采韭、采薇、采艾等的记载。历代农书,如《千金食治》《食疗本草》《本草纲目》《救荒本草》《神农本草经》和《植物名实图考》等古籍中,也都有关于野生蔬菜的分布、特征、采食方法的记述。

野菜是一种宝贵的植物资源,在无化肥、农药条件下的天然绿色食品,由于风味独特,营养价值高,有些还具有保健和医疗价值,日益受到人们的青睐。随着农村经济的迅速发展,我国野菜资源的开发利用受到重视,由原来的自采自食阶段转向工厂化生产、加工和销售。有些地区建立了野菜加工厂。已开发的野菜食品种类包括保鲜菜、野菜干、野菜罐头、野菜汁、腌渍品等。

食用野菜的安全问题特别需要关注,尤其是自采自食的人群。首先,要做到种类的准确,有些种类很相似也可能是有毒的,果实形状类似八角的莽草,叶形状似芹菜的毒芹,根部状似人参的玉竹、商陆,食用部位的准确,在适宜时间采摘也是要注意的事项;其次,要避免有毒植物的混入;最后,有些野菜本身就是有毒的,要采用正确的加工方式。有些传统野菜虽然食用历史悠久,但现代科学研究表明对人体有不良影响,应放弃。如蕨菜、三七菜等。

野生蔬菜的食用方法需根据有毒物质的含量来确定,如已知无毒和无苦涩味的野菜可以生食。有些植物含微量有毒物质,经过水浸泡和加热处理就能消除或减少所含毒草质,也可食用。稍有苦味的,可在开水中煮3~5 min,再用清水浸泡1 h,即可调制凉拌菜。有的可不经水煮(如苦苣菜),洗净后直接凉拌食用。无毒和无特殊气味者可炒食、作馅或做汤。对有些具苦、涩味和有轻微毒性的野生蔬菜(如蕺菜、酢浆草),在开水或盐水中煮5~10 min,然后用清水浸泡数小时,再行炒食或蒸食。有些野菜(如蕨菜)经腌渍后别有风味。蕺菜用糖醋浸渍后十分可口,又不失其香气。野菜干制已是中国的传统方法,如野生的金针菜、木耳、蘑菇、发菜等都是名贵的干菜制品。百合、野山药和马齿苋等野菜也可干制。

问荆 *Equisetum arvense* Linn.

【形态特征】 多年生草本,高30~60 cm。根状茎横生地下,黑褐色。地上茎直立,二型,有生殖枝和营养枝之分。营养枝绿色多分枝,中空,有棱脊6～15条。退化叶,鳞片状,下部联合成鞘。生殖枝早春先发,常为紫褐色,肉质,不分枝。孢子囊穗顶生。

【地理分布】 产苏北。生田边、沟边、道旁和住宅附近,常成片生长,是一种随人的蕨类。

分布于东北、华北、西北、华东、华中及西南各省区;日本、朝鲜半岛、喜马拉雅、俄罗斯及欧洲、北美洲等也有。

【野菜】 问荆的生殖枝营养丰富,味美可口。营养枝有毒,不可混淆。

紫萁 *Osmunda japonica* Thunb.

【形态特征】 多年生蕨类,高50～80 cm。根茎短块状,斜升。叶二型;营养叶三角状阔卵形,顶部一回羽状,下部二回羽状,小羽片矩圆形或矩圆披针形;孢子叶的小羽片极狭,卷缩成线形,沿主脉两侧密生孢子囊,成熟后枯死。

【地理分布】 产苏南。生于山地林缘、坡地的草丛中。

我国暖温带及亚热带最常见的一种蕨类,向北分布至秦岭南坡;越南、印度、北部喜马拉雅地区、朝鲜半岛及日本也有。

【野菜】 孢子体嫩芽的加工品称为薇菜。采集雌株(呈扁圆形或耳形)去卷头、叶子和绒毛。可鲜食,或下沸水锅焯3～4 min,经翻晒和搓揉而成干品,吃前用温水泡发。紫萁鲜嫩味美,营养丰富,是上乘食补佳品和美味佳肴。

苹(田字苹) *Marsilea quadrifolia* Linn.

【形态特征】 多年生蕨类,高5～20 cm。根茎细长,横生,分枝,顶部有淡褐色毛,茎节远离,向上生长1至数叶。小叶4片,十字状,草质,无毛,倒三角形,浮于水面;叶脉明显。叶柄长5～20 cm,孢子果长圆肾形,幼时被密毛,后变无毛。孢子期夏秋。

【地理分布】 产江苏各地。生于静止浅水里。常见于水池或稻田中。

分布于长江以南各省区,北达华北和辽宁;世界温、热两带地区也有。

【野菜】 春、夏、秋均可采食,嫩茎叶洗净炒食或做汤。

全草入药。味甘,性寒。清热、利水、解毒、止血。

蕨 *Pteridium aquilinum* (Linn.) Kuhn var. *latiusculum* (Desv.) Underw. ex Heller

【形态特征】 多年生蕨类,高达1 m。根状茎长而横走。叶片三角形或阔披针形,革质,长30～100 cm,宽20～60 cm;三回羽状或四回羽裂;末回小羽片或裂片矩圆形,圆钝

头,全缘。孢子囊群生小脉顶端的联结脉上,沿叶缘分布;囊群盖条形,叶缘反折而成假盖。

【地理分布】 产江苏各地。生于光照充足偏酸性土壤的林缘或荒坡。

分布于全国各地;世界温带和暖温带地区广布。

【野菜】 嫩叶可食称蕨菜,有悠久的食用历史,唐《本草拾遗》记载:蕨,叶似老蕨,根如紫草。生山间,人作茹食之。叶拳卷未张开时可采,在石灰汤里煮去涩滑,然后晒干作蔬菜,味道甘美滑。也可以和醋食用。

叶、嫩芽及根茎有毒,牛羊食用过量会导致死亡,猪食之无碍。毒性物质可能是硫胺酶及其他成分;另据报道,蕨也有很强的致癌活性物质,人食用会导致癌症的发病率升高。宜慎食。

蕺菜(鱼腥草) *Houttuynia cordata* Thunb.

【形态特征】 多年生草本,高 15～50 cm。有腥臭味。根状茎,节上生根,无毛或被疏毛。叶宽卵状心形,基部心形,下面常带紫色,有细腺点。穗状花序顶生或与叶对生,总苞片 4,白色,花瓣状。蒴果卵圆形,顶端开裂。种子多数,卵形。花期 4～7 月,果期6～9 月。

【地理分布】 产苏南、扬州等地。生于沟边、溪边或林下湿地上。

分布于安徽、福建、甘肃、广东、广西、贵州、海南、河南、湖北、湖南、江西、陕西、四川、台湾、西藏、云南、浙江;亚洲东部和东南部也有分布。

【野菜】 全株具鱼腥气,根及茎叶均可作蔬菜用,夏、秋季采摘嫩茎叶,开水焯水,焯后清水漂洗,炒食或做汤,也可凉拌。冬、春季可挖嫩根茎洗净腌食。

嫩茎叶含挥发油(甲基正壬酮、丹桂油烯、羊脂酸、月桂醛),还含有鱼腥草素、蕺菜碱和多种维生素。虚寒症及阴性外疡者少食。

芡实(鸡头米) *Euryale ferox* Salisb.

【形态特征】 一年生大型水生植物,茎叶都有刺。叶花漂浮水面;叶有沉水和浮水两种,浮水叶大型,圆形至椭圆肾形,盾状着生,径可达 1.3 m,叶面具刺,下面带紫色;花紫红色。浆果(芡实),圆球形,紫红色,外皮有刺。种子黑色。花期 6～7 月,果期8～9 月。

【地理分布】 产江苏各地。生于池塘湖沼。

分布于黑龙江、吉林、辽宁、河北、河南、山东、安徽、浙江、福建、湖北、湖南及广西;俄罗斯、朝鲜、日本、印度也有。

【野菜】 嫩叶柄和花柄剥皮后可炒食。芡的种仁可做羹汤、甜食。种子也可酿酒,加工淀粉,晒干的种子可久贮备用。

马齿苋 *Portulaca oleracea* Linn.

【形态特征】 一年生肉质草本,全株无毛。茎平川,伏地铺散,多分枝。叶互生,倒卵形或全缘,厚而柔软。花淡黄色,通常3～5朵簇生于枝端,午时盛开,蒴果圆锥形,盖裂,种子多数。种子肾状卵形、黑色。花期6～9月,果期7～10月。

【地理分布】 产江苏各地。生于菜园、旱地和田梗、沟边、路旁。我国南北各地均产。

【野菜】 嫩茎叶可作蔬菜,味酸。春季及初夏在田间、路旁、原野、菜园采集嫩茎叶,去根,洗净泥土,用开水烫软,将汁液挤出。一般为凉拌、煮粥、做馅或煮汤,亦可配菜煎、炒。亦可制干菜,全株采收,用开水焯一下,或略蒸一下,杀青后晒制成干菜,冬季作包子、饺子馅料,美味可口。

全草味酸,性寒。有清热解毒、散血消肿的功效。

鹅肠菜(牛繁缕) *Myosoton aquaticum*（Linn.）Moench

【形态特征】 多年生草本,高50～80 cm。茎多分枝。叶对生,卵形或宽卵形。花序顶生枝端或腋生;花瓣5,白色,顶端2深裂达基部。蒴果5瓣裂,每瓣顶端再2裂。种子多数,近筒形,稍扁,褐色,有显著突起。花期5～8月,果期6～9月。

【地理分布】 产江苏各地。生于山坡、草地。

分布于我国南北各省区;欧亚温带地区广布。

【野菜】 春季采摘嫩茎叶。去杂洗净,入沸水锅焯一下,捞出洗净切段,煮汤或炒食。

全草味甘、酸,性平。有清热解毒、散瘀消肿的功效。

繁缕 *Stellaria media*（Linn.）Vill.

【形态特征】 直立一年生草本,高10～30 cm。茎或平卧的多分枝,上有一列短毛。叶卵形。聚伞花序顶生或单花腋生,花梗长约3 mm;具1列短毛花后伸长,下垂萼片5,有短腺毛;花瓣5,白色,比萼片短,2深裂近基部。蒴果卵形或矩圆形,顶端6裂;种子黑褐色,圆形,密生纤细的突起。花期6～7月,果期7～8月。

【地理分布】 产江苏各地。生于田间、路旁或溪边草地。

分布于全国各省区;为欧、亚广布种。

【野菜】 幼苗可食,又名鹅肠菜。

全草微苦、甘、酸,性凉。有清热解毒、凉血消痈、活血止痛、下乳的功效。

牛膝 *Achyranthes bidentata* Bl.

【形态特征】 多年生草本,高 70～120 cm。根圆柱形;茎有棱角或四方形,节部膝状膨大。叶卵形至椭圆形,或椭圆状披。穗状花序顶生和腋生,花后总花梗伸长,花向下折而贴近总花梗;花被花后硬化宿存包裹果实。胞果矩圆形,长 2～2.5 mm。花期 7～9 月,果期 9～10 月。

【地理分布】 产江苏各地。生于山坡林下、田野、路旁、荒地、麦田中。

分布于甘肃、陕西、山西、河南、河北、山东、安徽、浙江、福建、台湾、江西、湖北、湖南、广东、海南、广西、云南、贵州、四川及西藏;朝鲜、越南、俄罗斯、印度、菲律宾、马来西亚及非洲也有。

【野菜】 4～8 月采嫩茎叶炒食,味美,助消化。

刺苋 *Amaranthus spinosus* Linn.

【形态特征】 一年生直立草本,株高 30～100 cm。茎多分枝,绿色,有时带红色。叶菱状卵形或卵状披针形,叶柄光滑,基部两侧各有 1 刺,刺长 5～10 mm。圆锥花序腋生和顶生,花被片绿色,雄花有雄蕊 5,雌花有 2～3 花柱。胞果矩圆形,不规则横裂被宿存花被片包裹;种子近圆球形,黑色,花果期 7～11 月。

【地理分布】 产江苏各地。生于荒地或园圃。

分布于陕西、河南、安徽、浙江、江西、湖南、湖北、四川、云南、贵州、广西、广东、福建、台湾;原产热带美洲。

【野菜】 幼茎叶可作野菜,春、夏季采集幼苗、嫩茎叶。水烫,清水浸泡片刻。可炒食、凉拌、做汤或晒干菜。

江苏同属植物还有:尾穗苋 *A. caudatus* Linn.;凹头苋 *A. lividus* Linn.;反枝苋 *A. retroflexus* Linn.;皱果苋 *A. viridis* Linn. 等。

青葙(野鸡冠花) *Celosia argentea* Linn.

【形态特征】 一年生草本,高 30～90 cm。全株无毛。披针形或长圆状披外形,先端尖或长尖,基部渐狭且稍下延,全缘。穗状花序单生于茎顶,呈圆柱形或圆锥形,长 3～10 cm,苞片、小苞片和花被片膜质,白色光亮,花被片 5,白色或粉红色,披针形。胞果卵状椭圆形,盖裂。种子扁圆形,黑色,光亮。花期 5～8 月,果期 6～10 月。

【地理分布】 产江苏各地。生于坡地、路边、平原较干燥的向阳处。

分布于山东、安徽、浙江、福建、台湾、江西、湖北、湖南、广东、海南、广西、贵州、云南、四川、甘肃、陕西及河南；朝鲜、日本、俄罗斯、印度、越南、缅甸、泰国、菲律宾、马来西亚及非洲热带也有。

【野菜】 嫩茎叶作蔬菜、饲料。

藜（灰菜）*Chenopodium album* Linn.

【形态特征】 一年生草本，高达 150 cm。茎直立，粗壮，具棱。叶菱状卵形至宽披针形，先端急尖或微钝，基部宽楔形，边缘常有不整齐，下面密被灰白色粉粒。圆锥状花序顶生或腋生；花被片黄绿色。胞果完全包于花被内或顶端稍露；种子横生，双凸镜形，表面有不明显的沟纹。花果期 5～10 月。

【地理分布】 产江苏各地。生于田间、路边、荒地、宅旁。

分布于全国各地。全球温带至热带广布。

【野菜】 春夏季采嫩茎叶，水焯后用清水浸泡数小时后炒食或做汤。大量或长期食用有时会发生光过敏、浮肿或皮痒，茎端有红色粉粒的红心红叶更易引起反应，应避免采食。

地肤（扫帚草）*Kochia scoparia*（Linn.）Schrad.

【形态特征】 一年生草本，高 50～150 cm。茎直立，多分枝；分枝斜升，淡绿色或浅红色，生短柔毛。叶披针形或条状披针形，具 3 条明显的主脉；边缘有缘毛，两面生短柔毛，无柄。花序生于上部叶腋；花小。胞果扁球形，包于宿存的花被内；种子卵形黑褐色横生。花期 7～9 月，果期 8～10 月。

【地理分布】 产江苏各地。生于荒地、宅旁、路边。

分布于河北、山西、内蒙古、黑龙江、吉林、辽宁、山东、安徽、浙江、江西、福建、台湾、河南、湖北、湖南、广东、广西、陕西、宁夏、甘肃、青海、新疆、四川、云南、贵州、西藏；亚洲、欧洲及北美洲也有。

【野菜】 幼苗及嫩茎叶可凉拌、炒食、做馅、和面蒸食或烙饼，也可烫后晒成干菜贮备，食时用水发开。

盐地碱蓬 *Suaeda salsa*（Linn.）Pall.

【形态特征】 一年生草本，高 20～80 cm。茎直立绿色，晚秋变紫红色。无毛，多分枝，斜升。叶肉质条形，半圆柱状，先端尖或微钝。团伞花序，簇生于叶腋，构成间断的穗状花序，花被半球形，稍肉质，果期背部稍增厚，基部延生出三角状或狭翅状凸出物。胞果包于花被内，果皮膜质。种子横生，歪卵形或近圆形，稍扁，黑色，有光泽，表面网纹饰。花果期 7～10 月。

【地理分布】 产苏北沿海和盐碱地区。生于渠岸、荒野、湿地。

分布于黑龙江、吉林、辽宁、内蒙古、河北、陕西、山西、宁夏、甘肃、青海、新疆、山东、浙江;亚洲及欧洲也有。

【野菜】 嫩茎叶可食,采集嫩茎叶揉去汁浆,晒干,食用时用清水泡发洗净,可做成多种菜肴。沿海春夏多采食;种子也可食用。

萹蓄 *Polygonum aviculare* Linn.

【形态特征】 一年生草本,高 15～50 cm。茎丛生、平卧、斜展或直立。叶互生,椭圆形至披针形,叶柄短或近于无柄,基部具关节托叶鞘膜质,下部褐色,上部白色透明。花 1～5 朵簇生叶腋,花淡红或白色,瘦果卵形有棱。花期 6～8 月,果期 9～10 月。

【地理分布】 产江苏各地。生于山坡、田野、路旁。

分布于全国大部分地区;北温带广泛分布。

【野菜】 2～7 月份采摘嫩茎叶炒食或切碎后与面粉混合蒸食,亦可做干菜。

虎杖 *Reynoutria japonica* Houtt.

【形态特征】 多年生灌木状草本,高 1～1.5 m。根状茎横走,木质化,外皮黄褐色。茎直立,丛生,中空,表面散生红色或紫红色斑点。叶宽卵状椭圆形或卵形。圆锥花序腋生;花梗,中部有关节,上部有翅。瘦果椭圆形,有 3 棱,黑褐色,光亮。花期 6～7 月,果期 9～10 月。

【地理分布】 产江苏各地。生于山坡草地、林下、沟边、路旁。

分布于甘肃、陕西、河南、山东、安徽、浙江、福建、台湾、江西、湖北、湖南、广东、海南、广西、云南、贵州及四川;日本、朝鲜半岛也有。

【野菜】 嫩茎做蔬菜,根做冷饮料,置凉水中镇凉,冰箱冰镇尤佳,清凉解暑代茶。液汁可染米粉,别有风味。食用以其味酸故也称"酸汤杆"。

根茎及根可引起白细胞减少。所含鞣质可与维生素 B_1 永久结合,故长期大量服用虎杖时,应酌情补充维生素 B_1。

水蓼（辣蓼） *Polygonum hydropiper* Linn.

【形态特征】 一年生草本,高 40～80 cm。茎直立或倾斜,多节部膨大。叶片披针形,全缘,通常两面有腺点;托叶鞘筒形,膜质,紫褐色,顶端截形,有睫毛。穗状花序,顶生或腋生,细长,下部间断;漏斗状边缘膜质,每个苞内有 3～5 花;淡绿色或淡红色。瘦果卵形,扁平,双凸镜状或少有 3 棱,有小点,暗褐色,稍有光泽。花期 5～9 月,果期 6～10 月。

【地理分布】 产江苏各地。生于河滩、田野水边或山谷湿地。

我国南北各地均有分布；朝鲜、日本、印度尼西亚、印度及欧洲、北美也有。

【野菜】 3~4月采嫩苗或嫩叶，味辛，须先入沸水焯过，然后入凉水浸泡，换水数次，除尽辛味，炒食、凉拌或和面蒸食。

古代作为调味食用蓼，主指水蓼。地上部分味辛、苦，性平。有行滞化湿、散瘀止血、祛风止痒、解毒的功效。

《千金食治》记载："蓼食过多有毒，发心痛。和生鱼食之，令人脱气，阴核疼痛。妇人月事来，不用食蓼及蒜，喜为血淋带下。"

何首乌 *Fallopia multiflorum* (Thunb.) Harald.

【形态特征】 多年生缠绕草本。块根长椭圆状，外皮黑褐色。茎多分枝，常呈红紫色，中空，基部木质化。叶卵形或近三角形卵形，全缘，无毛。圆锥花序顶生或腋生，大而开展；花小，白色。瘦果椭圆状三棱形，黑褐色，光滑。花期6~9月，果期10~11月。

【地理分布】 产江苏各地。生于山谷灌丛、草坡、路边、灌木丛或石隙中。

分布于甘肃、陕西、河南、山东、安徽、浙江、福建、台湾、江西、湖北、湖南、广东、海南、广西、云南、贵州及四川；日本也有。

【野菜】 春秋季采嫩叶，水焯后炒食。块根即为中药何首乌，亦可制粉或酿酒。

戟叶蓼 *Polygonum thunbergii* Sieb. et Zucc.

【形态特征】 一年生草本，高30~70 cm。茎直立或上升，具纵棱，沿棱有倒生钩刺。叶戟形；叶柄有狭翅和刺毛；托叶鞘膜质，圆筒状，通常边缘草质，绿色，向外反卷。花序顶生或腋生；花白色或淡红色。瘦果卵形，有3棱，黄褐色，平滑，无光泽。花期7~9月，果期8~10月。

【地理分布】 产连云港、镇江、溧阳。生于山谷阴湿地、水边。

分布于陕西、甘肃、四川、贵州、云南、福建、安徽、广东、广西、河北、黑龙江、河南、湖北、湖南、江西、辽宁、内蒙古、山东、山西、台湾、浙江、吉林；朝鲜、日本及俄罗斯远东地区也有。

【野菜】 嫩叶可炒食或制干菜，果实磨粉，用水蒸煮，榨去黄色汁液后可制糕点。

全草味苦、辛，性寒。有祛风清热、活血止痛的功效。

酸模（猪耳朵） *Rumex acetosa* Linn.

【形态特征】 多年生草本，高30~100 cm，根茎肥厚，黄色。茎直立，通常不分枝。基生叶和茎下部叶箭形有长柄，叶长圆形，全缘或有时呈波状；茎上部叶，无柄而抱茎。

圆锥状花序顶生,雌雄异株,瘦果椭圆形,有3棱,暗褐色,有光泽。花期5～7月,果期6～8月。

【地理分布】 产江苏各地。生于山坡、路边荒地、山坡阴湿处。

全国大部分地区有分布;日本、朝鲜、俄罗斯、高加索、哈萨克斯坦及欧洲、美洲也有。

【野菜】 嫩茎叶可食,尝起来有酸溜口感,常被作为料理调味用。嫩茎剥皮即可生食。3～5月间采嫩苗,6～9月间采嫩叶,水焯后炒食或做汤,或拌入面粉蒸食。

因含酸性草酸钾及某些酒石酸,故有酸味,有时因草酸含量过多而致中毒,不宜多食。

南烛(乌饭树) *Vaccinium bracteatum* Thunb.

【形态特征】 常绿灌木或小香木,高1～8 m。叶椭圆状卵形、狭椭圆形或卵形,顶端急尖,基部宽楔形,边缘有尖硬细齿,上面有光泽,两面中脉疏生短毛。总状花序腋生;苞片大,宿存,边缘有疏细毛;花冠白色,筒状卵形,通常下垂。浆果球形,熟时紫黑色,稍被白粉。花期6～7月,果期8～10月。

【地理分布】 产苏南。生于山坡林内或灌丛中。

分布于河南、安徽、浙江、福建、台湾、江西、湖北、湖南、广东、香港、海南、广西、贵州、云南及四川;朝鲜、日本南部、中南半岛、马来半岛及印度尼西亚也有。

【野菜】 江淮一带民间在寒食节(农历四月)有煮食乌饭的习惯。采摘枝、叶渍汁浸米,煮成"乌饭",又名乌饭树。

叶或枝叶味酸、涩,性平。有益肠胃、养肝肾的功效。

紫花地丁 *Viola philippica* Cav.

【形态特征】 多年生草本,高7～14 cm。无地上茎,地下茎很短,主根较粗。叶基生,莲座状,狭披针形或卵状披针形,边缘具圆齿,叶柄具狭翅。花两侧对称,淡紫色,矩管状,常向顶部渐细,直或稍下弯。蒴果椭圆形,长5～12 mm,无毛。花果期4月中下旬至9月。

【地理分布】 产江苏各地。生于田间、荒地、山坡丛中。

分布于全国大部分地区;朝鲜、日本及俄罗斯远东地区也有。

【野菜】 早春采嫩苗,鲜用、盐渍。用沸水焯过3～5 min,换凉水浸泡4～6 h,蘸酱、做汤、炒食。

全草味苦、辛;性寒。有清热解毒、凉血消肿的功效。

绞股蓝 *Gynostemma pentaphyllum*（Thunb.）Makino

【形态特征】　草质藤本;茎柔弱。卷须分 2 叉或稀不分叉;叶鸟足状,5～9 小叶,卵状长圆形或长圆状披针形。花序圆锥状,淡绿或白色,5 深裂,裂片披针形。果实球形,熟时变黑色。种子宽卵形,压扁,两面有小疣状突起。花期 3～11 月,果期 4～12 月。

【地理分布】　产扬州、南京、句容、宜兴。生于山谷林下、疏林、灌丛。

分布于陕西、甘肃和长江以南各地;印度、尼泊尔、锡金、孟加拉、东南亚、朝鲜、日本也有。

【野菜】　鲜嫩茎叶可食用。嫩叶洗净,沸水焯至断生,凉水浸洗,控水切段;煮粥、凉拌、炒食均可。

全草味苦、微甘,性凉。有清热、补虚、解毒的功效。

荠（荠菜）*Capsella bursa-pastoris*（Linn.）Medic.

【形态特征】　一、二年生草本,高 6～20 cm,茎直立,单一或从基部分枝。基生叶丛生,大头羽状分裂;茎生叶狭披针形,基部箭形、抱茎,边缘有齿。总状花序顶生或腋生,花冠白色,花瓣为 4。角果倒三角形,扁平,含多数种子。种子小,淡褐色。花果期 4～6 月。

【地理分布】　产江苏各地。生于旷野、路边、住宅附近空地。

分布几遍全国;全世界温带地区广布。

【野菜】　嫩茎叶可作蔬菜食用,炒食、做汤或做馅、熬粥、做羹汤,亦可榨汁做成各种风味的饮品。被称为金陵八大野菜之一,已有人工种植。

怀有身孕或哺乳中的妇女忌食,因荠菜含有醇化合物,有类似催产素的功效,可促进子宫收缩;孕妇食用后,可能导致胎动不安或出血,甚至流产。有心肺疾病的患者在服用时亦应小心。

全草味甘、淡,性凉。有凉肝止血、平肝明目、清热利湿功效。

碎米荠 *Cardamine hirsuta* Linn.

【形态特征】　一年生草本,高 6～25 cm,无毛或疏生柔毛。基生叶有柄,奇数羽状复叶,小叶 1～3 对,顶生小叶圆卵形,长 4～14 mm,有 3～5 圆齿,侧生小叶较小,歪斜,茎生叶小叶 2～3 对,狭倒卵形至条形,所有小叶上面及边缘有疏柔毛。总状花序在花时成伞房状,后延长;花白色。长角果条形,近直展;种子椭圆形,褐色。顶端有明显的翅。花期 2～4 月,果期 4～6 月。

【地理分布】　产江苏各地。生于山坡、路旁、荒地、耕地及草丛中潮湿处。

分布于辽宁、河北、陕西、甘肃、四川、西藏、云南、贵州、湖南、湖北、河南、山东、安徽、浙江、江西、福建、台湾、广东及广西。

【野菜】 为我国田间常见野菜。春、夏季采摘幼苗、嫩茎叶,去杂洗净,下沸水锅焯一下,捞出用冷开水过凉,挤干水分切段,可凉拌、做蛋汤等。

全草味甘、淡,性凉。有清热利湿、安神、止血的功效。

诸葛菜(二月兰) *Orychophragmus violaceus*(Linn.)O. E. Schulz

【形态特征】 一年或二年生草本,高 30～80 cm。茎立直,无毛。基生叶和下部叶具叶柄,大头羽状分裂,长 3～8 cm,宽 1.5～3 cm,顶生裂片肾形或三角状卵形,基部心形,具钝齿,侧生裂片 2～6 对,歪卵形;中部叶具卵形顶生裂片,抱茎;上部叶矩圆形,不裂,基部两侧耳状,抱茎。总状花序顶生,花深紫色,淡红色。长角果条形,具 4 棱;种子卵状矩圆形,黑褐色。花期 3～5 月,果期 5～6 月。

【地理分布】 产江苏各地。生于平原、山地、路旁或池边。

分布于辽宁、河北、山西、山东、河南、安徽、浙江、江西、湖北、湖南、四川、陕西及甘肃;朝鲜、日本也有。

【野菜】 3～4 月采集嫩茎叶,用开水焯一下,去掉苦味即可食用。

传说诸葛亮率军出征时曾采嫩梢为菜,故得名。另因农历二月开蓝紫色花,得名二月兰。

蔊菜 *Rorippa indica*(Linn.)Hiern

【形态特征】 一年或二年生草本,高 10～50 cm,全体无毛。茎直立或上升,近基部分枝。下部叶有柄,羽状浅裂;上部叶无柄,卵形或宽披针形,稍抱茎。总状花序顶生;花淡黄色。长角果线状圆柱形,长 2～2.5 cm。种子 2 行,多数,细小,卵形,褐色。花期 4～6 月,果期 6～8 月。

【地理分布】 产江苏各地。生于田边、园圃、河旁。

分布于辽宁、河北、河南、陕西、甘肃、青海、山东、安徽、浙江、福建、台湾、江西、湖北、湖南、广东、海南、广西、贵州、四川及云南;日本、朝鲜、菲律宾、印度尼西亚及印度也有。

【野菜】 嫩茎叶可作野菜。

全草味辛、苦,性微温。有祛痰止咳、解表散寒、活血解毒、利湿退黄的功效。

菥蓂(遏蓝菜) *Thlaspi arvense* Linn.

【形态特征】 一年生草本,高 10～60 cm,全株无毛。茎直立,不分枝或分枝。基生叶早枯萎;茎生叶倒披针形或矩圆状披针形,先端圆钝,基部抱茎,两侧箭形,边缘具疏齿或近全缘。总状花序顶生或腋生;花小,白色,花梗纤细。短角果近圆形或倒宽卵形,扁平,有翅;种子宽卵形,棕褐色。花期 3～4 月,果期 5～6 月。

【地理分布】 产江苏各地。生于路旁、山坡、草地或田畔。
分布几遍全国;亚洲、欧洲、非洲北部也有。

【野菜】 春季采摘开花前的鲜嫩茎叶,择洗干净,于沸水中焯过,再用冷水淘洗,去其酸味后凉拌或炒食。

全草味甘,性平。有清肝明目、清热利尿的功效。

蜀葵 *Alcea rosea* Linn.

【形态特征】 二年生草本,茎直立,高达 2.5 m。全株被星状毛。叶圆钝形或卵状圆形,掌状 5～7 浅裂,边缘具圆齿,掌状脉 5～7 条。花大,红、紫、白、黄及黑紫各色,单瓣或重瓣,单生于叶腋;雄蕊柱顶端着生花药。蒴果盘状,直径约 3 cm,成熟时每心皮自中轴分离。花期 5～6 月,果期 6～7 月。

【地理分布】 江苏庭园栽培。

在中国分布很广,华东、华中、华北均有。世界各国均有栽培供观赏用。

【野菜】 嫩叶及花可食。

木槿 *Hibiscus syriacus* Linn.

【形态特征】 落叶灌木,高 3～4 m;小枝密被黄色星状绒毛。叶菱状卵圆形,不裂或中部以上 3 裂,边缘具不整齐齿缺,幼时两面均被疏生星状毛。花单生叶腋;花钟形,淡紫、白、红等色,单瓣或重瓣,直径 5～6 cm。蒴果卵圆形,直径约 12 mm,密被黄色星状绒毛;种子肾形,背部被黄白色长柔毛。花期7～10 月。

【地理分布】 江苏庭园栽培。

分布于中国中部,东北南部以南各省区都有栽培。

【野菜】 以刚开放的鲜花供食用,以花白色为佳,菜用制作简单,可凉拌、炒制或做汤,其质地脆嫩,细滑可口,味道清香,能润燥,除湿热,是一种天然保健食品。安徽徽州有名的木槿豆腐汤,就是把木槿花和豆腐一起煮制而成,食之花香,豆腐鲜嫩,香滑可口。

榆树 *Ulmus pumila* Linn.

【形态特征】 落叶乔木,高达 25 m。树皮暗灰色,粗糙纵裂;枝灰褐色,微被毛或无毛。叶椭圆状卵形、长卵形或卵状披针形,基部偏斜生不对称,一边楔形,一边圆形,边缘具重锯齿或单锯齿。花簇生于去年生枝的叶腋。翅果椭圆状卵形或椭圆形,长 8～13 mm,无毛。种子位于翅果中部或稍上处。花期3～4 月,果期 4～6 月。

【地理分布】 产江苏各地。生于庭园,山坡、山谷、川地、丘陵及沙岗。

分布于东北、华北、西北及西南各地、长江下游各地有栽培;朝鲜、俄罗斯及蒙古也有。

【野菜】 嫩果称为榆钱,香味甜绵厚实,自古就有食用它的习惯。榆钱具有清心降火、止咳化痰的功效。陶弘景云:"初生榆英仁,以作糜羹,令人多睡。"

构树(野杨梅) *Broussonetia papyrifera*（Linn.）L'Hert. ex Vent.

【形态特征】 落叶乔木,高达 20 m。树皮浅灰色或灰褐色,不易裂,全株含乳汁。叶卵圆至阔卵形,边缘有粗齿,不裂或2～3裂两面有密柔毛基生叶脉三出,侧脉 5～7 对。聚花果球形,熟时橙红色或鲜红色,肉质。花期 4～5 月,果期 6～7 月。

【地理分布】 产江苏各地。生于低山丘陵、荒地、田园、沟旁。

北自华北、西北,南到华南、西南各省区均有分布;日本、越南、印度等国也有。

【野菜】 幼嫩的雄花序是徐州地区民间食用的一种野生蔬菜。

费菜(景天三七) *Phedimus aizoon*（Linn.）'t Hart & Eggli

【形态特征】 多年生肉质草本。根状茎粗而木质。茎直立,高15～40 cm,圆柱形,无毛。叶倒卵形,或长椭圆形,中部以上最广。聚伞花序顶生;花瓣黄色。菁葖果星芒状开展,带红色或棕色。种子倒卵形,褐色。花期 6～7 月,果期8～9 月。

【地理分布】 产江苏各地。生于向阳山坡岩石上、草丛中。

分布于黑龙江、吉林、辽宁、内蒙古、河北、陕西、山西、甘肃、宁夏、新疆、青海、四川、贵州、湖南、湖北、河南、山东、安徽、浙江、江西、福建及广东;俄罗斯乌拉尔至蒙古、日本、朝鲜也有。

【野菜】 嫩茎叶可食用,无异味。采下洗净可直接凉拌或素炒,配肉、蛋、食用菌炒、火锅、炖菜、清蒸、烧汤,久煮不烂。

白鹃梅 *Exochorda racemosa*（Lindl.）Rehd.

【形态特征】 落叶灌木,高达 3～5 m;小枝红褐色或褐色,无毛。叶椭圆形至矩圆状卵形,全缘,两面均无毛。总状花序顶生;花白色,直径 3～4.5 cm。蒴果倒圆锥形,无毛,有 5 脊,果梗长 3～8 mm。花期 5 月,果期 6～8 月。

【地理分布】　产南京、句容、宜兴、苏州。生于山坡阴地、山坡灌丛、路旁。

分布于安徽、浙江、江西东北及湖北。

【野菜】　盛花前将花蕾连带嫩梢采下，用开水烫后晒干可作蔬菜。

委陵菜 *Potentilla chinensis* Ser.

【形态特征】　多年生草本，高 30～60 cm；根肥大，木质化。茎丛生，直立或斜上，有白色柔毛。羽状复叶，小叶 15～31 枚，矩圆状倒卵形或矩圆形，羽状深裂，背面密生白色绢状长柔毛。伞房状聚伞花序顶生；花黄色。瘦果卵形，有皱纹，多数，聚生于有绵毛的花托上。花期 6～8 月，果期 8～10 月。

【地理分布】　产江苏各地。生于山坡草地、向阳山坡、路旁。

分布于黑龙江、吉林、辽宁、内蒙古、河北、山西、河南、山东、安徽、浙江、福建、台湾、江西、湖北、湖南、广东、广西、贵州、云南、四川、西藏、青海、甘肃、宁夏及陕西；俄罗斯远东地区、蒙古、日本、朝鲜半岛也有。

【野菜】　春季采摘幼苗、嫩茎叶供食用。

江苏常见同属植物：

翻白草 *P. discolor* Bunge 产江苏各地。生于荒地、山坡、路旁、草地。莓叶委陵菜 *P. fragarioides* Linn. 产连云港、南京、镇江、无锡。中华三叶委陵菜 *P. freyniana* Bornm. var. *sinica* Migo 产苏南。蛇含委陵菜 *P. kleiniana* Wright et Arn. 产连云港、苏南。绢毛匍匐委陵菜 *P. reptans* Linn. var. *sericophylla* Franch. 产扬州、南京、句容、龙潭。朝天委陵菜 *P. supina* Linn. 产江苏各地。三叶朝天委陵菜 *P. supina* Linn. var. *ternata* Peterm. 产苏北。

野蔷薇 *Rosa multiflora* Thunb.

【形态特征】　落叶灌木，高 1～2 m；枝细长，上升或蔓生，生毛，有皮刺。羽状复叶，小叶 5～9，倒卵状圆形至矩圆形；托叶大部附着于叶柄上，先端裂片成披针形，边缘篦齿状分裂并有腺毛。伞房花序圆锥状；花白色，芳香。蔷薇果球形至卵形，直径约 6 mm，褐红色。花期 5～7 月，果期 10 月。

【地理分布】　产江苏各地。生于旷野、路边、林缘。

分布于河北、山西、河南、山东、安徽、浙江、福建、江西、湖北、湖南、广东、香港、广西、贵州、四川、陕西及甘肃；日本及朝鲜半岛也有。

【野菜】　嫩茎叶可作野菜。将嫩茎叶去杂洗净，入沸水锅焯一下,捞出洗净。凉拌、炒食均可。

地榆 *Sanguisorba officinalis* Linn.

【形态特征】 多年生草本,高 1～2 m。根粗壮;茎直立,有棱,无毛。奇数羽状复叶;小叶 4～6 对,稀 7 对,长圆状卵形至长椭圆形。花小密集成顶生的圆柱形穗状花序;花萼紫红色。瘦果褐色,具细毛,有纵棱,包藏在宿存萼筒内。花期 7～10 月,果期 9～11 月。

【地理分布】 产江苏各地。生于山坡、草地。

除台湾、香港和海南外广泛分布于全国各地;亚洲、欧洲也有。

【野菜】 嫩叶可食,但所含水解型鞣质具有较大肝毒性,必须沸水焯过后,换凉水中浸泡过夜后食用,炒食。

菱 *Trapa natans* Linn.

【形态特征】 一年生水生草本。叶二型,沉浸叶羽状细裂,漂浮叶聚生于茎顶,成莲座状,三角状菱形,边缘具齿,背面脉上被毛;叶柄长 5～10 cm,中部膨胀成宽约 1 cm 的海绵质气囊,被柔毛。花白色,单生于叶腋。坚果连角宽 4～5 cm,两侧各有一硬刺状角,紫红色;角伸直,长约 1 cm。花期 5～10 月,果期 7～11 月。

【地理分布】 江苏各地的湖泊、池塘中广泛栽培。菱在中国已有三千多年的栽培历史。是我国水生蔬菜中种植面积最大,分布最广的种类。品种很多。依据果实坚果上角的有无和数目分为无角菱、三角菱和四角菱。

全国广为栽培;日本、朝鲜、印度及巴基斯坦也有。

【野菜】 菱的嫩茎,俗称"菱秧"。修短嫩菱的果柄(不能去除果柄,以免蒂部褐变),剥除老菱的果柄,然后浸于水中,保持鲜嫩。可做各种菜肴,如辅以肉馅制成包子,或加入鲜肉、豆腐、青菜以及其他配料制成菱秧丸子。

决明 *Senna tora*（Linn.）Roxb.

【形态特征】 一年生亚灌木状草本,高 1～2 m。偶数羽状复叶具小叶 6 枚;在叶轴上两小叶之间有一个突起棒状腺体;小叶倒卵形至倒卵状矩圆形。花通常 2 朵生于叶腋;花冠黄色,花瓣倒卵形。荚果纤细,近四棱形,两端渐尖。种子约 25 枚,菱形,光亮。花果期 8～11 月。

【地理分布】 产苏南。生于路边、荒山或庭

园栽培。

原产美洲热带地区,现在广布全世界热带、亚热带地区;我国长江以南各省区均有野化。

【野菜】 苗叶和嫩果可食。

皂荚(皂角) *Gleditsia sinensis* Lam.

【形态特征】 落叶乔木,高15～30 m。干及枝条常具圆柱形刺,刺圆锥状多分枝,粗而硬直;小枝灰绿色,皮孔显著。偶数羽状复叶,小叶3～7 对,长卵形。总状花序,腋生,花黄白色。荚果平直肥厚,长达 10～30 cm,不扭曲,熟时褐棕或红褐色,被霜粉。花期5～6月,果熟9～10月。

【地理分布】 产江苏各地。生于山坡向阳处、路旁,常在庭院或宅旁栽培。

分布于河北、山东、浙江、安徽、福建、江西、湖北、湖南、广东、广西、云南、贵州、四川、甘肃、陕西、山西及河南。

【野菜】 嫩芽油盐调食,其子煮熟糖渍可食。

江苏同属植物还有:山皂荚 *G. japonica* Miq. 产徐州、连云港。生于向阳山坡、谷地、溪边或路旁。

合欢 *Albizia julibrissin* Durazz.

【形态特征】 落叶乔木,高达 16 m。小枝有棱角。二回羽状复叶,总叶柄近基部及最上一对羽片着生处各有 1 腺体;小叶长圆形至披针形,长6～12 mm,宽 1～4 mm。花序头状,多数,呈伞房状排列,腋生或顶生,花淡红色。荚果带状,扁平,长 9～15 cm,宽 12～25 mm,幼时有毛。花期 6 月,果期9～11月。

【地理分布】 产江苏各地。生于山坡或栽培。

分布于吉林、河北、山西、河南、山东、安徽、浙江、福建、台湾、江西、湖北、湖南、广东、香港、海南、广西、贵州、云南、西藏、四川、陕西及甘肃;非洲、中亚至东亚也有。

【野菜】 嫩叶可食。

田皂角(合萌) *Aeschynomene indica* Linn.

【形态特征】 一年生亚灌木状草本,高 30～100 cm,无毛。羽状复叶;小叶 20 对以上,线状长圆形,上面密生腺点,下面具白粉。总状花序腋生,短于叶;花冠黄色带紫纹。荚果条状矩圆形,微弯,有 6～10 荚节,荚节平滑或有小瘤突。花期7～8 月,果期8～10月。

【地理分布】　产江苏各地。生于灌丛、旷野、水边。

分布于吉林、辽宁、河北、山西、河南、山东、安徽、浙江、福建、台湾、江西、湖北、湖南、广东、香港、海南、广西、贵州、云南、四川及陕西;非洲、大洋洲、亚洲热带地区及朝鲜和日本也有。

【野菜】　东海县农民曾用种子磨粉制成豆腐样的副食品。

锦鸡儿(金雀花) *Caragana sinica* (Buchoz.) Rehd.

【形态特征】　落叶灌木,高 1～2 m。小枝有棱,无毛。托叶三角形,硬化成针刺状;叶轴脱落或宿存变成针刺状;小叶 4,羽状排列,上面一对小叶通常较大,倒卵形或矩圆状倒卵形。花单生;花梗中部有关节,花冠黄色带红色。荚果圆筒状,长 3～3.5 cm,无毛,稍扁。花期 4～5 月,果期 7 月。

【地理分布】　产江苏全省。生于山坡或灌丛中。

分布于辽宁、河北、陕西、甘肃、山东、浙江、安徽、福建、江西、湖北、湖南、广西、贵州、四川、云南及陕西。

【野菜】　清顾仲《养小录·餐芳谱》记载:"金雀花,摘花,汤焯,供茶;糖醋拌,作菜甚精。"

江苏同属植物还有:小叶锦鸡儿 *C. microphylla* Lam. 产徐州。生于固定、半固定沙地。

野大豆 *Glycine soja* Sieb. et Zucc.

【形态特征】　一年生缠绕草本,茎细瘦,各部有黄色长硬毛。羽状复叶 3 小叶,顶生小叶卵状披针形,两面生白色短柔毛。总状花序腋生;密生黄色长硬毛,花紫红色。荚果长圆形,密生黄色长硬毛;种子 2～4 粒,黑色。花期 7～8 月,果期 8～10 月。

【地理分布】　产江苏各地。生于田边、林中、荒地。

分布于黑龙江、吉林、辽宁、内蒙古、宁夏、甘肃、陕西、山西、河北、山东、浙江、安徽、福建、江西、河南、湖北、湖南、贵州、四川及云南;朝鲜、日本、俄罗斯也有。

【野菜】　种子含蛋白质 30%～45%,油脂 18%～22%,供食用、制酱、酱油和豆腐等,又可榨油。

鸡眼草 *Kummerowia striata* (Thunb.) Schindl.

【形态特征】　一年生草本;茎披散或平卧,长 5～30 cm,茎和分枝有白色向下的毛。叶互生,3 小叶羽状复叶;小叶倒卵形、倒卵矩圆形或矩圆形,侧脉多而密,且平行,主脉和叶缘疏生白色毛。花 1～3 朵腋生;萼钟深紫色,花冠淡红色。荚果卵圆形,稍扁,通常较萼稍长或长不超过萼的1倍,外面有细短毛。花期7～9月,果期8～10月。

【地理分布】　产江苏各地。生于田边、山坡、路旁、田边杂草丛。

分布于黑龙江、吉林、辽宁、内蒙古、河北、山西、陕西、甘肃、宁夏、新疆、青海、西藏、云南、四川、贵州、湖南、湖北、河南、山东、安徽、浙江、江西、福建、台湾、广东、香港及广西;朝鲜、日本及俄罗斯远东地区也有。

【野菜】　嫩茎叶可食,又名掐不齐。将嫩茎叶去杂洗净,入沸水锅内焯一下,捞出洗去苦味即可炒食。全草味甘、微苦,性平。有清热解毒、健脾利湿、活血止血等功效。

江苏同属植物还有长萼鸡眼草 *K. stipulacea* (Maxim.) Makino. 产省内各地。生于路旁、山坡、林下、山脚下。

绿叶胡枝子 *Lespedeza buergeri* Miq.

【形态特征】　落叶灌木,高1～2 m。小叶羽状出复叶,小叶长卵形或椭圆形,先端急尖,上面光滑,鲜绿色,无毛,下面有浅棕色毛,尤以中脉附近为多。总状花序腋生;花冠蝶形,淡黄绿色。荚果长倒卵形,有网状脉及柔毛。花期7～8月,果期9月。

【地理分布】　产江苏各地。生于山坡灌丛中或疏林下。

分布于河北、山西、河南、山东、安徽、浙江、江西、湖北、湖南、广西、贵州、四川、陕西及甘肃等地;朝鲜及日本也有。

【野菜】　叶可代茶。

截叶铁扫帚 *Lespedeza cuneata* (Dum. Cours.) G. Don

【形态特征】　直立小灌木,高达1 m。枝细长,薄被微柔毛。三出复叶互生,密集;小叶线状楔形,长4～10 mm,先端钝或截形,下面被灰色丝毛。花1～4朵生于叶腋;花冠淡黄色或白色;闭锁花簇生于叶腋。荚果宽卵形或近球形,被伏毛,长2.5～3.5 mm。花期7～8月,果期9～10月。

【地理分布】　产江苏各地。生于山坡、路旁。

分布于山西、山东、河南、安徽、浙江、福建、台湾、江西、湖北、湖南、广东、广西、贵州、云南、西藏、四川、陕西及甘肃;朝鲜、日本、印度、巴基斯坦、阿富汗及澳大利亚也有。

【野菜】　嫩茎叶去杂洗净,入沸水锅内焯一下,捞出洗净切段煸炒。

江苏同属植物还有:细梗胡枝子 *L. virgata* (Thunb.) DC. 产省内各地。生于石山山坡、路旁、山坡林中。

南苜蓿 *Medicago polymorpha* Linn.

【形态特征】 一、二年生草本,高 20～90 cm;茎匍匐或稍直立,基部有多数分枝。三出复叶具 3 小叶;宽倒卵形,先端钝圆或凹入。花 2～6 朵聚生成总状花序,腋生;花冠黄色。荚果盘形顺时针旋转 1.5～3 圈,直径约 0.6 cm,边缘具有钩的刺。花期 3～5月,果期 5～6 月。

【地理分布】 产江苏各地。生于田野、路旁草地、沟边。
我国各地普遍栽培,在长江下游亦有野生。

【野菜】 嫩茎叶去杂洗净,入沸水锅焯一下,捞出洗净,挤干水分,凉拌即可食用。苜蓿的食用方法很多,以素炒为主,也可炖、煮、熬制和干制,如与其他食物配菜,可做成各种美味佳肴。

江苏广泛栽培的还有:紫苜蓿 *M. sativa* Linn. 原产伊朗,是当今世界分布最广的栽培牧草,在我国已有两千多年的栽培历史。各地都有栽培或呈半野生状态。

葛藤 *Pueraria montana* (Lour.) Merr. var. *lobata* (Willd.) Maesen & S. M. Almeida ex Sanjappa & Predeep

【形态特征】 落叶木质藤本,茎长 10 余 m,常铺于地面或缠于它物而向上生长。块根肥厚,全株被黄色长硬毛。3 小的叶羽状复叶,互生。顶生小叶菱状卵形,有时或裂两面有毛;托叶盾形,小托叶针状,总状花序腋生,长 20 cm;花密花紫红色或紫色;荚果条形,长 5～10 cm,扁平,密被黄褐色硬毛,种子长椭圆形,红褐色。花期 9～10 月,果期 10～12 月。

【地理分布】 产江苏各地。生于山地疏林中、山坡、路旁。
我国除新疆和西藏以外,几乎各地皆有分布;东南亚至澳大利亚也有。

【野菜】 每年 2～5 月采嫩茎、嫩叶炒食或做汤吃。晚秋到早春期间采挖块根,洗去泥土,春碎,在冷水中揉洗,除去渣滓后可沉

刺槐(洋槐) *Robinia pseudoacacia* Linn.

【形态特征】 落叶乔木,高达 25 m。树皮灰褐色,纵裂。奇数羽状复叶,小叶 7～9 枚,通常对生,椭圆形,尖端圆钝或微凹,有小尖头。在总叶柄基部有 2 托叶刺。总状花序腋生,下垂,白色蝶形花。荚果长圆形,种子肾形,黑色。花期 4～6 月,果期 7～8 月。

【地理分布】 产江苏各地。生于山坡、路旁、沟边。
原产美国东部,现欧、亚各国广泛栽培。19 世纪末先在中国青岛引种,后渐扩大栽培,目前已遍布全国各地。

【野菜】 花可炒、做馅等多种食用方法。含有丰富的蛋白质、脂肪、糖、多种维生素、矿物质、刀豆酸、黄酮类等。所含的花粉营养成分更佳。

白车轴草（白三叶）*Trifolium repens* Linn.

【形态特征】 多年生草本,高 10～30 cm。茎匍匐蔓生,上部稍上升,全株无毛。三出复叶,小叶倒卵形至倒心形,叶面具"V"字形斑纹或无;托叶椭圆形,抱茎。花序呈头状,含花 40～100 朵,花冠蝶形,白色,有时带粉红色。荚果倒卵状长形,含种子 1～7 粒;种子肾形,黄色或棕色。花果期 5～10 月。

【地理分布】 江苏各地栽培。原产欧洲。为优良牧草;我国各地均有引种或逸为野生,大片生于路边、林缘或草坪中。

【野菜】 非常有营养的食物。它有高含量的蛋白质,并且数量丰富。生吃不易消化,但只要煮 5～10 min 就适合食用。干白冠及种子荚可以制成营养面粉,混合其他食物一同食用,或开水冲饮。

江苏常见同属植物还有:红车轴草（红三叶）*T. pratense* Linn. 原产小亚细亚与东南欧。我国各地均有栽培或逸生于林缘、路边、草地等湿润处。嫩叶富含蛋白质,如今在许多国家已成为人们的传统食品和调味品。

小巢菜 *Vicia hirsuta*（Linn.）Gray

【形态特征】 一年生草本,高 10～90 cm,无毛。羽状复叶,叶轴末端有分枝卷须;小叶 8～16,线形或窄长圆形,两面无毛。总状花序腋生,短于叶,有 2～5 朵花;花白色或淡紫色。荚果矩圆形,扁,长 7～10 mm,有黄色柔毛;种子 2,扁圆形,两面凸出。花果期 2～7 月。

【地理分布】 产江苏各地。生于山沟、田野。

分布于产河南、山东、安徽、浙江、福建、台湾、江西、湖北、湖南、广东、广西、贵州、云南、西藏、四川、青海、甘肃及陕西;北美、北欧及俄罗斯、日本、朝鲜也有。

【野菜】 春季于开花前采摘嫩茎叶供食用。煎汤、煮食、炒食或和米粉拌蒸食。注意:小巢菜下酒会导致呼吸困难。明代李时珍曰:"欲花未萼之际,采而蒸食,点酒下盐,芼羹作馅,味如小豆藿";"以油炸之,缀以米糁,名草花,食之佳,作羹尤美。"

江苏常见同属植物还有:假香野豌豆 *V. pseudo-orobus* Fich. et Meyer;救荒野豌豆 *V. sativa* Linn.;四籽野豌豆 *V. tetrasperma*（Linn.）Schreber;歪头菜 *V. unijuga* A. Br 等。

紫藤 *Wisteria sinensis*（Sims）Sweet

【形态特征】 大型落叶藤本,长达 25 m。茎左旋,粗壮,嫩枝被白色柔毛,后秃净。

奇数羽状复叶;小叶 7～13,卵形或卵状披针形,先端小叶较大。总状花序侧生,下垂,长 15～30 cm。花大,紫色或深紫色,长达 2 cm。荚果扁,密生黄色绒毛,悬垂枝上不脱落。种子扁圆形。花期 4～5 月,果期 10～11 月。

【地理分布】 产江苏各地。生于阳坡、林缘、溪边、旷地及灌丛中。

分布于辽宁、内蒙古、河北、河南、山西、山东、江苏、浙江、安徽、湖南、湖北、广东、陕西、甘肃、四川;朝鲜、日本也有。

【野菜】 在河南、山东、河北一带,人们常采紫藤花蒸食,清香味美。北京的"紫萝饼"和一些地方的"紫藤糕""紫藤粥"及"炸紫藤鱼""凉拌葛花""炒葛花菜"等,都是加入了紫藤花做成的。清末的《燕京岁时记》中载:"三月榆初钱时采而蒸之,合以糖面,谓之榆钱糕。以藤萝花为之者,谓之藤萝饼。皆应时之食物也。"

豆荚、种子和茎皮有毒。

吴茱萸 *Tetradium ruticarpa* (A. Juss.) T. G. Hartley

【形态特征】 落叶灌木或小乔木,高 3～10 m。小枝紫褐色;幼枝,叶轴及花序轴均被锈色长柔毛,裸芽密被褐紫色长茸毛。奇数羽状复叶对生;小叶 5～9,对生,椭圆形至卵形,全缘,下面密被长柔毛,和粗大油腺点。聚伞状圆锥花序顶生,花白色。蓇葖果紫红色,有粗大油腺点,顶端无喙,每分果瓣有 1 种子;种子卵状球形,黑色,有光泽。花期 4～6 月,果期 8～11 月。

【地理分布】 产连云港、苏南。生于平原、疏林及林缘旷地,也有栽培。

分布于河南、安徽、浙江、福建、台湾、江西、湖北、湖南、广东、广西、贵州、云南、四川、陕西及甘肃;印度、不丹、尼泊尔、缅甸也有。

【野菜】 以果实榨油作辛辣味的调料使用,或用以制茱萸酱,为古代常用的调味品,今已少用。

香椿 *Toona sinensis* (A. Juss.) Roem.

【形态特征】 落叶乔木,高达 16 m。树皮赭褐色。偶数羽状复叶,有特殊气味;小叶 10～22,对生,矩圆形至披针状矩圆形。圆锥花序顶生,花白色,芳香。蒴果狭椭圆形或近卵形,长 1.5～2.5 cm,5 瓣裂开;种子椭圆形,一端有膜质长翅。花期6～8 月,果期 10～12 月。

【地理分布】 产江苏各地。常生于村边、路旁及房前屋后。

分布于辽宁、河北、河南、安徽、江苏、浙江、江西、湖北、湖南、广东、广西、贵州、云南、西藏、四川、甘肃及陕西。

【野菜】 幼芽嫩叶芳香可口,供蔬食。人们食用香椿久已成习,通常清明前后开始萌芽,谷雨前后采摘,可做成各种菜肴。香味浓郁,营养丰富。可分为红芽和青芽两种。红芽红褐色,质好,香味浓,是供食用的重要品种;青芽青绿色,质粗,香味差。

《随息居饮食谱》称:"多食壅气动风,有宿疾者勿食。"

黄连木 *Pistacia chinensis* Bunge

【形态特征】 落叶乔木,高达25 m。树皮暗褐色,鳞片状剥落。冬芽红色,有特殊气味。小枝有柔毛。偶数羽状复叶互生;小叶披针形或窄披针形。花先叶开放,雄花淡绿色,雌花紫红色;花小,无花瓣。核果倒卵圆形,初为黄白色,后变紫蓝色。花期3~4月,果期9~11月。

【地理分布】 产江苏各地。生于低山丘陵及平原,常与黄檀、化香、栎类树种混生。

分布于河北、山西、河南、山东、安徽、浙江、福建、台湾、江西、湖北、湖南、广东、海南、广西、贵州、云南、西藏、四川、陕西及甘肃;菲律宾也有。

【野菜】 嫩叶、嫩芽和雄花序是上等绿色蔬菜,清香、脆嫩,鲜美可口,炒、煎、蒸、炸、腌、凉拌、做汤均可。

盐肤木 *Rhus chinensis* Mill.

【形态特征】 落叶小乔木,高5~10 m,小枝被柔毛,有皮孔。叶互生,奇数羽状复叶,叶轴具宽翅,小叶7~13;小叶边缘有粗锯齿,有柔毛。圆锥花序顶生,直立,宽大;花小,杂性,花冠黄白色,核果近扁圆形,成熟后红色。花期8~9月,果期10月。

【地理分布】 产江苏各地。生于向阳山坡及沟谷、溪边的疏林、灌丛和荒地。

除黑龙江、吉林、内蒙古和新疆外,其余各省区均有分布。也见于日本、中南半岛、印度至印度尼西亚。

【野菜】 嫩茎叶可作为野生蔬菜食用。

猫乳 *Rhamnella franguloides* (Maxim.) Weberb.

【形态特征】 落叶灌木或小乔木,高2~9 m;小枝灰褐色,嫩枝、叶柄和花序有短柔毛。叶倒卵状长椭圆形或长椭圆形,先端尾状渐尖,基部圆形或阔楔形;托叶宿存。聚伞花序腋生,花绿色。核果圆柱状长椭圆形,长6~8 mm,红褐色或桔红色,成熟时呈黑色,基部有宿存的花萼,内有1核。花期5~7月,果期7~10月。

【地理分布】 产江苏各地。生于山坡、路旁灌丛中。

分布于陕西、山西、河南、河北、山东、安徽、浙江、江西、湖北及湖南;朝鲜、日本也有。

【野菜】 南京市高淳县桠溪镇、东坝镇、漆桥镇、固城镇等丘陵山区,有采摘猫乳幼叶制作野茶的习惯,称之为"七里头",色泽碧绿,入口清香,久泡颜色不变,隔夜茶水无普通茶叶之涩味,饮后觉神清气爽,相传有降压之功效(尚无科学依据),深受饮用者喜爱。

乌蔹莓 *Cayratia japonica* (Thunb.) Gagnep.

【形态特征】 草质藤本。幼枝有柔毛,后变无毛。茎具2~3人叉状卷须,与叶对生。鸟足状复叶,5小叶。中间小叶较大,长椭圆形或椭圆披针形,侧生小叶较小。聚伞花序腋生或假腋生;花小,黄绿色。浆果卵形,长约7 mm,成熟时黑色。花期6~8月,果期8~11月。

【地理分布】 产江苏各地。生于山坡或旷野草丛中。

分布于河南、山东、安徽、浙江、福建、台湾、江西、湖北、湖南、广东、海南、广西、贵州、云南、四川、甘肃及陕西;日本、朝鲜、菲律宾、越南、缅甸、印度、印度尼西亚及澳大利亚也有。

【野菜】 春季可采摘嫩叶食用。

楤木 *Aralia chinensis* Linn.

【形态特征】 落叶灌木或小乔木,高5~10 m。树皮灰色,疏生粗壮直刺。小枝被黄棕色绒毛,疏生短刺。二或三回羽状复叶;羽片有小叶5~11片,基部另有小叶1对;小叶上面疏生糙伏毛,下面有黄色或灰色短柔毛,沿脉更密。伞形花序聚生为顶生大型圆锥花序,花序,密生黄棕色或灰色短柔毛。浆果状核果,圆球形,熟后黑色,直径约3 mm,有5棱。花期7~8月,果期9~10月。

【地理分布】 产江苏各地。生于山坡林中、林缘、路旁灌丛。

分布于甘肃、陕西、山西、河北、河南、山东、安徽、浙江、福建、江西、湖北、湖南、广东、广西、贵州、四川、云南及西藏。

【野菜】 春季,顶芽开始膨大,待芽丛长到10~15 cm时,将其掰下,按不同长度分别扎把,供鲜食或加工。嫩芽营养丰富,含多种氨基酸,此外,还含有碳水化合物、纤维素等。

《本草拾遗》称:"楤木生江南山谷,高丈余,直上无枝,茎上有刺。"山人折取头茹食之。"

《本草纲目》称:"树顶丛生叶,山人采食,谓之鹊不踏,以其多刺而无枝故也。"

刺楸 *Kalopanax septemlobus* (Thunb.) Koidz.

【形态特征】 落叶乔木,高20~30 m。树皮灰色,长纵裂,有鼓钉状棘刺。叶在长枝上互生,在短枝上簇生,圆形或近圆形,掌状5～7裂,裂片宽三角状卵形或长椭圆状卵形;掌状脉5～7。伞形花序聚生为顶生伞房状圆锥花序;花白色或淡黄绿色;雄蕊5。果球形,蓝黑色,直径约5 mm。花期7～9月,果期9～12月。

【地理分布】 产江苏各地。生于山地疏林。

分布于吉林、辽宁、河北、山西、河南、山东、安徽、浙江、福建、江西、湖北、湖南、广东、广西、贵州、云南、四川、西藏、甘肃及陕西。

【野菜】 春季的嫩叶采摘后可供食用,气味清香、品质极佳,是美味的野菜。具有解毒消肿、祛风止痒的功效。

积雪草(铜钱草) *Centella asiatica*(Linn.)Urban

【形态特征】 多年生草本。茎匍匐,节上生根,无毛或稍有毛。叶互生,肾形或近圆形,具掌状脉;叶柄基部鞘状。伞形花序单生或2～3个腋生,花紫红色或乳白色。双悬果扁圆形,长2～2.5 mm,主棱和次棱极明显,棱间有隆起的网纹。花果期4～10月。

【地理分布】 产宜兴、苏州、常熟。生于阴湿草地、路边、田边、屋旁及花圃等阴湿处。

分布于安徽、浙江、福建、台湾、江西、湖北、湖南、广东、海南、广西、贵州、云南、西藏、青海、四川、陕西、山西及河南;东南亚、大洋洲群岛、日本、澳大利亚及中非、南非也有。

【野菜】 清热解毒,利湿消肿。全草味苦性辛寒。早春口苗可用于做汤。切勿多食。

陶弘景曰:"此草以寒凉得名,其性大寒,故名积雪草。"

鸭儿芹 *Cryptotaenia japonica* Hassk.

【形态特征】 多年生草本,高30～90 cm,全体无毛;茎具叉状分枝。基生叶及茎下部叶三出复叶,宽2～10 cm,叶三角形,中间小叶菱状倒卵形,侧生小叶斜卵形,边缘都有不规则火锐重锯齿或有时2～3浅裂;叶柄基部成鞘状抱茎;茎顶部的叶披针形。复伞形花序;伞辐2～7,斜上;花白色。双悬果条状长圆形或卵状长圆形,长3.5～6.5 mm,宽1～2 mm。花期4～5月,果期6～10月。

【地理分布】 产苏南。生于山坡草丛中或路边较阴湿处。

分布于辽宁、山西、河南、安徽、浙江、福建、台湾、江西、湖北、湖南、广东、广西、贵州、云南、四川、甘肃及陕西;朝鲜及日本也有。

【野菜】 春季采摘嫩茎叶供食用,具有特殊的芳香味,主要用作汤料或做成"色拉"菜生食。是日本重要的栽培蔬菜之一。

茎叶入药,有祛风止咳、利湿解毒、化瘀止痛的功效。

野胡萝卜（鹤虱风）*Daucus carota* Linn.

【形态特征】 二年生草本，高 20～120 cm。茎单生，全体有粗硬毛。根细，多与枝，浅棕色。基生叶矩圆形，二至三回羽状全裂，最终裂片条形至披针形。复伞形花序顶生，总苞片多数，叶状，羽状分裂，裂片条形，被绒毛，裂片细长，反折；花白色或淡红色。双悬果矩圆形，长 3～4 mm 棱上有白色刺毛。花果期 5～7 月。

【地理分布】 产江苏各地。生于山坡、路边、田边、旷野草丛。

分布于河北、河南、山西、山东、陕西、甘肃、宁夏东部、新疆西北部、安徽、浙江、江西、湖北、湖南、广东、贵州、四川、云南及西藏东南部；欧洲及东南亚也有。

【野菜】 野胡萝卜叶含有多种营养成分，味辛，微甘，性寒；有小毒，有杀虫健脾，利湿解毒的功效。叶含多量胡萝卜素（carotene），还含胡萝卜碱（daucine）、吡咯烷（pyrrolidine）。

食入过多含胡萝卜素的植物，可发生所谓胡萝卜素血症（carotinemia），即皮肤发黄，但对人体无害。

铜山阿魏 *Ferula licentiana* Hand.-Mazz. var. *tunshanica* (Su) Shan et Q. X. Liu

【形态特征】 多年生草本，高约 1.5 m，全株无毛，幼时被乳白色粉霜。茎自下部 1/3 以上重复二歧式分枝。基生叶三角状宽卵形，三至四回羽状分裂。复伞形花序圆锥状，花黄色。双悬果长圆形，长约 1 cm，熟后棕黑色，背棱线形，侧棱稍增厚，棱槽内油管 1～3。花期 5～6 月，果期 6～7 月。

【地理分布】 产徐州铜山、睢宁。生于向阳山坡石缝中。

分布于山东西部及东部、安徽东北部、湖北中北部。

【野菜】 徐州铜山民间将嫩叶烫熟拌菜吃或腌制咸菜食用。

水芹（水芹菜）*Oenanthe javanica*（Bl.）DC.

【形态特征】 多年生草本，高 15～80 cm，无毛；茎直立或基部匍匐，下部节上生根。基生叶三角形或三角状卵形，一至二回羽状分裂，最终裂片卵形至菱状披针形。复伞形花序顶生，花白色。双悬果椭圆形或近圆锥形，长 2.5～3 mm，宽 2 mm，侧棱较背棱和中棱隆起，木栓质，花期 6～7 月，果期 8～9 月。

【地理分布】 产江苏各地。生于低洼湿地、浅水沟旁、低洼处。

分布于黑龙江、吉林、辽宁、内蒙古、河北、河南、山西、陕西、甘肃、宁夏、山东、安徽、浙江、福建、台湾、江西、湖北、湖南、广东、海南、广西、云南、贵州、四川及西藏;南亚、东南亚、日本、朝鲜及俄罗斯远东地区也有。

【野菜】 春季至夏季采收新鲜植株,去除叶片和根,留下叶柄供食用。水芹食法多样,可凉拌、炒食、烧煮,也可做馅包饺子、春卷,或榨汁调制饮料。

陶弘景:"(水芹)二月、三月作英时,可作菹及熟沦食之。又有渣芹,可为生菜,亦可生啖。全草味辛、甘,性凉。有清热解毒、利尿、止血的功效。"

江苏同属植物还有:中华水芹 *O. sinensis* Dunn 产宜兴、溧阳。

变豆菜(山芹菜) *Sanicula chinensis* Bunge

【形态特征】 多年生草本,高 30～100 cm,无毛;茎直立,上部多次二歧分枝。基生叶近圆形、圆肾形或圆心形,常 3 全裂,中裂片倒卵形或楔状倒卵形,侧裂片深裂,边缘具尖锐重锯齿;茎生叶 3 深裂。伞形花序二至三回二歧分枝,花瓣白色或绿白色,先端内凹。双悬果球状圆卵形,长 4～5 mm,密生顶端具钩的直立皮刺。花果期4～10 月。

【地理分布】 产江苏各地。生于山坡林下、林缘。

分布于吉林、辽宁、内蒙古、河北、山东、安徽、浙江、福建、江西、湖北、湖南、广西、贵州、云南、四川、甘肃、陕西、山西及河南;日本、朝鲜及俄罗斯西伯利亚也有。

【野菜】 春夏季采摘嫩茎叶食用。变豆菜含铁量高。

全草味辛、微甘,性凉。有解毒、止血的功效。

败酱(黄花龙牙) *Patrinia scabiosaefolia* Fisch. ex Link.

【形态特征】 多年生草本,高 1～1.5 m。地下茎细长,横走,有特殊臭味。茎直立,被脱落性白粗毛。基生叶丛生,花时枯落;茎生叶对生,叶片披针形或窄卵形,2～3 对羽状深裂,中央裂片最大,两面疏被粗毛或近无毛。聚伞圆锥花序在枝端集成疏大伞房状;花序梗仅 侧有白色硬毛;花冠黄色。瘦果长方椭圆形,长3～4 mm,无翅状苞片,子房室边缘稍扁展成极窄翅状。花期7～9 月,果期 9～10 月。

【地理分布】 产江苏各地。生于山坡草丛。

分布于安徽、北京、福建、甘肃、广东、广西、贵州、河北、黑龙江、河南、香港、湖北、湖南、江西、山西、四川、台湾、云南、浙江、吉林、辽宁、内蒙古、陕西、山东;俄罗斯、蒙古、朝鲜半岛及日本也有。

【野菜】 我国的传统救荒野菜。因其有益药用成分异戊酸和多种皂苷具有的独特陈酱气和清苦味而得名。将嫩叶去杂洗净,入沸水锅焯透,捞出清水洗去苦味。

全草味辛、苦;性微寒。具有清热解毒、活血排脓的功效。《本草汇言》:"久病胃虚脾弱,泄泻不食之症,一切虚寒下脱之疾,咸忌之。"

江苏常见同属植物:

窄叶败酱 *P. heterophylla* Bunge 产苏南。嫩叶可作蔬菜。斑花败酱 *P. punctiflora* P. S. Hsu et H. J. Wang 产南京、镇江、宜兴、溧阳。嫩叶可作蔬菜。攀倒甑(白花败酱) *P. villosa* Juss. 产江苏各地。

轮叶沙参 *Adenophora tetraphylla* (Thunb.) Fisch.

【形态特征】 多年生草本,有白色乳汁。根胡萝卜形,黄褐色,有横纹。茎高 60~90 cm。叶 4~6 片轮生,无柄或有不明显的柄;叶片卵形、椭圆状卵形、狭倒卵形或披针形。圆锥花序顶生,分枝轮生;花下垂;花冠蓝色,口部微缩成坛状。蒴果倒卵球形,长约 5 mm。花期 7~8 月,果期 9 月。

【地理分布】 产江苏各地。生于林缘及林间草地、山坡。

分布于黑龙江、河南、江西、吉林、湖南、辽宁、台湾、浙江、内蒙古、河北、山西、山东、广东、广西、云南、四川、贵州、安徽、福建;朝鲜半岛、日本、俄罗斯西伯利亚及远东地区的南部、越南北部也有。

【野菜】 嫩茎叶和根可食用。春季采摘嫩茎叶供食用。秋季采挖肉质根,除去茎叶及须根,洗净泥土,刮去栓皮,鲜用或晒干备用。

江苏常见同属植物:

华东杏叶沙参 *A. petiolata* Pax & K. Hoff. subsp. *huadungensis* (D. Y. Hong) D. Y. Hong & S. Ge 产南京、溧阳。沙参 *A. stricta* Miq. 产苏南丘陵山地。荠苨 *A. trachelioides* Maxim. 产连云港、江浦、宜兴。苏南荠苨 *A. trachelioides* subsp. *giangsuensis* D. Y. Hong 产南京、镇江、太湖流域。

羊乳(四叶参) *Codonopsis lanceolata* (Sieb. et Zucc.) Trautv.

【形态特征】 多年生缠绕草本,有白色乳汁。根圆锥形或纺锤形,长达 15 cm,有少数须根。茎无毛,带紫色。叶在主茎上的互生,菱状狭卵形;在分枝顶端的叶 3~4 个近轮生。花单生或对生于分枝顶端;花冠黄绿色带紫色或紫色,宽钟状,下垂。蒴果有宿存花萼,上部 3 瓣裂下半部半球形。种子有翅。花期 9~10 月,果期 10~11 月。

【地理分布】 产苏南。生于山坡灌木林下或沟洼阴湿处。

分布于黑龙江、吉林、辽宁、河北、山东、山西、河南、安徽南部、浙江、福建、江西、湖北、湖南、广东、广西东北部及贵州;俄罗斯远东地区、朝鲜半岛及日本也有。

【野菜】 进入 20 世纪 90 年代被大量采挖作为食用,制成羊乳咸菜,味道清新适口,色味俱佳。

桔梗 *Platycodon grandiflorum*（Jacq.）A. DC.

【形态特征】 多年生草本,茎高达 120 cm。全株有白色乳汁。主根长纺锤形,少分枝。叶轮生、对生或互生;卵形至披针形,下面被白粉。花 1 至数朵,生于茎或分枝顶端,花冠阔钟蓝紫色。蒴果倒卵圆形,顶部 5 瓣裂。种子多数,褐色。花期 7～9 月,果期 8～10 月。

【地理分布】 产江苏各地。生于草地、山坡。

分布于黑龙江、吉林、辽宁、内蒙古、河北、山西、河南、山东、安徽、浙江、江西、湖北、湖南、广东、香港、广西、贵州、云南、四川、甘肃及陕西;朝鲜半岛、日本、俄罗斯远东和东西伯利亚地区的南部也有。

【野菜】 嫩茎叶和根均可供蔬食。春季采摘嫩茎叶;肉质根春、秋两季均可采收,秋采者体重质实,质量较好。挖出肉质根,去除其上茎叶,洗净泥土,即浸水中,刮去外皮,供鲜食。是朝鲜族的特色菜。

根味苦、辛,性平。有宣肺、祛痰、利咽、排脓的功效。阴虚久嗽、气逆及咯血者忌服。

荇菜（莕菜）*Nymphoides peltata*（Gmel.）O. Kuntze

【形态特征】 多年生水生草本。茎圆柱形,多分枝,密生褐色斑点。叶漂浮,圆形,近革质,长 1.5～7 cm,基部,心形,上部的叶对生,其他的为互生;叶柄长 5～10 cm,基部变宽,抱茎。花簇生于叶腋;花黄色;花冠 5 深裂,喉部具毛,蒴果长椭圆形,无柄,不开裂。种子椭圆形,褐色,边缘密生睫毛。花期4～8 月,果期 6～9 月。

【地理分布】 产江苏各地。生于池塘、湖泊。

分布于黑龙江、吉林、辽宁、内蒙古、河北、江西、湖北、湖南、贵州、云南、陕西及河南;中欧、俄罗斯、蒙古、朝鲜、日本、伊朗、印度及克什米尔地区也有。

【野菜】 夏季采摘带花苞的茎叶食用。

《本草纲目》记载有"江东人食之"。全草味辛、甘,性寒。有发汗透疹、利尿通淋、清热解毒的功效。

牛蒡 *Arctium lappa* Linn.

【形态特征】 二年生草本,根肉质。茎粗壮,高 1～2 m,带紫色,有微毛。基生叶丛生,茎生叶互生,宽卵形或心形,长 40～50 cm,宽 30～40 cm,上面绿色,无毛,下面密被灰白色绒毛,全缘、波状或有细锯齿。头状花序丛生或排成伞房状;总苞片披针形,顶端钩状内弯;花全部筒状,淡紫红色。瘦果椭圆形或倒长卵形,长约 5 mm,宽约 3 mm,灰黑

色;冠毛短刚毛状。花期6~8月,果期8~10月。

【地理分布】　产江苏各地。生于山坡、村落路旁、山坡草地,常有栽培。

我国东北至西南广布;广布于欧亚大陆至日本。

【野菜】　嫩叶、花、肉质根均可食用。嫩茎叶于4~5月采集,在沸水中焯一下,换清水浸泡后炒食、做汤或盐渍。在0.5%的醋水中泡一下,可去掉涩味,使其风味更佳;初夏采花和花蕾鲜食;肉质根于秋末或冬季挖取,浸泡后多用于腌制咸菜,也可炒食。

台湾已作为蔬菜食用多年,日本奉为营养和保健价值极佳的高档蔬菜。我国栽培的牛蒡品种多从日本引进。

根味苦、微甘,性凉。有散风热、消毒肿的功效。

艾(艾蒿) *Artemisia argyi* Levl. et Van.

【形态特征】　多年生草本,高50~120 cm。植株有香气;密被茸毛,中部以上或仅上部有开展及斜升的花序枝。叶互生,下部叶在花期枯萎;中部叶羽状深裂或浅裂,侧裂片约2对,常楔形,上面被蛛丝状毛,有白色腺点,下面被白色或灰色密茸毛;上部叶渐小,3裂或全缘,无柄。头状花序多数,排列成复穗状花序;花带紫色,外层雌性,内层两性。瘦果常几达1 mm,无毛。花果期7~10月。

【地理分布】　产江苏各地。生于路边、荒野、林缘。

分布于黑龙江、吉林、辽宁、内蒙古、河北、山东、山西、陕西、宁夏、甘肃、青海、四川、贵州、广西、湖南、湖北、河南、安徽、浙江、福建、江西;蒙古、朝鲜半岛、日本及俄罗斯远东地区也有。

【野菜】　嫩芽及幼苗作菜蔬。江浙一带清明节做青团用的野菜之一,用清明前后鲜嫩的艾草和糯米粉按1:2的比例和在一起,包上花生、芝麻及白糖等馅料(或加上绿豆蓉),再将之蒸熟即可。

茵陈蒿(茵陈) *Artemisia capillaris* Thunb.

【形态特征】　多年生草本或半灌木状,高50~100多分枝;当年枝顶端有叶丛,被密绢毛;花茎初有毛,后近无毛。叶一~三回羽状深裂,下部叶裂片较宽短,常被短绢毛;中部叶裂片细,宽仅0.3~1 mm;上部叶羽状分裂,3裂或不裂,近无毛。头状花序小而多,在茎端排列成大型、开展的周锥花序;花黄色,管状。瘦果矩圆形,无毛。花期9~10月,果期10~12月。

【地理分布】 产江苏各地。生于河岸、海边、河边沙地、山坡、路边潮湿处。

分布于吉林、辽宁、内蒙古、山东、河北、河南、安徽、浙江、福建、台湾、江西、湖北、湖南、广东、香港、广西、贵州、云南、四川及陕西;朝鲜半岛、日本、菲律宾、越南、柬埔寨、马来西亚、印度尼西亚及俄罗斯远东地区也有。

【野菜】 3~4月采嫩苗,入沸水中焯透,清水漂洗后可凉拌、炒食,也可炸食、做粥及菜米团、炒茶等。苏南常用初春采摘的茵陈嫩苗和米粉一起做成茵陈糕或茵陈团食用。

《本草纲目》:茵陈,昔人多莳为蔬。全草味微苦、微辛,性微寒。有清热利湿、退黄功效。

白苞蒿(四季草) *Artemisia lactiflora* Wall. ex DC.

【形态特征】 多年生草本,高 60~120 cm。茎直立,无毛或被蛛丝状疏毛,上部常有多数花序枝,下部叶在花期枯萎;叶形多变,长 7~18 cm,宽 5~12 cm,一~二回羽状深裂,中裂片又常 3 裂,上面无毛;上部叶小,细裂或不裂。头状花序多数,在棱端排列或圆锥花序;总苞片白色或黄白色;花浅黄色,外层雌性,内层两性。瘦果长圆形或倒卵形。花果期 8~11月。

【地理分布】 产苏南。生于林下、林缘、路旁、山坡草地及灌丛下。

分布于甘肃、陕西、河南、安徽、浙江、福建、江西、湖北、湖南、广东、海南、香港、广西、四川、贵州及云南;越南、老挝、柬埔寨、新加坡、印度东部及印度尼西亚也有。

【野菜】 以嫩茎叶作为蔬菜食用。属于高钾低钠蔬菜。100 g 鲜菜中,含钾高达720.2 mg;而钠含量则极少,仅 1.36 mg,有助于降低血压,故特别适于高血压患者经常食用。

全草味辛、微苦,性微温。有活血散瘀、理气化湿的功效。

野艾蒿(矮蒿) *Artemisia lancea* Vaniot

【形态特征】 多年生草本,高 50~120 cm。全株有清香气味。茎、枝被密短毛。下部叶有长柄,二~四羽状分裂,裂片常有齿;中部叶长达 8 cm,宽达 5 cm,基部渐狭成短柄,有假托叶,羽状深裂,裂片 1~2 对,条状披针形,或无裂片,顶端尖,上面被短微毛,密生白腺点,下面有灰白色密短毛。头状花序多数,排列成复总状;花冠檐部紫红色,外层雌性,内层两性。瘦果长卵形或倒卵形。花果期 8~10月。

【地理分布】 产江苏各地。生于路边、草地、山谷灌丛。

分布于黑龙江、吉林、辽宁、内蒙古、河北、山西、河南、山东、安徽、福建、江西、湖北、湖南、广东、广西、贵州、云南、四川、陕西、甘肃、青海及新疆;日本、朝鲜半岛、蒙古及俄罗斯西伯利亚东部及远东地区也有。

【野菜】 嫩苗作菜蔬或腌制酱菜食用。

蒌蒿(芦蒿) *Artemisia selengensis* Turcz. ex Bess.

【形态特征】 多年生草本,高 60～150 cm。全株有清香气味。地下茎常紫红色。下部叶在花期枯萎;中部叶密集,羽状深裂,上面无毛,下面被白色薄茸毛,基部成楔形短柄,无假托叶;上部叶 3 裂或不裂,或条形而全缘。头状花序直立或稍下倾,花黄色,外层雌性,内层两性。瘦果小略扁,卵形无毛。

【地理分布】 产江苏各地。生于河边、山坡、草地、路边。

分布于黑龙江、吉林、辽宁、内蒙古、河北、山西、河南、山东、浙江、安徽、江西、湖北、湖南、广东、贵州、陕西及甘肃;蒙古、朝鲜半岛、俄罗斯西伯利亚东部及远东地区也有。

【野菜】 南京冬春市场供应的主要野菜品种之一,以鲜嫩茎杆供食用,可凉拌或炒食,炒食为主。清香、鲜美、脆嫩爽口,营养丰富。含有多种维生素和 Ca、P、Fe、Zn 等元素,尤其含有侧柏莲酮芳香油,具有独特风味。

全草味苦、辛,性温。有利膈开胃的功效。

南京菊(菊花脑) *Chrysanthemum nankingense* Hand.-Mazz.

【形态特征】 多年生草本,高 30～100 cm。有浓郁的菊香气。茎直立,有分枝,稍被细毛。叶卵圆形或长椭圆形,叶缘具粗锯齿或羽状深裂。头状花序生于枝端,集成圆锥状,舌状花黄色,长椭圆状披针形。瘦果,种子细小。花期为 9～11月,果期 12月。

【地理分布】 产南京、镇江。生于林缘、路边、草地。

【野菜】 南京具有地方特色的新型蔬菜。以嫩茎叶供食用,具有特殊的浓郁菊花芳香味,风味独特,稍甜,凉爽清口,食之清凉,可炒食、做汤或作火锅料。

嫩茎叶味苦、辛,性凉。有清热解毒、明目的功效。

蓟(大蓟) *Cirsium japonicum* Fisch. ex DC.

【形态特征】 多年生草本,高 50～100 cm。块根纺锤状宿根。茎直立,有分枝,被灰黄色膜质长毛。基生叶有柄,矩圆形或披针状长椭圆形,中部叶无柄,基部抱茎,羽状深裂,边缘具刺,上部叶渐小。头状花序单生,苞下常有退化叶 1～2 枚;总苞钟状,直径约 3 cm,有蛛丝状毛;无刺;小花紫或玫瑰色,花冠管纤维。瘦果长椭圆形,冠毛浅褐色,羽状。花果期 4～11 月。

【地理分布】 产江苏各地。生于山坡林中、林缘、灌丛中、草地、荒地、田间、路旁或溪旁。

分布于内蒙古、陕西、河北、山东、浙江、福建、台湾、江西、湖北、湖南、广东、广西、云南、贵州、四川及青海东北部;日本及朝鲜半岛也有。

【野菜】 早春采挖幼苗;植株稍长大,可采摘其嫩叶供食用。

全草味甘,性凉。有凉血止血、消肿解毒功效。脾胃虚寒者忌食用。

刺儿菜 *Cirsium arvense*(Linn.)Scop. var. *integrifolium* Wimmer & Grabowski

【形态特征】 多年生草本,高20～50 cm。根状茎长,茎直立,无毛或被蛛丝状毛。叶椭圆或椭圆状披针形,全缘或有齿裂,有刺,两面疏被蛛丝状毛,通常无叶柄;茎生叶均不裂具密针刺。头状花序单生于茎顶,总苞片约6层,顶端长尖,具刺;管状花,紫红色。瘦果椭圆形或长卵形,冠毛羽状,多层,整体脱落。花期6～8月,果期8～9月。

【地理分布】 产江苏各地。生于山坡、河旁或荒地、田间。

除台湾、广东、香港、海南、广西、云南、西藏外,分布几遍全国各地;欧洲东部及中部、中亚、俄罗斯西伯利亚及远东地区、蒙古、朝鲜半岛及日本也有。

【野菜】 幼苗、嫩叶可食。采集幼苗入沸水锅焯一下,捞出洗去苦味,炒食、做汤均可。

野茼蒿(野木耳菜) *Crassocephalum crepidioides*(Benth.)S.Moore

【形态特征】 一年生草本,高20～100 cm。茎直立,光滑无毛。叶片膜质,长圆状椭圆形,边缘有不规则锯齿、重锯齿或有时基部羽状分裂,两面无毛。头状花序下垂,在枝顶排成圆锥状;花全为两性,管状,橙红色。瘦果狭圆柱形,赤红色,有条纹,被毛;冠毛丰富,白色绢毛状,易脱落。花期7～12月。

【地理分布】 产苏南。生于山坡、荒地、路旁、林下和水沟边。

分布于福建、台湾、江西、湖北、湖南、广东、海南、广西、贵州、云南、四川、西藏;泰国、东南亚、非洲也有。

【野菜】 春、夏、秋三季均可采摘嫩茎叶供食用。有一种淡淡的菊花香,微有苦味,一般用以做汤或凉拌。全草味微苦、辛,性平。有清热解毒、调和脾胃功效。

野菊 *Chrysanthemum indicum* Linn.

【形态特征】 多年生草本,高25～100 cm。根状茎,有地下匍匐枝。茎直立或基部斜展。茎生叶卵形或长圆状卵形,羽状深裂;上部叶渐小,全部叶上面有腺体及疏柔毛,下面毛较多密。头状花序在枝顶排成伞房状圆锥花序,舌状花黄色。瘦果近圆柱状,有5

条极细而明显的纵肋,无冠状冠毛。花期 6～11 月。

【地理分布】 产江苏各地。生于山坡草地、灌丛、河边水湿地、滨海盐渍地、田边及路旁。

除新疆外,广布全国各地;印度、日本、朝鲜半岛、越南及俄罗斯也有。

【野菜】 春采幼苗、嫩茎叶;秋采花瓣供食用。凉拌、煎炒、烧烩、做汤羹、煨粥,或榨汁作饮料,或泡茶、酿酒等。

花味苦、辛;性平。有清热解毒、疏风平肝的功效。脾胃虚寒者、孕妇慎用。

全草味苦、辛,性寒。有清热解毒功效。

东风菜 *Aster scaber* Thunb.

【形态特征】 多年生草本,高 100～150 cm。叶心形,边缘有具小尖头的齿,两面有糙毛;中部以上的叶常有楔形具宽翅的叶柄。头状花序排成圆锥伞房状。舌状花白色,条状矩圆形。瘦果倒卵圆形或椭圆形,有 5 条厚肋,无毛;冠毛污黄白色。花期 6～10 月,果期 8～10 月。

【地理分布】 产江苏各地。生于山谷、山坡、路旁、林下、林缘、灌丛中。

分布于辽宁、河北、内蒙古、山西、河南、安徽、浙江、福建、江西、湖北、湖南、广西、贵州、陕西及甘肃;朝鲜、日本及俄罗斯西伯利亚东部也有。

【野菜】 春季采摘嫩茎叶供食用。

根茎及全草味辛、甘。有清热解毒、明目、利咽的功效。

一点红 *Emilia sonchifolia* (Linn.) DC. ex Wight

【形态特征】 一年生草本,高 10～40 cm,光滑无毛或被疏毛;茎柔弱,粉绿色。叶稍肉质,茎下部的叶卵形,大头羽状分裂,上部叶小,通常全缘或有细齿,无柄,抱茎,上面深绿色,背面常为紫红色。头状花序顶生,花前下垂,花时直立,花紫红色,全为两性,筒状,5 齿裂;狭矩圆柱形,有棱;冠毛白色,柔软。花果期 7～10 月。

【地理分布】 产宜兴。生于山坡荒地、田埂、路旁。

分布于安徽南部及西部、浙江、福建西部、台湾、江西、湖北、湖南、广东、香港、海南、广西、贵州、云南及四川;印度、亚洲热带或非洲也有。

【野菜】 嫩茎叶食法多样,可炒食,也可做汤或火锅用菜,口感清爽,具有类似茼蒿的香味。采摘嫩梢,沸水焯后,加蒜蓉炒食,做汤。食味柔滑,清香可口。全草味苦,性凉。有清热解毒、利水消肿、凉血止血的功效。

鼠麹草（清明菜）*Gnaphalium affine* D. Don

【形态特征】 二年生草本,高 10～15 cm。茎直立,密生白色绵毛。叶互生,倒披针形或匙形,两面有灰白色绵毛。头状花序密集生于枝端,总苞片 3 层,金黄色,小花黄色,外围雌花。中央两性花,瘦果长圆形,长约 0.5 mm,冠毛黄白色。花期 4～6 月,果期 8～9 月。

【地理分布】 产江苏各地。生于田埂、荒地、路旁。

分布于华南、西北、华东、华中、华北、西南等地;日本、朝鲜半岛、菲律宾、印度尼西亚、中南半岛及印度也有。

【野菜】 清明前后采摘嫩茎叶供食用。江南一带自古以来的传统食法是于每年清明前后采其嫩茎叶与糯米粉掺和,做糯米粑、蒸糕、菜饭等,故有"清明菜"之称。

全草味甘、微酸,性平。有化痰止咳、祛风除湿、解毒的功效。《药类法象》:少用。款冬花为使。过食损目。

泥胡菜（糯米菜）*Hemistepta lyrata*（Bunge）Bunge

【形态特征】 二年生草本,高 30～80 cm。茎直立。基生叶莲座状,倒披针形或倒披针状椭圆形,下面被白色蛛丝状毛;中部叶椭圆形,羽状分裂,上部叶条状披针形至条形。头状花序多数;总苞球形;总苞片 5～8 层,外层较短,花紫色。瘦果圆柱形,长 2.5 mm,具 15 条纵肋;冠毛白色,2 层,羽状。花果期 3～8 月。

【地理分布】 产江苏各地。生于山坡、路旁荒地、田间或河边。

分布于全国各地;越南、老挝、印度、日本也有。

【野菜】 江浙一带清明节有食用青团的习惯,做青团用的野菜一般有三种:泥胡菜、艾蒿、鼠麹草。泥胡菜余后色作碧绿,以前常用,现在用的已不多见。春季采摘开花前的嫩叶,又名糯米菜,去杂洗净,入沸水锅焯透,捞出洗净,挤干水分后可凉拌或炒食。

全草或根味辛、苦,性寒。有清热解毒、散结消肿的功效。

马兰（马兰头）*Aster indicus* Linn.

【形态特征】 多年生草本,高 30～70 cm。根状茎有匍枝。茎直立。叶倒披针形或倒卵状长圆形,边缘有疏粗齿或羽状浅裂,上部叶小,全缘,两面或上面无毛。头状花序单生于枝顶排成疏伞房状;舌状花淡紫色。瘦果倒卵状长圆形,极扁,长 1.5～2 mm,熟时褐色。花期 5～9 月,果期 8～10 月。

【地理分布】 产江苏各地。生于林缘、草地、沟边、路旁、湿地、山坡草地。

分布于四川、云南、贵州、河南、湖北、湖南、江西、广东、广西、福建、浙江、安徽、黑龙江、吉林、海南;朝鲜半岛、日本、中南半岛至印度也有。

【野菜】 开花前采摘嫩茎叶供食用。嫩茎叶清香,可凉拌、做馅或煮汤、炒菜,亦可做成干菜、酱菜。

全草味辛,性凉。具清热解毒、凉血止血、利尿消肿等功效。孕妇慎服。

翅果菊(山莴苣) *Lactuca indica* Linn.

【形态特征】 一年生或二年生草本,高 80～150 cm。有白色乳汁。茎直立。叶长椭圆状披针形,不裂,或边缘具齿裂或羽裂;无柄,基部抱茎。头状花序顶生,排列成圆锥状;舌状花淡黄色,日中正开,傍晚闭合。瘦果卵形而扁,黑色,喙短,喙端有白色冠毛 1 层。花期8～9月,果期9～10月。

【地理分布】 产苏南。生于山谷、山坡林缘、林下、路边、荒野。

分布于吉林、内蒙古、河北、河南、山东、安徽、浙江、台湾、江西、湖北、湖南、广东、海南、广西、云南、贵州、四川、西藏、甘肃及陕西;俄罗斯西伯利亚及远东地区、日本、菲律宾、印度尼西亚及印度西北部也有。

【野菜】 将嫩苗及嫩茎叶洗净,蘸甜酱生食;或用沸水烫后,稍加漂洗即可凉拌、炒食或做馅,或掺入面中蒸食,也可晒干供蔬菜淡季食用。

全草或根味苦,性寒。有清热解毒、活血、止血功效。

苦苣菜(苦菜) *Sonchus oleraceus* Linn.

【形态特征】 一年生草本,高30～100 cm。全株有白色乳汁。根纺锤状。茎不分枝或上部分枝,无毛或上部有腺毛。叶羽状深裂或大头状羽状全裂,边缘有刺状尖齿,下部的叶柄有翅,基部扩大抱茎,中上部的叶无柄,基部宽大戟耳形。头状花序在茎端排成伞房状,舌状花黄色。瘦果长椭圆状倒卵形,压扁,褐色,边缘有微齿,两面各有 3 条高起的纵肋,肋间有细皱纹;冠毛白色,细软,彼此纠缠。花果期5～12月。

【地理分布】 产江苏各地。生于山谷、林缘、田野草坡。

分布于辽宁、河北、山西、陕西、甘肃、青海、新疆、山东、安徽、浙江、江西、福建、台湾、河南、湖北、湖南、广西、四川、云南、贵州、西藏。世界广布。

【野菜】 开花期采摘嫩茎叶供食用,可凉拌、做汤或爆炒,也可制成脱水干菜及软包装保鲜产品。苦味较重,先用开水烫过,再用清水漂洗后食用。国外开发出多种苦苣菜保健食品,其中包括含苦苣菜汁饮料、苦苣菜营养饼干、苦苣菜色拉酱等。

全草味苦,性寒。有清热解毒、凉血止血的功效。《本草经疏》:"脾胃虚寒者忌之。"《随息居饮食谱》:"不可共蜜食。"

雪柳 *Fontanesia philiraeoides* Labill. subsp. *fortunei* (Carr.) Yalt.

【形态特征】 落叶灌木或小乔木,高达 8 m。小枝四棱形,无毛。叶披针形、卵状披针形或狭卵形,全缘,无毛。圆锥花序顶生或腋生,顶生的长 2~6 cm,腋生的较短;花白色或带淡红色,有香气。翅果倒卵形或倒卵状椭圆形,扁平,周围有狭翅。花期 4~5 月,果期7~8 月。

【地理分布】 产苏南。生于水沟、溪边或林中。

分布于吉林、辽宁、陕西、湖北、河南、河北、山东、安徽、浙江及江西。

【野菜】 嫩叶可代茶。

车前 *Plantago asiatica* Linn.

【形态特征】 多年生草本,须根多数。根茎短。叶基生呈莲座状,卵形或宽卵形,圆钝,边缘近全缘、波状或有疏钝齿,两面有短柔毛,脉 5~7 条。花葶数个,直立;穗状花序细圆柱状占上端 1/3~1/2 处,花冠绿白色。蒴果椭圆形,长约3 mm,周裂;种子 5~6,矩圆形,黑棕色。花期 6~9 月,果期 10 月。

【地理分布】 产江苏各地。生于草地、路旁、沟边。

分布于黑龙江、吉林、辽宁、内蒙古、河北、山西、河南、山东、安徽、浙江、福建、台湾、江西、湖北、湖南、广东、海南、广西、贵州、云南、西藏、四川、陕西、甘肃、新疆;朝鲜半岛、俄罗斯远东地区、日本、尼泊尔、马来西亚及印度尼西亚也有。

【野菜】 幼嫩的车前草是民间早春经常食用的野菜之一,也是青草茶的最佳原料之一,但其性质偏寒,不宜多食。富含胶质,食入后吸水膨胀,可促进肠道蠕动,治疗便秘。吃了会有饱足感。

全株味甘,性寒。有清热利尿、凉血、解毒的功效。《本经逢原》:若虚滑精气不固者禁用。

楸树(金丝楸) *Catalpa bungei* C. A. Meyer

【形态特征】 落叶乔木,高达 30 m。树干耸直。小枝灰绿色,无毛。叶对生,轮生或互生,三角状卵形至宽卵状椭圆形,全缘,有时基部边缘有 1~4 对尖齿或裂片,两面无毛;下面脉腋通常具紫黑色腺斑;呈伞房状总状花序,有花 3~12 朵;花冠白色,内有 2 条黄色条纹及紫色斑点。蒴果线形。种子狭长椭圆形,两端生长毛。花期 5~6 月,果期 6~10 月。

【地理分布】 产连云港。生于山坡林中。

分布于陕西、山西、河北、河南、山东、浙江、安徽、湖北、湖南、广西、贵州、云南及四川。

【野菜】 嫩楸叶含有丰富的营养成分,嫩叶可食,花可炒菜。明代鲍山《野菜博录》中记载:食法,采花炸熟,油盐调食。或晒干、炸食、炒食皆可。也可作饲料,宋代苏轼《格致粗谈》记述:桐梓二树,花叶饲猪,立即肥大,且易养。

豆腐柴（腐婢）*Premna microphylla* Turcz.

【形态特征】 落叶灌木,高2～6 m;幼枝有柔毛,老枝无毛。叶有臭味,卵形、卵状披针形、倒卵形或椭圆形,全缘以至不规则的粗齿。聚伞花序组成顶生塔形的圆锥花序;花萼绿色,有时带紫色,杯状,有腺点,边缘有睫毛,近二唇形;花冠淡黄色。核果紫色,球形至倒卵形,径约6 mm。花期5～6月,果期6～10月。

【地理分布】 产苏南。生于山坡林下、林缘。

分布于河南、安徽、浙江、福建、台湾、江西、湖北、湖南、广东、海南、广西、贵州及四川;日本也有。

【野菜】 将叶以沸水浸烫,至叶熟化;去除叶渣,得浆汁;在浆汁中加入草木灰纱包,搅拌均匀,稍稍置放即得豆腐。其色泽嫩绿,口感滑爽,营养丰富,为无污染绿色食品。

豆腐柴叶制成的"豆腐"内含有大量的果胶、蛋白质、纤维素、叶绿素和维生素C。在粗蛋白质中,氨基酸含量占10.5%。其中,在15种氨基酸中的苏氨酸、异亮氨酸、亮氨酸、苯丙氨酸、赖氨酸等,占总氨基酸的34.91%,总干叶重的3.68%。

藿香 *Agastache rugosa* (Fisch. et Mey.) O. Kuntze

【形态特征】 多年生草本,高0.5～1.5 m。全体具香气。茎直立,四棱形。叶心状卵形至长圆状披针形。轮伞花序多花,在枝上组成顶生密集圆筒状的假穗状花序;被腺微柔毛及黄色腺体;花冠唇形淡紫蓝色。小坚果卵状矩圆形,褐色,腹面具棱,顶端具短硬毛。花期6～7月,果期10～11月。

【地理分布】 产连云港、徐州、淮安、太仓、泰县、南通、宝应、南京、溧阳。生于山坡或路旁。多有栽培。

各地广泛分布,常见栽培,供药用。俄罗斯、朝鲜、日本及北美洲也有。

【野菜】 嫩叶可食。
地上部分味辛,性微温。有祛暑解表、化湿和胃的功效。

活血丹（连钱草）*Glechoma longituba*（Nakai）Kupr.

【形态特征】 多年生草本,具匍匐茎,逐节生根,茎高10～20 cm。四棱形。叶心形或近肾形,上部者较大,下面常带紫色,被疏柔毛。轮伞花序少花;花唇形,花冠淡蓝色至紫色,下唇具深色斑点。小坚果矩圆状卵形。花期4~5月,果期5~6月。

【地理分布】 产江苏各地。生于较阴湿的荒地、山坡林下及路旁。

分布于黑龙江、吉林、辽宁、河北、安徽、浙江、福建、江西、湖北、湖南、广东、广西、云南、贵州、四川、陕西及河南;朝鲜及俄罗斯也有。

【野菜】 春季3~4月间采摘嫩茎叶食用。

野芝麻 *Lamium barbatum* Sieb. et Zucc.

【形态特征】 多年生草本,高达1 m。茎四棱形,中空,无毛。根状茎有地下长匍匐枝。叶片卵形、卵状心形至卵状披针形,两面均被短硬毛。轮伞花序4~14花,生于茎顶部叶腋内;花唇形,花冠白色或淡黄色,上唇直伸,下唇3裂。小坚果倒卵形,淡褐色。花期5~7月,果期7~8月。

【地理分布】 产江苏各地。生于路边、溪旁、田埂及荒坡上。

分布于黑龙江、吉林、辽宁、内蒙古、河北、山东、安徽、浙江、福建、江西、湖北、湖南、贵州、四川、甘肃、宁夏、陕西、河南及山西;朝鲜及日本也有。

【野菜】 春季采嫩苗、嫩茎叶,鲜用、焯一下干制、盐渍。食用时,沸水焯过,换凉水浸泡过夜,炒食、蘸酱、凉拌、做汤。

益母草 *Leonurus japonicus* Houtt.

【形态特征】 一年生或二年生草本。茎高30~120 cm,钝四棱形,有倒向糙伏毛。茎下部叶轮廓卵形,掌状3裂,其上再分裂,中部叶通常3裂成长圆形裂片,花序上的叶呈条形或条状披针形,全缘或具稀少牙齿。轮伞花序轮廓圆球形;花二唇形,花冠粉红至淡紫红。小坚果矩圆状三棱形。花期6~9月,果期9~10月。

【地理分布】 产江苏各地。生于田埂、路旁、溪边或山坡草地。

分布于全国各地。俄罗斯、朝鲜、日本、热带亚洲、非洲及美洲也有。

【野菜】 在夏季生长茂盛花未全开时采摘食用。全草味辛、苦;性微寒。有活血调经、利尿消肿、清热解毒的功效。

薄荷(野薄荷) *Mentha canadensis* Linn.

【形态特征】 多年生草本,高30~60 cm。全株具薄荷油的气味。具根茎。茎锐四棱形,上部具倒向微柔毛,下部仅沿棱上具微柔毛。叶长圆状披针形至披针状椭圆形。轮伞花序腋生,球形;花萼筒状钟形,被微柔毛及腺点;花冠漏斗形,淡紫或白色,外被毛,

内面在喉部下被微柔毛。小坚果卵球形。花期 7～9 月，果期 10 月。

【地理分布】 江苏各地栽培或逸为野生。生于水旁潮湿地。

分布于我国南北各地；日本、朝鲜半岛、俄罗斯远东地区、亚洲热带地区及北美也有。最早期于欧洲地中海地区及西亚洲一带盛产。现时主要产地为美国、西班牙、意大利、法国、英国、巴尔干半岛等，而中国大部分地方如云南、江苏、浙江、江西等都有出产。

【野菜】 春季采摘其嫩茎叶供食用。

全草味辛，性凉。有散风热、清头目、利咽喉、透疹、解郁功效。阴虚血燥、肝阳偏亢、表虚汗多者忌服。

紫苏 *Perilla frutescens* (Linn.) Britt.

【形态特征】 一年生草本。茎高 30～200 cm，钝四棱形，绿色或紫色，被长柔毛。叶宽卵形或圆卵形，上面被疏柔毛，下面脉上被贴生柔毛。轮伞花序 2 花，组成顶生和腋生、偏向一侧、密被长柔毛的总状花序；花萼钟状，有黄色腺点，果时增大，基部一边肿胀；花冠二唇形，紫红色或粉红色至白色。小坚果近球形，灰褐色，具网纹。花果期 8～12 月。

【地理分布】 江苏各地栽培，也有野生，见于村边或路旁。

全国各地广泛栽培。不丹、印度、中南半岛、印度尼西亚、朝鲜及日本也有。

【野菜】 嫩叶，又称白苏。凉拌或做汤。

紫苏叶味辛，性温。有解表散寒，行气和胃的功效。温病及气弱表虚者忌服。

夏枯草 *Prunella vulgaris* Linn.

【形态特征】 多年生上升草本。茎高 10～30 cm，钝四棱形，紫红色被稀疏糙毛或近于无毛。叶片卵状矩圆形或卵形。轮伞花序密集排列成顶生穗状花序；花冠二唇形紫、蓝紫或红紫色，下唇中裂片宽大，边缘具流苏状小裂片。小坚果矩圆状卵圆形。花期 4～5 月，果期 6～7 月。

【地理分布】 产江苏各地。生于荒地、路旁及山坡草丛中。

分布于陕西、甘肃、新疆、山西、山东、河南、湖北、湖南、江西、安徽、浙江、福建、广东、广西、云南、贵州、四川及西藏；欧洲、北非、俄罗斯、西亚、中亚、印度、巴基斯坦、尼泊尔、不丹、朝鲜及日本也有。澳大利亚

及北美偶见。

【野菜】 夏季采摘嫩茎叶部分食用,适宜凉拌、制馅、做汤等吃法。

夏枯草味苦、辛,性寒。有清肝明目、清热散结的功效。脾胃虚弱者慎服。

百合 *Lilium brownii* F. E. Brown ex Miellez var. *viridulum* Baker

【形态特征】 多年生草本,高 70～150 cm。鳞茎球形,直径约 5 cm,鳞瓣广展,白色;茎上有紫色条纹,无毛。上部叶常小于中部叶,叶倒披针形或倒卵形,全缘,无毛,有 3～5 条脉;具短柄。花单生或几朵组成近伞形,喇叭形,有香味;花被片多为白色,背面带紫褐色,无斑点,先端弯而不卷,蜜腺两边具小乳头状突起。蒴果长圆形,长约 5 cm,有棱,种子多数。花果期 6～9 月。

【地理分布】 产江苏各地。生于山坡林下、溪沟边。

分布于陕西、山西、河北、安徽、浙江、江西、湖北、湖南。

【野菜】 鳞茎含有大量的淀粉和蛋白质,可以作蔬菜食用。秋、冬采挖,除去地上部分,洗净泥土,剥取鳞片,用沸水烫过或微蒸后,焙干或晒干。鲜鳞片可直接加工食用。

江苏常见同属植物:

条叶百合 *L. callosum* Sieb. et Zucc. 产南京、宜兴。生于山坡或溪边草丛。有斑百合 *L. concolor* Salisb. var. *pulchellum* (Fisch.) Regel 产赣榆。生于阳坡草地、山坡。卷丹(虎皮百合、宜兴百合)*L. tigrinum* Ken-Gawler 产连云港云台山、江宁、南京紫金山、句容、宜兴、苏州。生于山坡灌木林下、草地、路边或水旁。

黄花菜(金针菜) *Hemerocallis citrina* Baroni

【形态特征】 多年生草本。根近肉质,中下部常有纺锤状膨大。叶宽线形 7～20 枚,长 50～130 cm,宽 6～25 mm。花葶长短不一,聚伞花序排成圆锥状,花多朵,最多可达 100 朵以上;花被淡黄色,有时在花蕾时顶端带黑紫色;花被管长 3～5 cm,花被裂片长 6～12 cm。蒴果钝三棱状,椭圆形。种子黑色,有棱。花果期 5～9 月。

【地理分布】 产江苏各地。生于山坡、山谷、荒地或林缘。

分布于安徽、山东、江西、湖北、湖南、贵州、甘肃、四川、陕西、山西及河南。

【野菜】 鲜黄花菜中含有一种"秋水仙碱"的物质,本身虽无毒,但经过肠胃道的吸收,在体内氧化为"二氧秋水仙碱",则具有较大的毒性。由于鲜黄花菜的有毒成分在高温 60℃时可减弱或消失,因此食用时,应先将鲜黄花菜用开水焯过,再用清水浸泡 2 个小时以上,捞出用水洗净后再进行炒食,这样秋水仙碱就能破坏掉。食用干品时,最好在食用前用清水或温水进行多次浸泡后再食用。

江苏常见同属植物:

萱草 *H. fulva* (Linn.) Linn. 产江苏各地。北黄花菜 *H. lilio asphodelus* Linn. 产连云港。小黄花菜 *H. minor* Mill. 产连云港。花蕾均可作蔬菜，称"金针菜""黄花菜"，常用干制品。

薤白（小根蒜）*Allium macrostemon* Bunge

【形态特征】 鳞茎数枚聚生，狭卵状，直径 1～1.5 cm；鳞茎外皮白色或带红色，膜质，不破裂。叶基生，2～5 枚，圆柱状，中空，短于花葶。花葶圆柱状，高总苞膜质，2 裂，宿存，伞形花序半球形，间具株芽。花淡紫色至淡红色。蒴果卵圆形，室背开裂。种子黑色。花期 5～6 月，果期 6～7 月。

【地理分布】 产江苏各地。生于山坡、丘陵、山谷或草地上。

除新疆、青海外，全国各省区均产；俄罗斯、朝鲜和日本也有。

【野菜】 鳞茎及叶苗可炒食、盐渍或糖渍。5～6 月采收，将鳞茎挖起，除去须根，洗去泥土。

鳞茎（薤白）入药。味辛、苦，性温。有理气、宽胸、通阳、散结的功效。气虚者慎用。

江苏常见同属植物：

薤头 *A. chinense* G. Don 产苏州。生于山坡、路旁草丛。球序韭 *A. thunbergii* G. Don 产连云港、南京、宜兴。生于山坡、草地或林缘。地下根茎和幼苗可以食用。细叶韭 *A. tenuissimum* Linn. 产连云港云台山、宜兴。生于山坡、草地或沙丘上。

玉竹 *Polygonatum odoratum* (Mill.) Druce

【形态特征】 多年生草本，高 20～50 cm。根状茎圆柱形，结节不粗大，直径 5～14 mm。叶椭圆形至卵状长圆形，顶端尖，背面灰白色。花序腋生，具 1～3 花；花被白色或顶端黄绿色，合生呈筒状，长 15～20 mm。浆果卵圆形直径 7～10 mm，蓝黑色。花期 5～6 月，果期 7～9 月。

【地理分布】 产江苏各地。生于山坡草丛、林下阴湿处。

分布于安徽、甘肃、广西、河北、黑龙江、河南、湖北、湖南、江西、辽宁、内蒙古、青海、陕西、山东、山西、台湾、浙江；欧亚大陆温带地区广布。

【野菜】 地下根茎和嫩茎叶均可食用，果实有毒不能食用。根茎入药。味甘，性平。有滋阴润肺、养胃生津的效果。痰湿气滞者禁服，脾虚便溏者慎服。

多花黄精 *Polygonatum cyrtonema* Hua

【形态特征】 多年生草本，高 50～90 cm。根状茎圆柱形，横走，肥大，肉质，淡黄色，由于结节膨大，使节间一端粗、一端细，在粗的一端有短分枝。叶互生，长椭圆形至长圆

状披针形,两面无毛,背面灰白色,花序常具2～7花,呈伞形状,俯垂,总花梗长1～4 cm;花被乳白色至淡黄色,合生成筒状。浆果球形,径7～10 mm,熟时黑色。花期5～6月,果期8～9月。

【地理分布】 产宜兴、溧阳。生于山坡、灌丛中。

分布于安徽、甘肃、河北、黑龙江、河南、吉林、辽宁、内蒙古、宁夏、陕西、山东、山西、浙江;朝鲜、蒙古及俄罗斯西伯利亚东部地区也有。

【野菜】 根茎与幼苗可作野菜。

根茎入药,味甘,性平。有养阴润肺、补脾益气、滋肾填精的效果。中寒泄泻,痰湿痞满气滞者忌服。

江苏常见同属植物还有:黄精 *P. sibiricum* Redoute 产江浦、句容、宜兴。生于山坡林下、草丛中。

土茯苓(光叶菝葜) *Smilax glabra* Roxb.

【形态特征】 常绿攀援灌木,茎长1～4 m。根状茎粗短,不规则的块状,粗2～5 cm。茎与枝条光滑无刺。叶狭椭圆状披针形至狭卵状披针形,下面通常绿色,伞形花序腋生,具花10余朵。绿白色,花序托膨大,具多枚宿存的小苞片。浆果球形,直径7～10 mm,成熟时紫黑色,具粉霜。花期7～11月,果期11月至翌年4月。

【地理分布】 产镇江、宜兴、溧阳。生于山坡灌丛。

分布于甘肃、陕西、河南、安徽、浙江、福建、台湾、江西、湖北、湖南、广东、香港、海南、广西、贵州、云南及四川;越南、泰国和印度也有。

【野菜】 嫩苗可供蔬食。

江苏常见同属植物还有:

菝葜 *S. china* Linn. 产江苏各地。生于山坡、路旁、林缘、疏林下、溪边草丛中。牛尾菜 *S. riparia* A. DC. 产江苏各地。生于林下、灌丛及草坡。

薯蓣(山药) *Dioscorea polystachy* Turcz.

【形态特征】 草质缠绕藤本;块茎略呈圆柱形,垂直生长,长可达1 m。茎右旋,光滑无毛。单叶互生,至中部以上叶对生,少有三叶轮生,叶腋间常生有珠芽(名零余子),叶形变化较大,三角状卵形、广卵形或耳状3浅裂至深裂,中间裂片椭圆形或披针形,两侧裂片矩圆形或圆耳形。穗状花序,直立,2～4条腋生;花小,花被绿白色,背面除棕色毛外常散有紫褐色腺点。蒴果三棱状扁圆形或三棱状圆形,表面常被白色粉状物。种子着生于果实每室的中央,四周有薄膜状栗褐色的翅。花期6～9月,果期 7～11 月。

【地理分布】 产江苏各地。生于山坡林下、溪边、路旁以及灌丛中。

分布于辽宁、河北、河南、山东、安徽、浙江、福建、江西、湖北、湖南、广东、香港、广西、贵州、云南、四川、甘肃、陕西及山西;朝鲜及日本也有。

【野菜】 块茎常作蔬菜食用或药用。

凤眼蓝(凤眼莲,水葫芦)*Eichhornia crassipes*（Mart.）Soms.

【形态特征】 多年生浮水草本,高 20～70 cm。须根发达,茎短缩,具匍匐走茎。叶呈莲座状基生,直立,叶片卵形、倒卵形或圆形,光滑,有光泽,叶柄中下部膨大呈葫芦状气囊。穗状花序有花 6～12 朵,蓝紫色。蒴果卵形,种子有棱。花期 6～9 月,果期 8～10 月。

【地理分布】 产江苏各地。生于水塘、沟渠、湖泊。

原产巴西。现广布于长江、黄河流域及华南各地。

【野菜】 嫩叶及叶柄可作蔬菜。将水葫芦去杂洗净,入沸水锅焯一下,捞出洗去苦味切段。花和嫩叶可以直接食用,其味道清香爽口,并有润肠通便的功效,马来西亚等地的土著居民常以水葫芦的嫩叶和花作为蔬菜。

鸭跖草 *Commelina communis* Linn.

【形态特征】 一年生披散草本,仅叶鞘及茎上部被短毛。多分散,基部匍匐而节上生根。叶披针形至卵状披针形。总苞片佛焰苞状,与叶对生,心形,稍镰刀状弯曲;聚伞花序有花数朵,略伸出佛焰苞;花瓣深蓝色,内面 2 枚有长爪。蒴果椭圆形,2 瓣裂;种子 4,具不规则窝孔。花期 7～9 月,果期 8～10 月。

【地理分布】 产江苏各地。生于路旁、田边、河岸、宅旁、山坡及林缘阴湿处。

除青海、新疆、西藏以外,各省区均有分布;日本、朝鲜、越南也有。

【野菜】 嫩茎叶可生食或加工成菜肴。

水竹叶 *Murdannia triquetra*（Wall. ex C. B. Clacke）Bruckn.

【形态特征】 多年生草本,具长而横走根状茎,具叶鞘。节上具不定根,茎肉质,下部匍匐,上部上升,一侧有细绒毛。叶片竹叶形,互生,基部鞘状包围茎上。花序通常仅有单朵花,顶生兼腋生;花瓣 3,粉红色、紫红色或蓝紫色,倒卵圆形,稍长于萼片。蒴果卵圆状三棱形,两端钝或短急尖,每室有种子 3 颗,有时仅 1～2颗。种子短柱状,红灰色。花期 9～10 月,果期 10～11 月。

【地理分布】 产苏南。生于阴湿地、水稻田中或水边。

分布于安徽、福建、广东、广西、贵州、海南、河南、湖北、湖南、江西、陕西、四川、云南、浙江、台湾;南亚和东亚也有。

【野菜】 嫩茎叶可生食或加工成菜肴。去杂洗净,入沸水锅焯一下,捞出洗净,挤干水切段,凉拌或炒食。

毛竹 *Phyllostachys edulis* (Car.) Mitfora.

【形态特征】 地下茎为单轴型。秆高 11～13(～26) m,粗8～11(～20) cm,秆环平,箨环突起,节间(不分枝的)为圆筒形,长 30～40 cm,节下生有细毛和蜡粉。箨鞘厚革质,背面密生棕紫色小刺毛和斑点;箨叶窄长形,基部向上凹入;叶在每小枝 2～8片,叶片窄披针形,宽 5～14 mm。花枝单生,不具叶,小穗丛形如穗状花序,长 5～10 cm,外被有覆瓦状的佛焰苞;小穗含 2 花,一成熟一退化。笋期 4 月,花期 5～8 月。

【地理分布】 产江苏各地。生于山坡。

自秦岭以南均有分布。

【野菜】 笋美味。可鲜食亦可制成笋干品。

江苏省常见野生笋用竹类:

黄古竹 *P. angusta* McClure 南京老山栽培。生于村舍边。笋食用。石绿竹 *P. arcana* McClure 产江苏各地。竹笋多制作笋干。金镶玉竹 *P. aureosulcata* McClure 'Spectabilis' 产连云港。笋可食。桂竹 *P. retieulata* (Rupr.) K. Koch 产江苏各地。笋可食。白哺鸡竹 *P. dulcis* McClure 产苏南。笋味鲜美,为优良笋用材。淡竹 *P. glauca* McClure 产江苏各地。口味鲜美。水竹 *P. heteroclada* Oliv. 笋期 5 月。产江苏各地。笋味鲜甘甜。红哺鸡竹 *P. iridescens* C. Y. Yao et S. Y. Chen 笋期 4 月底至 5 月底。南京栽培。笋味鲜美可口,为优良的笋用竹种。美竹 *P. mannii* Gamble 笋期 4 月中旬。宜兴、江浦老山林场有栽培。笋略有涩味,可供食用。毛环竹 *P. meyeri* McClure 笋期4～5 月。产江苏各地。笋质优良、营养丰富,可直接煮食或加工为笋制品。篌竹 *P. nidularia* Munro 笋期 4 月下旬。笋味鲜美,供鲜食或加工笋干。灰竹 *P. nuda* McClure 笋期 4～5 月,宜兴、老山、溧阳栽培。笋质优良,壳薄肉厚,俗称"石笋",是加工天目笋干的主要原料。早园竹 *P. propinqua* 笋期 4～5 月。笋微甜,为较好笋用竹。金竹 *P. sulphurea* (Carr.) A. et C. Riv. 笋期 5 月中旬。产苏南。笋供食用,味微苦。早竹 *P. violascens* (Carrière) Riviere et C. Rivière 笋期 3 月下旬至 4 月上旬或更早。产苏南。优良的笋用竹,出笋早,笋期长,产量高,没有大小年之分,笋味脆嫩鲜甜。粉绿竹 *P. viridi-glaucescens* (Carr.) A. et C. Riv. 笋期 4 月下旬。产宜兴、南京。笋味美,供食用。乌哺鸡竹 *P. vivax* McClure 笋期 4 月中、下旬。产江苏各地。笋肉白玉色,味甘美,是刚竹属中的佼佼者。

棕榈 *Trachycarpus fortunei*（Hook. f.）H. Wendl.

【形态特征】 乔木状,高达 15 m;树干有残存不易脱落的老叶柄基部网状纤维。叶半圆形,掌状深裂,直径 50～70 cm;裂片多数,皱折成线形,坚硬,顶端浅 2 裂;叶柄细长,顶端有小戟突;叶鞘纤维质,网状,暗棕色,宿存。肉穗花序排成圆锥花序式,腋生,花黄绿色,核果肾状球形,蓝黑色,有白粉。花期 4 月,果期 12 月。

【地理分布】 产江苏各地。通常栽培,有野生疏林中。
分布于我国秦岭以南、长江中下游地区。

【野菜】 未开放的花苞又称"棕鱼",可供食用。

水鳖 *Hydrocharis dubia*（Bl.）Backer

【形态特征】 多年生浮水植物,匍匐茎顶端生芽,须状根长达 30 cm。叶簇生,圆状心形,全缘,上面深绿色,下面略带红紫色,有宽卵形蜂窝状贮气组织;叶脉弧形 5 至多条。花单性;雄花 5～6 朵,聚生于具 2 叶状苞片;外花被片 3,膜质,黄色。果实肉质,卵圆形,直径约 7 mm,6 室;种子多数。花果期 8～10 月。

【地理分布】 产江苏各地。生于河溪、沟渠中。
全国各地广泛分布;亚洲其他地区及大洋洲也有。

【野菜】 幼叶柄作蔬菜。

水烛（香蒲） *Typha angustifolia*（Linn.）

【形态特征】 多年生水生或沼生草本,高 1～2 m。根状茎粗壮,乳白色有节。叶线形,长 40～70 cm,宽 5～10 mm,基部鞘状,抱茎,具白色膜质边缘。穗状花序圆锥状,雄花序与雌花序彼此连接,雄花序在上,较细,长3～5 cm,雌花序在下,长 6～15 cm。小坚果椭圆形或长椭圆形,有 1 纵沟。果皮有长形褐色斑点。花果期 5～8 月。

【地理分布】 产南京、如东。生于湖泊、池塘、河旁、沟边。
分布于黑龙江、吉林、辽宁、内蒙古、陕西、山西、河北、河南、安徽、浙江、台湾、江西、湖北、湖南、广东、广西、贵州、四川、西藏及云南。菲律宾、日本、俄罗斯及大洋洲等地也有。

【野菜】 香蒲叶的叶鞘抱合而成的嫩茎部分供菜用称为蒲菜;地下匍匐根茎先端的嫩芽可食称为草芽、蒲芽或象牙菜;当植株衰老时,可从土中挖出老株的短缩茎(俗称面疙瘩)以及地下匍匐茎(俗称老牛筋)供食用。蒲菜采收 6～7 月和 8～9 月,草芽采收 4～

8月,民间习惯将蒲菜做成酸、咸菜食用,或将蒲菜与米粉或面粉及盐等调味品相拌和,久存慢用。现代食法做成荤素菜均有,或煮汤,或爆炒,也可煮粥、做糕。

江苏常见同属植物:

长苞香蒲 *T. angustata* Bory et Chaub. 产连云港。东方香蒲 *T. orientalis* Presl. 产江苏各地。假茎白嫩部分(即蒲菜)和地下匍匐茎尖端的幼嫩部分(即草芽)可以食用,味道清爽可口。无苞香蒲 *T. laxmannii* Liepech. 产苏州太湖。

第四章

野生淀粉植物

　　淀粉植物指富含食用或工业用淀粉及其他糖类的植物。淀粉是植物体内贮藏的高分子碳水化合物,它可以分解成葡萄糖、麦芽糖等成分。不同植物所富含淀粉的部位不同,主要有种子、果实、果梗、茎、根茎、球茎、鳞茎、根、块根、髓心、皮层等。富含淀粉的植物以蕨类、壳斗科、禾本科、蓼科、百合科、天南星科、旋花科、豆科、防己科、莲科、桔梗科、檀香科等为多,中国有 400 多种淀粉植物。

　　野生淀粉和胶质淀粉可以代替粮食淀粉,广泛应用于纺织、医药、食品、印染、酿造、铸造、石油和国防等工业部门,如作粘黏结剂、选矿剂、防水炸药护膜剂、石油开采和地质勘探的冲洗液等。有的野生植物的淀粉还可以食用。野生植物淀粉因为无污染、具有天然风味、口感纯正、营养丰富等特点,越来越受到人们的欢迎。野生植物淀粉资源开发前景十分诱人。

　　常见的野生淀粉资源,有果实类的锥栗、茅栗、甜槠、苦槠、青冈栎、麻栎、栓皮栎、金樱子、田菁、马棘、芡实、薏苡等;根茎类的有葛、百合、土茯苓、金刚刺、魔芋、蕨、石蒜、狗脊等。

　　野生淀粉植物的成熟期大都在"立冬"到"冬至"期间。适时采集是保证野生淀粉产品质量的第一关。但采集回来后如何加工提取淀粉,直接关系到产量和经济价值。果实类的野生淀粉植物的加工方法比较简单,只要及时去壳取仁,消除杂质,晒干,再磨粉即可。根茎类野生淀粉植物采收期较长,有些可延长到第二年萌芽之前,其加工方法比较繁琐,通常要掌握好洗净、制浆、过滤、沉淀、晒干五道工序。

紫萁 *Osmunda japonica* Thunb.

　　【形态特征】　多年生蕨类,高 50～80 cm。根茎短块状,斜升。叶二型;营养叶三角状阔卵形,顶部以下二回羽状,小羽片矩圆形或矩圆披针形,叶脉叉状分叉;孢子叶的小羽片极狭,卷缩成线形,沿主脉两侧密生孢子囊,成熟后枯死,有时在同一叶上生有营养羽片和孢子羽片。

　　【地理分布】　产苏南。生于山地林缘、坡地的草丛中。

　　我国暖温带及亚热带最常见的一种蕨类,向北分布至秦岭南坡;越南、印度、北部喜马拉雅地区、朝鲜半岛及日本也有。

　　【淀粉】　根茎用清水浸泡 7 天左右,取出捣碎,经过滤可提取淀粉(称为紫萁蕨粉），制作成粉皮、粉条，有滋补、养颜、防癌抗癌的保健功效。

蕨 *Pteridium aquilinum* (Linn.) Kuhn var. *latiusculum* (Desv.) Underw. ex Heller

【形态特征】　多年生草本，高达 1 m。根状茎粗壮，长而横走，密被棕褐色毛。叶片阔三角形，三回羽状或四回羽裂。孢子囊群生小脉顶端的联结脉上，沿叶缘分布成线形，囊群盖两层，外层为由变质的叶缘反折而成的假盖。

【地理分布】　产江苏各地。生于光照充足偏酸性土壤的林缘或荒坡。

分布于全国各地；世界温带和暖温带地区广布。

【淀粉】　根状茎含淀粉 30%～35%，称蕨粉或蕨根粉，可供食用及糊料。蕨根捣烂后再三洗净，待沉淀后，取粉做饼，或刨掉皮做成粉条吃，粉条颜色淡紫，味道极为滑美。

新鲜的根茎中含较多的绵马素，秋后更多，连续食用易中毒，牲畜误食作用亦同。

狗脊 *Woodwardia japonica* (Linn. f.) Sm.

【形态特征】　多年生蕨类，高 50～130 cm。根状茎短粗，直立或斜升，形似狗的脊梁，密被红棕色的披针形鳞片。叶簇生，叶柄长 30～50 cm，褐色，密被鳞片；长圆形或卵状披针形，二回羽裂，沿叶轴和羽轴有红棕色鳞片。孢子囊群长形，生于主脉两侧对称的网脉上；囊群盖长肾形，以外侧边着生网脉，开向主脉。

【地理分布】　产苏南。生于疏林下及溪沟旁阴湿处。

分布于安徽、澳门、重庆、福建、广东、广西、贵州、海南、湖南、江西、上海、四川、台湾、云南、浙江、河南、香港、湖北；朝鲜半岛、日本也有。

【淀粉】　根状茎富含淀粉，可食用及酿酒。

芡实（鸡头米）*Euryale ferox* Salisb.

【形态特征】　一年生大型水生植物，茎叶都有刺。叶二型有沉水和浮水，浮水叶大型，圆形至椭圆肾形，盾状着生，径可达 1.3 m，叶面具刺，下面带紫色。花紫红色。浆果（芡实）圆球形，紫红色，外皮有刺。种子黑色。花期 6～7 月，果期 8～9 月。

【地理分布】　产江苏各地。生于池塘湖沼。

分布于黑龙江、吉林、辽宁、河北、河南、山东、安徽、浙江、福建、湖北、湖南及广西；俄罗斯、朝鲜、日本、印度也有。

【淀粉】　种子含淀粉，供食用、酿酒及制副食品用。

木防己 *Cocculus orbiculatus*（Linn.）DC.

【形态特征】 落叶木质藤本。单叶互生,叶形多变,通常卵形或卵状长圆形。聚年花序顶生或腋生;花瓣黄绿色。核果近球形,两侧扁,蓝黑色,有白粉。花期5～7月,果期8～10月。

【地理分布】 产江苏各地。生于山坡、灌丛、林缘、路边或疏林中。

我国除西北部和西藏外都有分布。

【淀粉】 根含淀粉,可酿酒。

反枝苋 *Amaranthus retroflexus* Linn.

【形态特征】 一年生草本植物。茎直立,粗壮、有钝棱,密生短柔毛。叶互生,菱状卵形或椭圆状卵形,先端微凸,具小芒尖,全缘,两面均被柔毛。花小,集成顶生和腋生圆锥花序,花被片5,膜质,绿白色,有一淡绿色中脉。胞果扁圆形,盖裂;种子,卵圆状,黑色,有光泽。花期7～8月,果期8～9月。

【地理分布】 产江苏各地。生于田园、田边、宅旁。

原产美洲热带,现世界广布。我国东北、西北、华北有栽培。

【淀粉】 种子含淀粉,可用于酿酒。

茅栗 *Castanea seguinii* Dode

【形态特征】 落叶小乔木,高6～15 m,常呈灌木状;幼枝有灰色绒毛;无顶芽。叶2列,长椭圆形或倒卵状长椭圆形,锯齿齿端尖锐或短芒状,上面无毛,下面有灰黄色腺鳞。雄花序穗状,直立,腋生;雌花常生于雄花序基部,花白色。壳斗近球形,连刺直径3～4 cm;苞片针刺形;坚果常3个,有时可达5～7个,扁球形,褐色。花期5～7月,果期9～11月。

【地理分布】 产连云港及淮河以南。生于向阳、瘠薄土壤。

分布于安徽、浙江、福建、江西、湖北、湖南、广东、广西、云南、贵州、四川、甘肃、山西及河南。

【淀粉】 坚果含淀粉,可生食、熟食和酿酒。

江苏常见同属淀粉植物:锥栗 *C. henryi*（Skan）Rehd. et Wils. 产苏南山区。生于向阳、土质疏松的山地。

苦槠(苦槠栲) *Castanopsis sclerophylla*（Lindl. et Pax.）Schott

【形态特征】 常绿乔木,高8～15 m;小枝无毛。叶革质,长椭圆形、或倒卵状椭圆

形,基部楔形或近圆形,边缘中部以上有细锯齿或全缘,侧脉
9～12 对。壳斗有 1 坚果,稀为 2～3,近球形至椭圆形,几全
包果实,不规则瓣裂,宿存于果序轴上;苞片贴生,细小,鳞片
形或针头形,排列成连接或间断的 6～7 环;坚果圆锥形。花
期 4～5 月,果期 10～11 月。

【地理分布】 产苏南。生于林中向阳山坡。分布于长江
中下游以南、五岭以北及贵州、四川以东各地。

【淀粉】 坚果含淀粉 25%～30%,浸水脱涩后可做豆腐,
颜色呈淡红色,供食用,称"苦槠豆腐"。但苦涩味较重。

江苏常见同属淀粉植物还有:米槠(小红栲)*C. carlesii*
(Hemsl.) Hayata 产宜兴。生于山地林中、沟谷林内。甜槠 *C. eyeri*(Champ. ex
Benth.) Tutch. 产苏南。生于山坡或山坡林中。

青冈栎 *Cyclobalanopsis glauca*(Thunb.) Oerest.

【形态特征】 常绿乔木,高 15～20 m;小枝无毛。叶倒卵
状长椭圆形或长椭圆形,先端渐尖,基部近圆形或宽楔形,边缘
中部以上有疏锯齿,上面无毛,下面有白色毛,老时渐渐脱落并
有粉白色鳞秕,侧脉 9～13 对。雌花序具花 2～4 朵。壳斗杯
形,包围坚果 1/3～1/2,苞片合生成 5～8 条同心环带,环带全
缘;坚果卵形或近球形,直径 0.9～1.2 cm,长 1～1.6 cm,无
毛;果脐隆起。花期 4～5 月,果期 10 月。

【地理分布】 产苏南丘陵。生于山坡或沟谷。

分布于安徽、浙江、福建、台湾、江西、湖北、湖南、广东、广
西、贵州、云南、西藏、四川、甘肃、陕西及河南;日本、朝鲜半岛、
印度也有。

【淀粉】 种子含淀粉 60%～70%,可作饲料、酿酒。

江苏常见同属淀粉植物:细叶青冈 *C. gracilis*(Rehd. et Wils.) Cheng et T. Hong
产宜兴、溧阳。生于山地杂木林中。种子含淀粉 60%～70%,可作饲料、酿酒。小叶青冈
C. myrsinaefolia(Bl.) Oerst. 产宜兴、溧阳。生于沟边、斜坡杂木林中。种子含淀粉,
可酿酒或浆纱。

柯(石栎)*Lithocarpus glaber*(Thunb.) Nakai

【形态特征】 常绿乔木,高 7～15 m;小枝密生灰黄色绒
毛。叶倒卵形、倒卵状椭圆形长椭圆状披针形,全缘或近顶端
有时具几枚钝齿,下面老时无毛,带灰白色的蜡鳞层,花序轴有
绒毛,壳斗碟状或浅碗状,3～5 个成簇,苞片小,有灰白色细柔
毛;坚果椭圆形,直径 1～1.5 cm,长 1.4～2.1 cm,略被白粉,
基部和壳斗愈合,果脐内陷。花期 8～10 月,果期翌年 10 月。

【地理分布】　产苏南低山丘陵地区。生于山坡林中。

分布于安徽、浙江、福建、台湾、江西、湖北、湖南、广东、香港、广西、贵州东部、四川东部及河南南部;日本也有。

【淀粉】　种子含淀粉和油脂。

麻栎 *Quercus acutissima* Carr.

【形态特征】　落叶乔木,高达 30 m。叶长椭圆状披针形,先端渐尖,基部圆或宽楔形,侧脉排列整齐,芒状锯齿,下面绿色,无毛或脉腋有毛;花序长淡黄色。坚果球形,壳斗杯状,苞片锥形粗刺状,木质反卷,有灰白色绒毛。包围坚果的 1/2。坚果卵圆形或长卵形,直径约 2 cm 果脐突起。花期 3～4 月,果熟期翌年 9～10 月。

【地理分布】　产江苏各地,是本省落叶阔叶林的主要建群种之一。

分布于辽宁南部、华北各省及陕西、甘肃以南,黄河中下游及长江流域较多;日本、朝鲜也有。

【淀粉】　种子含淀粉 56.4%,可作饲料和工业用淀粉。

槲栎 *Quercus aliena* Bl.

【形态特征】　落叶乔木,高达 30 m;小枝粗壮,无毛,具圆形淡褐色皮孔。叶长椭圆状倒卵形至倒卵形,长 10～22 cm,宽 5～14 cm,先端微钝,基部楔形或圆形,边缘疏有波状钝齿,下面密生灰白色星状细绒毛;叶柄长 1～1.3 cm,无毛。壳斗杯状,包围坚果约 1/2,直径 1.2～2 cm,高 1～1.5 cm;小苞片卵状披针形;坚果椭圆状卵形至卵形,直径 1.3～1.8 cm,长 1.7～2.5 cm;果脐略隆起。花期 4～5 月,果期 9～10 月。

【地理分布】　产江苏各地。生于向阳山坡,常与其他树种组成混交林或成小片纯林。

分布于陕西、山东、安徽、浙江、江西、河南、湖北、湖南、广东、广西、四川、贵州、云南;朝鲜、日本也有。

【淀粉】　种子富含淀粉,可酿酒,也可制凉皮、粉条和做豆腐及酱油等。

槲树(柞栎) *Quercus dentata* Thunb.

【形态特征】　落叶乔木,高 25m,小枝粗壮,有灰黄色星状柔毛。叶倒卵形至倒卵状楔形,尖端钝,基部耳形,有时楔形,边缘有 4～6 对波浪状裂片,幼时有毛,老时仅下面有灰色柔毛和星状毛,侧脉 4～10 对;叶柄极短,长 2～3mm。壳斗杯状,包围坚果 1/2,直径 1.5～

1.8 cm,长 8 mm;苞片狭披针形,反卷,红棕色;坚果卵形至宽卵形,直径约1.5 cm,长 1.5～2 cm,无毛。花期 4～5 月,果期 9～10 月。

【地理分布】 产江苏各地。生于山地阳坡林中。

分布于黑龙江、吉林、辽宁、河北、河南、山西、陕西、甘肃、山东、安徽、浙江、台湾、湖北、湖南、贵州、广西、云南及四川。

【淀粉】 种子含淀粉58.7%,含单宁 5.0%,可酿酒或作饲料。

白栎 *Quercus fabri* Hance

【形态特征】 落叶乔木,高达 25 m;小枝密生灰黄色至灰褐色星状绒毛。叶倒卵形至椭圆状倒卵形,先端钝,基部楔形或钝,边缘有波状钝齿,上面疏生毛或无毛,下面被灰黄色星状绒毛,侧脉 8～12 对;叶柄短,长 3～5 mm。壳斗杯状,包围坚果约 1/3;小苞片,卵状披针形,紧贴在口缘处伸出;坚果长椭圆形或椭圆状卵形,直径 0.7～1.2 cm,无毛;果脐略隆起。花期 4 月,果期 10 月。

【地理分布】 产江苏各地。生于丘陵、山地杂木林中。

分布于陕西、河南、安徽、浙江、福建、江西、湖北、湖南、广东、香港、广西、云南、贵州及四川。

【淀粉】 果实名橡子,富含淀粉,可酿酒或制豆腐、粉丝等。栎实含淀粉47.0%,单宁 14.1%,蛋白质 6.6%,油脂 4.2%。

栓皮栎 *Quercus variabilis* Bl.

【形态特征】 落叶乔木,高达 30 m;树皮黑褐色裂,木栓层发达。小枝无毛。叶长椭圆状披针形,先端渐尖,基部宽楔形或近圆,具刺芒状锯齿,下面密被灰白色星状细绒毛。壳斗杯状,包围坚果 2/3,小苞片钻形,反曲。坚果宽卵圆形或近球形,长约 1.5 cm,顶端圆,果脐突起。花期 3～4 月,果期翌年9～10 月。

【地理分布】 产江苏各地。为本省落叶阔叶林建群树种之一。生于土层深厚、排水良好的向阳山坡。

分布于辽宁、河北、山西、陕西、甘肃、山东、安徽、浙江、江西、福建、台湾、河南、湖北、湖南、广东、广西、四川、贵州、云南;朝鲜、日本也有。

【淀粉】 栎实含淀粉59.3%,含单宁 5.1%。可作饲料及酿酒。

江苏常见栎属淀粉植物还有:

锐齿槲栎 *Q. aliena* Bl. var. *acuteserrata* Maxim. 产江苏各地。生于山坡林中。种子含淀粉55.8%,单宁9.7%。小叶栎 *Q. chenii* Nakai 产宜兴、溧阳。生于丘陵山坡林

中。栎实含淀粉 63.1%,单宁 7.8%,蛋白质 5.8%。短柄抱栎 *Q. sesrata* Thunb. var. *brevipetiolata* (A. DC.) Nakai 产江苏各地。生于山坡林中。栎实含淀粉 46.3%,单宁 7.7%,蛋白质 3.9%。

榆树 *Ulmus pumila* Linn.

【形态特征】 落叶乔木,高达 25 m;树皮暗灰色,粗糙纵裂;枝灰褐色,微被毛或无毛。叶,椭圆形、卵形或倒卵形,较小,先端尖或钝尖,基部偏斜,不对称,一边楔形,一边圆形,边缘具小锯齿。花先叶开放,簇生于当年枝的叶腋。翅果椭圆状卵形或椭圆形,无毛,种子位于翅果中部或稍上处。花期 3~4 月,果期 4~5 月。

【地理分布】 产江苏各地。生于庭园、山坡、山谷、川地、丘陵及沙岗。

分布自东北到西北,从华南至西南(长江以南都系栽培);朝鲜、蒙古、俄罗斯和日本也有。

【淀粉】 树皮含淀粉。树皮晾晒风干以后,磨成粉,称为榆面,有各种粗细目数。旧时荒年用以制面食充饥。还是传统制香的原材料,作为黏合剂使用。

薜荔(凉粉果)*Ficus pumila* Linn.

【形态特征】 常绿攀援或匍匐灌木,有乳汁。茎灰褐色,多分枝。叶二型,在营养枝上者小而薄,心状卵形,长约 2.5 cm 或更短,基部斜;在生殖枝上者较大而近革质,卵状椭圆形,全缘,上面无毛,下面有短柔毛,网脉凸起成蜂窝状。瘿花果梨形,雌花果近球形,直径 3~5 cm,顶端平截,具短柄,基生苞片宿存,三角状卵形,密被柔毛,榕果熟时黄绿色或微红。瘦果近倒三角形,有粘液。花期 5~6 月,果期 10 月。

【地理分布】 产江苏各地。攀援城墙、石灰岩陡坡、树上、墙上。

分布于安徽、浙江、福建、台湾、江西、湖北、湖南、广东、河南、广西、贵州、云南、四川、陕西及河南;日本及越南也有。

【淀粉】 山区农民将薜荔的果皮和花被制作凉粉,其果胶含量达 32.70%,蛋白质含量为 3.80%,含糖量达 20.33%,粗纤维含量为 5.05%,维生素和矿物质元素丰富,且脂肪含量极低,为 2.67%,因而属于低脂、低热量食品。

细圆齿火棘 *Pyracantha crenulata* (D. Don) Roem.

【形态特征】 常绿灌木或小乔木,高约 5 m;有时有短枝刺;小枝暗褐色,幼时被锈色柔毛。叶片矩圆形或倒披针形,长 2~7 cm,宽 0.8~1.8 cm,先端通常急尖或圆钝,有时有短

尖头,基部宽楔形或近圆形,边缘细圆锯齿或稀疏锯齿,两面无毛;叶柄短。复伞房花序顶生,花白色。梨果近球形,直径 3~5 mm,橘红色。花期 3~5 月,果期 9~12 月。

【地理分布】 江苏各地栽培。

分布于湖北、湖南、广东、广西、贵州、云南、四川、陕西及甘肃;印度、不丹、尼泊尔也有。

【淀粉】 果实含淀粉和糖,可酿酒或作猪饲料,也可食用。

江苏常见同属植物:火棘 *P. fortuneana* (Maxim) H. L. Li 产南京,现各地多有栽培。

金樱子(糖罐子)*Rosa laevigata* Michx.

【形态特征】 常绿攀援灌木。小枝无毛,有钩状皮刺和刺毛,幼时尚有腺毛。羽状复叶;小叶 3,稀 5,椭圆状卵形或披针状卵形,边缘具细齿状锯齿,无毛,有光泽,下面脉纹显著;叶柄和叶轴具小皮刺和刺毛。花单生于侧枝顶端,白色,直径 5~9 cm,花梗和萼筒外面均密生刺毛和腺毛。蔷薇果近球形或倒卵形,有直刺,顶端具长而扩展或外弯的宿存萼片。花期 4~6 月,果期 7~11 月。

【地理分布】 产苏南。生于向阳山坡、田边、溪边灌丛中。

分布于河南、安徽、浙江、福建、台湾、江西、湖北、湖南、广东、广西、贵州、云南、四川、陕西及甘肃。

【淀粉】 淀粉植物。

地榆 *Sanguisorba officinalis* Linn.

【形态特征】 多年生草本,高 1~2 m;根粗壮;茎直立,有棱,无毛。奇数羽状复叶;小叶 4~6 对,稀 7 对,长圆状卵形至长椭圆形,花小密集成顶生的圆柱形穗状花序;无花瓣,花萼,紫红色,基部具毛;瘦果褐色,具细毛,有纵棱,包藏在宿存萼筒内。花期 7~10 月,果期 9~11 月。

【地理分布】 产江苏各地。生于山坡、草地。

除台湾、香港和海南外广泛分布于全国各地;亚洲、欧洲也有。

【淀粉】 根含淀粉 25%~30%,可用于酿酒。

菱 *Trapa natans* Linn.

【形态特征】 一年生水生草本。叶二型,沉浸叶羽状细裂,漂浮叶聚生于茎顶,成莲座状,三角状菱形,边缘具齿,背面脉上被毛;叶柄长 5~10 cm,中部膨胀成宽约 1 cm 的

海绵质气囊,被柔毛。花白色,单生于叶腋。坚果连角宽 4～5 cm,两侧各有一硬刺状角,紫红色;角伸直,长约 1 cm。花期5～10月,果期7～11月。

【地理分布】 江苏各地的湖泊、池塘中广泛栽培。菱在中国已有三千多年的栽培历史。是我国水生蔬菜中种植面积最大,分布最广的种类。品种很多。依据果实坚果上角的有无和数目分为无角菱、三角菱和四角菱。

全国广为栽培;日本、朝鲜、印度及巴基斯坦也有。

【淀粉】 果含淀粉50%以上,可供食用或酿酒。

野菱的采收根据用途而定,生食的宜采收嫩菱;熟食或加工淀粉的应采收老菱,但要在菱角脱落之前采收。一般野菱开花后花梗沉入水中,经过 15～20 天即可采收嫩菱,8～9 月是采收盛期,每隔3～7天采收一次。

河北木蓝(马棘) *Indigofera bungeana* Walp.

【形态特征】 小灌木,高 1～2.5 m。茎多分枝,枝条有丁字毛。羽状复叶互生;小叶 7～11 片,倒卵形或长圆形,长 1～2.5 cm,宽5～14 mm,先端有凹陷,全缘,基部阔楔形,上面暗绿色,下面淡绿色,两面被平贴的丁字毛。总状花序腋生,外面有白色和棕色平贴丁;花冠淡红色或紫红色;荚果线形圆柱状,长 2.5～4 cm,幼时密生短丁字毛,果梗下弯。种子椭圆形。花期5～8月,果期9～10月。

【地理分布】 产宜兴、溧阳、南京。生于山坡林缘、灌丛、草坡。

分布于山西、陕西、山东、浙江、安徽、福建、江西、河南、湖北、湖南、广西、辽宁、内蒙古、青海、新疆、甘肃、贵州、四川及云南;朝鲜半岛、日本也有。

【淀粉】 淀粉植物。

葛藤 *Pueraria montana* (Lour.) Merr. var. *lobata* (Willd.) Maesen & S. M. Almeida ex Sanjappa & Predeep

【形态特征】 落叶木质藤本,茎长 10 余米,常铺于地面或缠于它物而向上生长。块根肥厚,全株被黄色长硬毛。三出复叶,互生。总状花序腋生,长 20 cm;花蓝紫色或紫色。荚果长条形,扁平;种子长椭圆形,红褐色。花期9～10月,果期11～12月。

【地理分布】 产江苏各地。生于山地疏林中、山坡、路旁、疏林中。

我国除新疆和西藏以外,几乎各地皆有分布;东南亚至澳大利亚也有。

【淀粉】 根含淀粉 20%。从鲜葛根中提取的葛粉,质地洁白、细嫩,除富含大量淀粉外,还含有少量维生素、矿物质和多种生理性物质,可研制各种功能性保健食品和药膳食品。

田菁 *Sesbania cannabina*(Retz.)Poiret.

【形态特征】 一年生草本植物,高 1～3 m。茎直立,绿色被白粉。偶数羽状复叶,小叶 20～30 对,条状矩圆形。两侧不对称,全缘,两面密生褐色小腺点。2～6 朵花排成疏松的总状花序腋生,花冠淡黄色。荚果圆柱状条形,种子矩圆形,黑褐色。花期 9 月,果期 10 月。

【地理分布】 产江苏各地。生于田间、路旁或潮湿地。耐潮湿和盐碱。

主要分布于东半球热带;广东、海南、福建、浙江等地均见。多生于沿海冲积地带。

【淀粉】 种子含有丰富的半乳甘露聚糖胶,可供多种工业利用。种子内胚乳为白色或淡黄色粉末。总糖含量 85.9%。用作水基酸化压液的稠化剂。可与多价金属离子交联成凝胶。

歪头菜 *Vicia unijuga* A. Br.

【形态特征】 多年生草本,高可达 1 m。幼枝被淡黄色疏柔毛;卷须不发达而变为针状。小叶 1 对,卵形至菱形,先端急尖,基部斜楔形;托叶戟形大。边缘有不规则齿,总状花序腋生;明显长于数,具花 8～20 朵;花冠紫色或紫红色。荚果长圆形,扁,长 3～4 cm,褐黄色;种子扁圆形,棕褐色。花期 6～7 月,果期 8～9 月。

【地理分布】 江苏各地。生于山地、林缘、草地、沟边及灌丛。

分布于黑龙江、吉林、辽宁、内蒙古、河北、山东、山西、河南、陕西、甘肃、宁夏、新疆、青海、西藏、云南、四川、贵州、湖南、湖北、江西、安徽及江苏;朝鲜、日本、蒙古、俄罗斯西伯利亚及远东地区也有。

【淀粉】 种子含淀粉 40%,可用于酿酒、造醋或食用。

桔梗 *Platycodon grandiflorum*(Jacq.)A. DC.

【形态特征】 多年生草本,茎高达 120 cm,有乳汁。根粗大肉质,圆锥形或有分叉,外皮黄褐色。叶片长卵形,边缘有锯齿;花大形,单生于茎顶或数朵成疏生的总状花序;花冠钟形,蓝紫色。蒴果卵形,熟时顶端开裂。花期 7～9 月,果期 8～10 月。

【地理分布】 产江苏各地。生于草地、山坡。

分布于黑龙江、吉林、辽宁、内蒙古、河北、山西、河南、山东、安徽、浙江、江西、湖北、湖南、广东、香港、广西、贵州、云南、四川、甘肃及陕西;朝鲜半岛、日本、俄罗斯远东和东西伯利亚地区的南部也有。

【淀粉】 根含淀粉,供酿酒用,还可制糕点。

打碗花 *Calystegia hederacea* Wall.

【形态特征】 一年生草本,高8~40 cm。茎,缠绕或平卧。叶互生,近椭圆形,基部心形,上部叶三角状戟形,侧裂片开展,通常2裂,中裂片披针形或卵状三角形,顶端钝尖,基部心形。花单生叶腋,花梗具棱角;苞片2宽卵形,包住花萼,宿存;花钟状,粉红色。蒴果卵圆形,光滑;种子卵圆形,黑褐色。花期5~8月,果期7~10月。

【地理分布】 产江苏各地。生于山坡草地、旷野、路旁、田间。

分布于内蒙古、辽宁、河北、山东、安徽、浙江、江西、湖北、湖南、贵州、云南、四川、西藏、新疆、青海、宁夏、甘肃、陕西、山西及河南;东非埃塞俄比亚、亚洲东部及南部至马来西亚也有。

【淀粉】 根含有淀粉17%,可食用及药用,但有毒性,不可多食。

女贞 *Ligustrum lucidum* Ait.

【形态特征】 常绿灌木或乔木,高6~20 m。树皮灰褐色。枝条开展,无毛,有皮孔。叶卵形、宽卵形、椭圆形或卵状披针形,全缘,无毛。圆锥花序顶生,花冠白色,钟状,4裂,花冠筒与花萼近等长;雄蕊2枚。浆果状核果,长圆形或长椭圆形,蓝紫色,被白粉。花期6~7月,果期10~12月。

【地理分布】 产江苏各地。生于林中、村边或路旁。

分布于河南、安徽、浙江、福建、江西、湖北、湖南、广东、香港、广西、贵州、云南、西藏、四川、甘肃东南部及陕西南部。

【淀粉】 种子含淀粉可达26.4%,可供酿酒、制醋等。

江苏常见同属淀粉植物:小蜡 *L. sinense* Lour. 产江苏各地。生于山坡、疏林、路旁沟边。果实含淀粉,可酿酒。

卷丹(虎皮百合、宜兴百合) *Lilium tigrinum* Ker Gawler

【形态特征】 多年生草本,高0.8~1.5 m。鳞茎宽卵状球形,直径4~8 cm;鳞瓣宽卵形,白色。叶散生,长圆状披针形至披针形,上部叶腋具珠芽,有3~7条脉。花3~6

朵或更多,排成总状花序;花橙红色,下垂;花被片反卷,内面具紫黑色斑点,蜜腺有白色短毛,两边具乳头状突起。蒴果窄长卵形,种子多数扁平,周围有翅。花期7～8月,果期9～10月。

　　【地理分布】　产连云港云台山、江宁、南京紫金山、句容、宜兴、苏州。生于山坡灌木林下、草地、路边或水旁。

　　分布于吉林、辽宁、河北、山东、浙江、福建、江西、安徽、湖北、湖南、广西、云南、四川、西藏、青海、甘肃、陕西、山西及河南;朝鲜及日本也有。

　　【淀粉】　鳞茎富含淀粉,供食用,亦可作药用。

石蒜 *Lycoris radiata* (L'Her.) Herb.

　　【形态特征】　多年生草本。鳞茎宽椭圆形或近球形,外有紫褐色鳞茎皮,直径1.4～3.5 cm。叶基生,条形或带形,全缘。花葶在叶前抽出,实心,高约30 cm;伞形花序有花4～6朵;苞片干膜质,棕褐色;花鲜红色或具白色边缘;花被片,边缘皱缩,向后反卷。蒴果常不成熟。花期8～9月。

　　【地理分布】　产江苏各地。生于山地阴湿处、林缘、荒山、路旁。

　　分布于安徽、浙江、福建、江西、湖北、湖南、广东、广西、贵州、云南、四川、陕西西南部及河南东南部;日本及朝鲜半岛南部也有。

　　【淀粉】　鳞茎含粗淀粉约20%,有毒,不可食用,可提取植物胶代阿拉伯胶,用水反复洗涤可除去淀粉中的有毒生物碱。

玉竹 *Polygonatum odoratum* (Mill.) Druce

　　【形态特征】　多年生草本,高20～50 cm。根状茎圆柱形,结节不粗大,直径5～14 mm。叶椭圆形至卵状长圆形。顶端尖,背面灰白色。花序腋生,具花1～3朵,栽培情况下,可多至8朵,花被白色或顶端黄绿色,合生呈筒状,长15～20 mm,子房长3～4 mm,花柱长10～14 mm。浆果卵圆形直径7～10 mm,蓝黑色。花期5～6月,果期7～9月。

　　【地理分布】　产江苏各地。生于山坡草丛、林下阴湿处。

　　分布于安徽、甘肃、广西、河北、黑龙江、河南、湖北、湖南、江西、辽宁、内蒙古、青海、陕西、山东、山西、台湾、浙江;欧亚大陆温带地区广布。

　　【淀粉】　根状茎含淀粉25.6%～30.6%,可供食用或酿酒。

多花黄精 *Polygonatum cyrtonema* Hua

【形态特征】　多年生草本,高50～90 cm。根状茎通常连珠状或结节成块,少为圆柱形,横走,肥大,肉质,淡黄色,直径1～2 cm。叶互生生,椭圆形成长圆太披针形,长10～18 cm,宽2～7cm。花序常具2～7花,伞形,俯垂,总花梗长1～4 cm,花梗长5～15 mm;苞片小,膜质,位于花梗中下部或不存在。花被绿白色至,长1.8～2.5 mm,合生成筒状,裂片6;雄蕊6,花丝着生于花被筒上部。浆果球形,径7～10 mm,熟时黑色。花期5～6月,果期8～9月。

【地理分布】　产宜兴、溧阳、句容、江浦等地。生于山坡、灌丛中。

分布于安徽、甘肃、河北、黑龙江、河南、吉林、辽宁、内蒙古、宁夏、陕西、山东、山西、浙江;朝鲜、蒙古及俄罗斯西伯利亚东部地区也有。

【淀粉】　干根状茎含淀粉68.46%和一些糖分,尚含烟酸和黏液质。根状茎含淀粉,可供食用和药用,有滋养作用。

土茯苓（光叶菝葜）*Smilax glabra* Roxb.

【形态特征】　常绿攀援灌木,茎长1～4 m。根状茎粗短,不规则的块状,粗2～5 cm。茎与枝条光滑无刺。叶狭椭圆状披针形至狭卵状披针形,下面通常绿色。伞形花序腋生,具花10余朵,绿白色,花序托膨大,具多枚宿存的小苞片。浆果球形,直径7～10 mm,成熟时紫黑色,具粉霜。花期7～11月,果期11月至翌年4月。

【地理分布】　产镇江、宜兴、溧阳。生于山坡灌丛。

分布于甘肃、陕西、河南、安徽、浙江、福建、台湾、江西、湖北、湖南、广东、香港、海南、广西、贵州、云南及四川;越南、泰国和印度也有。

【淀粉】　根状茎富含淀粉,可用来制糕点或酿酒。

江苏常见同属淀粉植物:

菝葜 *S. china* Linn. 产江苏各地。生于山坡、路旁、林缘、疏林下、溪边草丛中。黑果菝葜 *S. glauco china* Warb. 产苏南。生于山坡林下。根状茎富含淀粉,可以制糕点或加工食用。

薯蓣(山药) *Dioscorea polystachya* Turcz.

【形态特征】　草质缠绕藤本;块茎略呈圆柱形,垂直生长,长可达1 m。茎右旋,光滑无毛。单叶互生,至中部以上叶对生,少有三叶轮生,叶腋间常生有珠芽(名零余子),叶形变化较大,三角状卵形、广卵形或耳状3浅裂至深裂,中间裂片椭圆形或披针形,两侧裂片矩圆形或圆耳形。穗状花序,直立,2~4条腋生;花小,花被绿白色,背面除棕色毛外常散有紫褐色腺点。蒴果三棱状文心雕龙圆形或三棱状圆形,表面常被白色粉状物,果翅长几等于宽,约1.5 cm,顶端及基部近圆形。种子着生于果实每室的中央,四周有薄膜状栗褐色的翅。花期6~9月,果期7~11月。

【地理分布】 产江苏各地。生于山坡林下、溪边、路旁以及灌丛中。

分布于辽宁、河北、河南、山东、安徽、浙江、福建、江西、湖北、湖南、广东、香港、广西、贵州、云南、四川、甘肃、陕西及山西;朝鲜及日本也有。

【淀粉】 根状茎含淀粉,可供作食品或酿酒。

薏苡 *Coix lachryma-jobi* Linn.

【形态特征】 一年或多年生草本粗壮草本。秆直立丛生,高1~1.5 m。叶条状披针形,宽1.5~3 cm。总状花序成束腋生;小穗单性;雄小穗覆瓦状排列于总状花序上部,自珐琅质呈球形或卵形的总苞中抽出;雌小穗位于总状花序的基部,包藏于总苞中。颖果外包坚硬的总苞,卵形或卵状球形,径约0.5 cm;具圆形种脐和长形胚体。花期7~9月,果期9~10月。

【地理分布】 产江苏各地。生于潮湿沟边、山谷、路边、疏林下、屋旁。

分布于华东、华中、华南、西南及辽宁、河北、山西、陕西;野生和栽培都有。热带和亚热带亚洲、非洲及美洲也有。

【淀粉】 薏苡的营养价值很高,被誉为"世界禾本科之王"。薏米的蛋白质含量为17%~18.7%,是稻米的2倍多。薏米脂肪含量为11.7%,是稻米的5倍。薏米含有多种维生素,尤其是维生素B_1含量较高,每100 g含有33 μg。薏米可用作煮粥、做汤,既能充饥又有滋补作用。

稗 *Echinochloa crusgalli* (Linn.) P.Beauv.

【形态特征】 一年生草本。秆高50~130 cm,生毛。叶片线形,长10~40 cm,宽5~10 mm。圆锥花序直立或下垂,呈不规则的塔形,分枝可再有小分枝;小穗密集于穗轴的一侧,长约5 mm,有硬疣毛;颖具3~5脉;第一外稃具5~7脉,有长5~30 mm的芒;第二外稃顶端有小尖头并且粗糙,边缘卷抱内稃。花果期7~10月。

【地理分布】 产江苏各地。生于杂草地、水稻田、沼泽。

几遍全国。全世界温暖地区广布。

【淀粉】 种子含淀粉,可制糖或酿酒。

狗尾草 *Setaria viridis* (Linn.) P. Beauv.

【形态特征】　一年生草本，秆高 30～100 cm。叶片线状披针形，长 4～30 cm，宽 2～20 mm。圆锥花序紧密呈柱状，直立或稍弯，长 2～15 cm，主轴被毛，小穗长 2～2.5 mm，2 至数枚成簇生于缩短的分枝上，卵形，外与小穗等长，5～7 脉，内稃小，第二外稃椭圆形，有细点状皱纹，成熟时背部稍隆起，边缘卷抱内稃。颖果长圆形，顶端钝，灰白色，具细点状皱。花果期 5～10 月。

【地理分布】　产江苏各地。生于荒野、路边。

分布于全国各地。温带、亚热带均有分布。

【淀粉】　种子含淀粉 48%～51%，可酿酒。

蘑芋（蛇头草）*Amorphophallus kiurianus*（Makino）Makino

【形态特征】　多年生草本。块茎扁球形，直径可达 20 cm，暗红褐色。叶绿色，3 全裂，裂片长达 50 cm，小裂片，羽状排列，长卵状披针形，背面脉纹凸出，不达边缘。弧形弯曲；羽状裂片的中轴有窄翅，叶柄粗壮，绿色。有紫褐色斑点。佛焰苞漏斗状，长约 25 cm，基部席卷，淡绿色，间有暗绿色斑块，边缘紫红色，外面绿色，内面深紫色；花序肉穗附属器长圆锥状，长 7～14 cm，长为花序长的 2 倍，晴紫色。浆果球形或扁球形，黄红色后变蓝色，花期 6～7 月，果期 7～9 月。

【地理分布】　产南京、宜兴、溧阳。生于疏林下、林缘或溪谷两旁湿润地。

分布于浙江、福建大部分地区。

【淀粉】　块茎可加工为蘑芋豆腐作蔬食，但渣仍可能有毒。

天南星 *Arisaema heterophyllum* Bl.

【形态特征】　多年生草本，高 60～80 cm。块茎扁球形，直径达 3 cm。叶 1 片，鸟趾状全裂，裂片 9～17 枚，长圆形、倒披针形或长圆状倒卵形，先端渐尖，基部楔形，中央裂片最小。总花梗比叶柄短，佛焰苞绿色和紫色，有时是白色条纹；肉穗花序。浆果红色，球形。花期 4～5 月，果期 6～9 月。

【地理分布】　产苏南。生长于阴坡或山谷较为阴湿的地方。

分布于黑龙江、吉林、辽宁、内蒙古、北京、河北、上海、河南、安徽、浙江、江西、福建、湖南、湖北、广东、广西、贵州、四川、云南、西藏；日本、朝鲜也有。

【淀粉】　块茎含淀粉 28.05%，可制酒精、糊料，但有毒，不可食用。

第五章

野 果 植 物

　　野果植物是指一些提供人类食用的鲜、干果品或作为饮料、各种食品加工原料的经济植物。一般多为木本植物，少数为藤本和多年生草本植物。

　　《中国野生果树》(刘孟军主编. 中国农业出版社,1998)一书记载,我国共有野生、半野生果树1 076种,占果树总量的84.85%。野生果树不仅种类丰富,而且由于长期的环境选择和实生变异等,种内遗传多样性极为丰富,绝大多数性状都呈连续性变异。

　　和其近缘栽培果树相比,野生果树虽然大多表现为果实小、产量低、口感较差,但从整体的营养和食疗价值上却往往表现出明显的优势,不仅普遍营养丰富,而且许多还具有独特的色、香、味和形状,加之尚未形成规模商品上市,对广大消费者具有新颖性,可满足人们对新口味果品的需求。

　　野果中含有大量糖分、有机酸、脂肪、蛋白质、果胶、多种矿物质及维生素等,其营养丰富,很多种类可直接食用。野生果树大多远离城市和工业区,环境清洁,加之不施肥、不喷药,自然生长,因而基本上没有污染,是生产绿色食品的理想原料。野果通过加工可制成水果罐头、果酱、果茶、果脯、蜜饯、果酒等,有的熬糖或提取食用色素、维生素等。因野果中含有多种维生素、各种酶类(如SOD超氧化物歧化酶等)、多种矿物质及黄酮类化学物质,故可防治疾病,特别对心血管病,甚至癌症,都有很好的效果。近年来,许多野生果品被加工成保健食品、保健饮料或保健药品等供应于市场。此外,有些种类还是良好的种质资源及蜜源植物,并可用作庭院绿化及观赏树种。

　　江苏野果植物有60多种,主要分属于蔷薇科、鼠李科、虎耳草科、胡颓子科等科。

木通 (八月炸) *Akebia quinata* （Houtt.）Decaisne.

　　【形态特征】　落叶木质藤本,茎、枝都无毛。掌状复叶互生或在短枝上簇生,倒卵形或卵状椭圆形,先端圆或凹入,具小凸尖;叶柄细瘦,长6~8 cm。总状花序腋生,长约8 cm;花单性同株,雄花生于上部,雄蕊6;雌花花被片紫红色,具6个退化雄蕊,心皮分离,3~6枚。果实肉质,长卵形,成熟后沿腹缝线开裂;种子多数,卵形,黑色。花期4~6月,果期7~9月。

　　【地理分布】　产江苏各地。生于山坡灌丛中。

　　分布于河北、山西、山东、河南、陕西、甘肃至长江流域各省区;日本也有。

【果树】 果味甜可食。

江苏常见同属果树植物：

三叶木通 A. trifoliata (Thunb.) Koidz. 产宜兴。生于山坡、林缘、荒坡灌丛中。果形似香蕉，但稍短、稍粗。成熟时果皮黑里透红，自然开口，肉汁鲜嫩甘甜。白木通 A. trifoliata (Thunb.) Koidz. subsp. australis (Diels.) T. Shinizu 产宜兴。生于山坡林缘灌丛中。蓇葖状浆果，成熟时紫色。果可食。

鹰爪枫 *Holboellia coriacea* Diels

【形态特征】 常绿木质藤本，长 2～5 m。掌状复叶，小叶 3 枚，小叶，椭圆形或长圆形，全缘，两面光滑无毛；小叶柄长约 1 cm，中央小柄长可达 2 cm 以上。花单性，雌雄同株，总状花序腋生雄花白色；雌花萼片紫色。果实矩圆形，肉质，紫色，长 4～6 cm 或更长；种子多数，黑色，椭圆形，扁。花期 4～5 月，果期 6～9 月。

【地理分布】 产宜兴、溧阳。生于山谷、山坡、路旁的杂木林中。

分布于安徽、浙江、江西、湖北、湖南、广西、贵州、四川、甘肃、陕西及河南。

【果树】 果瓤白色多汁，是味美鲜甜野果，亦可酿酒。

锥栗 *Castanea henryi* (Skan) Rehd. et Wils.

【形态特征】 落叶乔木，高 20～30 m。叶 2 列，披针形至卵状披针形，先端渐尖，基部圆形或楔形，锯齿具芒尖，幼叶下面疏被毛及腺点老叶无毛，侧脉 13～16 对，直达齿端。雄花序穗白色，直立，生于枝条下部叶腋；雌花序穗状，生于上部叶腋。壳斗球形，苞片针刺形；连刺直径 3～3.5 cm；坚果单生，卵形，具尖头，直径 1.5～2 cm。花期 5～7 月，果期 9～10 月。

【地理分布】 产苏南山区。生于向阳、土质疏松的山地。

分布于上海、湖北、重庆、四川、江西、湖南、安徽、广西、贵州、福建、浙江、云南、广东等地。

【果树】 坚果含淀粉，可生、熟食和酿酒，也可制成栗粉或罐头。

江苏常见同属果树植物：茅栗 C. seguinii Dode 产连云港及淮河以南。生于向阳、瘠薄土壤。坚果含淀粉，可生、熟食和酿酒。壳斗近球形，连刺直径 3～4 cm；苞片针刺形；坚果常为 3 个，有时可达 5～7 个，扁球形，褐色，直径 1～1.5 cm。花期 5～7 月，果期 9～11 月。

苦槠 *Castanopsis sclerophylla* (Lindl.) Schottky

【形态特征】 常绿乔木，高 8～15 m；小枝无毛。叶卵形、卵状长椭圆形或狭卵形，先端尾尖或长渐尖,基部楔形或近圆形,边缘中部以上有细锯齿或全缘,老时银灰色,侧脉9～12 对。壳斗近球形至椭圆形,几全包果实,不规则瓣裂,宿存于果序轴上;苞片贴生,细小,鳞片形或针头形,排列成连接或间断的6～7 环;坚果圆锥形。花期4～5 月,果期10～11 月。

【地理分布】 产苏南。生于林中向阳山坡。分布于长江中下游以南、五岭以北及贵州、四川以东各地。

【果树】 果肉可生食。

江苏常见同属果树植物:

米槠(小红栲) C. carlesii (Hemsl.) Hayata 产宜兴。生于山地林中、沟谷林内。果肉可生食。甜槠 C. eyeri (Champ. ex Benth.) Tutch. 产江苏南部。生于山坡或山坡林中。果实出仁率约66%,含淀粉及可溶性糖约61.9%,粗蛋白约4.31%,粗脂肪1.03%。可生食,也可作饲料,亦可酿酒。

白栎 *Quercus fabri* Hance

【形态特征】 落叶乔木,高达 25 m;小枝密生灰黄色至灰褐色绒毛。叶倒卵形至椭圆状倒卵形,先端钝,基部楔形或钝,边缘有波状钝齿,上面疏生毛或无毛,下面被灰黄色星状绒毛,侧脉8～12 对;叶柄长 3～5 mm。壳斗杯状,包围坚果约 1/3,小苞片,卵状披针形,紧贴在口缘处伸出;坚果长椭圆形或椭圆状卵形,无毛;果脐略隆起。花期 4 月,果期10 月。

【地理分布】 产江苏各地。生于丘陵、山地杂木林中。

分布于陕西、河南、安徽、浙江、福建、江西、湖北、湖南、广东、香港、广西、云南、贵州及四川。

【果树】 坚果脱涩后可食用。

川榛 *Corylus heterophylla* Fisch. ex Trautv. var. *sutchuanensis* Franch.

【形态特征】 落叶灌木或小乔木,高 1～7 m。小枝黄褐色,密生短柔毛,有时有少数刺毛状腺体,密生皮孔。叶矩圆形或宽倒卵形,先端骤渐尖或平截,有时线裂,基部心形或圆形,边缘有不规则重锯齿,上面有短柔毛,下面常有短柔毛,侧脉 3～7 对。果序 1～6 个簇生;果苞叶状,较坚果长,外面密生短柔毛,有时密生刺毛状腺体,裂片通常有粗齿,稀全缘。坚果近球形,直径 7～15 mm。花期 3～4 月,果期 9～10 月。

【地理分布】 产宜兴、连云港。生于山坡灌丛中。

分布于安徽、江西、山东、华中、贵州、四川及西藏东部。

【果树】 果实可炒食或做糕点。

胡桃楸（野核桃）*Juglans mandshurica* Maxim.

【形态特征】 落叶乔木,高25 m;髓部薄片状;顶芽裸露,有黄褐色毛。奇数羽状复叶,小叶9～17,卵形或卵状长椭圆形,有明显细密锯齿,上面有星状毛,下面密生短柔毛及星状毛。雄柔黄花下垂,雌花序穗状,直立,通常有5～10雌花,密生腺毛。果序下垂,常生6～10果实;果实卵形,长3～4.5 cm,有腺毛;果核球形,有6～8条纵脊,各脊间有不规则皱折。花期4～5月,果期8～10月。

【地理分布】 产句容、南京、宜兴等地。生于杂木林中。

分布于甘肃、陕西、山西、河北、河南、浙江、福建、江西、安徽、湖北、湖南、四川、贵州及云南。

【果树】 果仁及其油可食用;果仁富含维生素C,含脂肪40％～45％、蛋白质15％～20％、糖1％～15％。是一种优质健脑食品,还具有壮阳功能。

狗枣猕猴桃 *Actinidia kolomikta* Maxim.

【形态特征】 落叶藤本;嫩枝略有柔毛,老枝无毛;髓淡褐色,片状。叶卵形至矩圆状卵形,基部心形,少有圆形,上面无毛,下面沿叶脉疏生灰褐色短毛,脉腋密生柔毛,叶片中部以上常有黄白色或紫红色斑。花白色,有时粉红色。浆果矩圆形或球形,长达2.5cm,无毛,无斑。花期6～7月,果期9～10月。

【地理分布】 产连云港。生于林中或灌丛。

分布于黑龙江、吉林、辽宁、河北、陕西、山西、河南、湖北、四川及云南;俄罗斯远东地区、朝鲜及日本也有。

【果树】 果实可食、酿酒。

江苏常见同属果树植物:

软枣猕猴桃A. *arguta* (Sied. et Zucc.) Planch. ex Miq. 产连云港。生于林中。花期6～7月,果期8～9月。果实可食用,营养价值很高,含大量维生素C、淀粉、果胶质等,可加工成果酱、果汁、果脯、罐头,酿酒或用于制作糕点、糖果等多种食品。猕猴桃 A. *chinensis* Planch. 产宜兴等地。生于山坡林缘、灌丛。大籽猕猴桃 A. *macrosperma* C. F. Liang 产南京等地。生于林中或林缘。花期5月,果期10月。果成熟后可食用。梅叶猕猴桃 A. *macrosperma* C.F. Liang var. *mumoides* C. F. Liang 产南京。生于山坡林中或灌丛中。花期5月,果期9月底至10月上旬。果熟后可食。

南烛（乌饭树）*Vaccinium bracteatum* Thunb.

【形态特征】 常绿灌木或小乔木,高1～8 m,分枝多。叶椭圆状卵形、狭椭圆形或卵形,顶端急尖,基部宽楔形,边缘有尖硬细齿,上面有光泽,两面中脉疏生短毛。总状花序腋生,长 2～6 cm;苞片大,宿存,边缘有疏细毛;花冠白色,筒状卵形。通常下垂,浆果球形,熟时紫黑色,稍被白粉。花期 6～7 月,果期 8～10 月。

【地理分布】 产苏南。生于山坡林内或灌丛中。

分布于河南、安徽、浙江、福建、台湾、江西、湖北、湖南、广东、香港、海南、广西、贵州、云南及四川;朝鲜、日本南部、中南半岛、马来半岛及印度尼西亚也有。

【果树】 果实成熟后酸甜,可食。干燥果实含糖分约 20%,游离酸 7.02%,以苹果酸为主,枸橼酸、酒石酸少量。

果实味酸、甘;性平、无毒。有补肝肾、强筋骨、固精气、止泻痢的功效。

江苏常见同属果树植物:

无梗越橘 *V. henryi* Hemsl. 产盱眙。生于山坡灌丛中。果可食用。黄背越橘 *V. iteophyllum* Hance 产宜兴。生于山坡林下或路边灌丛中。花期 4～5 月,果期 6 月以后。果可食用,味酸甜。米饭花 *V. mandarinorum* Diels 产宜兴、苏州。花期 4～6 月,果期 6～10 月。浆果球形,无毛,直径 4～5 mm,红色变深紫色。腺齿越橘 *V. oldhami* Miq. 产连云港。生于山坡灌丛中。浆果近球形。

君迁子(黑枣)*Diospyros lotus* Linn.

【形态特征】 落叶乔木,高 10～25 m。树皮暗黑色,深裂成方块状;幼枝有短柔毛。单叶互生,椭圆形至长圆形,初时密生柔毛,脉上有毛。花单性,雌雄异株,簇生于叶腋;花冠壶形淡黄色至淡红色。浆果近球形至椭圆形,长 1.8 cm,直径 1～1.5 cm,初熟时为淡黄色,后变蓝黑色,被有白蜡层。花期 5～6 月,果期 10～11 月。

【地理分布】 产江苏各地。生于山坡、山谷或栽培。

分布于山东、山西、河南、安徽、浙江、福建、广东、广西、江西、湖北、湖南、贵州、云南西北部、西藏东南部、四川、甘肃及陕西;亚洲西部、小亚细亚、欧洲南部也有。

【果树】 果实去涩后可生食或酿酒、制醋,含维生素 C,可提取供医用。

江苏常见同属果树植物:

粉叶柿(浙江柿) *D. japonica* Sieb. et Zucc. 产宜兴、溧阳。生于山坡林下、灌丛中。野柿 *D. kaki* Linn. var. *silvestris* Makino 产江苏各地。生于林中、山坡灌丛中。本变种小枝及叶柄常密被黄褐色柔毛,叶较栽培柿树的叶小,叶片下面的毛较多,花较小,果亦较小,直径 2～5 cm。果脱涩后可食。

梧桐(青桐)*Firmiana simplex*(Linn.)W. F. Wight

【形态特征】 落叶乔木,高达 15 m;树皮青绿色,平滑不裂。叶心形,宽达 30 cm,掌

状 3～5 裂,基部心形,全缘,下面有星状短柔毛。圆锥花序顶生,长 20～50 cm,被短绒毛;花小,黄绿色,无花瓣;花萼 5 深裂,反曲,裂片条状披针形,外面密生淡黄色短绒毛;蓇葖果大型,成熟前开裂成叶状匙形,长 6～10 cm,宽约 4 cm 有毛,基部具柄,边缘着生种子。种子球形,有皱纹,褐色。花期 6 月,果期 11 月。

【地理分布】 产江苏各地。生于山坡林中。

分布于山东、安徽、浙江、台湾、福建、江西、湖北、四川、陕西、山西、湖南、广东、香港、海南、广西、贵州、云南;日本也有。

【果树】 种子在成熟后即可生食,也可炒食,味道香甜。

构树 *Broussonetia papyrifera* (Linn.) L'Her. ex Vent.

【形态特征】 落叶乔木,高达 16 m。树皮浅灰色或灰褐色,不易裂,全株含乳汁。单叶互生,叶卵圆至阔卵形,边缘有粗齿,两面有厚柔毛。椹果球形,熟时橙红色或鲜红色。花期 4～5 月,果期 6～7 月。

【地理分布】 产江苏各地。生于低山丘陵、荒地、田园、沟旁。

分布很广,北自华北、西北,南到华南、西南各省均有,为各地低山、平原习见树种;日本、越南、印度等国亦有分布。

【果树】 果实酸甜,可食用。含皂苷(0.51%)、维生素 B 及油脂。可开发鲜果、果汁、果酱。

柘树 *Maclura tricuspidata* Carr.

【形态特征】 落叶灌木或小乔木,高达 8 m;小枝无毛,具刺。单叶,近革质,卵形至倒卵形,长 3～14 cm,先端钝或渐尖,基部楔形或圆形,全缘,有时 3 裂,两面无毛,侧脉4～5 对。花单性,雌雄异株,皆成头状花序,具短梗,单一或成对腋生;花被片 4,肉质,顶端盾状,内卷,下部有 2 黄色腺体。聚花果近球形,径约2.5 cm,红色;瘦果有肉质宿存花被包裹。花期 6 月,果期9～10 月。

【地理分布】 产江苏各地。生于山地阳坡、荒地、路旁或林缘中。

分布于山西、河北、山东、安徽、浙江、福建、江西、湖北、湖南、广西、贵州、云南、四川、甘肃、陕西及河南。

【果树】 果可食用和酿酒。

薜荔(凉粉果) *Ficus pumila* Linn.

【形态特征】 常绿攀援或匍匐灌木,有乳汁。茎灰褐色,多分枝。叶二型,在不生榕

果的枝上者小而薄,心状卵形,长约 2.5 cm 或更短,基部斜;在生榕果的枝上者较大而近革质,卵状椭圆形,长 4～10 cm,先端钝,全缘,上面无毛,下面有短柔毛,网脉凸起成蜂窝状。榕果具短梗,单生于叶腋,基生苞片 3;雄花和瘿花同生于一榕果中,雌花生于另一榕果中。榕果梨形或倒卵形,有短柄。花期 5～6 月,果期 10 月。

【地理分布】　产江苏各地。攀援城墙、石灰岩陡坡、树上、墙上。

分布于安徽、浙江、福建、台湾、江西、湖北、湖南、广东、河南、广西、贵州、云南、四川、陕西南部及河南;日本及越南也有。

【果树】　成熟果可食用。种子(瘦果)和内果皮(总花序托内壁)含有很高的果胶量。

桑树(桑椹) *Morus alba* Linn.

【形态特征】　落叶乔木或灌木状,高达 15m。树皮褐色或黄褐色;幼枝有毛。叶卵形或宽卵形,先端尖或钝,基部圆形或近心形,边缘有粗锯齿或不规则分裂,上面无毛,下面脉上有疏毛,脉腋有簇生毛。花单性,雌雄异株,均排列成腋生的穗状花序;雄花序下垂,密被白色柔毛;雌花序序长 1～2 cm。聚花果卵状椭圆形,长 1～2.5 cm,黑紫色或白色。花期 4 月,果期 5～7 月。

【地理分布】　产江苏各地。生于丘陵、山坡、村旁、田野等处,多为人工栽培。

分布于中国中部,有约 4 000 年的栽培史,栽培范围广泛,东北自哈尔滨以南,西北从内蒙古南部至新疆、青海、甘肃、陕西,南至广东、广西,东至台湾,西至四川、云南;以长江中下游各地栽培最多。

【果树】　聚花果(桑椹)紫黑色、淡红或白色,多汁味甜。桑葚果实中含有丰富的葡萄糖、蔗糖、果糖、胡萝卜素、维生素、苹果酸、琥珀酸、酒石酸及矿物质钙、磷、铁、铜、锌等。因桑椹性寒,故凡脾胃虚寒、大便稀者不宜多食。桑椹还可以酿酒,称桑子酒。

江苏常见同属果树植物:

鸡桑 *M. australis* Poir. 产江苏各地。果实味酸甜,可生吃或酿酒。蒙桑 *M. mongolica* Schneid 产苏北。生于向阳山坡、灌丛、疏林中。

重阳木 *Bischofia polycarpa* (Levl.) Airy-Shaw

【形态特征】　落叶乔木,高达 15 m。树皮褐色,纵裂,内皮层为肉红色,小枝无毛。三出复叶,互生;叶柄长 9～13.5 cm;顶生小叶较大,小叶卵圆状或椭圆形,先端突尖,基部圆或浅心形,边缘有细纯锯齿。花单性,雌雄异株,花与叶于 4 月同放,花小,绿色,呈下垂的总状花序;花序通常着生于新枝的下部,纤细下垂;雄花序长 8～13 cm;雌花序 3～12 cm。浆果球形,熟时红褐色。花期 4～

5 月,果期 10～11 月。

【地理分布】 生于山地林中或平原栽培。

分布于浙江、安徽、福建、台湾、江西、陕西、湖北、湖南、广东、广西、贵州及四川。

【果树】 果肉可酿酒。

簇花茶藨子 *Ribes fasciculatum* Sieb. et Zucc.

【形态特征】 落叶灌木,高达 1.5 m;小枝灰褐色,皮稍剥裂,嫩枝无毛或有疏柔毛,无刺。叶轮廓近圆形,基部截形,边缘掌状3～5 裂,裂片宽卵圆形,先端稍钝或急尖,顶生裂片与侧生裂片近等长或稍长,具粗。花单性,雌雄异株,组成几无总梗的伞形花序;雄花序具花 2～9 朵;雌花 2～4 朵簇生,稀单生;花梗具关节,无毛,花萼黄绿色,有香味。果实近球形,直径 7～10 mm,红褐色,无毛,味欠佳。花期 4～5 月,果期 7～9 月。

【地理分布】 产宜兴、镇江、句容、江浦。生于山坡杂木林下、竹林内或路边,常于庭园栽培供观赏。

分布于浙江北部、安徽南部;日本、朝鲜也有。

【果树】 果实近球形,直径 7～10 mm,红褐色,无毛,熟后可食用,味欠佳。

江苏常见同属植物:华蔓茶藨子 *R. fasciculatum* Sieb. et Zucc. var. *chinense* Maxim. 产句容、江浦、溧阳、宜兴。生于山坡林下、林缘或石质坡地。

毛樱桃 *Cerasus tomentosa* Mill.

【形态特征】 落叶灌木,通常高 0.3～1 m。小枝紫褐色或灰褐色,嫩枝密被绒毛到无毛。叶片卵状椭圆形,先端急尖或渐尖,基部楔形,边有急尖或粗锐锯齿,下面密被灰色绒毛;托叶线形,被长柔毛。花单生或 2 朵簇生,花叶同放;花瓣白色或粉红色。核果近球形,熟时红色,径0.5～1.2 cm;核棱脊两侧有纵沟。花期 4～5 月,果期6～9 月。

【地理分布】 产江苏各地。生于山坡林中、林缘或灌丛中。

分布于黑龙江、吉林、辽宁、内蒙古、河北、山西、河南、山东、安徽、浙江、福建、江西、湖北、贵州、云南、西藏、四川、陕西、甘肃、宁夏、青海及新疆。

【果树】 果实微酸甜,可食及酿酒;果实成熟早,果形小,状似珍珠,色泽艳丽,味鲜美,营养价值高,主要用于鲜食。

江苏常见同属果树植物:

尾叶樱桃 *C. dielsiana* (Schneid.) Yu et Li 产宜兴。生于山谷、溪边、林中。果可食用。毛叶欧李 *C. dictyoneura* Mill. 产江苏各地。山樱花 *C. serrulata* (Lindl.) G. Don ex London 产江苏各地。

木瓜 *Chaenomeles sinensis* (Thouin) Koehne

【形态特征】 落叶灌木或小乔木,高 5～10 m。树皮片状剥落。枝无刺;小枝紫红色或紫褐色。叶椭圆形或椭圆状长圆形,边缘带刺芒状尖锐锯齿,齿尖有腺体,叶柄有腺体。先花后叶,单生叶腋,淡红色、白色,或白色带有红晕,芳香。梨果长椭圆形,长 10～15 cm,暗黄色,木质,芳香,种子多数,果梗短。花期 4～5 月,果期 9～10 月。

【地理分布】 产连云港、盱眙、南京、宜兴、苏州。习见栽培供观赏。

分布于山东、安徽、浙江、江西、广东、广西、湖北及陕西。

【果树】 果实长椭圆形,色黄而香,味涩,水煮或浸渍糖液中供食用。

野山楂(南山楂) *Crataegus cuneata* Sieb. et Zucc.

【形态特征】 落叶乔木或灌木,高 1～1.5 m,小枝紫褐色,无毛,有刺。叶倒卵形或倒卵状长圆形,端短渐尖,基部宽楔形或近圆形,边缘有圆钝重锯齿,上半部有 2～4 对浅裂,无毛或仅下面脉腋间有髯毛。伞房花序,顶生或腋生,有花 5～7 朵,白色,花药红色。梨果近球形或扁球形,深红色,有斑点,萼片宿存,小核 5。花期 4～5 月,果期 9～10 月。

【地理分布】 产江苏各地。生于山坡灌丛中或林缘。

分布于陕西、河南、安徽、浙江、福建、江西、湖北、湖南、广东、广西、贵州及云南;日本也有。

【果树】 果实可供生食、酿酒或制果酱,入药有健胃、消积化滞之效;质硬,果肉薄,味微酸涩。秋季果实成熟时采收,置沸水中略烫后干燥或直接干燥。

江苏常见同属植物:湖北山楂 *C. hupehensis* Sarg. 产宜兴、句容。生于山坡灌木丛中。梨果近球形,径约 2.5 cm,深红色。花期 4～5 月,果期 8～9 月。果实可生食或做山楂糕、果酱或酿酒。

蛇莓 *Duchesnea indica* (Andr.) Focke

【形态特征】 多年生草本,具匍匐茎,长 30～100 cm,有柔毛。三出复叶,小叶菱状卵形或倒卵形,边缘具钝锯齿,两面散生柔毛或上面近于无毛;托叶卵状披针形,有时 3 裂,有柔毛。花黄色,单生于叶腋,花梗长 3～6 cm,有柔毛;花托扁平,果期膨大成半圆形,海绵质,红色;副萼片 5,先端 3 裂,萼裂片比副萼片小,均有柔毛;花黄色。瘦果小,卵形。花期 6～8 月,果期 8～10 月。

【地理分布】 产江苏各地。生于山坡、河岸、草地、林缘、疏林下、路边、草地、荒坡及田边。

分布于吉林、辽宁、河北、山西、河南、山东、安徽、浙江、福建、台湾、江西、湖北、湖南、广东、海南、广西、贵州、云南、西藏、四川、陕西、甘肃及宁夏;在亚洲自中亚的阿富汗向东达日本、向南达印度及印度尼西亚,欧洲及北美洲也有。

【果树】 花果可鲜食,有小毒。

湖北海棠 *Malus hupehensis* (Pamp.) Rehd.

【形态特征】 落叶小乔木,高可达 8m。树皮暗褐色,小枝紫色。单叶互生,卵形,先端渐尖,基部宽楔形,缘具细锐锯齿,羽脉 5~6 对。伞房花序腋生,有花 4~6 朵,梗长 2~4 cm,蕾时粉红,开后粉白,雄蕊 20 枚,长短不齐,仅达花冠之半,花柱 3,基部有长柔毛。梨果小球形,径 0.6~1 cm,红或黄绿带红晕,萼脱落,但在果上留有环状萼痕,果柄特长,长 2~4 cm。花期 4~5 月,果熟 8~9 月。

【地理分布】 产南京、宜兴、句容、金坛。生于山坡林中、路旁。

分布于山西、河南、山东、安徽、浙江、福建、江西、湖北、湖南、广东、广西、贵州、云南、四川、甘肃及陕西。

【果树】 果含糖,可食,可酿酒,叶可制茶,名"海棠茶"。

火棘(救兵粮)*Pyracantha fortuneana* (Maxim.) H. L. Li

【形态特征】 常绿灌木,高约 3 m;侧枝短,先端成刺状;小枝暗褐色。叶片倒卵形或倒卵状矩圆形,中部以上最宽,先端圆钝或微凹,有时有短尖头,基部楔形,下延,边缘有圆钝锯齿,齿尖向内弯,近基部全缘。复伞房花序,直径 3~4 cm,花白色,花瓣圆形。梨果近圆形,橘红或深红色,直径约 5 mm,萼片宿存。花期 3~5 月,果期 8~11 月。

【地理分布】 产南京等地。生于山区、溪边灌丛中。

分布于浙江、福建、广西、湖南、湖北、四川、贵州、云南、西藏、甘肃等省区。

【果树】 果富含多种营养成分,可酿酒、制饮料,作牲畜饲料,也是鼠雀过冬的"救命粮"。

豆梨 *Pyrus calleryana* Dcne.

【形态特征】 落叶乔木,高 3~5 m;小枝幼时有绒毛,后脱落。叶片宽卵形或卵形,少数长椭圆状卵形,顶端渐尖,基部宽楔形至近圆形,边缘有细钝锯齿,两面无毛。伞形

总状花序有花 6～12 朵；花序梗、花柄无毛，花白色，直径 2～2.5 cm；萼筒、萼片外面无毛，内有绒毛。梨果近球形，直径1～1.5 cm，褐色，有斑点，萼片脱落。花期 4 月，果期 8～9 月。

【地理分布】 产江苏各地。生于山地杂木林中。

分布于甘肃、陕西、山西、河南、山东、安徽、浙江、福建、台湾、江西、湖北、湖南、广东及广西。

【果树】 果实含糖量达 15%～20%，可酿酒。

江苏常见同属果树植物：杜梨 *P. betulaefolia* Bge. 产江苏各地。生于平原、丘陵。果实圆而小，味涩可食。果实含糖量 19.62%，水分 50.93%。

金樱子（糖罐子）*Rosa laevigata* Michx.

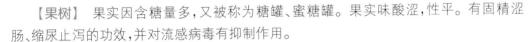

【形态特征】 常绿攀援灌木。小枝无毛，有钩状皮刺和刺毛，幼时尚有腺毛。羽状复叶；小叶 3～5，椭圆状卵形或披针状卵形，边缘具细齿状锯齿，无毛；叶柄和叶轴无毛，具小皮刺和刺毛。花单生于侧枝顶端，白色，直径 5～9 cm。蔷薇果近球形或倒卵形，有直刺，顶端具长而扩展或外弯的宿存萼片。花期 4～6 月，果期 7～11 月。

【地理分布】 产苏南。生于向阳山坡、田边、溪边灌丛中。

分布于河南、安徽、浙江、福建、台湾、江西、湖北、湖南、广东、广西、贵州、云南、四川、陕西及甘肃。

【果树】 果实因含糖量多，又被称为糖罐、蜜糖罐。果实味酸涩，性平。有固精涩肠、缩尿止泻的功效，并对流感病毒有抑制作用。

寒莓 *Rubus buergeri* Miq.

【形态特征】 常绿蔓性小灌木；茎常伏地生根，长出新株，密生褐色或灰白色柔毛，无刺或有少数刺；匍匐枝长达 2 m。单叶互生，近圆形，直径 4～8 cm，边缘常 5 浅裂，并有不整齐锯齿，下面和叶柄有绒毛，沿叶脉较密。总状花序，腋生，有花 4～10 朵，密集；总花梗和花梗密生灰白色短绒毛和散生的刺刚毛；花白色。聚合果近球形，直径 6～9 mm，红色。花期 7～8 月，果期 9～10 月。

【地理分布】 产宜兴。生于山坡竹林下草丛。

分布于安徽、浙江、福建、台湾、江西、湖北、湖南、广东、广西、贵州、云南及四川。

【果树】 果可食及酿酒。

掌叶复盆子 *Rubus chingii* Hu

【形态特征】 落叶灌木,高2～3 m。幼枝绿色,有白粉,有少数倒刺。叶轮廓近圆形,直径5～9 cm,掌状5深裂,中裂片菱状卵形,边缘有重锯齿,两面脉上有白色短柔毛,基生5出脉;托叶线状披针形。花单生于短枝的顶端,白色,花梗长2～3.5 cm;下垂,聚合果球形,直径1.5～2 cm,红色,密生灰白色柔毛。花期3～4月,果期5～6月。

【地理分布】 产宜兴南部。生于山坡林下或灌丛中。

分布于安徽、浙江、福建、江西、湖南、广东及广西;日本也有。

【果树】 果大,味甜可食,也可制糖及酿酒。

山莓 *Rubus corchorifolius* Linn. f.

【形态特征】 落叶灌木,高1～2 m。小枝有皮刺,幼时有柔毛和少数腺毛。单叶,卵形或卵状披针形,不裂或3浅裂,有不整齐重锯齿,下面及叶柄有灰色绒毛,脉上散生钩状皮刺;托叶条形,贴生叶柄上。花单生或数朵聚生短枝上;花白色,直径约3 cm;雄蕊多数;雌蕊多数,子房有毛。果实近球形、红色。花期2～3月,果期4～6月。

【地理分布】 产江苏各地。生于向阳山坡、溪边、山谷、荒地和疏密灌丛中潮湿处。

分布于河北、河南、安徽、浙江、福建、台湾、江西、湖北、湖南、广东、广西、贵州、云南、四川及陕西;朝鲜半岛、日本、缅甸及越南也有。

【果树】 果味甜美,含糖、苹果酸、柠檬酸及维生素C等,可供生食、制果酱及酿酒。果中还含有维生素 B_1、维生素 B_2、维生素 E、胡萝卜素等,因此具有较高的营养价值和医疗保健作用;种子油中亚油酸、亚麻油酸是维持生命不可缺少的必需脂肪酸,还具有降低血液中胆固醇浓度、减少胆固醇在血管壁上沉积等显著的生理活性。

插田泡 *Rubus coreanus* Miq.

【形态特征】 落叶灌木,高约3 m。茎直立或弯曲成拱形,红褐色,被白粉,有钩状的扁平皮刺。奇数羽状复叶,小叶5～7,卵形、椭圆形或菱状卵形,先端急尖,基部宽楔形或近圆形,边缘有不整齐粗锐锯齿,下面灰绿色,沿叶脉有柔毛或绒毛。伞房花序顶生或腋生;总花梗和花梗有柔毛;花粉红色。聚合果卵圆形,直径约5 mm,红色或紫黑色,无毛。花期4～6月,果期6～8月。

【地理分布】 产苏南、南京、宜兴等地。生于山坡灌丛。

分布于河南、安徽、浙江、福建、江西、湖北、湖南、贵州、云南、四川、陕西及甘肃;朝鲜、日本也有。

【果树】 果实味酸甜,可生食、熬糖及酿酒,并有强壮作用。

蓬蘽 *Rubus hirsutus* Thunb.

【形态特征】 落叶灌木,高约 2 m。茎直立或弯曲成拱形,红褐色,有钩状的扁平皮刺。奇数羽状复叶,小叶 3～5,卵形、椭圆形或菱状卵形,边缘有不整齐锐重锯齿,下面灰绿色,沿叶脉有柔毛或绒毛;叶柄长 2～4 cm,叶轴散生小皮刺;托叶条形。伞房花序顶生或腋生;花白色,直径 3～4 cm;萼裂片花后反折,花瓣倒卵圆形。聚合果卵形,直径 1～2 cm,红色。花期 4 月,果期 5～6 月。

【地理分布】 产苏南、南京、镇江等地。生于山坡林中或林缘。

分布于河南、安徽、浙江、福建、江西、湖北及广东;朝鲜半岛及日本也有。

【果树】 果实酸甜多汁,可鲜食或酿酒。

高粱泡 *Rubus lambertianus* Ser.

【形态特征】 半常绿蔓生灌木,高达 3 m。茎散生钩状皮刺;幼枝疏生细柔毛。单叶,卵形或矩圆状卵形,边缘有波状浅裂和细锯齿,有时具3～5浅裂,两面疏生柔毛;叶柄散生小皮刺。顶生或腋生圆锥花序,长 8～14 cm;总花梗、花梗和萼筒外面均有细毛,或近无毛,并散生小皮刺,有时具腺毛;花白色。聚合果卵状球形,直径5～8 mm,红色。花期7～8月,果期9～11月。

【地理分布】 产江苏各地。生于山坡、沟边、路旁、岩石间。

分布于河南、安徽、浙江、福建、台湾、江西、湖北、湖南、广东、广西、云南、贵州、四川、陕西及甘肃;日本也有。

【果树】 果生食能止渴生津,也可酿酒。

太平莓 *Rubus pacificus* Hance

【形态特征】 常绿矮小灌木,高 40～60 cm。分枝 2～4,微拱形弯曲,无毛,有时和叶柄散生极小皮刺。单叶,革质,卵状心形或心形,边缘具锐尖细锯齿,下面疏生灰色绒毛,基生 5 出脉,下面网脉明显。花白色,直径 1.5～2 cm,3～6 朵成总状花序,或单生于叶腋;萼裂片先端尾尖,两面密生绒毛。聚合果球形,直径1.2～1.5 cm,红色。花期6～7月,果期8～9月。

【地理分布】 产溧阳。生于山坡灌丛或路边草坡。

分布于安徽、浙江、福建、江西、湖北、湖南及广东。

【果树】 野生果树。

茅莓 *Rubus parvifolius* Linn.

【形态特征】 落叶小灌木,高约 1 m。枝呈拱形弯曲,有短柔毛及倒生皮刺。奇数羽状复叶,小叶 3,有时 5,顶端小叶菱状圆形至宽倒卵形,侧生小叶较小,宽倒卵形至楔状圆形,边缘浅裂和不整齐粗锯齿,上面疏生柔毛,下面密生白色绒毛。伞房花序有花 3~10 朵;总花梗和花梗密生绒毛;花粉红色或紫红色,直径 6~9 mm。聚合果球形,直径 1.5~2 cm,红色。花期 5~6 月,果期 7~8 月。

【地理分布】 产江苏各地。生于山坡林下、山坡、路旁、灌丛中。

分布于黑龙江、吉林、辽宁、河北、河南、山西、山东、安徽、浙江、福建、台湾、江西、湖北、湖南、广东、海南、广西、云南、贵州、四川、陕西及甘肃;日本及朝鲜也有。

【果树】 果实酸甜多汁,可供食用、酿酒及制醋等。

江苏常见悬钩子属植物还有:

木莓 *R. swinhoei* Hance 产宜兴。生山坡疏林或灌丛中。果可食。三花悬钩子 *R. trianthus* Focke 产苏南。生于山坡灌木或草丛中。果食用。周毛悬钩子 *R. amphidasys* Focke ex Diels 产宜兴、苏州。生于山坡灌丛、竹林内或山地林下。灰毛泡 *R. irenaeus* Focke 产苏南。生于山坡林下、林缘。果可生食、制糖、酿酒或做饮料。

南酸枣 *Choerospondias axillaris* (Roxb.) Burtt et Hill

【形态特征】 落叶乔木,高 8~20 m。树皮灰褐色,纵裂,呈片状剥落。奇数羽状复叶互生,小叶 7~15,卵状披针形成卵状长圆形,对生,长 4~10 cm,宽 2~4.5 cm,边全缘。花杂性异株;雄花和假两性花淡紫红色,排成聚伞状圆锥花序,雄花序长长 4~12 cm;雌花单生于上部叶腋。核果椭圆形或近卵形,长 2~3 cm,黄色,中果皮肉质浆状,果核先端具 5 小孔。花期 4~5 月,果期 9~11 月。

【地理分布】 苏南有栽培。

分布于甘肃南部、安徽、浙江、福建、江西、湖北、湖南、广东、香港、海南、广西、贵州、云南、四川及西藏东南部;日本、中南半岛北部及印度东北部也有。

【果树】 果实可鲜食,酸中沁甜,含有极高的营养价值,含糖量多,并含有钙、蛋白质、脂肪、铁、磷、钙及维生素等,尤其是维生素 C 和维生素 P 含量分别为 1.2% 和 2%,比山楂高 12.4 倍,比猕猴桃高 2 倍,比苹果高几十倍。南酸枣仁含白样脂酸、白律肪酸酶、酸枣皂苷等,具有镇静、养心、敛汗、滋补等功效。

枳椇(拐枣) *Hovenia acerba* Lindl.

【形态特征】　落叶乔木,高达 20 m。嫩枝、幼叶背面、叶柄和花序轴初有短柔毛,后脱落。叶片椭圆状卵形或宽卵形,基部圆形或心形,常不对称,边缘有细锯齿,背面沿叶脉或脉间有柔毛。二歧式聚伞圆锥花序顶生和腋生;花小,黄绿色。花序轴果时膨大、肉质、扭曲,红褐色;果实近球形,无毛,灰褐色。种子扁圆球形,暗褐色或黑紫色。花期5~6月,果期9~10月。

【地理分布】　产苏南。生于向阳山坡、山谷、沟边、路旁。

分布于安徽、浙江、福建、江西、湖北、湖南、广东、广西、云南、贵州、四川、甘肃、陕西及河南;印度、尼泊尔、锡金、不丹和缅甸北部也有。

【果树】　果实未成熟时,肉质果梗含有较多单宁酸,味涩酸难食。在冬季 11 月霜降后经过几次霜冻,果梗变为红褐时采摘。可生食、酿酒、熬糖、制醋。肉质果梗中含蔗糖 24%、葡萄糖 9.5%、果糖 7.92%。此外,还含有丰富的有机酸、苹果酸钾及无机盐类。民间常用以浸制"拐枣酒",能治风湿。

江苏常见同属果树植物:北枳椇(拐枣)*H. dulcis* Thunb. 产连云港云台山。生于山坡林中。果梗肥厚扭曲,肉质,红褐色;果实近球形。肥大的果序轴含丰富的糖,可生食、酿酒、制醋和熬糖。

雀梅藤 *Sageretia thea* (Osbeck) Johnst.

【形态特征】　落叶攀援灌木;小枝灰色或灰褐色,密生短柔毛,有刺状短枝。叶近对生,革质,卵形或卵状椭圆形,先端钝,有小尖,基部圆形或近心形,边缘有细锯齿,上面有光泽,无毛;花小,淡黄色,无梗,排成穗状圆锥花序,花序密生灰白色短毛;核果近球形,成熟时紫黑色。花期7~11月,果期翌年3~5月。

【地理分布】　产苏南。生于山地林下或灌丛中。

分布于甘肃、安徽、浙江、福建、台湾、江西、湖北、湖南、广东、广西、云南及四川;印度、越南、朝鲜、日本也有。

【果树】　果味酸甜,可食。叶可代茶,也可供药用。

酸枣 *Ziziphus jujuba* Mill. var. *spinosa* (Bunge) Hu ex H. F. Chow

【形态特征】　落叶灌木,稀为小乔木,高 1~3 m。老枝灰褐色,幼枝绿色;分枝基部具刺 1 对,一枚针形直立,长达 3 cm,另一枚向下弯曲,长约 0.7 cm。单叶互生;叶片长圆状卵形,先端钝,基部圆形,稍偏斜,边缘具细锯齿,托叶针状;花小,黄绿色,核果肉质,近

球形,直径0.7～1.2 cm,成熟时暗红褐色,果皮薄,味酸。花期6～7月,果期9～10月。

【地理分布】 主要产苏北。生于向阳干燥山坡、路旁及荒地上。

分布于辽宁、内蒙古、河北、河南、山西、陕西、甘肃、宁夏、新疆、山东、安徽;

【果树】 果实肉薄,但含有丰富的维生素C,可生食或制作果酱。酸枣的营养主要体现在它的成分中。它不仅像其他水果一样,含有钾、钠、铁、锌、磷、硒等多种微量元素;更重要的是,新鲜的酸枣中含有大量的维生素C,其含量是红枣的2～3倍、柑橘的20～30倍,在人体中的利用率可达到86.3%,是所有水果中的佼佼者。

木半夏 *Elaeagnus multiflora* Thunb.

【形态特征】 落叶灌木,高2～3 m。幼枝密被褐锈色鳞片,老枝无鳞片,黑或黑褐色。叶椭圆形或卵形,上面幼时被银色鳞片,后脱落,下面密被银灰色和散生褐色鳞片。花白色,被银白色和稀疏褐色鳞片,单生于叶腋;花被筒管状,4裂。果椭圆形,长12～14 mm,密被锈色鳞片,成熟时红色;果梗长15～30 mm,纤细。花期4～5月,果期6～7月。

【地理分布】 产江苏各地。生于向阳山坡、灌木丛中。

分布于辽宁、河北、山东、河南、安徽、福建、浙江、江西、湖北、湖南、贵州、云南、四川及陕西野生或栽培;日本也有。

【果树】 果实可食用,可做果酒和饴糖等。成熟果实含色素番茄烃(lycopene),并含较多的糖。有平喘、止痢、活血消肿、止血的功效。

胡颓子 *Elaeagnus pungens* Thunb.

【形态特征】 常绿直立灌木,高3～4 m,具棘刺;小枝密被锈色鳞片。叶厚革质,椭圆形或宽椭圆形,边缘微波状,表面绿色,有光泽,背面银白色,被褐色鳞片;叶柄粗壮,褐锈色。花1～3朵腋生,银白色,下垂,被鳞片;花被筒圆筒形或漏斗形,上部4裂,内面被短柔毛。果为坚果,椭圆形,长1.2～1.4 cm,幼时被褐色鳞片,熟时红色;果核内面具白色丝状绵毛;果柄长4～6 mm。花期9～12月,果期翌年4～6月。

【地理分布】 产苏南。生于山坡疏林下或林缘灌丛中。

分布于浙江、福建、台湾、安徽、江西、湖北、湖南、贵州、广东、广西;日本也有。

【果树】 果实味甜,可生食,也可酿酒和熬糖。有收敛止泻、健脾消食、止咳平喘、止血功效。

牛奶子 *Elaeagnus umbellata* Thunb.

【形态特征】 落叶灌木,高达 4 m,具刺;幼枝密被银白色及黄褐色鳞片。叶椭圆形至倒卵状披针形,表面有时有银白鳞片及星状毛,下面灰白色或少量褐色鳞片。花先叶开放,黄白色,芳香,2～7 朵丛生新枝基部;花被筒漏斗形,上部 4 裂。果近球形或卵圆形,长 5～7 mm,幼时绿色,被银白色或褐色鳞片,熟时红色;果柄粗,长 0.4～1 cm。花期 4～5 月,果期 7～8 月。

【地理分布】 产苏南。生于向阳疏林或灌丛中。

分布于华北、华东、西南各省区和陕西、甘肃、青海、宁夏、辽宁、湖北;日本、朝鲜、中南半岛、印度、尼泊尔、不丹、阿富汗、意大利等也有。

【果树】 果实可生食,制果酒、果酱等。具清热止咳、利湿解毒等功效。

江苏常见同属果树植物:蔓胡颓子 *E. glabra* Thunb. 产连云港。生于山坡灌丛。果可食或酿酒。

蘡薁 *Vitis bryoniifolia* Bunge

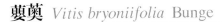

【形态特征】 落叶木质藤本。枝条粗壮,嫩枝具柔毛。卷须二叉分枝,单叶互生,宽卵形,先端渐尖,基部心形,通常 3 浅裂,裂片三角状卵形,边缘有较大的圆锯齿,上面暗绿色,无毛或具细毛,下面幼时密被蛛丝状绒毛或柔毛,后变稀疏;基出脉 5。圆锥花序与叶对生,花细小,绿黄色。浆果近球形或肾形,宽 6～7 mm,蓝黑色。花期 6～7 月,果期 9～10 月。

【地理分布】 产江苏各地。生于山坡、路旁、林中。

分布于山西、河南、河北、山东、安徽、浙江、福建、江西、湖北、湖南、广东、海南、广西、云南、四川、陕西。

【果树】 果实可以生食,有生津止渴的功效。果实含糖分 10%,含酒石酸、苹果酸、柠檬酸等多种有机酸,以及鞣质、脂肪、蜡、色素、维生素等。可以酿酒,比较著名的有张裕葡萄酒。

刺葡萄 *Vitis davidii* (Roman et DC.) Foex.

【形态特征】 落叶木质藤本;幼枝生皮刺,刺直立或先端稍弯曲,长 2～4 mm;卷须分枝。叶宽卵形至卵圆形,有时有不明显的 3 浅裂,边缘有具深波状的牙齿,除下面叶脉和脉腋有短柔毛外,无毛;叶柄通常疏生小皮刺。圆锥花序与叶对生,长 5～15 cm;花小,直径约 2 mm;花萼不明显浅裂;花瓣 5,上部互相合生,早落。浆果球形,蓝紫色,直径 1～1.5 cm。花期4～6 月,果期 7～10 月。

【地理分布】 产宜兴、溧阳。生于山坡灌丛中。

分布于安徽、浙江、福建、江西、湖北、湖南、广东、广西、贵州、云南、四川、甘肃、陕西及河南。

【果树】 果实可生食或酿酒。

江苏常见葡萄属植物还有:

葛藟葡萄(葛藟)*V. flexuosa* Thunb. 产江苏各地。生于山坡、林边、路旁灌丛中。果实味酸,不能生食。具润肺止咳、凉血止血、消食等功效。本种生长健壮、病虫害少,作葡萄砧木有寿命长、丰产等优点。毛葡萄(五角叶葡萄)*V. heyneana* Roem. et Schult 产江苏各地。生于山坡灌丛或林中。果实可食。秋葡萄 *V. romanetii* Roman. 产句容宝华山。生于山坡灌丛中。果可食或酿造果酒,并有药效。

山茱萸 *Cornus officinale* Sieb. et Zucc.

【形态特征】 落叶小乔木,高达 10 m。单叶对生;叶片椭圆形或长椭圆形,先端渐尖,基部圆形或阔楔形,全缘,下面被白色伏毛,脉腋有黄褐色毛丛。花先叶开放,成伞形花序,簇生于小枝顶端;花小,黄色。核果长椭圆形,红色。种子长椭圆形,两端钝圆。花期 3～4 月,果期 9～10 月。

【地理分布】 南京有栽培。

分布于河北、山西、河南、山东、浙江、安徽、江西、湖北、湖南、贵州、云南、四川、甘肃及陕西;朝鲜及日本也有。

【果树】 果实称"萸肉",俗名枣皮,供药用,味酸涩,性微温,为收敛性强壮药,有补益肝肾、收敛固脱的功效。

四照花 *Cornus kousa* subsp. *chinensis* (Osborn) Q. Y. Xiang

【形态特征】 落叶灌木或小乔木,高 3～5 m。树皮灰白色。叶对生,纸质,卵形或卵状椭圆形,上面绿色,疏被白柔毛,下面粉绿色,脉腋有时具簇生的白色或黄色髯毛;侧脉 4～5对。头状花序近球形,通常具花40～50朵,具 4 白色花瓣状总苞片,花瓣 4,黄色;果序球形,紫红色;总果柄纤细,长 5.5～6.5 cm。花期 6～7 月,果期 9～10 月。

【地理分布】 产连云港。生于林中、山地杂木林间及溪流边。

分布于内蒙古、山西、河南、安徽、浙江、福建、台湾、江西、湖北、湖南、贵州、云南、四川、陕西及甘肃。

【果树】 果实成熟时紫红色,味甜可食,又可作为酿酒原料。

荚蒾 *Viburnum dilatatum* Thunb.

【形态特征】 落叶灌木,高达 3 m。叶宽倒卵形至椭圆形,顶端渐尖至骤尖,边缘有牙齿状锯齿,上面疏生柔毛,下面近基部两侧有少数腺体和无数细小腺点,脉上常生柔毛或星状毛;侧脉6～7对,伸达齿端。复伞形状花序,花冠白色。核果红色,椭圆状卵形,核扁,背具 2、腹具 3 浅槽。花期 5～6 月,果期9～11 月。

【地理分布】 产苏南。生于山坡或山谷疏林下、林缘或山脚灌丛中。

分布于辽宁、河北、河南、山东、安徽、浙江、福建、江西、湖北、湖南、广东、广西、贵州、云南、四川、陕西、宁夏及甘肃;日本和朝鲜也有。

【果树】 果可食,亦可酿酒。

第六章
油 脂 植 物

　　能贮藏植物油脂的植物统称油脂植物。植物的根、茎、叶、花、果都可能含有油脂,但不同的部位含量不一,多存在于植物的果实和种子中,以种仁含量最多。植物油脂是高级脂肪酸甘油酯的复杂化合物,不溶于水,很难溶于醇(除蓖麻油外),而溶于酯、乙醚、石油醚、苯等溶剂。植物油脂是人们生活中不可少的油料及工业原料,除食用外,广泛用于制肥皂、油漆、润滑油等方面,有的在国防工业上还有特殊用途,也是化学、医药、轻纺等工业的重要原料。

　　我国有多种油脂植物具有很大的开发潜力,为发掘新的油脂资源,特别是功能性油脂资源显示出广阔的发展前景,当前最能引起重视的就是具有特定的生理活性物质组成的油脂植物。中国含油10％以上的野生植物有近1 000种,其中主要的食用油脂植物有50多种,以豆科、菊科、山茶科、十字花科、芸香科、胡桃科、桦木科等的植物为多。

石松 *Lycopodium japonicum* Thunb.

　　【形态特征】　多年生蕨类。主茎伸长匍匐地面。侧枝直立,高15～30 cm,多回二叉分枝,密生,叶针形,螺旋状排列,长3～4 mm,顶部有易落的芒状长尾;孢子枝从第二、第三年营养枝上长出,远高出营养枝,叶疏生;孢子囊穗直立,圆柱形,长2.5～5 cm,生于孢子枝的上部;孢子本生于孢子叶腋,稍外露。孢子囊肾形,淡黄褐色。

　　【地理分布】　产苏南。生于疏林下或灌丛酸性土。

　　分布于安徽、江西、台湾、福建、广东、广西、贵州、湖北、湖南、四川、新疆、浙江;在日本及南亚和东南亚也有。

　　【油脂】　孢子含油40％左右,为铸造工业的优良分型剂、照明工业的闪光剂,亦可作丸药包衣。

马尾松 *Pinus massoniana* Lamb.

　　【形态特征】　常绿乔木,高达40 m。树皮红棕色,呈不规则长块状裂。小枝常轮生,红棕色,冬芽长椭圆形,芽鳞红褐色。叶针形,2针一束,长13～20 cm;叶鞘膜质,灰白色,宿存。肉紫色松球果卵状圆锥形,长4～7 cm,果鳞木质,鳞片盾菱形。种子长卵圆形,一端有翅。花期 4～5 月,果期翌年 10 月。

　　【地理分布】　长江沿岸(六合、仪征、盱眙)和苏南宜溧山区及太湖丘陵山地有栽培。生于山地。

　　分布于河南、安徽、浙江、福建、台湾、广东、广西、湖南、湖北、四川、贵州、云南、陕西等地。为长江流域各省区重要的荒山造林树种。

　　【油脂】　种子含油 28.20%,除食用外,可制肥皂、油漆及润滑油等。

　　江苏常见同属油脂植物:黑松 *P. thunbergii* Parl. 苏北、南京有栽培。生于山地。原产日本及朝鲜南部海岸。种子含油 32.90%。

侧柏 *Platycladus orientalis*（Linn.）Franco

　　【形态特征】　常绿乔木,高达 20 m,干皮淡灰褐色,条片状纵裂。小枝生鳞叶,直展或斜展,排成一平面,两面同形。叶二型,中央叶与两侧叶交互对生,球果阔卵形,近熟时蓝绿色被白粉,种鳞 4 对,木质,红褐色,熟时张开。种子卵形,灰褐色,有棱脊。花期 3～4 月,球果 9～10 月成熟。

　　【地理分布】　江苏各地栽培,尤以苏北山地丘陵栽培广泛。栽培历史悠久,各地常见千年大树。

　　分布于甘肃、河北、河南、陕西、山西,引种于安徽、福建、广东、广西、贵州、湖北、湖南、江西、吉林、辽宁、内蒙古、山东、四川、西藏、云南、浙江;俄罗斯远东地区、朝鲜半岛及越南也有。

　　【油脂】　种子含油 15.00%,供制皂、食用或药用。

圆柏 *Juniperus chinensis* Linn.

　　【形态特征】　常绿乔木;高达 20 m。有鳞形叶的小枝圆或近方形。叶幼树上全为刺形,老龄树则全为鳞叶;刺形叶 3 叶轮生或交互对生,鳞形叶交互对生,排裂紧密,球果近圆形,直径 6～8 mm,有白粉,熟时褐色,内有 1～4(多为 2～3)粒种子。花期 4 月下旬,翌年 10～11 月果成熟。

　　【地理分布】　江苏各地栽培。生于中性土、钙质土及微酸性土上。

　　内蒙古、河北、山西、山东、浙江、福建、安徽、江西、河南、陕西、甘肃、四川、湖北、湖南、贵州、广东、广西及云南野生或栽培;朝鲜、日本及缅甸也有。

　　【油脂】　树根、树干及枝叶可提取柏木脑的原料及柏木油;种子可提润滑油。

粗榧 *Cephalotaxus sinensis*（Rehd. et Wils.）H. L. Li

　　【形态特征】　常绿小乔木,高 5～12 m,有时可达 15 m。叶线形,2 列,通常直,稀微弯,长 2～5 cm,宽 3～4 mm,先端微急尖或有短尖头,基部近圆形或宽楔形,近无柄,下面

具2条白色气孔带。种子椭圆状卵形、卵圆形或近圆形,外种皮带紫色。花期3~4月,翌年10月果实成熟。

【地理分布】 产宜兴、溧阳。生于花岗岩、砂岩及石灰岩山地。

分布于浙江、安徽、福建、江西、河南、湖南、湖北、陕西、甘肃、四川、云南东、贵州、广西、广东。

【油脂】 种仁含油63.30%,供制肥皂、润滑油。

榧树 *Torreya grandis* Fort. ex Lindl.

【形态特征】 常绿乔木,树干挺直,高达25 m。树皮灰褐色,浅纵裂。大枝轮生开展,形成广卵形树冠;当年生枝光滑,近对生,绿色,翌年后转黄绿色至淡褐色。叶条形,先端有刺状短尖,叶面深绿,有光泽,中脉不明显,叶背淡绿色,有2条与中脉等宽的黄白色气孔带。雌雄异株,雄球花单生,雌球花成对生于上年生枝条的叶腋。种子核果状,长圆形、卵形或倒卵形,外被肉质假种皮,成熟时假种皮淡紫褐色。花期4~5月,翌年10月果实成熟。

【地理分布】 江苏各地栽培。生于山地林中。

分布于我国浙江、福建、安徽及大别山区、江西、湖南、贵州等地。

【油脂】 种仁含油43.70%,可榨食用油。

玉兰(白玉兰) *Yulania denudata*(Desr.)D. L. Fu

【形态特征】 落叶乔木,高达15 m。冬芽密生灰色长绒毛;小枝淡灰褐色。叶互生,倒卵形至倒卵状矩圆形,顶端短突尖,基部楔形,全缘。花先叶开放,单生枝顶,花被片,白色,芳香,呈钟状,大型,直径12~15 cm;花被片9,矩圆状倒卵形,每3片排成一轮;雄蕊多数,在伸长的花托下部螺旋状排列;雌蕊排列在花托上部。聚合果圆筒形,长8~12 cm,淡褐色;果梗有毛;蓇葖果顶端圆形。花期2~3月,果期8~9月。

【地理分布】 江苏各地栽培。庭院树、行道树。

分布于安徽、浙江、江西、湖南、湖北、广东、四川、贵州等地。唐代起已栽培,北京及黄河流域以南至西南各地普遍栽植。

【油脂】 种子含油20.50%,供工业用。

华中五味子 *Schisandra sphenanthera* Rehd. et Wils.

【形态特征】 落叶木质藤本。枝红褐色,有凸起的皮孔。叶倒卵形或倒卵状长椭圆形,先端短尖,基部楔形或近圆形,边缘有疏锯齿。花单性,雌雄异株,单生于叶腋,花梗纤细;花被片5~9,橙黄色;雌蕊群近球形,心皮30~50。聚合果果托长6~15 cm;小浆果近球形,红色,排列于肉质下垂的果托上。花期5~7月,果期8~10月。

【地理分布】 产南京、宜兴。生于湿润山坡边或灌丛中。

分布于山西、陕西、甘肃、山东、安徽、浙江、江西、福建、河南、湖北、湖南、四川、贵州、云南。

【油脂】 种子含油30.20%,可制肥皂或润滑油。

樟(香樟)*Cinnamomum camphora*(Linn.)Presl

【形态特征】 常绿乔木,高达30 m;枝和叶都有樟脑味。叶互生,薄革质,卵形,下面灰绿色,两面无毛,离基三出脉,脉腋有明显的腺窝。圆锥花序腋生,长5~7.5 cm;花小,淡黄绿色;花被片6,椭圆形,长约2 mm,内面密生短柔毛;能育雄蕊9,花药4室,第三轮雄蕊花药外向瓣裂;子房球形,无毛。果球形,直径6~8 mm,紫黑色;果托杯状。花期4~5月,果期8~11月。

【地理分布】 江苏普遍栽培,生于向阳山坡、谷地。

分布于长江流域以南,以江西、浙江、台湾最多。

【油脂】 种子含油41.90%,油供工业用。

江苏常见同属油脂植物:天竺桂 *C. japonicum* Sieb. 产宜兴。生于林中。种子含油约58.3%,供制肥皂及润滑油。

狭叶山胡椒 *Lindera angustifolia* Cheng

【形态特征】 落叶小乔木,高2~8 m。小枝黄绿色,无毛。叶椭圆状披针形或椭圆形,基部楔形,先端尖或钝,下面脉上有短细毛;叶脉羽状。花单性,雌雄异株;2~7朵成短梗或无梗的伞形花序;花被片6,淡黄绿色,倒卵状矩圆形;核果球形,直径约8 mm,黑色,无毛。花期3~4月,果期9~10月。

【地理分布】 产本省丘陵山地。生长于荒野山坡的灌木丛或疏林中。

分布于陕西、河南、山东、安徽、浙江、福建、江西、湖北、湖南、广东、广西;朝鲜也有。

【油脂】 种子含油37.90%,可制肥皂及润滑油。

江苏常见同属油脂植物:

江浙山胡椒 *L. chienii* Cheng 产宜溧、宁镇山区、盱眙。种子含油49.30%,可作润滑油和制肥皂。红果山胡椒(红果钓樟)*L. erythrocarpa* Makino 产宜兴。山胡椒 *L.*

glauca (Sieb. et Zucc.) Bl. 产江苏各地。种子含油 43.80%,可制肥皂及机械润滑油。三桠乌药 *L. obtusiloba* Bl. 产连云港云台山。种子含油达 60%,可用于医药及轻工业原料,供制润滑油、润发油、肥皂等。红脉钓樟 *L. rubronervia* Gambl. 产宜溧、宁镇山区。种子含油 44.90%。

山鸡椒(山苍子) *Litsea cubeba*(Lour.) Pers.

【形态特征】 落叶灌木或小乔木,高 10 m。幼树树皮黄绿色,光滑,老树灰褐色。小枝绿色,枝叶具芳香味。叶,纸质,披针形或长圆状披针形,先端渐尖,基部楔形,下面粉绿色,无毛。伞形花序单生或簇生,总梗细长,长 0.6~1 cm,有花 4~6 朵;花被片乳黄色,宽卵形。果近球形,径约 5 mm,成熟时黑色;果梗长 2~4 mm,先端稍增粗。花期 2~3 月,果期 7~8 月。

【地理分布】 产宜兴、溧阳。生于向阳的丘陵、山地灌丛、疏生林中。

分布于安徽、浙江、福建、台湾、江西、湖北、湖南、广东、海南、广西、云南、贵州、四川及西藏;东南亚也有。

【油脂】 核仁含油率 61.8%,蒸提过山苍子油的核仁经晒干粉碎后压榨所得的脂肪油(得油率 20%~30%)是制造肥皂和机械润滑油的原料。

紫楠 *Phoebe sheareri* (Hemsl.)Gamble

【形态特征】 常绿乔木,高达 16 m。幼枝和幼叶密生褐色绒毛。单革质,倒卵状披针形或倒卵形,先端短尾尖,基部楔形,下面灰绿色,脉上密被棕色细毛,横脉及细脉密结成网格状。圆锥花序腋生,密被淡棕色绒毛;花两性;花被片绿白色,两面有毛;能育雄蕊 9,花药 4 室,第三轮雄蕊外向瓣裂。核果卵圆形,基部为宿存紧贴的花被片所包被。花期 5~6 月,果期 9~10 月。

【地理分布】 产南京、句容、溧阳、宜兴、苏州。生于沟谷溪边阔叶林中或成小片纯林。

广泛分布于长江流域及其以南和西南各省区;中南半岛也有。

【油脂】 种子含油约 20%,工业用。

檫木 *Sassafras tzumu* (Hemsl.) Hemsl

【形态特征】 落叶乔木,高达 35 m。树皮黄绿色有光泽,老后灰色,有纵裂。叶卵形或倒卵形,全缘或 1~3 浅裂,具羽状脉或离基三出脉。总状花序顶生,先于叶发出;花两性,或功能上的雌雄异株;花被片 6,披针形淡黄色,芳香。果近球形,蓝黑色而带有白蜡

状粉末,生于杯状果托上;果梗长,上端渐增粗,果托和果梗红色。花期3～4月,果期8月。

【地理分布】　产宜兴、溧阳。生于向阳山坡、山谷林中。

分布于安徽、浙江、福建、江西、湖北、湖南、广东、广西、云南、贵州、四川及陕西。

【油脂】　果含油38.60%,主要用于制造油漆。

木通(八月炸) *Akebia quinata* (Houtt.) Decne.

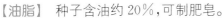

【形态特征】　落叶木质藤本,长达数米,树皮灰褐色,有皮孔。叶为掌状复叶,5小叶,椭圆形或倒卵形,先端圆,微凹,基部楔形或圆形,全缘。花单性同株;总状花序腋生;雄花生于上部,萼片3,紫红色;雌花花被片暗紫色,心皮3～12个,离生。蓇葖果椭圆形或长圆形,长约6 cm,直径2.5～4 cm,成熟时暗紫色,纵裂,露出白瓤。种子黑色,卵形。花期4～5月,果期8～9月。

【地理分布】　产江苏各地。生于山坡、林缘、荒坡灌丛中。

分布于长江流域及东南、华南各省区;朝鲜半岛、日本也有分布。

【油脂】　种子含油约20%,可制肥皂。

江苏常见同属油脂植物:

三叶木通 *A. trifoliata* (Thunb.) Koidz. 产宜兴。种子可榨油。白木通 *A. trifoliata* (Thunb.) Koidz. subsp. *australis* (Diels.) T. Shinizu 产宜兴。种子含油41.20%。

藜(灰菜) *Chenopodium album* Linn.

【形态特征】　一年生草本,高达150 cm。茎直立,粗壮,具棱,多分枝。叶菱状卵形至宽披针形,先端急尖或微钝,基部宽楔形,边缘常有不整齐的锯齿,下面密被灰白色粉粒。圆锥状花序顶生或腋生;花被片5黄绿色,宽卵形或椭圆形,具纵脊和膜质的边缘,先端钝或微凹,有粉状物。胞果完全包于花被内或顶端稍露;种子横生,双凸镜形,光亮,表面有不明显的沟纹。花果期5～10月。

【地理分布】　产江苏各地。生于田间、路边、荒地、宅旁。

分布于全国各地。全球温带至热带广布。

【油脂】　种子含油5.54%～14.86%。可榨油,供食用和工业用。

地肤（扫帚草）*Kochia scoparia*（Linn.）Schrad.

【形态特征】 一年生草本,高 50～150 cm。茎直立,多分枝;分枝斜升,淡绿色或浅红色,生短柔毛。叶互生,披针形或条状披针形,有 3 条明显的主脉,边缘有绿毛,两面生短柔毛,无柄。花无梗,1～2 朵生于叶腋;花被片 5,基部合生,果期自背部生三角状横突起或翅。胞果扁球形,包于宿存的花被内;种子卵形,黑褐色。花期 7～9 月,果期 8～10 月。

【地理分布】 产江苏各地。生于荒地、宅旁、路边。

分布几遍全国;亚洲、欧洲及北美洲也有。

【油脂】 种子含油 13.40%,供食用和工业用。

盐地碱蓬 *Suaeda salsa*（Linn.）Pall.

【形态特征】 一年生草本,高 20～80 cm。茎直立,无毛,多分枝,斜升。叶肉质条形,半圆柱状,先端尖或微钝。绿色,晚秋变紫红色。团伞花序,朵簇生于叶腋,构成间断的穗状花序,花被半球形,稍肉质,果期背部稍增厚,基部延生出三角状或狭翅状突出物。胞果包于花被内,果皮膜质。种子横生,歪卵形或近圆形,稍扁,黑色,宿存的,表面网纹饰。花果期 7～10 月。

【地理分布】 产苏北沿海和盐碱地区。生于渠岸、荒野、湿地。

分布于黑龙江、吉林、辽宁、内蒙古、河北、陕西、山西北部、宁夏、甘肃西部、青海、新疆、山东、浙江;亚洲及欧洲也有。

【油脂】 未净化种子含油率 22.43%,净干种子含油达28.49%,其油可供食用、制肥皂或为油漆原料。

鹅耳枥（千金榆）*Carpinus turczaninowii* Hance

【形态特征】 落叶小乔木或乔木,高 5～15 m。叶卵形、宽卵形、卵状椭圆形或卵状菱形,有重锯齿,下面沿脉通常被柔毛,脉腋具髯毛,托叶条形有时宿存。果序长 3～5 cm;果苞宽半卵形至卵形,先端急尖或钝,内缘近全缘,具一内折短裂片,外缘具不规则缺刻状粗锯齿或2～3 个深裂片;小坚果卵形,具树脂腺体。坚果,果序下垂,长 6～20 mm。花期 4～5 月,果期 8～9 月。

【地理分布】 产连云港云台山。生于山坡或山谷林中。

分布于辽宁、河北、山西、陕西、甘肃、河南、山东、湖北、四川、贵州、云南;朝鲜、日本也有。

【油脂】　种子榨油供食用及工业用。

川榛 *Corylus heterophylla* Fisch. ex Trautv. var. *sutchuanensis* Franch.

【形态特征】　落叶灌木或小乔木。小枝密生短柔毛,有时有少数刺毛状腺体,密生皮孔。叶矩圆形或宽倒卵形,从中伸出或长或短的渐尖;叶柄有短柔毛。果序1～6个簇生;总苞叶状,较坚果长,有时短于坚果,外面密生短柔毛,有时密生刺毛状腺体,裂片通常有粗齿。坚果近球形,直径7～15 mm。花期3～4月,果期9～10月。

【地理分布】　产宜兴、连云港。生于山坡灌丛中。

分布于安徽、江西、山东、华中、贵州、四川及西藏。

【油脂】　种子可榨油。

胡桃楸(野核桃) *Juglans mandshurica* Maxim.

【形态特征】　落叶乔木,高25 m。髓部薄片状;顶芽裸露,有黄褐色毛。奇数羽状复叶;小叶9～17,卵形或卵状长椭圆形。花单性,雌雄同株;雄柔荑花序,下垂;雌花序穗状,直立,通常有5～10雌花,密生腺毛。果序,常生6～10果实,下垂;果实卵形,有腺毛;果核球形,有6～8条纵棱,各棱间有不规则皱折。花期4～5月,果期8～10月。

【地理分布】　产句容、南京、宜兴等地。生于杂木林中。

分布于甘肃、陕西、山西、河北、河南、浙江、福建、江西、安徽、湖北、湖南、四川、贵州及云南。

【油脂】　种仁含油68.60%,可食用,亦可制肥皂,作润滑油。

垂珠花 *Styrax dasyanthus* Perk.

【形态特征】　落叶灌木或小乔木,高约8 m。嫩枝被星状毛,后变光滑。叶互生,椭圆状长圆形至倒卵形,上半部边缘具细齿;叶柄短,长1～2 mm。总状花序顶生或腋生,具花10余朵;花萼钟形,外被星状毛,宿存;花冠白色,裂片披针形,在花蕾时呈镊合状排列。果实圆卵形,长约6 mm。花期5～6月,果期7月。

【地理分布】　产江苏各地。生于山坡、向阳山坡杂木林中。

分布于山东、河南、安徽、浙江、福建、江西、湖北、湖南、广东、广西、贵州、云南、四川。

【油脂】　种子含油26.30%,为半干性油,可作油漆及制肥皂。

江苏常见同属油脂植物：

赛山梅 *S. confusus* Hemsl. 产江苏各地。生于丘陵、山坡灌丛中。种仁含油52.80％，供制润滑油、肥皂和油墨等。野茉莉 *S. japonicus* Sieb. et Zucc. 产江苏各地。生于林中、山坡杂木林中、荒山坡。种子含油17.20％，可制肥皂或机器润滑油，油粕可作肥料。芬芳安息香 *S. odoratissimus* Champ. 产宜兴龙池。生于阴湿山谷、山坡疏林中。种子油供制肥皂和机械润滑油。

白檀 *Symplocos paniculata* (Thunb.) Miq.

【形态特征】 落叶灌木或小乔木，高4～12 m。小枝灰绿色，幼时密被绒毛。单叶互生，叶纸质，卵状椭圆形或倒卵状圆形，边缘有细锯齿。花白色，芳香，圆锥花序生于新枝顶端或叶腋，花瓣5，白色；雄蕊约30枚，长短不一，花丝基部合生。花盘有5凸起腺点，核果成熟时蓝黑色，斜卵状球形，萼宿存。花期5月，果期10月。

【地理分布】 江苏近陵山地。生于山坡、路边、疏林或密林中。

分布于辽宁、河北、山东、河南、安徽、浙江、福建、台湾、湖北、湖南、广东、海南、广西、贵州、云南、西藏、四川、甘肃及陕西；朝鲜、日本及印度也有。

【油脂】 种子含油量27.2％，出油率20％，供制油漆、肥皂等用，也可食用。

江苏常见同属油脂植物：

薄叶山矾 *S. anomala* Brand 产宜兴、溧阳。种子含油，可作机械润滑油。山矾 *S. sumuntia* Buch. -Ham. ex G. Don 产宜兴。种子含油14.10％，作机械润滑油及制肥皂。

羊角菜（白花菜）*Gynandropsis gynandra* (Linn.) Briq.

【形态特征】 一年生草本，高达1 m，有臭味。茎直立，多分枝，全部密生黏性腺毛，老时无毛。掌状复叶；小叶3～7，倒卵形，先端急尖或圆钝，全缘或稍有小齿，稍被柔毛。总状花序顶生；苞片叶状，3裂；花白色或淡紫色，雄蕊6，不等长；子房柄长线形。蒴果圆柱形，长4～10 cm，无毛，有纵条纹；种子肾脏形，宽约1 mm，黑褐色，有突起的皱折。花果期7～10月。

【地理分布】 可能源于古热带，现全世界热带和亚热带均有，我省多有栽培或逸为野生。生于低荒地、旷野、庭园、宅旁。

分布于河北、河南、山东、安徽、浙江、福建、台湾、江西、湖北、湖南、广东、海南、广西、贵州、四川及云南。

【油脂】 种子含油24.40％。供药用，有杀头虱、家畜及植物寄生虫之效。

荠 *Capsella bursa-pastoris*（Linn.）Medic.

【形态特征】　一、二年生草本，高 6～20 cm，主茎中分出细茎。基生叶丛生，大头羽状分裂；茎生叶狭披针形，边缘有齿，总状花序顶生或腋生，花冠白色，花瓣 4。角果倒三角形，扁平，含多数种子。种子小，淡褐色。花果期 4～6 月。

【地理分布】　产江苏各地。生于旷野、路边、住宅附近空地。

分布几遍全国；全世界温带地区广布。

【油脂】　种子含油率为 20%～30%，属干性油。种子油可食用或作为工业用油，可制油漆、肥皂等。

碎米荠 *Cardamine hirsuta* Linn.

【形态特征】　一年生草本，高 6～25 cm，无毛或疏生柔毛。茎 1 条或多条，不分枝或基部分枝。基生叶有柄，奇数羽状复叶，小叶 1～3 对，顶生小叶圆卵形，有 3～5 圆齿，侧生小叶较小，歪斜，茎生叶小叶 2～3 对，狭倒卵形至条形，所有小叶上面及边缘有疏柔毛。总状花序在花时成伞房状，后延长；花白色，雄蕊 4(～6)。长角果条形，长 18～25 mm，近直展，裂瓣无脉，宿存花柱长约 0.5 mm；种子椭圆形，褐色，顶端有明显的翅。花期 2～4 月，果期 4～6 月。

【地理分布】　产江苏各地。生于山披、路旁、荒地、耕地及草丛中潮湿处。

分布于辽宁、河北、陕西、甘肃、四川、西藏、云南、贵州、湖南、湖北、河南、山东、安徽、浙江、江西、福建、台湾、广东及广西。

【油脂】　种子可榨油，含油率 25%。

播娘蒿 *Descurainia sophia*（Linn.）Webb ex Prantl

【形态特征】　一年生草本，高 30～70 cm，有叉状毛。茎直立，多分枝，密生灰色柔毛。叶的轮廓为狭卵形，长 3～5 cm，宽 2～2.5 cm，二回至三回羽状深裂，末回裂片窄条形或条状矩圆形，长 3～5 mm，宽 1～1.5 mm，下部叶有柄，上部叶无柄。总状花序顶生，花淡黄色，萼片 4，直立，条形，外面有叉状细柔毛，早落；花瓣 4。长角果窄条形，长 2～3 cm，无毛；种子 1 行，矩圆形至卵形，长约 1 mm，褐色，表面有细网纹。花果期 6～9 月。

【地理分布】　产江苏各地。生于山坡、路边或田野。

分布于黑龙江、吉林、辽宁、内蒙古、河北、山西、陕西、宁夏、甘肃、新疆、青海、西藏、云南、四川、湖南、湖北、河南、山东、安徽、浙江、福建及江西;北非、西南亚、中亚、欧洲、克什米尔、尼泊尔、不丹、锡金、蒙古、俄罗斯、朝鲜及日本也有。

【油脂】 种子含油 34.80%。油工业用,也可食用。

诸葛菜(二月蓝)*Orychophragmus violaceus*（Linn.）O. E. Schulz

【形态特征】 一年或二年生草本,高 10～50 cm,无毛,有粉霜。基生叶和下部叶具叶柄,大头羽状分裂,顶生裂片肾形或三角状卵形,基部心形,具钝齿,侧生裂片2～6 对,斜卵形;中部叶具卵形顶生裂片,抱茎;上部叶矩圆形,不裂,基部两侧耳状,抱茎。总状花序顶生;花深紫色,淡红色。长角果线形,具 4 棱,顶端有喙长;种子1行,卵状矩圆形,黑褐色。花期 3～5 月,果期 5～6 月。

【地理分布】 产江苏各地。生于平原、山地、路旁或地边。

分布于辽宁、河北、山西、山东、河南、安徽、浙江、江西、湖北、湖南、四川、陕西及甘肃;朝鲜、日本也有。

【油脂】 种子含油 35.80%,是很好的油料植物。特别是其亚油酸比例较高,对人体极为有利。亚油酸具有降低人体内血清胆固醇和三酰甘油(甘油三酯)的功能,并可软化血管和阻止血栓形成,是心血管病患者的良好药物。

菥蓂(遏蓝菜)*Thlaspi arvense* Linn.

【形态特征】 一年生草本,高 9～60 cm。基生叶早枯萎,茎生叶倒披针形,基部抱茎,两侧箭形,边缘具疏齿。总状花序顶生,花冠白色。短角果近圆形,或倒宽卵形,有翅。种子细小,黑褐色,有同心环状纹。花期 3～4 月,果期 5～6 月。

【地理分布】 产江苏各地。生于路旁、山坡、草地或田畔。

分布几遍全国;亚洲其他地区、欧洲、非洲北部也有。

【油脂】 种子油供制肥皂,也作润滑油,还可食用。

梧桐(青桐)*Firmiana simplex*（Linn.）W. F. Marsili

【形态特征】 落叶乔木,高达 15 m;树皮青绿色,平滑不裂。叶心形,宽达 30 cm,掌状 3～5 裂,基部心形,全缘,下面有星状短柔毛。圆锥花序顶生,长约 20 cm,被短绒毛;花单性,淡黄绿色无花瓣;裂片条状披针形,外面密生淡黄色短绒毛;雄花的雄蕊柱约与萼裂片等长,花药约 15,生雄蕊柱顶端;雌花的雌蕊具柄心皮的子房部分离生,子房基部有退化雄蕊。蓇葖果大型,成熟前开裂成叶状匙形,基部具柄,边缘着生球形种子;种子球形,有皱纹,褐色。花期 6 月,果期 11 月。

【地理分布】 产江苏各地。生于山坡林中。

分布于陕西、山西、山东、安徽、浙江、台湾、福建、江西、湖南、广东、香港、海南、广西、贵州、云南;日本也有。

【油脂】 种子含油 22.50%,油为不干性油。

苘麻 *Abutilon theophrasti* Medicus

【形态特征】 一年生草本,高 1~2 m。叶互生,圆心形,先端尖,基部心形,具圆齿,两面密生柔毛。花单生叶腋,粗壮;花萼杯状,绿色,密被短绒毛,上部 5 裂,裂片圆卵形;花瓣 5,黄色,较萼长,瓣上具明显脉纹;雄蕊柱甚短;心皮15~20,顶端平截,轮状排列,密被软毛。蒴果半球形,直径 2 cm,分果爿15~20,有粗毛,顶端有 2 长芒。种子肾形,褐色,具微毛。花期7~8月,果期9~10月。

【地理分布】 产江苏各地。生于路旁、荒地。

分布于吉林、辽宁、河北、山西、河南、山东、安徽、浙江、台湾、福建、江西、湖北、湖南、广东、海南、广西、贵州、云南、四川、陕西、宁夏及新疆;越南、印度、日本、欧洲、北美也有。

【油脂】 种子含油 16.90%,供制皂、油漆等。

紫弹树 *Celtis biondii* Pamp.

【形态特征】 落叶乔木,高达 18 m。树皮暗灰色;一年枝密被红褐色或淡黄红褐色柔毛,二年枝无毛。叶卵形或卵状椭圆形,中上部边缘有单锯齿,幼叶两面被散生毛,上面较粗糙,下面脉上的毛较多,脉腋毛较密,老叶无毛。果序单生于叶腋,常具 2 果实,总梗极短,很像果梗并生叶腋,果柄较长,被毛,长9~18 mm;核果近球形,橙红色或带黑色;果核有网纹。花期 4~5 月,果期 9~10 月。

【地理分布】 产苏州、宜兴、溧阳、句容、南京。生于山坡灌丛。

分布于安徽、浙江、福建、台湾、江西、湖北、广东、广西、贵州、云南、四川、甘肃、陕西、河南;日本及朝鲜也有。

【油脂】 种子含油 10.90%,供制肥皂。

江苏常见同属植物:

黑弹树 *C. bungeana* Bl. 产江苏各地。种子含油 10.00%。大叶朴 *C. koraiensis* Nakai 产徐州。种子含油 13.90%。

朴树 *Celtis sinensis* Pers.

【形态特征】 落叶乔木,高达 20 m;树皮灰褐色,粗糙而不开裂。叶卵形至卵状椭圆形,尖,基部歪斜,中部以上边缘有浅锯齿,三出脉,叶面无毛,下面脉腋具簇生柔毛。花杂性(两性花和单性花同株),雄花簇生于当年生枝下部叶腋;雌花单生于枝上部叶腋,

1～3 朵聚生；花被被毛。核果近球形，直径 4～5 mm，熟时黄色或橙黄色；果柄与叶柄近等长；果核有肋和蜂窝状网纹，单生或两个并生。花期 4 月，果期 10 月。

【地理分布】 产江苏各地。生于路边、山坡或林缘、平原及低山丘陵，农村习见。

分布于河北、山东、安徽、浙江、福建、台湾、江西、湖北、湖南、广东、海南、广西、贵州、四川、陕西、甘肃及河南；越南，老挝也有。

【油脂】 种子含油 13.30%，作润滑剂。

山油麻 *Trema cannabina* Lour. var. *dielsiana*（Hand. – Mazz.）C.J.Chen

【形态特征】 落叶灌木或小乔木，高 1～5 m；当年枝赤褐色，密被粗毛。叶纸质，卵状披针形至长椭圆形，先端渐尖或尾尖，基部圆形或阔楔形，两面均密生短粗毛，具三出脉。花单性；聚伞花序常成对腋生；花被淡黄色，5 裂。核果卵圆形或近球形，长约 3 mm，橘红色，无毛。花期4～5月，果期8～9月。

【地理分布】 产溧阳。生于阳坡灌丛中、山坡林中。

分布于安徽、浙江、江西、福建、湖北、湖南、广东、广西、贵州及四川。

【油脂】 种子含油 21.00%，可供制皂和作润滑油用。

榔榆 *Ulmus parvifolia* Jacq.

【形态特征】 落叶乔木，高达 25 m。树皮灰色或灰褐，不规则鳞状薄片剥落，露出红褐色内皮；当年生枝密被短柔毛。叶窄椭圆形、披针状卵形或倒卵形，基部偏斜，不对称，一边楔形，一边圆形，边缘具小锯齿，上面光滑无毛，下面幼时被毛。翅果椭圆状卵形或椭圆形，长 8～13 mm，缺口柱头面被毛，其余无毛。种子位于翅果中部或稍上处，果柄长 3～4 mm。花期 8～9 月，果期 10 月。

【地理分布】 产江苏各地。生于平原、丘陵、山坡或谷地。

分布于河北、山西、山东、安徽、浙江、福建、台湾、江西、胡北、湖南、广东、海南、广西、贵州、四川、陕西及河南；日本、朝鲜半岛、越南及印度亦有。

【油脂】 果含油 23.00%，工业用。

江苏常见同属植物：

大果榆 *U. macrocarpa* Hance 产连云港云台山。生于岩缝、向阳山坡。果含油 39.10%，是医药和轻、化工业的重要原料。榆树 *U. pumila* Linn. 产江苏各地。生于山坡、丘陵及平原。果含油 21.20。红果榆 *U. szechuanica* Fang 产南京、句容、溧阳。生于平原、低丘或溪边阔叶林中。果含油 17.50%。

构树 (野杨梅) *Broussonetia papyrifera* (Linn.) L'Herit. ex Vent.

【形态特征】 落叶乔木,高达 16 m。树皮浅灰色或灰褐色,不易裂,全株含乳汁。单叶互生,叶卵圆至阔卵形,边缘有粗齿,不裂或 2～3 裂,两面有厚柔毛。聚花球形,熟时橙红色或鲜红色。花期 4～5 月,果期 6～7 月。

【地理分布】 产江苏各地。生于低山丘陵、荒地、田园、沟旁。

分布很广,北自华北、西北,南到华南、西南各省区均有,为各地低山、平原习见树种;日本、越南、印度也有。

【油脂】 种子含油 31.7%,油中含非皂化物 2.67%,饱和脂肪酸 9.0%,油酸 15.0%,亚油酸 76.0%。

薜荔 (凉粉果) *Ficus pumila* Linn.

【形态特征】 常绿攀援或匍匐灌木,有乳汁。茎灰褐色,多分枝。叶二型,在营养枝上者小而薄,心状卵形,长约 2.5 cm 或更短;在生殖的枝上者较大而近革质,卵状椭圆形,长 4～10 cm,先端钝,全缘,上面无毛,下面有短柔毛,网脉凸起成蜂窝状。榕果梨形或倒卵形,长约 5 cm,径约 3 cm,有短柄。花期 5～6 月,果期 10 月。

【地理分布】 产江苏各地。攀援城墙、石灰岩陡坡、树上、墙上。

分布于安徽、浙江、福建、台湾、江西、湖北、湖南、广东、河南、广西、贵州、云南、四川、陕西及河南;日本及越南也有。

【油脂】 种子油含量高达 30.13%,其中亚麻酸含量 61.4%,亚油酸含量为 21.7%,油酸的含量为 1.8%。亚麻酸和亚油酸均为人体最重要的必需脂肪酸,并且是不饱和脂肪酸,可与胆固醇结合,对防治心血管疾病有良好的效果,同时也是合成激素物质前列腺素的前体物,有着重要的生理功能,具有较高的营养和药用价值。

葎草 *Humulus scandens* (Lour.) Merr.

【形态特征】 多年生蔓生草本,茎长 1～5 m。茎和叶柄上有细倒钩。叶片近肾状五角形,掌状 5～7 裂。雌雄异株,雄花黄绿色 7 月中下旬开花,花序圆锥状,雌株 8 月上中旬开花,花序为穗状。下垂。瘦果扁圆形,淡黄色。花期 6～10 月,果期 8～11 月。

【地理分布】 产江苏各地。生于沟边、路旁荒地。

除新疆、青海、宁夏及内蒙古外,南北各地均产;日本及越南也有。

【油脂】 种子含油 18.20%,工业用,可制肥皂。

悬铃木叶苎麻 *Boehmeria tricuspis*（Hance）Makino

【形态特征】　多年生草本,高0.7～1.5 m;茎直立,常丛生,不分枝,密生短糙毛。叶对生,扁五角形或扁圆卵形,茎上部叶常为卵形,顶端3裂,边缘有粗大重锯齿,上表面密生糙伏毛,背面有短柔毛。托叶披针形。团伞花序集成长穗状,单生叶腋。瘦果狭倒卵形,被白色细毛,顶端较密。花果期6～9月。

【地理分布】　产江苏各地。生于山谷、疏林、山坡林边、溪旁潮湿处。

分布于河北、山东、安徽、浙江、福建、江西、湖北、湖南、广东、广西、贵州、四川、甘肃、陕西、山西及河南;朝鲜及日本也有。

【油脂】　种子含脂肪油,可制肥皂及食用。

山麻杆 *Alchornea davidii* Franch.

【形态特征】　落叶灌木,高1～4 m。幼枝密被绒毛。叶互生,宽卵形或圆形,先端短尖,基部心形,边缘有齿牙,下面带紫色,密被绒毛,基出3脉。花单性,雌雄异株,无花瓣,雄花密生,成短筒状穗状花序,萼球形,4裂,镊合状,雄蕊8。蒴果球形,3裂。种子卵状三角形,长约6 mm。花期3～5月,果期6～7月。

【地理分布】　产江苏各地。生于向阳山坡、路旁灌丛。

分布于山东、安徽、浙江、福建、江西、湖北、湖南、广东、广西、贵州、四川、云南、陕西及河南。

【油脂】　种子榨油工业用。

重阳木 *Bischofia polycarpa*（Levl.）Airy Shaw

【形态特征】　落叶乔木,高达15 m。树皮褐色,纵裂,内皮层为肉红色,小枝无毛。三出复叶,互生;顶生小叶较两侧大,小叶卵圆状或椭圆形,先端突尖,基部圆或浅心形,边缘有细纯锯齿。花单性,雌雄异株,花小,绿色,总状花序通常着生于新枝的下部,纤细下垂。浆果球形,熟时红褐色。花期4～5月,果期10～11月。

【地理分布】　江苏山地林中或平原栽培。

分布于浙江、安徽、福建、台湾、江西、陕西、湖北、湖南、广东、广西、贵州及四川。

【油脂】　果含油33.60%,有香味,可供食用,也可作润滑油和肥皂。

乳浆大戟 *Euphorbia esula* Linn.

【形态特征】 多年生草本,高 15～40 cm,有白色乳汁。茎直立,有纵条纹,下部带淡紫色。短枝或营养枝上的叶密生,条形,长枝或生花的茎上的叶互生,倒披针形或条状披针形,顶端图钝微凹或具凸尖。总花序多歧聚伞状,顶生,通常 5 伞梗呈伞状。蒴果三棱状球形、成熟时 3 瓣分裂;种子近球形,灰褐色或有棕色斑点。花果期 4～10 月。

【地理分布】 产江苏各地。生于草丛、山坡、路旁。

分布于全国(除海南、贵州、云南和西藏外)。广布于欧亚大陆,且归化于北美。

【油脂】 种子含油约 35%,供工业用油。

江苏常见同属油脂植物:泽漆 *E. helioscopia* Linn. 产江苏各地。生于山沟、路边、草地、荒野和山坡。种子含油量达 30%,供工业用。

算盘子 *Glochidion puberum*(Linn.)Hutch.

【形态特征】 落叶灌木,高 1～2 m;小枝,密被黄褐色短柔毛。单叶互生,长圆形至长圆状披针形或倒卵状长圆形,基部楔形,表面除中脉外无毛,下面密被短柔毛。花小,单性,雌雄同株或异株,无花瓣,2～5 簇生叶腋;萼片淡黄绿色。蒴果扁球形,成熟时带红色,有显明的纵沟槽,种子近肾形,具三棱,朱红色。花期 4～8 月,果期 7～11 月。

【地理分布】 产江苏各地。生于山坡、溪旁灌丛或林缘。

分布于山东、安徽、浙江、福建、台湾、江西、湖北、湖南、广东、香港、海南、广西、贵州、云南、西藏、四川、甘肃、陕西及河南。

【油脂】 种子含油 25.30%,供制肥皂或作润滑油。

白背叶 *Mallotus apelta*(Lour.)Muell. Arg.

【形态特征】 灌木或小乔木,高 1～4 m;小枝密被星状毛。叶互生,宽卵形,不分裂或 3 浅裂,两面被灰白色星状毛及橙黄腺体,下面尤密;基出 3～5 脉,近叶柄处有 2 腺体。花单性,雌雄异株,无花瓣;蒴果近球形,直径 7 mm,密生软刺及灰白色星状毛;种子近球形,直径 3 mm,黑色,光亮。花期 6～9 月,果期 8～11 月。

【地理分布】 产苏南。生于山坡或山谷灌丛中、丘陵、山坡灌木草丛间。

分布于安徽、浙江、福建、江西、陕西、河南、湖北、湖南、广东、海南、广西、贵州、四川及云南;越南也有。

【油脂】 种子含油34.70%,含α-粗糠柴酸,可供制油漆,或合成大环香料、杀菌剂、润滑剂等原料。

江苏常见同属油脂植物:

野梧桐 *M. japonicus* (Linn. f.) Muell. Arg. 产句容、江浦。种子含油量达38%,可供工业原料。野桐 *M. tenuifolius Pax* Huang 产苏南。种子含油30.80%,油为干性油,可供制油漆、肥皂、润滑油原料。杠香藤 *M. repandus* (Willd.) Muell. Arg. var. *chrysocarpus* (Pamp.)S. M. Hwang 产苏南。种子油为制油漆、油墨和肥皂的原料。

乌桕 *Triadica sebifera* (Linn.) Small.

【形态特征】 落叶乔木,高达15 m,具乳汁。单叶互生,菱形至菱状卵形,先端渐尖或长尖,基部阔楔形,全缘,两面无毛,秋天变成红色,基部有蜜腺1对。花单性,雌雄同株,总状花序顶生,雄花小,萼杯状,3浅裂,雄蕊2枚;雌花着生处两侧各有1个近肾形腺体,花萼3深裂。蒴果梨状球形,3瓣开裂,种子3枚。种子近圆形,黑色,外被白色蜡质假种皮。花期5~6月,果期10~11月。

【地理分布】 产江苏各地。栽培于路旁、田埂、山坡。

分布于秦岭、淮河流域以南,主要栽培区在长江流域以南等省区;日本、越南及印度也有,欧洲、美洲和非洲栽培。

【油脂】 与油茶、油桐和核桃并称为我国四大木本油料植物。种子含油33.10%,适于涂料,可涂油纸、油伞等。桕蜡是肥皂、胶片、塑料薄膜、蜡纸、护肤脂、防锈涂剂、固体酒精和高级香料的主要原料;皮油还含有约14%的甘油,是制造硝化甘油、环氧树脂、玻璃钢和炸药的重要原料。用种仁榨得的青油(梓油或桕油),可以制造高级喷漆。

毛樱桃 *Cerasus tomentosa* (Thunb.) Wall.

【形态特征】 落叶灌木,高可达2~3 m。小枝紫褐色或灰褐色,嫩枝密被绒毛到无毛。叶片卵状椭圆形,先端急尖或渐尖,基部楔形,边有粗锐锯齿,两面被毛。花单生或2朵簇生,花叶同放;花瓣白色或粉红色。核果近球形,熟时红色,径0.5~1.2 cm;核棱脊两侧有纵沟。花期4~5月,果期6~9月。

【地理分布】 产江苏各地。生于山坡林中、林缘或灌丛中。

分布于黑龙江、吉林、辽宁、内蒙古、河北、山西、河南、山东、安徽、浙江、福建、江西、湖北、贵州、云南、西藏、四川、陕西、甘肃、宁夏、青海及新疆。

【油脂】 种仁含油率达43%左右,可制肥皂及润滑油用。

光叶石楠 *Photinia glabra* (Thunb.) Maxim.

【形态特征】 常绿乔木,高达7m。老枝灰黑色,无毛,皮孔棕黑色。叶互生革质,椭圆形、长圆形或长圆状倒卵形,有稀疏浅钝细锯齿,两面无毛。复伞房花序顶生,总花梗和花梗均无毛;花直径7~8 mm;萼筒杯状,无毛;萼片5,三角形;花瓣5,白色。梨果卵形,长约5 mm,红色,无毛。花期4~5月,果期9~10月。

【地理分布】 产宜兴。生于山坡林中。

分布于安徽南部、浙江、福建、江西、湖北、湖南、广东、广西、贵州、云南及四川;日本、泰国、缅甸也有。

【油脂】 种子含油18.40%,可制肥皂或润滑油。

江苏常见同属油脂植物:

中华石楠 *P. beauverdiana* Schneid. 产南京。种子含油12.00%。贵州石楠 *P. bodinieri* Levl. 各地栽培。种子含油11.70%。小叶石楠 *P. parvifolia* (Pritz.) Schneid. 产南京、宜兴、溧阳、无锡。种子含油24.80%。石楠 *P. serratifolia* (Desf.) Kalkman. 产江苏各地。种子榨油供制油漆、肥皂或润滑油用。毛叶石楠 *P. villosa* (Thunb.) DC. 产南京、句容、宜兴。种子含油可制肥皂及润滑油,也可制油漆。无毛石楠 *P. villosa* (Thunb.) DC. var. *sinica* Rehd. & Wils. 产连云港云台山。种子油可制肥皂、作机械润滑油、制油漆。

高粱泡 *Rubus lambertianus* Ser.

【形态特征】 半常绿蔓生灌木,高达3 m;茎有散生钩状皮刺;幼枝疏生细柔毛。单卵形或矩圆状卵形,长5~10 cm,宽4~9 cm,先端渐尖,基部心形,边缘有波状浅裂和细锯齿,有时具3~5较大浅裂,两面疏生柔毛。顶生或腋生圆锥花,花白色,萼裂片卵状三角形,先端尾尖,边缘密生白绒毛。聚合果卵状球形,直径5~8 mm,红色。花期7~8月,果期9~11月。

【地理分布】 产江苏各地。生于山坡、沟边、路旁、岩石间。

分布于河南、安徽、浙江、福建、台湾、江西、湖北、湖南、广东、广西、云南、贵州、四川、陕西及甘肃;日本也有。

【油脂】 种子可榨油作发油用。

地榆 *Sanguisorba officinalis* Linn.

【形态特征】 多年生草本,高1~2 m。根粗壮。茎直立,无毛。奇数羽状复叶;小叶

2～5 对,长圆状卵形至长椭圆形,先端急尖或钝,基部近心形或近截形,边缘有圆而锐的锯齿,花小,密集成圆柱形的穗状花序顶生;萼裂片 4,花瓣状,紫红色;无花瓣。瘦果褐色,具细毛,有纵棱,包藏在宿萼内。花期 7～10 月,果期 9～11 月。

【地理分布】 产江苏各地。生于山坡、草地。

除台湾、香港和海南外广泛,分布于全国各地;亚洲、欧洲也有。

【油脂】 种子含油 10.30%,可供制皂或工业用。

云实 *Caesalpinia decapetala*（Roth.）Alston

【形态特征】 落叶攀援灌木,密生倒钩状刺。二回羽状复叶,有羽片 3～10 枚,对生,基部有 1 对刺;小叶 8～12 对,长椭圆形,先端圆,微缺,基部圆,微偏斜。总状花序顶生;具多花,黄色,膜质,圆形或倒卵圆形。荚果长椭圆形,扁平,长 6～12 cm,宽 2.3～3 cm,先端圆,有喙,沿腹缝有狭翅。种子 6～9 粒,椭圆形,棕色。花果期 4～10 月。

【地理分布】 产苏南。生于向阳灌丛中。

分布于陕西、甘肃、四川、云南、贵州、湖南、湖北、河南、安徽、浙江、江西、福建、台湾、广东、海南及广西;亚洲热带、温带地区也有。

【油脂】 种子含油 12.40%,可制肥皂及润滑油。

肥皂荚 *Gymnocladus chinensis* Baill.

【形态特征】 落叶乔木,高 5～12 m;树皮具白色皮孔,无刺。偶数二回羽状复叶羽片 3～5 对,对生;小叶 8～12 对,长圆形至长椭圆形,先端圆或微缺,基部略呈斜圆形,全缘,两面密被短柔毛。花杂性,总状花序顶生;花白色或带紫色有长柄,下垂;花瓣 5,雄蕊 10,5 长 5 短。荚果长椭圆形,扁或肥厚,无毛,顶端有短喙。种子 2～4 粒,近球形,黑色。花期夏季。果期 8 月。

【地理分布】 产宜兴等地。生于杂木林中、岩石边、村旁。

分布于浙江、安徽、福建、江西、湖北、湖南、广东、广西、贵州及四川。

【油脂】 种仁含油 11.60%,可作油漆等工业用油。

紫穗槐 *Amorpha fruticosa* Linn.

【形态特征】 落叶灌木,高 1～4 m,丛生、枝叶繁密,直伸;侧芽常两个叠生。叶互生,奇数羽状复叶,小叶 11～25,长椭圆形,具黑色腺点。穗状花序 1 至数个,密集顶生或

近枝端腋生,花紫色。荚果下垂,短镰形,长约 1 cm,密被瘤状腺点,不开裂。花期 5～6 月,果期 7～8 月。

【地理分布】 江苏各地栽培或逸为野生,抗逆性极强,在荒山坡、道路旁、河岸、盐碱地均可生长。

原产美国东北部和东南部,20 世纪初我国引入栽培。

【油脂】 种子含油 10.00%,是制造油漆、润滑油的好原料,并可提取香精和维生素 E。

绿叶胡枝子 *Lespedeza buergeri* Miq.

【形态特征】 落叶灌木,高 1～2 m。羽状复叶具 3 小叶,小叶卵状椭圆形,先端急尖,黄绿色,上面光滑,有白毛,下面有浅棕色毛,尤以中脉附近为多。总状花序腋生;萼片披针形,5 裂,具密毛;花冠蝶形,长 8 mm,淡黄色,翼瓣和旗瓣的基部常为紫色,雄蕊 10,两体。荚果长倒卵形,有网状脉和长柔毛。花期 7～8 月,果期 9 月。

【地理分布】 产江苏各地。生于山坡灌丛中或疏林下。

分布于河北、山西、河南、山东、安徽、浙江、江西、湖北、湖南、广西、贵州、四川、陕西及甘肃等地;朝鲜及日本也有。

【油脂】 种子油可供食用或作机器润滑油。

刺槐 *Robinia pseudoacacia* Linn.

【形态特征】 落叶乔木,高达 25 m。树皮灰褐色,纵裂。托叶刺状,长达 2 cm;奇数羽状复叶,小叶 7～19 枚,互生,椭圆形,尖端圆钝或微凹,有小尖头,总状花序腋生,下垂,花白色蝶形。荚果长圆形,种子肾形,黑色。花期 4～6 月,果期 7～8 月。

【地理分布】 产江苏各地。生于山坡、路旁、沟边。

原产北美,现欧、亚各国广泛栽培。19 世纪末先在中国青岛引种,后渐扩大栽培,目前已遍布全国各地。

【油脂】 种子含油 10.20%,可作肥皂及油漆的原料。

槐 *Sophora japonica* Linn.

【形态特征】 落叶乔木,高达 20 m。小枝绿色,光滑,有明显黄褐色皮孔。奇数羽状复叶,小叶 9～15 枚,椭圆形或卵形,先端尖,基部圆形至广楔形,背面有白粉及柔毛,全缘。花白色或浅黄色,圆锥花序,下垂顶生或腋生。荚果圆柱形,串珠状,果皮,肉质,熟后经久不落。花期 7～8 月,果期 8～10 月。

【地理分布】 产江苏各地。生于山坡边或宅旁。

原产中国北部,北自辽宁,南至广东、台湾,东自山东,西至甘肃,四川、云南均有栽植。

【油脂】 种子含油18%~24%。可用于制肥皂、润滑油。

野鸦椿 *Euscaphis japonica*（Thunb.）Kanitz

【形态特征】 落叶小乔木或灌木,高约3 m。小枝及芽棕红色,枝叶揉碎后发恶臭气味。奇数羽状复叶对生;小叶5~11,对生,卵形至卵状披针形,先端渐尖,基部圆形至阔楔形,边缘具细锯齿。圆锥花序顶生,花序梗长达20 cm,花黄白色。蓇葖果长1~2 cm,果皮软革质,紫红色。种子近圆形,假种皮肉质,黑色。花期5~6月,果期9~10月。

【地理分布】 产江苏各地。生于山坡林中。分布于安徽、浙江、福建、台湾、江西、湖北、湖南、广东、海南、广西、云南、贵州、四川、甘肃、陕西及河南;越南、日本及朝鲜也有。

【油脂】 种子含油9.40%,油可制肥皂,也可作其他工业用油。

省沽油 *Staphylea bumalda* DC.

【形态特征】 落叶灌木,高达5 m。树皮暗紫红色,有皮孔。羽状复叶具3小叶,小叶椭圆形或卵圆形,叶顶端渐尖,基部圆形或楔形,背面苍白色;顶生小叶柄长约1 cm。圆锥花序顶生疏松,萼片黄白色,花瓣白色,较萼片为大。蒴果,膀胱状,果皮膜质、泡状膨大、扁平,顶端2裂;种子椭圆形而扁,黄色,有光泽,有较大而明显的种脐。花期4~5月,果期8~9月。

【地理分布】 产东南。生于路旁、山地或丛林中。

分布于黑龙江、吉林、辽宁、河北、山西、安徽、四川、陕西;朝鲜半岛及日本也有。

【油脂】 种子含油17.60%,可制肥皂及油漆。

栾树 *Koelreuteria paniculata* Laxm.

【形态特征】 落叶乔木,高达20m。树皮灰褐色。奇数羽状复叶,一回或不完全的二回羽状复叶,长达40 cm,小叶卵形或长卵形,边缘具锯齿或裂片,背面沿脉有短柔毛。大型圆锥花序,顶生,花小金黄色;花瓣,花时反折。蒴果圆锥形,具3棱,红褐色或橘红色,顶端渐尖,果瓣卵形,外面有网纹,内面平滑且略有光泽。种子近球形,黑褐色。花期6~9月,果期9~10月。

【地理分布】 产江苏各地。生于多石灰岩山地。

产辽宁、河北、山东、河南、安徽、福建、江西、湖北、湖南、贵州、四川、青海东部、甘肃、陕西及山西。世界各地有栽培。

【油脂】 种子含油 29.60%，工业用油。

江苏常见同属油脂植物：

复羽叶栾树 *K. bipinnata* Franch. 产句容、徐州等地。种子含油 40.50%，工业用。

无患子 *Sapindus saponaria* Linn.

【形态特征】 落叶乔木，高 10～25 m；树皮黄褐色。偶数羽状复叶，互生；小叶 4～8 对，纸质，卵状披针形至矩圆状披针形，无毛，基部楔形，稍不对称。圆锥花序顶生；花小，白色或乳白色；萼片与花瓣各 5。核果肉质，球形，直径约 2 cm，熟时黄色或橙黄色。种子球形，黑色，坚硬。花期 6～7 月，果期 9～10 月。

【地理分布】 产江苏各地。生于低山丘陵及石灰岩山地疏林中。

分布于安徽、浙江、福建、台湾、江西、湖北、湖南、广东、香港、海南、广西、贵州、云南、四川、山西及河南；日本、朝鲜、中南半岛、印度、印度尼西亚、巴布亚新几内亚也有。

【油脂】 种仁含油 38.40%，可用来提取油脂，制造天然滑润油；还可用来制造生物柴油。

色木槭(五角枫) *Acer pictum* Thunb. subsp. *mono*（Maxim.）Ohashi

【形态特征】 落叶乔木，高达 20 m。单叶，对生，通常 5 裂，基部心形，裂片宽三角形，长渐尖，全缘，无毛，仅主脉腋间有簇毛，主脉 5，掌状，网脉两面明显隆起。伞房花序顶生，无毛，多花；花带绿黄色。坚果扁平，卵圆形，果翅长圆形，开展成钝角，翅长约为小坚果的 2 倍，长达 2 cm，宽约 8 mm。花期 5 月，果期 9 月。

【地理分布】 产江苏各地。生于山坡林中。

分布于黑龙江、吉林、辽宁、内蒙古、山西、河北、河南、山东、安徽、浙江、江西、湖北、湖南、四川、甘肃及陕西；朝鲜及日本也有。是我国槭树属中分布最广的一种。

【油脂】 果含油 25.20%，可供工业方面的用途，也可作食用。

江苏常见同属油脂植物：

茶条槭 *A. ginnala* Maxim. 产江苏各地。果含油 11.60%，供制肥皂。鸡爪槭 *A. palmatum* Thunb. 产江苏各地。果含油 17.40%。元宝槭 *A. truncatum* Bunge 产徐州。果含油 18.70%，可作工业原料。

红柴枝 *Meliosma oldhamii* Miq. ex Maxim.

【形态特征】 落叶乔木,高可达 20 m。树皮灰白色;腋芽密被淡褐色柔毛。奇数羽状复叶互生,叶轴,小叶柄及叶两面均被褐色柔毛。小叶 7～15 枚,卵状椭圆形至披针状椭圆形,侧脉腋有髯毛;缘具疏锐细锯齿。圆锥花序直立宽大顶生,长、花小,白色。核果球形,径 4～5 mm,先紫红后转黑色。花期 6 月,果熟 10 月。

【地理分布】 产苏南、连云港。生于山坡林中。

分布于贵州、广西、广东、江西、浙江、安徽、湖北、河南、陕西、福建、云南;日本、朝鲜也有。

【油脂】 种子油可制润滑油。

臭檀吴萸(臭檀) *Tetradium daniellii* (Benn.) T. G. Hartley

【形态特征】 落叶乔木,高达 15 m;小枝密被短毛。奇数羽状复叶对生;小叶宽卵形至卵状椭圆形,顶端渐尖,基部圆形或宽楔形,边有明显的钝锯齿,有散生油腺点,下面沿中脉密被白色长柔毛,腺腋有簇生毛。聚伞状圆锥花序顶生,花轴及花梗被短绒毛;花常为 4 数,白色。蓇葖果紫红色,有腺点,长 6～8 mm,顶端有尖喙。种子黑色,有光泽。花期 6～8 月,果期 9～11 月。

【地理分布】 产连云港云台山。生于山坡林中。

分布于辽宁、河北、山东、河南、陕西、山西、甘肃、安徽、湖北、宁夏、云南、四川、贵州、青海东部;朝鲜北部也有。

【油脂】 果实含油率达 39.7%,属干油性,半透明,有光泽,适用于油漆工业。

臭椿 *Ailanthus altissima* (Mill.) Swingle

【形态特征】 落叶乔木,高达 20 m。树皮平滑,叶为奇数羽状复叶互生,对生或近对生,揉之有臭味,卵状披针形,先端长渐尖,基部斜楔形,全缘,仅在近基部通常有 1～2 对粗锯齿,齿顶端下面有 1 腺体。圆锥花序顶生,白色带绿。翅果扁平,长椭圆形,淡黄绿色或淡红褐色,中间有 1 种子。花期 5～6 月,果期 9～10 月。

【地理分布】 产江苏各地。生于向阳山坡或灌丛。

分布于辽宁、内蒙古、河北、山西、河南、山东、安徽、浙江、福建、台湾、江西、湖北、湖南、广东、广西、贵州、云南、西藏、四川、陕西、甘肃及新疆。世界各地栽培。

【油脂】 种子含油 30.20%,可榨制半干性油。

楝树 *Melia azedarach* Linn.

【形态特征】 落叶乔木,高 15～20 m;树皮纵裂。二至三回奇数羽状复叶互生;小叶卵形至椭圆形,边缘有钝锯齿,幼时被星状毛。圆锥花序与叶等长,腋生;花紫色或淡紫色,芳香,花瓣 5,倒披针形,外面被短柔毛;雄蕊 10,花丝合生成筒,紫色。核果短矩圆状至近球形,长 1.5～2 cm,淡黄色,果核骨质,4～5室,每室有种子 1 枚。花期 4～5 月,果期 10～ 11 月。

【地理分布】 产江苏各地。生于旷野、向阳旷地。

分布于河北、河南、山东、江西、安徽、浙江、福建、江西、湖北、湖南、广东、海南、广西、贵州、云南、西藏、四川、甘肃及陕西;南亚、东南亚及太平洋岛屿也有。

【油脂】 果核仁油可供制油漆、润滑油和肥皂。

黄连木 *Pistacia chinensis* Bunge

【形态特征】 落叶乔木,高达 25 m。偶数羽状复叶互生,小叶 10～14 枚,披针形、卵状披针形,全缘,先端渐尖,基部歪斜。雌雄异株。圆锥花序,先花后叶,花小无瓣,雄花淡绿色,雌花紫红色,核果扁球形,紫蓝色或红色。花期 3～4 月,果期 9～11 月。

【地理分布】 产江苏各地。生于低山丘陵及平原。

我国黄河流域以南均有分布;菲律宾也有。

【油脂】 种子含油率为 35%～42.46%,出油率为 22%～30%;果壳含油率 3.28%,种仁含油率 56.5%。种子油可作食用油、润滑油,或制肥皂。黄连木油脂肪酸碳链长度集中在 C16～C18 之间,由黄连木油脂生产的生物柴油的碳链长度集中在 C17～C20 之间,与普通柴油主要成分的碳链长度(C15～C19)极为接近,非常适合用来生产生物柴油。

盐肤木 *Rhus chinensis* Mill.

【形态特征】 落叶小乔木,高 5～10 m,小枝被柔毛,有皮孔。奇数羽状复叶,互生,叶轴具宽翅,小叶 7～13;小叶边缘有粗锯齿,被柔毛。圆锥花序顶生,直立,宽大;花小,杂性,花冠黄白色。核果近扁圆形,成熟后红色。花期 8～9 月,果期 10 月。

【地理分布】 产江苏各地。生于向阳山坡及沟谷、溪边的疏林、灌丛和荒地。

除黑龙江、吉林、内蒙古和新疆外,其余各省区均有分布;也见于日本、中南半岛、印度至印度尼西亚。

【油脂】 果含油 17.30%,可供制肥皂。

木蜡树 *Toxicodendron sylvestre* (Sieb. et Zucc.) O. Kuntze

【形态特征】 落叶乔木,高达 10 m。树皮灰褐色,初平滑后呈纵裂。幼枝及冬芽被棕黄色毛。奇数羽状复叶,多聚生于枝顶;小叶 9～15,对生,长椭圆状披针形,先端长尖,基部稍不对称或楔形,全缘,两面被柔毛。圆锥花序腋生,密生棕黄色柔毛;花小,黄绿色;核果扁平而偏斜,中果皮有蜡质,内果皮坚硬,成熟时淡黄色,皱缩。花期 5～6 月,果期 10 月。

【地理分布】 产连云港、江宁、句容、溧阳、宜兴、无锡、苏州。生于山地林中、向阳山坡疏林中或石砾地。

分布于河南、安徽、浙江、福建、台湾、江西、湖北、湖南、广东、海南、广西、贵州、云南、四川及陕西;朝鲜半岛及日本南部也有。

【油脂】 果含油 24.90%,种子油可制肥皂、油墨及油漆。

江苏常见同属油脂植物:

野漆树 *T. succedaneum* (Linn.) O. Kuntze 产苏南。生于山坡林中。种子含油 9.30%,可制皂或掺合干性油作油漆。

南蛇藤 *Celastrus orbiculatus* Thunb.

【形态特征】 落叶攀援灌木,长 3～8 m。小枝,无毛,有多数皮孔。单叶互生,近圆形、宽倒卵形或长椭圆状倒卵形,边缘具钝锯齿。聚伞花序腋生,花淡黄绿色,雌雄异株;花萼裂片 5;花瓣 5,卵状长椭圆形;蒴果黄色,球形,直径约 1 cm,3 裂;种子每室 2 粒,有红色肉质假种皮。花期 5～6 月,果期 7～10 月。

【地理分布】 产江苏各地。生于山沟及山坡灌丛中。

分布于黑龙江、吉林、辽宁、内蒙古、甘肃、陕西、山西、河南、河北、山东、安徽、浙江、江西、湖北、四川、湖南;朝鲜及日本也有。

【油脂】 种子含油 51.20%,供工业用。是适合中国发展的潜在的燃料油植物物种之一。

卫矛科(平均含油为 44%)是中国少有的木本富油科(指该科果实、果仁、种子或种仁,其含油量一般在 20%以上,并在该科中占有较多的属或较多的种)之一。

江苏常见同属植物:

苦皮藤 *C. angulatus* Maxim. 产苏南、盱眙。种子含油 43.20%,果皮及种子含油脂可供工业用。大芽南蛇藤(哥兰叶) *C. gemmatus* Loes. 产苏南。果含油 10.40%。

卫矛(鬼箭羽) *Euonymus alatus* (Thunb.) Sieb.

【形态特征】 落叶灌木,高达 3 m;小枝四棱形,棱上常生有扁条状木栓翅,翅宽达

1 cm。叶对生,窄倒卵形或椭圆形,叶柄极短或近无柄。聚伞花序腋生,有1~3花,花淡绿色。蒴果1~4深裂,裂瓣长卵形,棕色带紫;种子每裂瓣1~2,紫棕色,有橙红色假种皮。花期4~6月,果期9~10月。

【地理分布】 产江苏各地。生于林中、林缘、灌木丛。

分布于辽宁、吉林、黑龙江、辽宁、河北、山西、内蒙古、河南、山东、安徽、浙江、福建、江西、湖北、湖南、广西、贵州、四川、陕西、甘肃、宁夏;朝鲜、日本及欧洲也有;北美有栽培。

【油脂】 种子含油41.80%,作工业用油。

江苏常见同属植物:

肉花卫矛 *E. carnosus* Hemsl. 产宜兴、南京。种子含油47.80%。扶芳藤(爬行卫矛) *E. fortunei* (Turcz.) Hand.-Mazz. 产江苏各地。种子含油43.50%。冬青卫矛 *E. japonicus* L. 广泛栽培。种子含油42.70%。胶东卫矛 *E. kiautschovicus* Loes. 产宜兴、南京、连云港云台山。种子含油41.50%。白杜(丝绵木) *E. maackii* Rupr. 产江苏各地。种子含油42.70%。

冬青 *Ilex chinensis* Sims

【形态特征】 常绿乔木,高达13 m;树皮暗灰色。小枝浅绿色。叶薄革质,长椭圆形至披针形,上面有光泽;叶柄常淡紫色。花紫红色或淡紫色,浆果状核果,椭圆形,长6~10 mm,光亮,深红色;分核4~5颗,背面有一深沟,内果皮厚,革质。花期4~6月,果期7~12月。

【地理分布】 产宁镇、宜溧山区。生于山坡林中。

分布于安徽、福建、广东、贵州、海南、湖北、湖南、江西、四川、重庆、云南、浙江;日本也有。

【油脂】 种子含油22.40%,可制肥皂。

江苏常见同属植物:

枸骨 *I. cornuta* Lindl. et Paxt. 产南京、镇江、宜兴、无锡、苏州。生于山坡、谷地、溪边杂木林或灌丛中。种子含油,可制肥皂。铁冬青 *I. rotunda* Thunb. 产宜兴。生于山地常绿阔叶林中。种子含油10.10%。

冻绿(鼠李) *Rhamnus utilis* Decne.

【形态特征】 落叶灌木或小乔木,高达4 m;小枝,顶端针刺状。叶对生或近对生,在短枝上簇生,椭圆形或长椭圆形,顶端短渐尖或急尖,基部楔形,边缘有细锯齿。花黄绿色,雄花通常簇生于叶腋,雌花2~6朵簇生于叶腋或小枝下部;花萼4裂;花瓣4,小;雄蕊4。核果近球形,黑色,2核;种子背面有短纵沟。花期4~6月,果期5~8月。

【地理分布】 产南京、宜兴、句容。生于山地灌丛或疏林下。

分布于河北、山西、河南、山东、安徽、浙江、福建、江西、湖北、湖南、广东、广西、贵州、四川、云南、陕西及甘肃;朝鲜及日本也有。

【油脂】 种子含油 29.70%,作润滑油。

江苏常见同属油脂植物:

鼠李 *R. davurica* Pall. 产江苏各地。种子榨油作润滑油。圆叶鼠李 *R. globosa* Bunge 产连云港云台山、震泽、扬州、江浦、苏南各地。种子榨油供润滑油用。

灯台树 *Cornus controversa* Hemsl.

【形态特征】 落叶乔木,高达 20 m;树皮暗灰色;枝条紫红色,无毛。叶互生,宽卵形或宽椭圆形,全缘,背面密被白色贴伏的柔毛,侧脉6~7 对,网状脉在两面均明显;叶柄紫红色。伞房状聚伞花序顶生,花小,白色;萼齿三角形;花瓣长披针形;子房下位,倒卵圆形,密被灰色贴伏的短柔毛。核果球形,紫红色至蓝黑色,直径 6~7 mm。花期 5~6 月,果期 7~8 月。

【地理分布】 产宜兴。生于山坡林中。

分布于辽宁、河北、河南、山东、安徽、浙江、福建、台湾、江西、湖北、湖南、广东、广西、贵州、云南、西藏、四川、甘肃及陕西;尼泊尔、不丹、锡金、印度、朝鲜及日本也有。

【油脂】 果含油 22.60%,为木本油料植物。油可制肥皂、润滑油。

江苏常见同属油脂植物:

红瑞木 *C. alba* Linn. 产苏北,各地多有栽培。果含油 26.80%,可供工业用。毛梾 *C. walteri* Wanger. 产南京明孝陵、苏州。木本油料植物,种子含油20.50%;供食用或作高级润滑油,油渣可作饲料和肥料。梾木 *C. macrophylla* Wall. 产南京。种子含油 10.00%,供制肥皂、润滑油。

楤木 *Aralia chinensis* Linn.

【形态特征】 落叶灌木或乔木,高 5~10 m,有刺。二或三回奇数羽状复叶;叶柄粗壮,长达 50 cm;羽片有小叶 5~11,基部另有小叶 1 对;小叶卵形至阔卵形,边缘有锯齿。伞形花序聚为大型圆锥花序,白色,芳香。浆果状核果,圆球形,熟后黑色。花期 7~8 月,果期 9~10 月。

【地理分布】 产江苏各地。生于山坡林中、林缘、路旁灌丛。

分布于甘肃、陕西、山西、河北、河南、山东、安徽、浙江、福建、江西、湖北、湖南、广东、广西、贵州、四川、云南及西藏。

【油脂】 种子含油 27.40%,供制皂等用油。

刺楸 *Kalopanax septemlobus*（Thunb.）Koidz.

【形态特征】 落叶乔木,高达 30 m。树干布有粗大硬棘刺。在长枝上互生,在短枝上簇生,叶近圆形,掌状 5～9 裂。伞形花序聚生成顶生圆锥花序,花白色;了房下位,2 室。核果球形,熟时蓝黑色,花柱宿存。花期 7～9 月,果期9～12 月。

【地理分布】 产江苏各地。生于山地疏林。

分布于吉林、辽宁、河北、山西、河南、山东、安徽、浙江、福建、江西、湖北、湖南、广东、广西、贵州、云南、四川、西藏、甘肃及陕西。

【油脂】 种子含油 31.10%,供制肥皂等用。

鸭儿芹 *Cryptotaenia japonica* Hassk.

【形态特征】 多年生草本,高 30～90 cm,全体无毛。茎具叉状分枝。基生叶及茎下部叶三角形,三出复叶,中间小叶菱状倒卵形,基部成鞘抱茎;茎顶部的叶披针形。复伞形花序,花白色。双悬果条状长圆形或卵状长圆形,长 3.5～6.5 mm,宽 1～2 mm。花期 4～5 月,果期 6～10 月。

【地理分布】 产苏南。生于山坡草丛中或路边较阴湿处。

分布于辽宁、山西、河南、安徽、浙江、福建、台湾、江西、湖北、湖南、广东、广西、贵州、云南、四川、甘肃及陕西;朝鲜及日本也有。

【油脂】 种子含油约 22%,可用于制肥皂和油漆。

海金子（崖花海桐）*Pittosporum illicioides* Mak.

【形态特征】 常绿灌木或乔木,高 1～6 m;小枝近轮生。叶薄革质,倒卵形至倒披针形,先端渐尖,基部窄楔形,无毛。伞形花序顶生,有 1 至 12 朵花,淡黄白色。花梗,下弯。蒴果近圆球形,长约 1.5 cm,裂为 3 片,果皮薄,果柄纤细,长 2～4 cm,下弯。种子暗红色,长 2～4 mm。花期 5 月,果期 10 月。

【地理分布】 产宜兴山区。生于山谷或山坡林中。

分布于安徽、福建、广东、广西、贵州、湖北、湖南、江西、四川、台湾、浙江;日本也有。

【油脂】 种子含油 12.60%,可制肥皂。

荚蒾 *Viburnum dilatatum* Thunb.

【形态特征】 落叶灌木,高达 3 m。叶宽倒卵形至椭圆形,下面近基部两侧有少数腺体和无数细小腺点,脉上常生柔毛或星状毛。花序复伞形状,直径 4～8 cm;花白色。核果

红色,椭圆状卵形,长 7～8 mm;核扁,背具 2、腹具 3 浅槽。花期 5～6 月,果期 9～11 月。

【地理分布】 产苏南。生于山坡或山谷疏林下、林缘或山脚灌丛中。

分布于辽宁、河北、河南、山东、安徽、浙江、福建、江西、湖北、湖南、广东、广西、贵州、云南、四川、陕西、宁夏及甘肃;日本和朝鲜也有。

【油脂】 果核含油 12.30%,可制肥皂和润滑油。

江苏常见同属油脂植物:宜昌荚蒾 V. erosum Thunb. 产江苏各地。生于山坡林下或灌丛中。种子含油约 40%,供制肥皂和润滑油。

牛蒡 *Arctium lappa* Linn.

【形态特征】 二年生草本,高 1～2 m;根肉质。茎粗壮,带紫色。茎生叶互生,宽卵形或心形,下面密被灰白色绒毛,顶端圆钝,基部心形。头状花序丛生或排成伞房状;总苞球形;花紫色。瘦果椭圆形,冠毛短刺状,淡黄棕色。花期 6～8 月,果期 8～10 月。

【地理分布】 产江苏各地。生于山坡、村落路旁、山坡草地,常有栽培。

我国东北至西南广布;广布于欧亚大陆至日本。

【油脂】 果含油 18.90%,供制肥皂和润滑油。

苍耳 *Xanthium strumarium* Linn.

【形态特征】 一年生草本,高达 90 cm。茎被灰白糙伏毛。叶三角状卵形或心形,基出三脉。头状花序近于无柄,聚生,单性同株;雄头状花序球形,雌头状花序椭圆形,内层总苞片结成囊状硬体,外生钩刺,顶端有 2 喙。瘦果倒卵形,无冠毛。花期 7～8 月,果期 9～10 月。

【地理分布】 产江苏各地。生于荒坡草地或路旁。

除台湾外全国各省区均产;俄罗斯、伊朗、印度、朝鲜半岛及日本也有。

【油脂】 种子含油 19.30%,与桐油的性质相仿,可掺和桐油制油漆,也可作油墨、肥皂、油毡的原料,又可制硬化油及润滑油。

夹竹桃 *Nerium oleander* Linn.

【形态特征】 常绿大灌木,高达 5 m,无毛。叶 3～4 枚轮生,在枝条下部为对生,窄披针形,全缘,革质,下面浅绿色;侧脉密生而平行。顶生的聚伞花序;花萼直立;花冠漏斗状,深红色,桃红色或白色,芳香;副花冠鳞片状,顶端撕裂。蓇葖果矩圆形,长 10～23

cm,直径 1.5～2 cm;种子长圆形,顶端具黄褐色种毛。花期 6～10 月,果期 12 月至翌年 1 月,很少结果。

【地理分布】 江苏各地栽培。常在公园、风景区、道路旁或河旁、湖旁周围栽培。

原产伊朗、印度、尼泊尔。我国各地栽培。

【油脂】 种子含油量约为 58.5%,供制润滑油。

枸杞 *Lycium chinense* Mill.

【形态特征】 落叶灌木,高 1～2m。枝细长,柔弱,常弯曲下垂,有棘刺。叶互生或簇生,卵状菱形或卵状披针形,全缘。花 1～4 朵簇生于叶腋,花淡紫色。浆果卵形或长椭圆状卵形,红色。种子肾形,黄色。花期 6～9 月,果期 7～10 月。

【地理分布】 产连云港、邳县、铜山、睢宁、镇江、南京。生于山坡、荒地、路旁、村边或有栽培。

广布于中国各省区,朝鲜半岛、日本、欧洲及北美有栽培。

【油脂】 种子含油 24.70%,可制润滑油,亦可食用。

流苏树 *Chionanthus retusus* Lindl. et Paxt.

【形态特征】 落叶灌木或乔木,高达 20 m。叶对生,革质,长圆形、椭圆形、卵形或倒卵形,顶端钝圆,凹下,有时锐尖,全缘,下面被长柔毛,叶柄密被黄色卷曲柔毛。聚伞状圆锥花序,顶生;花冠白色,4 深裂,裂片条状倒披针形,长 10～20 mm。果实椭圆状,被白粉,蓝里或黑色。花期 4～6 月,果期 6～11 月。

【地理分布】 产江苏各地。生于林内、向阳山谷。

分布于辽宁、河北、山东、浙江、福建、台湾、江西、湖南、湖北、河南、山西、陕西、四川及云南;朝鲜半岛及日本也有。

【油脂】 种仁含油 35.60%,供工业用。

女贞 *Ligustrum lucidum* Ait.

【形态特征】 常绿灌木或乔木,高 6～10 m。叶对生,卵形、宽卵形、椭圆形或卵状披针形,全缘。浆果状核果,长圆形或长椭圆形,蓝紫色,被白粉。花期 6～7 月,果期 10～12 月。

【地理分布】 产江苏各地。生于林中、村边或路旁。

分布于河南、安徽、浙江、福建、江西、湖北、湖南、广东、香港、广西、贵州、云南、西藏、四川、甘肃东南部及陕西南部。

【油脂】 种子含油 7.50%,主要为油酸 44.34%,亚油酸

41.9%,棕榈酸 4.5%,硬脂酸 1.8%,α-亚麻酸 0.87%。其中不饱和酸占 88.2%,饱和脂肪酸仅占 6.4%。由于种子油中不饱和脂肪酸的比例较大,并含有 α-亚麻酸,且不饱和脂肪酸容易为人体所吸收,α-亚麻酸则更有降血脂和降血压、抗血栓、防治动脉粥状硬化、抗癌及提高机体免疫力的作用,并有延缓衰老的功效。因此,女贞子油是一种值得开发利用营养价值较高的食用植物油,也可用于制造肥皂及润滑油。

江苏常见同属植物:

蜡子树 *L. leucanthum* (S. Moore) P. S. Green 产南京、连云港、丰县。种子可榨油,供制肥皂及机械用油。小叶女贞 *L. quihoui* Carr. 产江苏各地。果含油 15.60%。小蜡 *L. sinense* Lour. 产江苏各地。果含油 10.30%,供制肥皂。

紫苏 *Perilla frutescens* (Linn.) Britt.

【形态特征】 一年生草本。茎高 30~200 cm,绿色或紫色,被长柔毛。叶宽卵形或圆卵形,上面被疏柔毛,下面脉上被贴生柔毛;叶柄,密被长柔毛。轮伞花序 2 花,组成顶生和腋生、偏向一侧、密被长柔毛的假总状花序,每花有 1 苞片;小坚果近球形,灰褐色。花果期 8~12 月。

【地理分布】 江苏各地栽培,也有野生,见于村边或路旁。

全国各地广泛栽培。不丹、印度、中南半岛、印度尼西亚、朝鲜及日本也有。

【油脂】 果含油 40.90%,油中亚麻酸占 62.73 %,亚油酸占 15.43 %,油酸占12.01%。种子中蛋白质含量高达 25%,还含有谷维素、维生素 E、维生素 B_1、甾醇、磷脂等。

菝葜 *Smilax china* Linn.

【形态特征】 攀援灌木,高 1~5 m。根状茎粗厚,坚硬,直径 2~3 cm。茎与枝条通常疏生刺。叶薄革质或纸质,宽卵形或圆形,干后一般红褐色或近古铜色,长 3 ~ 10 cm,宽 1.5 ~ 6 (~10) cm,下面淡绿色,有时具粉霜,伞形花序生于小枝上;花绿黄色,浆果球形,直径 6~15 mm,熟时红色,有粉霜。花期 2~5 月,果期9~11月。

【地理分布】 产江苏各地。生于山坡、路旁、林缘,疏林下、溪边草丛中。

分布于辽宁、山东、浙江、福建、台湾、江西、安徽、河南、湖北、湖南、广东、香港、海南、广西、贵州、云南及四川;缅甸、越南、泰国及菲律宾也有。

【油脂】 种子油含粗脂肪 11.2%,其脂肪酸中含油酸 48.4%,亚油酸 39.1%。

江苏常见同属油脂植物还有:土茯苓 *S. glabra* Roxb. 产镇江、宜兴、溧阳。种子含油 15.10%。

第七章
野生纤维植物

　　植物纤维是广泛分布在种子植物中的一种厚壁组织。它的细胞细长，两端尖锐，具有较厚的次生壁，壁上常有单纹孔，成熟时一般没有活的原生质体。植物纤维在植物体中主要起机械支持作用。植物纤维与人类生活的关系极为密切。根据在植物体中分布位置的不同，大致可分为木质部外纤维与木质部纤维两大类。木质部纤维又称木纤维，大都有木质化的次生壁，细胞形状通常也是两端尖锐，但有各种形状与纹孔上的变化。这类纤维是木材的重要组成分子之一。

　　中国利用植物纤维，特别是苎麻和大麻的历史很早，在新石器时期的土陶器上已有麻布的印纹。《诗经》中已有沤绞（沤制苎麻）的记载："东门之地，可以沤绞"（《陈风》）。植物纤维与人类生活的关系极为密切，除了日常生活必需的纺织用品以外，绳索、包装、编织、纸张、塑料以及炸药等，也都需要植物纤维作原料。

　　纤维都存在于乔灌木的树皮或草本植物的茎叶中，如苎麻、大麻、亚麻和黄麻的草本茎，具特别发达的韧皮纤维束，可用制各种纺织品。山油麻、构树、白背叶、葛藤、南蛇藤、水团花等是纺织原料这些纤维没有或很少木质化，称软纤维。在有些植物的木本茎中，韧度纤维也很发达，它们是制造特种纸张的优良原料，如桑树、构树、青檀等。大菅、多种冬青、老鼠矢、女贞、砖子苗等是造纸原料；叶子纤维主要存在于单子叶植物叶子或叶鞘的叶脉中，细胞壁木质化程度较高，质地坚硬，称为硬纤维。这类纤维拉力大，耐腐力强，主要用制绳索，或作粗纺之用，如剑麻、蕉麻等。鳞子莎、黄蔺、灯心草等是编席、制绳的原料，根中纤维一般较少，但有的植物根内纤维也可利用，如马蔺。此外，有些植物果实的果皮中含有纤维，如椰子，或者生长有特殊用途的纤维毛，如吉贝。种子表面生长表皮毛的突出例子是棉花纤维，其他如木棉、杨柳等种子表面，也都有纤维。

芒萁 *Dicranopteris pedata*（Houtt.）Nakaike

　　【形态特征】　多年生蕨类植物，高 30～60 cm。根状茎横走，细长，褐棕色，被棕色鳞片及根。叶假两歧分叉，在每一交叉处有一个密被绒毛的休眠芽，并有一对叶状苞片，在最后一分叉处有羽片两歧着生；羽片披针形或宽披针形，先端渐尖，深裂，裂片长线形，叶下面白色，与羽轴、裂片轴均被棕色鳞片。孢子囊群着生细脉中段，有孢子囊 6～8 个。

　　【地理分布】　产苏南、宜兴、溧阳。生于强酸性的丘陵荒坡或马尾松林下。

分布于我国浙江、江西、安徽、湖北、湖南、贵州、四川、西藏、福建、台湾、广东、香港、广西、云南等省区;日本、印度、越南等国也有。

【纤维】 叶柄可编织成篮子或其他精巧的手工艺品。

蕨 *Pteridium aquilinum* (Linn.) Kuhn var. *latiusculum* (Desv.) Underw. ex Heller

【形态特征】 多年生蕨类植物,高达 1 m。根状茎粗壮,长而横走,密被棕褐色毛。叶片阔三角形,长 30～60 cm,宽 20～40 cm,三回羽状,羽片 4～6 对,基部一对最大。孢子囊群生小脉顶端的联结脉上,沿叶缘分布成线形,囊群盖两层,外层为由变质的叶缘反折而成的假盖,内层为真盖,质地较薄。

【地理分布】 产江苏各地丘陵山地。生于光照充足偏酸性土壤的林缘或荒坡。

分布于全国各地,世界温带和暖温带地区广布。

【纤维】 纤维可制绳缆,能耐水湿。

马尾松 *Pinus massoniana* Lamb.

【形态特征】 常绿乔木高达 40 m,树干红褐色,呈块状开裂。冬芽褐色。枝条每年生长一轮,无毛。叶线形,2 针一束,质地柔软;叶鞘褐色宿存。雄球花淡红褐色,生新枝下部穗状;雌球花淡紫红色,生新枝近顶端。球果长卵形,有短梗,鳞盾微隆起或平,鳞脐微凹,无刺。种子具翅。花期 4～5 月,果期翌年 10 月。

【地理分布】 栽培长江沿岸(六合、仪征、盱眙)、宜溧山区及太湖丘陵山地。

分布极广,北自河南及山东南部,南至两广、台湾,东自沿海,西至四川中部及贵州,遍布于华中、华南各地。

【纤维】 木材含纤维素 62%,脱脂后为造纸和人造纤维工业的重要原料。

木通 *Akebia quinata* (Houtt.) Decne.

【形态特征】 落叶木质藤本,长达数米,茎灰褐色,有皮孔。叶为掌状复叶,小叶 5 片,椭圆形或倒卵形,先端圆,微凹,全缘。花单性同株;总状花序腋生;雄花生于上部,萼紫红色,雄蕊 6 枚;雌花花被片暗紫色,心皮 3～12 个,离生。蓇葖果椭圆形或长圆形,长约 6 cm,暗紫色,纵裂,露出白瓤。种子黑色,卵形。花期 4～5 月,果期 8～9 月。

【地理分布】 产江苏各地。生于山坡、林缘、荒坡灌丛中。

分布于长江流域及东南、华南各省区;朝鲜半岛、日本也有分布。

【纤维】 蔓茎可用于编制用具,并可代绳。

鹰爪枫 *Holboellia coriacea* Diels

【形态特征】 常绿木质藤本,长 2～5 m。掌状复叶,小叶 3～5 枚,革质,椭圆形,深绿色有光泽。下面粉绿色。花单性,雌雄同株,伞房式总状花序腋生,雄花绿直白或紫色,雌花紫色或白绿色。果实长圆形,熟时紫红色,长 5～9 cm,径 3～4 cm,不开裂。种子我数黑色。花期 4～5 月,果期 6～9 月。

【地理分布】 产宜兴、溧阳。生于山谷、山坡、路旁的杂木林中。

分布于我国安徽、浙江、江西、湖北、湖南、广西东北部、贵州、四川、甘肃、陕西及河南。

【纤维】 藤皮纤维可制工艺品。

大血藤 *Sargentodoxa cuneata* (Oliv.) Rehd. et Wils.

【形态特征】 落叶木质藤本,长达 25 m,直径达 9 cm。小枝略红色。三出复叶,互生,顶生小叶菱状倒卵形。侧生小叶斜卵形,无柄。总状花序腋生,下垂;花单性,雌雄异株,萼片和花瓣均 6 片,花乳黄色;雄花的雄蕊与花瓣对生;雌花心皮多数,离生,螺旋排列。浆果肉质,熟时暗蓝色,有柄,多数着生于球形花托上;种子卵形,黑色,种脐显著。花期 4～6 月,果期 7～9 月。

【地理分布】 产宜兴。生于山坡灌丛、疏林和林缘。

分布于我国重庆、河南、安徽、江西、浙江、湖南、湖北、四川、广西、贵州及云南;老挝及越南北部也有。

【纤维】 茎皮含纤维 39.88%～49.22%,为制绳索、造纸、人造棉的原料。枝条可为藤条代用品,供编制藤椅或其他藤器。

木防己 *Cocculus orbiculatus* (Linn.) DC.

【形态特征】 木质缠绕藤本。小枝密生柔毛。叶形多变,卵形或卵状长圆形,全缘或微波状,有时 3 裂,基部圆或近截形,顶端渐尖、钝或微缺,有小短尖头,两面均有柔毛。聚伞状圆锥花序腋生或顶生;花序轴有毛;花白色或淡黄色。核果近球形,两侧压扁,蓝黑色,有白粉。花期 5～7 月,果期 8～10 月。

【地理分布】 产江苏各地。生于山坡、灌丛、林缘、路边或疏林中。

我国除西北部和西藏外都有分布。

【纤维】 藤可编织。

枫杨 *Pterocarya stenoptera* C. DC.

【形态特征】 落叶乔木,高达 30 m。树皮黑灰色;小枝;髓部薄片状。芽密被锈褐色盾状着的腺体。叶互生,偶数羽状复叶,叶轴有翅;小叶长椭圆形,表面有细小庞状凸起。雄荑黄花序生于前一年的叶痕腋肉,雌荑黄花序顶生。果实长椭圆形,果翅 2,翅长圆形至长圆状披针形。花期 4～5 月,果期 7～8 月。

【地理分布】 产江苏各地。生于溪边、河滩及低湿地。

分布于我国陕西、河南、山东、安徽、浙江、江西、福建、台湾、广东、广西、湖南、湖北、四川、贵州、云南等省区,华北和东北有栽培。

【纤维】 树皮和枝皮可作纤维原料。

白檀 *Symplocos paniculata* (Thunb.) Miq.

【形态特征】 落叶灌木或小乔木,高 4～12 m。小枝灰绿色,幼时密被绒毛。单叶互生,卵状椭圆形或倒卵状圆形;边缘有细锯齿,中脉在表面凹下。花白色,芳香,圆锥花序生于新枝顶端或叶腋,花瓣 5,长圆形,雄蕊约 30 枚,长短不一,花丝基部合生,呈五体雄蕊;花盘有 5 凸起腺点。核果斜卵状球形,成熟时蓝黑色,萼宿存。花期 5 月,果期 10 月。

【地理分布】 产连云港、苏南地区。生于山坡、路边、疏林或密林中。

分布于我国辽宁、河北东北部、山东、河南、安徽、浙江、福建、台湾、湖北、湖南、广东、海南、广西、贵州、云南、西藏、四川、甘肃及陕西等省区;朝鲜、日本及印度等国也有。

【纤维】 茎皮纤维洁白柔软,土名懒汉筋。

旱柳(河柳) *Salix matsudana* Koidz.

【形态特征】 落叶乔木,高达 20 m;树皮灰黑色,纵裂。小枝直立或开展,有微柔毛或无毛。叶互生,披针形至狭披针形,背面有白粉。雌雄异株,柔荑花序,总花梗、花序轴和其附着的叶均有白色绒毛。蒴果 2 瓣裂开;种子细小,基部有白色长毛。花期 4 月,果期 4～5 月。

【地理分布】 产江苏各地。生于平原区。

分布于黑龙江、吉林、辽宁、内蒙古、河北、山西、河南、山东、安徽、浙江、福建、江西、湖北、湖南、广东北部、广西西北部、贵州东北部、云南、四川、陕西、宁夏、甘肃、青海及新疆等省区。

【纤维】 枝条韧皮纤维可代麻用,如制绳等,并可用作造纸原料。作纤维用,夏季采割枝条,趁鲜剥皮或浸泡 1 天后再剥皮;皮晒干后,即可收藏备用。

江苏常见同属纤维植物:

垂柳 *S. babylonica* Linn. 产江苏各地。枝条韧性大,可编制篮、筐、箱等器具;枝皮纤维可造纸。三蕊柳 *S. nipponica* Franch. et Sav. 产南京、宜兴。砍伐后的萌枝条柔软,木质部洁白,适于编织筐、篮等手工艺品,十分美观。紫柳 *S. wilsonii* Seem. 产苏南。枝条供编织。

田麻 *Corchoropsis crenata* Sieb. et Zucc.

【形态特征】 一年生草本,高 40～60 cm;嫩枝与茎上有星状柔毛。叶卵形或狭卵形,两面密生星状柔毛;基出脉 3。花单生叶腋,黄色,有细长梗。蒴果圆筒形,3 片裂,长 1.7～3 cm,有星状柔毛;种子长卵形。花期 8～9 月,果期 10 月。

【地理分布】 产江苏各地。生长于丘陵、低山干燥山坡或多石处。

分布于辽宁、河北、山西、河南、安徽、浙江、福建、江西、湖北、湖南、广东、贵州、四川、陕西及甘肃等省区;朝鲜及日本等国也有。

【纤维】 茎皮纤维代麻,可作绳索和麻袋用。

江苏常见同属纤维植物:

光果田麻 *C. crenata* var. *hupehensis* Pamp. 产邳县、铜山、江浦、南通、常熟、句容、南京。生草坡、田边或多石砾处。茎皮纤维可代麻,作麻袋、绳索等。

扁担杆 *Grewia biloba* G. Don

【形态特征】 落叶灌木或小乔木,高达 5 m;小枝有星状毛。叶窄菱状卵形或窄菱形,边缘密生小齿,上面几无毛,下面疏生星状毛或几无毛,基出脉 3;聚伞花序与叶对生,有多数花,萼片狭披针形,外面密生灰色短毛,内面无毛;花黄绿色;花药白色。核果橙红色,直径 7～12 mm,无毛,2 裂,每裂有 2 小核。花期 6～7 月,果期 8～9 月。

【地理分布】 产江苏各地。生于路边草地、灌丛或疏林中。

分布于我国河北、安徽、台湾、江西、湖南、广东、香港、云南及四川等省区。

【纤维】 茎皮纤维色白、质地软,为野生植物中较好的一种,可作人造棉,宜混纺或单纺;去皮茎杆可作编织用。

辽椴(糠椴) *Tilia mandshurica* Rupr. et Maxim.

【形态特征】 落叶乔木,高达 20m。树皮灰褐色,老时纵浅裂。顶芽、幼枝有黄褐色星状毛。叶近圆形或宽卵形,先端短尖,基部宽心形或近截形,齿端呈芒状,下面密被灰

白色星状毛;叶柄被绒毛。聚伞花序下垂,花具 7～12 朵,花序轴被黄褐色绒毛;苞片长 5～15 cm,中部以下与总花梗合生;花黄白色。核果扁球形或球形,密被黄褐色绒毛。花期 7 月,果期 9 月。

【地理分布】 产连云港等地。生于山间沟谷及山坡杂木林中。

分布于我国黑龙江、吉林、辽宁、内蒙古、河北、河南及山东等省区;朝鲜及俄罗斯西伯利亚南部也有。

【纤维】 枝条韧皮纤维加少量麻类纤维混纺后可以织麻袋及制绳索等。枝条韧皮纤维亦可作造纸原料。树皮全年可取,以春秋季节为宜,但必须结合木材砍伐或修枝同时进行,不能刮剥,以免影响树木成长。

江苏常见同属纤维植物:

糯米椴 *T. henryana* Szyszyl. var. *subglabra* V. Engl. 产南京、江浦、宜兴、句容。生于山坡林中。茎皮纤维柔韧,可制人造棉,也可作火药的导火线。南京椴 *T. miqueliana* Maxim. 产连云港云台山、盱眙、句容宝华山。生于山坡、山沟、林中。枝和树皮纤维可制人造棉,为优良的造纸原料。

梧桐(青桐) *Firmiana simplex* (Linn.) W. F. Wight

【形态特征】 落叶乔木,高达 15 m;树皮青绿色,平滑不裂。叶心形,掌状 3～7 裂。花小,黄绿色。蓇葖果,具柄,果皮薄革质,果实成熟之前心皮先行开裂,裂瓣呈舟形。种子球形,棕黄色。花期 6～7 月,果熟 9～10 月。

【地理分布】 产江苏各地。生于山坡林中。

分布于我国湖北、四川、陕西、山西、山东、安徽、浙江、台湾、福建、江西、湖北、湖南、广东、香港、海南、广西、贵州、四川、云南等省区;日本也有。

【纤维】 树皮纤维洁白,可用以造纸和编绳等。

马松子 *Melochia corchorifolia* Linn.

【形态特征】 亚灌木状草本,高 20～100 cm,枝散生星状柔毛。叶卵形、狭卵形或三角状披针形,基部圆形、截形或浅心形,边缘生小牙齿,下面沿脉疏被短毛;头状花序腋生或顶生,直径达 1 cm;花白色或淡紫色,雄蕊 5,花丝大部合生成管。蒴果圆球形,有 5 棱,密被短毛,室背开裂。种子卵圆形,略成三角状,褐黑色。花期夏秋。

【地理分布】 产苏南、苏中等地区。生于田野、山坡、路旁草丛。

分布于安徽、浙江、福建、台湾、江西、湖北、湖南、广东、香港、海南、广西、贵州、云南、四川及河南等省区;亚洲热带和亚热带其他地区也有。

【纤维】 茎皮富于纤维,可与黄麻混纺以制麻袋。

黄蜀葵 *Abelmoschus manihot*（Linn.）Medicus

【形态特征】 多年生草本,高 1～2 m,疏生长硬毛。叶掌状5～9 深裂;裂片矩圆状披针形,两面有长硬毛。花大,单生叶腋和枝端;小苞片 4～5,卵状披针形,宿存,有长硬毛;花萼佛焰苞状,5裂,果时脱落;花淡黄色,具紫心,直径 12 cm。蒴果卵状椭圆形,长4～5 cm;种子多数,肾形,被柔毛组成的条纹。花期 8～10 月。

【地理分布】 江苏各地栽培。生于山谷草丛中。

分布于我国辽宁、河北、山西南部、陕西、河南、山东、浙江、福建、江西、湖北、湖南、广东、广西、贵州、云南、四川及西藏等省区,野生或栽培;热带非洲、印度也有。

【纤维】 茎皮纤维可代麻。

苘麻 *Abutilon theophrasti* Medicus

【形态特征】 一年生草本,高 1～2 m。茎直立,具柔毛。叶圆心形,两面密生柔毛。花单生叶腋;花萼绿色,花瓣黄色,较萼稍长。蒴果半球形,直径 2 cm,分果片 15～20,有粗毛,顶端有 2长芒。种子肾形,褐色,具微毛。花期 7～8 月,果期 9～10 月。

【地理分布】 产江苏各地。生于路旁、荒地。

分布于吉林、辽宁、河北、山西、河南、山东、安徽、浙江、台湾、福建、江西、湖北、湖南、广东、海南、广西、贵州、云南、四川、陕西、宁夏及新疆等省区;越南、印度、日本、欧洲、北美也有。

【纤维】 茎皮纤维常用于织麻袋、搓绳、编麻鞋等,亦用于造纸。8～9 月时收割最好。收割时,将全株砍下,除去叶、果等,扎成小捆。小捆放入水中浸渍至麻皮易剥时再取出剥麻。

蜀葵 *Alcea rosea* Linn.

【形态特征】 二年生草本,高达 2.5 m,全株被星状毛,茎木质化,直立,不分枝。叶圆钝形或卵状圆形,有时呈 5～7 浅裂,直径 6～15 cm,先端钝圆,基部心形,边缘具圆齿,掌状脉 5～7 条。花大,有红、紫、白、苏及黑紫各色,单瓣或重瓣,单生于叶腋,直径 6～9 cm。果盘状,直径约 3 cm,成熟时每心皮自中轴分离。花期 5～6 月,果期 6～7 月。

【地理分布】 江苏各地栽培。在中国分布很广,华东、华中、华北等区域均有。世界各国均有栽培供观赏用。

【纤维】 茎秆可作编织纤维材料,茎皮纤维可代麻。

木槿 *Hibiscus syriacus* Linn.

【形态特征】 落叶灌木,高 3～4 m;小枝密被黄色星状绒毛。叶菱状卵圆形,先端,常 3 裂,基部楔形,边缘具不整齐齿缺,下面沿叶脉微被毛或近无毛。花单生叶腋;小苞片线形,密被星状毛;花萼钟形,裂片,三角形;花钟形,淡紫色,花瓣倒卵形;雄蕊柱长约 3 cm。蒴果卵圆形,直径约 12 mm,密被黄色星状绒毛;种子肾形,背部被黄白色长柔毛。花期 7～10 月。

【地理分布】 江苏各地栽培。

原产我国中部各地。我国的华东、中南、西南及河北、陕西、台湾等区域和省均有栽培。

【纤维】 茎皮富含纤维,供造纸原料。

糙叶树 *Aphananthe aspera* (Thunb.) Planch.

【形态特征】 落叶乔木,高达 25 m。树皮褐色或灰褐色,有灰色斑纹,纵裂,粗糙。叶卵形或卵状椭圆形,先端渐尖,基部圆形,对称或斜,基出脉 3,有锐锯齿,两面均有糙伏毛,侧脉伸至锯齿先端;花单性,雌雄同株;雄花成伞房花序,生于新枝基部的叶腋;雌花单生新枝上部的叶腋。核果近球形或卵球形,长 8～13 mm,直径 6～9 mm,黑色。花期 5～7 月,果期 8～10 月。

【地理分布】 产江苏各地。生于山坡林中。

分布于我国山东、安徽、浙江、福建、台湾、江西、湖北、湖南、广东、广西、贵州、云南、四川及陕西等省区;朝鲜、日本及越南等国也有。

【纤维】 枝皮纤维供制人造棉、绳索用。

朴树 *Celtis sinensis* Pers.

【形态特征】 落叶乔木,高达 20 m;树皮灰褐色,粗糙而不开裂。叶卵形至卵状椭圆形,基部歪斜,三出脉。核果近球形,直径 4～5 mm,熟时黄色或橙黄色;果柄与叶柄近等长;果核有肋和蜂窝状网纹,单生或两个并生。花期 4 月,果期 10 月。

【地理分布】 产江苏各地。生于路边、山坡或林缘、平原及低山丘陵,农村习见。

分布于我国河北、山东、安徽、浙江、福建、台湾、江西、湖北、湖南、广东、海南、广西、贵州、四川、陕西、甘肃及河南等省区;越南、老挝也有。

【纤维】 茎皮纤维强韧,为造纸和人造棉原料。

　　江苏常见同属纤维植物:紫弹树 *C. biondii* Pamp. 产苏州、宜兴、溧阳、句容、南京、江浦等市县。生于山坡灌丛。枝皮纤维可制人造棉或作造纸原料。

青檀 *Pteroceltis tatarinowii* Maxim.

　　【形态特征】 落叶乔木,高达 20 m;树皮灰或深灰色,不规则片状剥落。叶卵形或椭圆状卵形,边缘有锐锯齿,具三出脉,下面脉腋有簇生毛。花单性,雌雄同株,生于叶腋;雄花簇生,花药先端有毛。翅果近方形或近圆形,翅宽,先端有凹缺,无毛,宽 1~1.5 cm;果柄长 1~2 cm。花期 3~5 月,果期 8~10 月。

　　【地理分布】 产南京、江浦、溧阳、宜兴。多生于石灰岩山地、河滩、溪旁。

　　自东北南部、华北至华南和贵州、四川都有分布。

　　【纤维】 枝皮的韧皮纤维优良,为制宣纸的必需原料。在 11 月至翌年 3 月均可割采枝条。除去旁枝、叶,再分长、短、老、嫩捆成小捆。

山油麻 *Trema cannabina* Lour. var. *dielsiana* (Hand.-Mazz.) C.J.Chen

　　【形态特征】 落叶灌木或小乔木,高 1~5 m;当年枝赤褐色,密被柔毛。叶卵状披针形至长椭圆形,先端渐尖或尾尖,两面均密生短粗毛,具三出脉。聚伞花序常成对腋生;花被 5 裂白色。核果卵圆形或近球形,长约 3 mm,橘红色,无毛。花期 4~5 月,果期 8~9 月。

　　【地理分布】 产溧阳。生于阳坡灌丛中、山坡林中。

　　分布于我国安徽大别山、浙江、江西、福建、湖北、湖南、广东、广西、贵州及四川等省区。

　　【纤维】 韧皮纤维供制麻绳、纺织和造纸用。

榆树 *Ulmus pumila* Linn.

　　【形态特征】 落叶乔木,高达 25 m。树皮暗灰色,粗糙纵裂。单叶互生,卵状椭圆形至椭圆状披针形,缘多重锯齿。花两性,早春先叶开花或花叶同放,聚伞花序簇生。翅果近圆形,顶端有凹缺,黄白色。花期 3~4 月,果期 4~5 月。

　　【地理分布】 产江苏各地。生于山坡、丘陵及平原。

　　分布于我国东北、华北、西北及西南各地,长江下游各地有栽培;朝鲜、俄罗斯及蒙古等国也有。

　　【纤维】 枝皮纤维坚韧,可代麻织麻袋、制绳和造纸。8~9 月或春季采割枝条,当即剥皮。

江苏常见同属纤维植物：

榔榆 *U. parvifolia* Jacq. 产江苏各地。生于平原、丘陵、山坡或谷地。树皮纤维纯细，杂质少，可作蜡纸及人造棉原料，或织麻袋、编绳索。红果榆 *U. szechuanica* Fang 产南京、句容、溧阳等市县。生于平原、低丘或溪边阔叶林中。树皮纤维可制绳索及人造棉。

榉树 *Zelkova schneideriana* Hand.–Mazz.

【形态特征】 落叶乔木，高达 15 m。树皮灰色或红棕色；幼枝有白柔毛。叶厚纸质，长椭圆状卵形或椭圆状披针形，边缘有钝锯齿，表上面粗糙，具脱落性硬毛，核果上部斜歪，直径 2.5～4 mm。花期 3～4 月，果期 10～11 月。

【地理分布】 产江苏各地。生于河谷、溪边或山坡土层较厚疏林中，多散生或混阔叶林中。

分布于安徽、浙江、福建、江西、湖北、湖南、广东、广西、贵州、云南、西藏、四川、河南、陕西及甘肃等省区。

【纤维】 茎皮纤维制人造棉和绳索。

构树 *Broussonetia papyrifera*（Linn.）L'Her ex Vent

【形态特征】 落叶乔木，高达 16 m。树皮浅灰色或灰褐色，不易裂，全株含乳汁。单叶互生，叶卵圆至阔卵形，边缘有粗齿，两面有厚柔毛。椹果球形，熟时橙红色或鲜红色。花期 4～5 月，果期 6～7 月。

【地理分布】 产江苏各地。生于低山丘陵、荒地、田园、沟旁。

分布很广，北自我国的华北、西北地区，南到华南、西南各省区均有，为各地低山、平原习见树种；日本、越南、印度等国亦有分布。

【纤维】 树皮富含纤维，长而柔软，不仅可用于缆绳制作，而且也是造纸的上好材料，中国人以之为材料进行造纸活动(作桑皮纸原料)，由来已久，《齐民要术》就曾记载构树的种植和造纸方法，隋代则已有大量生产。

江苏常见同属纤维植物：

小构树(楮、葡蟠) *B. kazinoki* Sieb. 产苏南及连云港等地区。生于山坡林缘、沟边、住宅近旁。茎皮为优质造纸及人造棉原料。

柘树 *Maclura tricuspidata* Carr.

【形态特征】 落叶灌木或小乔木，高达 8 m；小枝具刺。单叶互生，卵形至倒卵形，全缘，有时 3 裂，两面无毛。头状花序，单一或成对腋生。聚花果近球形，径约 2.5 cm，红色；瘦果有肉质宿存花被包裹。花期 6 月，果期 9～10 月。

【地理分布】 产江苏各地。生于山地阳坡、荒地、路旁或林缘中。

分布于我国山西、河北、山东、安徽、浙江、福建、江西、湖北、湖南、广西、贵州、云南、四川、甘肃、陕西及河南等省区。

【纤维】 茎皮是很好的造纸原料。

珍珠莲 *Ficus sarmentosa* Buch. - Ham. ex J. E. Smith var. *henryi* (King ex Oliv.) Corner

【形态特征】 常绿攀援藤本,长可达 15 m。幼枝密被褐色柔毛,后变无毛。叶卵形或椭圆状卵形,全缘或略带微波状,下面密被褐色柔毛;小脉网结成蜂窝状。榕果成对腋生,圆锥形,无柄。瘦果小。花期 4~5 月,果期 8~10 月。

【地理分布】 产宜兴、溧阳。生于阔叶林下灌丛中、山谷密林或灌丛中。

分布于浙江、福建、台湾、江西、湖北、湖南、广东、广西、贵州、云南、四川、陕西及甘肃等省区。

【纤维】 茎皮纤维可制人造棉或造纸,全藤可扭制绳索。

江苏常见同属纤维植物:

薜荔 *F. pumila* Linn. 产江苏各地。藤蔓柔性好,可用来编织和作造纸原料。爬藤榕 *F. sarmentoea* Buch. - Ham. ex J. E. Sm. var. *impressa* (Champ.) Corner 产苏南各地。茎皮造纸。

桑树 *Morus alba* Linn.

【形态特征】 落叶乔木或灌木状,高达 15 m。树皮褐色或黄褐色;幼枝有毛。叶卵形或宽卵形,边缘有粗锯齿或不规则分裂,花单性,雌雄异株,排列成腋生的穗状花序;雄花序下垂,长 2~3 cm;密被白色柔毛。聚花果卵状椭圆形,长1~2.5 cm,由淡红色变为黑紫色。花期 4 月,果期 5~7 月。

【地理分布】 产江苏各地。生于丘陵、山坡、村旁、田野等处,多为人工栽培。

分布于中国中部,有约四千年的栽培史,栽培范围广泛,东北自哈尔滨以南,西北从内蒙古南部至新疆、青海、甘肃、陕西,南至广东、广西,东至台湾,西至四川、云南;以长江中下游各地栽培最多。

【纤维】 树皮纤维柔细,可作纺织原料、造纸原料。

江苏常见同属纤维植物:

鸡桑 *M. australis* Poir. 产江苏各地。茎皮纤维可造纸或制人造棉。蒙桑 *M.*

mongolica Schneid 产苏北地区。韧皮纤维系高级造纸原料,脱胶后可作纺织原料。

葎草 *Humulus scandens*（Lour.）Merr.

【形态特征】 多年生蔓生草本,茎长 1～5 m,通常群生,茎和叶柄上有细倒钩,叶片近肾状五角形,掌状 5～7 深裂,茎喜缠绕其他植物生长。雌雄异株,雄株 7 月中、下旬开花,花序圆锥状,雌株 8 月上、中旬开花,花序为穗状。花期 7～10 月,果期 8～11 月。

【地理分布】 产江苏各地。生于沟边、路旁荒地。

除新疆、青海、宁夏及内蒙古外,南北各地均产;日本及越南也有。

【纤维】 茎皮纤维可造纸和纺织用。

苎麻（荨麻） *Boehmeria nivea*（Linn.）Gaud. – Beaup.

【形态特征】 亚灌木或小灌木;茎高 1～2 m;小枝上部密被开展长硬毛和粗毛。叶卵形或宽卵形,先端骤尖,基部宽楔形,上面被疏伏毛,下面密被白色毡毛。通常雌雄同株,花序腋生,雌花序通常生上部叶腋,雌花花被片顶端有 2～3 小齿,瘦果小,椭圆形,长约 1 mm,顶端有凸出的宿存柱头,基部缢缩成细柄。花期 8～9 月,果期 10～12 月。

【地理分布】 产江苏各地。生于山谷、山坡、山沟、路旁。

分布于浙江、福建、江西、湖北、湖南、广东、广西、贵州、四川、陕西。

【纤维】 苎麻是中国古代重要的纤维作物之一。茎皮纤维长,柔韧色白,不皱不缩,拉力强,富弹性,耐水湿,耐热力大,富绝缘性,为优良纺织原料,民间历来用于织夏布。麻皮经化学脱胶,并将其单纤维变性处理后,可与细羊毛、涤纶等混纺,织成高级衣料。在国防和橡胶工业上还有特殊的用途。一般每年收割 2～3 次。应选晴天清晨,用刀在近地面约 5 cm 处把茎割下,除去叶片,分别长短捆扎成捆,送回剥制。

江苏常见同属植物:

细野麻 *B. gracilis* C. H. Wright 产连云港云台山。生于丘陵山区灌丛中。茎皮纤维坚韧,可作造纸、绳索、人造棉及纺织原料。悬铃木叶苎麻 *B. tricuspis*（Hance）Makino 产江苏各地。生于山谷、疏林、山坡林边、溪旁潮湿处。茎皮纤维坚韧,光泽如丝,弹力和拉力都很强,可纺纱织布,也可做高级纸张;民间常用茎皮搓绳,编草鞋。

糯米团 *Gonostegia hirta*（Bl.）Miq.

【形态特征】 多年生草本。茎渐升或外倾,长达 1 m 左右,通常分枝,有短柔毛。叶对生,狭卵形、披针形或卵形,基部浅心形,全缘,基生脉3～5条。团伞花序腋生,花淡绿色,簇生于叶腋;瘦果卵形,暗绿色,约具10条细纵肋。花期5～9月。

【地理分布】 产苏南。生于丘陵山地林内、灌丛中或沟边草地。

分布于安徽、浙江、福建、台湾、江西、湖北、湖南、广东、海南、广西、贵州、云南、西藏、四川、陕西及河南等省区;亚洲热带及亚热带地区、澳大利亚也有。

【纤维】 茎皮纤维可制人造棉,供混纺或单纺。茎皮含纤维量64.40%,纤维长10.1～18.9 mm。

紫麻 *Oreocnide frutescens* (Thunb.) Miq.

【形态特征】 落叶小灌木,高1～3m。分枝上部生短伏毛。叶互生,多生于分枝顶部或上部,卵形或狭卵形,下面常密生交织的白色柔毛,钟乳体点状;基生脉3条。花小,簇生于去年生或老枝;瘦果卵圆形,浅盘状肉质花托,成熟时增大呈壳斗状,包围果的大部。花期3～5月,果期6～10月。

【地理分布】 产宜兴。生于山谷、溪边、林下湿地。

分布于安徽、浙江、福建、江西、湖北、湖南、广东、广西、贵州、云南、西藏、四川、甘肃及陕西等省区;中南半岛及日本也有。

【纤维】 茎皮作纤维供纺织。

山麻杆 *Alchornea davidii* Franch.

【形态特征】 落叶灌木,高1～4 m。幼枝密被绒毛。叶互生,宽卵形或圆形,早春嫩叶开放时鲜红色,基部心形,上面绿色,下面带紫色,密被绒毛,基出3脉。花单性,雌雄异株,无花瓣,雄花密生,成短筒状穗状花序,雌花疏生成总状花序,位于雄花序下面。蒴果球形,3裂,花柱宿存,密生柔毛。种子卵状三角形,种皮淡褐色,有小瘤体,花期3～5月,果期6～7月。

【地理分布】 产江苏各地。生于向阳山坡、路旁灌丛。

分布于山东、安徽、浙江、福建、江西、湖北、湖南、广东东北部、广西东北部、贵州、四川东部及中部、云南东北部、陕西南部及河南。

【纤维】 茎皮纤维是造纸、纺人造棉的材料。

一叶萩 *Flueggea suffruticosa* (Pall.) Baill.

【形态特征】 落叶灌木,高1～3 m;小枝浅绿色。单叶互生,椭圆形、长椭圆形,两面无毛,侧脉两面凸起,叶柄短;托叶宿存,花小,单性,雌雄异株,无花瓣,簇生于叶腋;蒴果

三棱状扁球形,直径约 5 mm,红褐色,无毛,3 瓣裂。花期 5～6月,果期 6～9 月。

【地理分布】 产江苏各地。生于山坡灌丛中或山沟、路边。

分布于安徽、福建、广东、广西、贵州、海南、河北、黑龙江、河南、湖北、湖南、江西、吉林、辽宁、内蒙古、山东、山西、四川、台湾、西藏、云南、浙江;蒙古、俄罗斯、日本、朝鲜也有。

【纤维】 茎皮纤维坚韧,可供纺织原料。枝条可编制用具。

杠香藤 *Mallotus repandus* (Willd.) Muell. Arg. var. *chrysocarpus* (Pamp.) S. M. Hwang

【形态特征】 攀缓状灌木或乔木,长可达 13～19 m;不分枝,小枝有星状柔毛。叶三角状卵形,基部圆或截平或稍呈心形,顶端渐尖,全缘,下面密生星状毛。花单性,雌雄异株;雄花序穗状,腋生,花萼 3 裂密被黄色茸毛;雌花序顶生或腋生。蒴果球形,具 3(～2)个分果爿,被锈色茸毛,种子黑色,微有光泽,球形,直径约 3 mm。花期 4～6 月,果期 8～11 月。

【地理分布】 产苏南。生于山地疏林中或林缘。

分布于陕西、河南、安徽、浙江、福建、台湾、江西、湖北、广东、香港、海南、广西、四川、贵州、云南及西藏;东南亚及南亚也有。

【纤维】 茎皮纤维可编绳用。

江苏常见同属纤维植物:

白背叶 *M. apelta* (Lour.) Muell. Arg. 产苏南。茎皮可供编织。野梧桐 *M. japonicus* (Muell. Arg.) S. M. Huang 产句容、江浦。茎皮为纤维原料,织麻袋或供作混纺。野桐 *M. japonicus* Muell. Arg. var. *floccosus* (Muell. Arg.) S. M. Huang 产苏南。茎韧皮纤维可供纺织麻袋或作蜡纸及人造棉原料。

芫花 *Daphne genkwa* Sieb. et Zucc.

【形态特征】 落叶灌木,高 30～100 cm;幼枝密被淡黄色绢状毛,老枝无毛。叶对生或偶为互生,椭圆状矩圆形至卵状披针形。花先叶开放,淡紫色或淡紫红色,3～6 朵成簇腋生;花被筒状,外被绢状毛,核果椭圆形,白色,肉质,包藏于宿存的花萼筒下部,仅 1 颗种子。花期 3～5 月,果期 6～7 月。

【地理分布】 产江苏各地。生于山坡路边、疏林中。

分布于甘肃、陕西、山西、河北、山东、河南、安徽、浙江、福建、台湾、江西、湖北、湖南、贵州及四川。

【纤维】 茎皮纤维柔韧,为高级文化用纸的原料,也可作人造棉原料。

江苏常见同属纤维植物:

毛瑞香 *D. kiusiana* Miq. var. *atrocaulis* (Rehd.) F.

Maekawa 产宜兴。生于林缘或疏林中、潮湿山坡林下。茎皮纤维供造纸和人造棉。

华空木 *Stephanandra chinensis* Hance

【形态特征】 落叶灌木,高达 1.5 m。叶片卵形至长卵形,长 5～7 cm,宽 2～3 cm,边缘浅裂并有重锯齿,圆锥花序顶生,花白色,蓇葖果近球形,直径约 2 mm,有疏柔毛。种子卵圆形。花期 5 月,果期7～8月。

【地理分布】 产江苏各地。生于林缘或灌丛中。

分布于河南、安徽、浙江、福建、江西、湖北、四川、湖南、广东及广西。

【纤维】 茎皮纤维可造纸。

紫穗槐 *Amorpha fruticosa* Linn.

【形态特征】 落叶灌木,高 1～4 m,茎丛生。叶互生,奇数羽状复叶,小叶 11～25,长椭圆形,具油腺点。总状花序密集顶生或近枝端腋生。荚果短镰形,密被瘤状腺点,不开裂。花期 5～6 月,果期 7～8 月。

【地理分布】 江苏各地栽培或逸为野生,抗逆性极强,在荒山坡、道路旁、河岸、盐碱地均可生长。

原产美国东北部和东南部,20 世纪初我国引入栽培。

【纤维】 枝条柔韧细长,干滑均匀,可用于编织,作水利建设及包装用材料,也是造纸工业和人造纤维的原料。

杭子梢 *Campylotropis macrocarpa* (Bunge) Rehd.

【形态特征】 落叶灌木,高达 2.5 m,幼枝近圆柱形,密被绢毛。羽状复叶,3 小叶,椭圆形至长圆形,叶背有淡黄色柔毛。花紫红色,排成腋生密集总状花序,花梗在萼下有关节。荚果长圆形,先端有喙,果荚膜质,表面网纹明显。花期8～9月,果期 9～10月。

【地理分布】 产江苏各地。生于山坡、山沟、林缘、疏林下。

分布于东北、华北、华东、西南、及陕西、甘肃、湖北、四川等地;朝鲜也有。

【纤维】 茎皮纤维可制绳索,枝条可编制筐篓。

葛藤 *Pueraria montana* (Lour.) Merr. var. *lobata* (Willd.) Maesen & S. M. Almeida ex Sanjappa & Predeep

【形态特征】 落叶木质藤本,茎长均 10 m,常铺于地面或缠于它物而向上生长。块

根肥厚，全株被黄色长硬毛。三出复叶，互生。总状花序腋生，长20 cm；花蓝紫色或紫色。荚果长条形，扁平；种子长椭圆形，红褐色。花期9～10月，果期11～12月。

【地理分布】 产江苏各地。生于山地疏林中、山坡、路旁、疏林中。

我国除新疆和西藏以外，几乎各地皆有分布；东南亚至澳大利亚也有。

【纤维】 茎皮纤维供织布和造纸用。古代应用甚广，葛衣、葛巾均为平民服饰，葛纸、葛绳应用亦久，我国自古以来有用野葛茎皮纤维织布(称葛布)之习惯。葛布是用其半脱胶束纤维组成的。茎皮纤维若全脱胶，则单纤维很短，无法用于纺织。原料麻还用于制绳索和造纸。7～8月采收茎皮。较嫩的藤干剥取的茎皮质量较好，称嫩葛麻。

田菁 *Sesbania cannabina*（Retz.）Pers.

【形态特征】 一年生灌木状草本植物。植株高1～3 m，偶数羽状复叶，小叶条状矩圆形，总状花序腋生，花冠淡黄色。荚果圆柱状条形；种子矩圆形，黑褐色。花期9月，果期10月。

【地理分布】 产江苏各地。生于田间、路旁或潮湿地。耐潮湿和盐碱。

主要分布于东半球热带；广东、海南、福建、浙江等省区均见。多生于沿海冲积地带。

【纤维】 茎皮纤维可以搓绳或织麻袋，其质量并不亚于黄麻，可用作麻的代用品。8月间收割茎秆，麻纤维质量较好，拉力强。

苦参 *Sophora flavescens* Ait.

【形态特征】 多年生草本或亚灌木，高1.5～3 m。羽状复叶长20～25 cm；小叶25～29，披针形至椭圆形，先端渐尖，基部圆形，下面密生平贴柔毛。总状花序顶生，长达25 cm；萼钟状，花白色或淡黄白色。荚果长5～8 cm，于种子间微缢缩，呈不显明的串珠状，疏生短柔毛，有种子1～5粒。种子长卵圆形，稍扁，深红褐或紫褐色。花期6～7月，果期7～9月。

【地理分布】 产江苏各地。生于山坡沙地或山坡阴处。

分布于黑龙江、吉林、辽宁、内蒙古、河北、山西、河南、山东、安徽、浙江、福建、台湾、江西、湖北、湖南、贵州、广西、云南、四川、陕西及甘肃；印度、朝鲜、日本及俄罗斯西伯利亚也有。

【纤维】 茎皮纤维可织麻袋等。

槐 *Sophora japonica* Linn.

【形态特征】 落叶乔木,高达20 m。树皮灰黑色。小枝绿色,有明显黄褐色皮孔。奇数羽状复叶,小叶9～15枚对生,椭圆形或卵形,先端尖,基部圆形全广楔形,背面有白粉及柔毛,全缘。圆锥花序顶生,呈金字塔形。花白色成浅黄色。荚果串珠状,肉质,熟后经久不落。种子卵形。花期7～8月,果期8～10月。

【地理分布】 产江苏各地。生于山坡边或宅旁。

原产中国北部,北自辽宁,南至广东、台湾,东自山东,西至甘肃,均有栽植。

【纤维】 韧皮纤维可用于造纸、打绳索。

五角枫 *Acer pictum* Thunb. subsp. *mono*（Maxim.）Ohashi

【形态特征】 落叶乔木,高达20 m。单叶,对生,通常5裂,基部心形或几为心形,裂片宽三角形,主脉5,掌状。伞房花序顶生枝端;花带绿黄色。坚果扁平,卵圆形,果翅长圆形,开展成钝角,翅长约为小坚果的2倍。花期5月,果期9月。

【地理分布】 产江苏各地。生于山坡林中。

分布于黑龙江、吉林、辽宁、内蒙古、山西、河北、河南、山东、江苏、安徽、浙江、江西、湖北、湖南、四川、甘肃及陕西;朝鲜及日本也有。我国槭树属中分布最广的一种。

【纤维】 树皮纤维良好,可作人造棉及造纸的原料。

江苏常见同属纤维植物:

茶条槭 *A. ginnala* Maxim. 产江苏各地。生于向阳山坡、林缘、灌木丛中。茎皮纤维供人造棉和造纸原料。元宝槭 *A. truncatum* Bunge. 产徐州。生于疏林中。树皮纤维可造纸及代用棉。

臭椿 *Ailanthus altissima*（Mill.）Swingle

【形态特征】 落叶乔木,高达20 m。树皮平滑,小枝粗壮。叶为奇数羽状复叶互生,长45～90 cm,小叶13～25,对生或近对生,揉之有臭味,卵状披针形,先端长渐尖,基部斜楔形,全缘,仅在近基部通常有1～2对粗锯齿,齿顶端下面有1腺体。圆锥花序顶生;花白色带绿。翅果扁平,长椭圆形,淡黄绿色或淡红褐色,中间有1种子。花期5～6月,果期9～10月。

【地理分布】 产江苏各地。生于向阳山坡或灌丛。

分布于辽宁、内蒙古、河北、山西、河南、山东、安徽、浙江、福建、台湾、江西、湖北、湖南、广东、广西、贵州、云南、西藏、四川、陕西、甘肃及新疆。世界各地栽培。

【纤维】　纤维长,是优良的造纸原料。

南酸枣 *Choerospondias axillaris*（Roxb.）Burtt et Hill

【形态特征】　落叶乔木,高 8～20 m;树皮灰褐色。小枝暗紫褐色,无毛。奇数羽状复叶互生;小叶 7～15,对生,长 4～10 cm,宽 2～4.5 cm,边全缘。聚伞状圆锥花序腋生,花淡紫红色。核果椭圆形或近卵形,长 2～3 cm,黄色,中果皮肉质浆状,果核先端具 5 小孔。花期 4～5 月,果期 9～11 月。

【地理分布】　苏南城市有栽培。

分布于甘肃、安徽、浙江、福建、江西、湖北、湖南、广东、香港、海南、广西、贵州、云南、四川及西藏;日本、中南半岛北部及印度东北部也有。

【纤维】　茎皮纤维可制绳索。

南蛇藤 *Celastrus orbiculatus* Thunb.

【形态特征】　落叶攀援灌木,长 3～8 m。小枝圆柱形,灰褐色,有皮孔。单叶互生;圆形、宽倒卵形或长椭圆状倒卵形。聚伞花序腋生,有花 5～7 朵,花淡黄绿色。蒴果球形,黄色。种子椭圆状,褐色,假种皮红色,肉质。花期 5～6 月,果期 9～10 月。

【地理分布】　产江苏各地。生于山沟及山坡灌丛中。

分布于黑龙江、吉林、辽宁、内蒙古、甘肃南部、陕西南部、山西南部、河南、河北、山东、安徽、浙江、江西、湖北、四川、湖南;朝鲜及日本也有。

【纤维】　茎皮纤维可作造纸原料,还可作人造棉。茎皮纤维能与羊毛混纺或单纺。4～5 月间采其 1～2 年生的枝条。此时的枝条,皮部纤维较好,剥皮也容易;3 年以上的老枝质量较次,且不易剥皮。

江苏常见同属纤维植物:

苦皮藤 *C. angulatus* Maxim. 产苏南、盱眙。生于山坡林中及灌丛中。树皮纤维可供造纸及人造棉原料。大芽南蛇藤 *C. gemmatus* Loes. 产苏南。生于密林及灌丛中。茎皮纤维作人造绵原料。

胡颓子 *Elaeagnus pungens* Thunb.

【形态特征】　常绿直立灌木,高 3～4 m,具棘刺;小枝密被锈色鳞片。叶厚革质,椭圆形或宽椭圆形,边缘微波状,表面绿色,有光泽,背面银白色,被褐色鳞片。花 1～3 朵叶腋,银白色,下垂,被鳞片。果椭圆形,长 1.2～1.4 cm,幼时被褐色鳞片,熟时红色;果核内面具白色丝状绵毛。花期 9～12 月,果期翌年 4～6 月。

【地理分布】 产苏南。生于山坡疏林下或林缘灌丛中。

分布于浙江、福建、台湾、安徽、江西、湖北、湖南、贵州、广东、广西;日本也有。

【纤维】 茎皮纤维可供造纸和人造纤维板。

江苏常见同属纤维植物:

蔓胡颓子 *E. glabra* Thunb. 产连云港。生于山坡灌丛。茎皮可代麻、造纸、造人造纤维板。

八角枫 *Alangium chinense*（Lour.）Harms

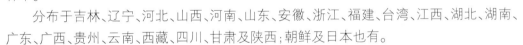

【形态特征】 落叶小乔木或灌木,高 5～7 m;树皮光滑;小枝绿色,呈"之"字形,有短柔毛。叶互生,纸质,近圆形或椭圆形,先端渐尖,基部常不对称宽楔形,仅下面脉腋有柔毛;掌状基出脉常 3～5 条。7～30 花朵组成腋生的聚伞花序,花先白色后变黄白色,芳香,条形。核果卵形,黑色长 9～15 mm,花萼宿存。花期 5～7 月,果期 7～9 月。

【地理分布】 产江阴、江浦、溧阳、无锡。生于向阳山坡或疏林中。

分布于吉林、辽宁、河北、山西、河南、山东、安徽、浙江、福建、台湾、江西、湖北、湖南、广东、广西、贵州、云南、西藏、四川、甘肃及陕西;朝鲜及日本也有。

【纤维】 纤维可作人造棉。

江苏常见同属纤维植物:

瓜木 *A. platanifolium*（Sieb. & Zucc.）Harms 产连云港、南京、江宁、句容、宜兴、南通。生于向阳灌丛中。树皮纤维可编绳索。

海金子（崖花海桐）*Pittosporum illicioides* Makino.

【形态特征】 常绿灌木或乔木,高 1～6 m;小枝近轮生,无毛。叶薄革质,倒卵形至倒披针形,先端渐尖,基部窄楔形,无毛。伞形花序顶生,有 1～12 朵花,无毛;花淡黄白色;花梗下弯。蒴果近圆球形,长约 1.5 cm,裂为 3 爿,果皮薄,果柄纤细,长 2～4 cm,下弯。种子暗红色,长 2～4 mm。花期 4～5 月,果期 7～11 月。

【地理分布】 产宜兴山区。生于山谷或山坡林中。

分布于安徽、福建、广东、广西、贵州、湖北、湖南、江西、四川、台湾、浙江;日本也有。

【纤维】 茎皮纤维可制纸。

宜昌荚蒾（野绣球）*Viburnum erosum* Thunb.

【形态特征】 落叶灌木,高达 3 m;幼枝叶柄和花序,密被星状毛和柔毛。叶卵形至卵状披针形,上面疏生有瘤基的叉毛,下面生星状毡毛,近基部两侧有少数腺体;侧脉直达齿端。复伞形状聚伞花序顶生;花白色。核果卵形,长约 7 mm,红色;核扁,背具 2、腹具 3 浅槽。花期 4～5 月,果期 8～11 月。

【地理分布】 产江苏各地。生于山坡林下或灌丛中。

分布于安徽、福建、广东、广西、贵州、河南、湖北、湖南、江西、陕西、山东、四川、台湾、云南、浙江;日本、朝鲜也有。

【纤维】 茎皮纤维可制绳索及造纸,枝条供编织用。

密蒙花 *Buddleja officinalis* Maxim.

【形态特征】 落叶灌木,高 1～3 m;小枝略呈四棱形,密被灰白色绒毛。叶对生,长圆状披针形至线状披针形,上面被细星状毛,下面密被灰白色至黄色星状茸毛。聚伞圆锥花序顶生,密被灰白色柔毛;花芳香;花淡紫色至白色,筒状,长 1～1.2 cm,筒内面黄色,疏生茸毛,外面密被茸毛。蒴果椭圆形,2 瓣裂。种子多数,窄椭圆形,两端有翅。花期 3～4 月,果期 5～8 月。

【地理分布】 产苏南。生于山坡杂木林地,河边和丘陵常见。

分布于山西、陕西、甘肃、安徽、福建、河南、湖北、湖南、广东、广西、四川、贵州、云南和西藏。

【纤维】 茎皮纤维坚韧,可作造纸原料。

鸡仔木（水冬瓜）*Sinoadina racemosa*（Sieb. et Zucc.）Ridsd.

【形态特征】 半常绿或落叶乔木,高 6～14 m;树皮灰黑色。叶对生,薄革质,卵形或椭圆形。头状花序 10 余合集成聚伞状圆锥花序式,花淡黄色。蒴果倒卵状楔形,长 5 mm,有稀疏的毛。花、果期 5～12 月。

【地理分布】 产南京栖霞山、宜兴。生于山谷沟边及林中、山坡疏林中。

分布于安徽南部、浙江、福建、台湾、江西、湖北、湖南、广西、云南、贵州及四川;日本、泰国及缅甸也有。

【纤维】 树皮纤维可制麻袋、绳索及人造棉等。

细叶水团花 *Adina rubella* Hance

【形态特征】 落叶灌木,高 3~4 m;小枝红褐色,被柔毛。叶对生,卵状披针形或矩圆形,干后边缘外卷,上面近无毛或在中脉上有疏短毛,下面沿脉上被疏毛;叶柄极短或无;托叶 2 深裂,披针形,长约 2 mm,外反。头状花序顶生,通常单个,盛开时直径 1.5~2 cm;花冠裂片紫红色,上部有黑色的点。蒴果卵状楔形,长 4 mm。花期 6~7 月,果期 8~10 月。

【地理分布】 产宜兴长江以南宜溧山区等地。生于溪边、疏林中或旷地上。

分布于河南、安徽、浙江、福建、江西、湖北、湖南、广东、广西、云南西北部、贵州、四川东部及山西南部;朝鲜半岛也有。

【纤维】 茎皮纤维为绳索、麻袋、人造棉和纸张等原料。

鸡矢藤 *Paederia scandens* (Lour.) Merr.

【形态特征】 落叶藤本,通常长 3~5 m,多分枝。藤叶揉搓后有异气味。叶对生,纸质,宽卵形至披针形,顶端急尖至渐尖,基部宽楔形、圆形至浅心形,两面无毛或下面稍被短柔毛;托叶三角形,长 2~3 mm。聚伞花序排成顶生带叶的大型圆锥花序,花浅紫色,外面被粉状柔毛,内面被绒毛。果球形,黄色。花期 5~10 月,果期 7~12 月。

【地理分布】 产江苏各地。生于草坡或灌丛中。

分布于山西、河南、山东、安徽、浙江、福建、台湾、江西、湖北、湖南、广东、香港、海南、广西、云南、贵州、四川、陕西及甘肃;朝鲜、日本、东南亚也有。

【纤维】 茎皮纤维色白而质软,可供造纸、人造棉的原料。

罗布麻 *Apocynum venetum* Linn.

【形态特征】 直立亚灌木,高 1.5~3 m。具乳汁;枝条通常对生,无毛,紫红色或淡红色。叶对生;椭圆状披针形至卵圆状矩圆形,两面无毛,叶缘具细齿。花萼 5 深裂;花冠紫红色或粉红色,圆筒形钟状,两面具颗粒突起。蓇葖果叉生,圆筒形下垂。种子细小,顶端具一簇白色种毛。花期 4~9 月,果期 7~12 月。

【地理分布】 产苏北。生于盐碱沙荒地、海岸、沟旁、河流两岸草丛。

分布于辽宁、内蒙古、河北、山东、安徽、河南、江西、陕西、甘肃、青海及新疆。广布于欧、亚两洲温带地区。

【纤维】 韧皮纤维是优良的纺织原料,但其纤维长度不一致,纺织时落麻率高,成纱率较低。能与棉混纺成 60～120 支高级纱,用作渔网线、皮草线等。每年秋后,叶落茎秆干枯时刻割取茎秆。种毛白色绢质,可作填充物。麻秆剥皮后可作保暖建筑材料。

夹竹桃 *Nerium oleander* Linn.

【形态特征】 常绿大灌木,高达 5 m,无毛。叶 3～4 枚轮生,在枝条下部为对生,窄披针形,全绿,革质,下面浅绿色;侧脉密生而平行。聚伞花序顶生;花冠深红色或白色,芳香;副花冠鳞片状,顶端撕裂。蓇葖果矩圆形,长 10～23 cm。种子顶端具黄褐色种毛。花期 6～10 月,果期 12～翌年 1 月,很少结果。

【地理分布】 江苏各地栽培。常在公园、风景区、道路旁或河旁、湖旁周围栽培。

原产伊朗、印度、尼泊尔。我国各地栽培。

【纤维】 茎皮纤维为优良混纺原料。

络石 *Trachelospermum jasminoides*（Lindl.）Lem.

【形态特征】 常绿木质藤本,长达 10 m,具乳汁;枝条和节上攀援树上或墙壁上不生气根。叶对生,椭圆形或卵状披针形,下面被短柔毛。聚伞花序腋生和顶生;花冠白色,高脚碟状,花冠筒中部膨大,花冠裂片 5 枚,向右覆盖;蓇葖果叉生,无毛;种子顶端具种毛。花期 5～7 月,果期 9～10 月。

【地理分布】 产江苏各地。生于山野、路旁、林缘或杂木林中,常缠绕于树上或攀援于岩石上。

分布于陕西、河南、山西、河北、山东、安徽、浙江、福建、台湾、江西、湖北、湖南、广东、海南、广西、贵州、云南、四川及西藏;日本、朝鲜及越南也有。

【纤维】 茎皮纤维拉力强,可制绳索、造纸及人造棉。

萝藦 *Metaplexis japonica*（Thunb.）Makino

【形态特征】 多年生草质藤本,长达 8 m,具乳汁。叶对生,卵状心形,下面粉绿色;叶柄顶端簇生腺体。聚伞花序腋生,花冠白色,裂片向左覆盖,内面被柔毛;副花冠环状 5 短裂,蓇葖果角状,叉生。种子顶端具种毛。花期 7～8 月,果期 9～12 月。

【地理分布】 产江苏各地。生于林缘、山坡、田野、路边。

分布于黑龙江、吉林、辽宁、内蒙古、河北、河南、山西、陕西、甘肃、新疆、山东、安徽、浙江、江西、湖南、湖北、四川及贵州;朝鲜、日本及俄罗斯也有。

【纤维】 茎皮提取的纤维,品质较好,可制人造棉或与棉等混纺。10月,将采割的藤子放在清水中泡6～7天,剥取茎皮。茎皮要用木棒捶打,并在水中洗净残渣。洗净的茎皮晒干即成原料。

雪柳 *Fontanesia philiraeoides* Labill. subsp. *fortunei* (Carr.) Yalt.

【形态特征】 落叶灌木或小乔木,高可达5 m;树皮灰褐色。小枝四棱形,淡灰黄色,无毛。叶对生,披针形、卵状披针形或狭卵形,先端渐尖,基部楔形,全缘,无毛。圆锥花序顶生;花白色或带淡红色,有香气;花瓣4,卵状披针形,顶端钝,基部合生。翅果宽椭圆形,扁平,长8～9 mm,宽4～5 mm,周围有狭翅。花期4～5月,果期7～8月。

【地理分布】 产苏南。生于水沟、溪边或林中。

分布于吉林、辽宁、陕西、湖北、河南、河北、山东、安徽、浙江及江西。

【纤维】 枝条可编筐,茎皮纤维可制人造棉。

白蜡树 *Fraxinus chinensis* Roxb.

【形态特征】 落叶乔木,高达15 m,树干较光滑;小枝节部和节间扁压状。羽状复叶长15～25 cm,小叶5～7枚,卵形、长圆形至披针形,顶生小叶与侧生小叶近等大或稍大,先端锐尖至渐尖,基部钝圆或楔形,缘有钝齿,仅背脉有短柔毛。花无花瓣;圆锥花序侧生或顶生于当年生枝上,无毛,大而疏松。翅果倒披针形,长3～4 cm,宽4～6 mm,顶端尖、钝或微凹。花期4～5月,果期7～9月。

【地理分布】 产江苏各地。生于山坡林中、河边、路旁。多见栽培。

分布于吉林、辽宁、河北、山西、河南、山东、安徽、浙江、福建、江西、湖北、湖南、广东、香港、广西、贵州、云南、四川、陕西、甘肃及宁夏;越南及朝鲜半岛也有。

【纤维】 植株萌发力强,材理通直,生长迅速,柔软坚韧,供编制各种用具。

黄荆 *Vitex negundo* Linn.

【形态特征】 落叶灌木或小乔木,高达5 m。小枝方形,密生灰白色绒毛。叶对生,掌状复叶,小叶5片,中间小叶最大;小叶片椭圆状卵形至披针形,全缘或有少数浅锯齿。圆锥花序顶生,花淡紫色,2唇形。核果球形,黑褐色,基部有宿萼。花期7～8,果期9～10月。

【地理分布】 产江苏各地。生于山坡路边或灌丛中。

分布于安徽、福建、广东、广西、贵州、海南、河南、湖北、湖南、江西、青海、陕西、四川、

台湾、西藏、云南、浙江。非洲东部经马达加斯加、亚洲东南部、南美玻利维亚也有。

【纤维】 茎皮纤维可造纸及人造棉。

江苏常见同属纤维植物：

荆条 V. *negundo* Linn. var. *heterophylla*（Franch.）Rehd. 产连云港、南京。茎皮纤维可以造纸及人造棉。枝条坚韧，为编筐、篮的良好材料。牡荆 V. *negundo* var. *canabifolia*（Sieb. et Zucc.）Hand.-Mazz. 产江苏各地。茎皮纤维可造纸及人造棉。

马蔺（马莲）*Iris lactea* Pall.

【形态特征】 多年生草本。根状茎短而粗壮；须根棕褐色，长而坚硬；植株基部有红褐色、常裂成细长纤维状的枯死叶鞘残留物。叶基生，多数，坚韧，条形，长达 40 cm，宽达 6 mm，灰绿色，渐尖，具两面突起的平行脉。花葶高 10～30 cm，有花 1～3 朵，蓝紫色。蒴果长椭圆形，长 4～6 cm，具纵肋 6 条，有尖喙；种子近球形，棕褐色，有棱角。花期 5～6月，果期 6～9月。

【地理分布】 产连云港、阜宁、射阳、如东、淮安、清江、东台、句容、镇江，江苏省城镇公园、绿地多有栽培。生于荒地、路边、山野、砂质草地、路旁。

分布于黑龙江、吉林、辽宁、内蒙古、河北、山东、浙江、安徽、湖北、湖南、贵州、四川、西藏、新疆、青海、甘肃、宁夏、陕西、山西及河南；阿富汗、印度北部、哈萨克斯坦、朝鲜、蒙古、巴基斯坦及俄罗斯也有。

【纤维】 叶含强韧的纤维，可供制绳、制作人造棉及张纸；根的木质部坚韧而细长，可用于制作刷子。茎叶含纤维 50%，纤维素 43.39%，水分 14.34%，可溶性无氮物 26.93%；纤维平均长 49.55 mm，宽 59.08 μm，平均单纤维强力 45.10 g。

凤眼莲（水葫芦）*Eichhornia crassipes*（Mart.）Soms.

【形态特征】 多年生浮水草本，高 20～70 cm。须根发达，茎短缩，具匍匐走茎。叶呈莲座状基生，直立，卵形，倒卵形或圆形，光滑，有光泽，叶柄中下部膨大呈葫芦状气囊。花茎单生，穗状花序有花 6～12 朵，蓝紫色。蒴果卵形，种子有棱。花期 6～9月，果期 8～10月。

【地理分布】 产江苏各地。生于水塘、沟渠、湖泊。

原产巴西。现广布于长江、黄河流域及华南各地。

【纤维】 20 世纪 80 年代，印度海得拉巴地区研究所就开始用水葫芦的叶片生产出写字纸、广告纸和卡片纸等。

灯心草 *Juncus effusus* Linn.

【形态特征】　多年生草本；根状茎横走，密生须根。茎簇生，高 40～100 cm，圆柱形，直径 1.5～4 mm，内充满乳白色髓。叶片退化呈刺芒状。花序假侧生，聚伞状，多花，密集或疏散；花被片 6，外轮稍长，边缘膜质；雄蕊 3。蒴果矩圆状，3 室，顶端钝或微凹，长约与花被等长或稍长；种子褐色，长约 0.4 mm。花期 6～7 月，果期 7～10 月。

【地理分布】　产江苏各地。生于河边、池旁、水沟、稻田旁、草地及沼泽湿处。

分布于安徽、福建、甘肃、广东、广西、贵州、河北、黑龙江、河南、湖北、湖南、江西、吉林、辽宁、山东、四川、台湾、西藏、云南、浙江；全世界温暖地区均有分布。

【纤维】　民间将灯心草剥出髓心后的茎皮用于织席、编草鞋、草帽、凉席、坐垫、绳索等。灯心草在工业上可供造纸，还可制人造棉用于混纺。宜在 9～10 月采收。采收的灯心草，作造纸用时，晒干，打捆，备用即可；若作编织用，宜趁鲜剥皮或不剥皮直接使用。

江苏常见同属纤维植物：

星花灯心草 *J. diastrophanthus* Buchen. 产宜兴、盐城。生于水湿处。野灯心草 *J. setchuensis* Buchen. ex Diels 产江苏各地。生于溪沟、路边的浅水处。

三棱水葱(藨草)*Schoenoplectus triqueter*（Linn.）Palla

【形态特征】　多年生草本。根状茎匍匐状，细。秆散生，粗壮，高 20～90 cm，三棱形。基部具 2～3 膜质叶鞘，仅最上部 1 枚的顶端具叶片；叶片条形，扁平，长 1.3～5.5 cm，宽约 2 mm。苞片 1，为秆的延长，三棱形；聚伞花序生于长侧枝，有 1～8 个三棱形辐射枝；每枝有 1～8 个小穗，小穗簇生，卵形或矩圆形，有多数密生的花。小坚果倒卵形，平滑，长 2～3 mm，成熟时褐色。花果期 6～9 月。

【地理分布】　产江苏各地。生于河边、塘边及低洼潮湿处。

除广东、海南岛外，全国各地均有分布；日本、朝鲜、中亚、欧洲及美洲也有分布。

【纤维】　民间常用来织席、编草鞋及搓绳。工业上用作造纸原料，可生产打字纸、胶板纸等高级文化用纸。7～10 月间收割。新鲜茎就可编织和打绳。茎晒干后可供造纸用。

江苏常见同属纤维植物：

萤蔺 (灯心藨草) *S. juncoides* (Roxb.)Palla 产江苏各地。生于水田边、池塘、沟边及沼泽地。全株可造纸或编席。

芦竹 *Arundo donax* Linn.

【形态特征】 多年生高大草本,具粗壮而多节的根状茎。秆粗壮,高2～6 m,可分枝。叶片扁平,长 30～50 cm,宽 2～5 cm。圆锥花序较密,直立,长 30～60 cm。颖果较小,黑色。花期7～9月。

【地理分布】 产江苏各地。生于河岸、溪边、池塘边、湿地。

分布于华东、中南、华南、西南等省区。亚洲、非洲、大洋洲热带地区也有。

【纤维】 秆及叶的纤维长,拉力强,有光泽,是造纸的好原料。亦可用作人造丝浆。一般在秋季末冬季初收割。收割后用捆草机压成捆,在干燥的地方可以长期保存,以供工业造纸用。秆为簧乐原料,并可造纸、人造丝、盖建茅屋等。

野燕麦 *Avena fatua* Linn.

【形态特征】 一年生草本。秆高 30～150 cm。叶片扁平,窄披针形,长 10～30 cm,宽 4～12 mm。圆锥花序开展,长 10～25 cm;花柄弯曲下垂。颖果被淡棕色柔毛,腹面有纵沟,长约 8 mm。花期 4～5 月,果期 5～6 月。

【地理分布】 产江苏各地。生于荒野、路边和田间。

分布于安徽、福建、广东、广西、贵州、河北、黑龙江、河南、湖北、湖南、江西、内蒙古、宁夏、青海、陕西、四川、台湾、新疆、西藏、云南、浙江。欧洲、亚洲、非洲温带地区广布。

【纤维】 秆可作造纸原料。

拂子茅 *Calamagrostis epigeios*（Linn.）Roth

【形态特征】 多年生草本;具长根状茎,秆高 80～140 cm,粗壮。叶片条形,扁平或内卷,长15～27 cm,宽48 mm,较粗糙。圆锥花序劲直,狭而紧密,呈纺锤状,长 20～35 cm。花期 5～6 月,果期 7～8 月。

【地理分布】 产江苏各地。生于潮湿地、河岸、沟渠旁。

几遍布全国,欧亚大陆温带也有。

【纤维】 秸秆是编织和造纸原料。

薏苡 *Coix lachryma - jobi* Linn.

【形态特征】 一年或多年生草本;秆直立,丛生,高 1～1.5 m。叶条状披针形,宽 1.5～3 cm。总状花序成束腋生;雄小穗覆瓦状排列于总状花序上部,自珐琅质呈球形或卵形的总苞中抽出。颖果外包坚硬的总苞,卵形或卵状球形,径约0.5 cm;具圆形种脐和长形胚体。花期7~9月,果期9~10月。

【地理分布】 产江苏各地。生于潮湿沟边、山谷、路边、疏林下、屋旁。

分布于华东、华中、华南、西南、辽宁、河北、山西、陕西;野生和栽培都有。热带和亚热带亚洲、非洲及美洲也有。

【纤维】 茎叶可造纸;坚硬的总苞可制美工用品。

橘草(桔草) *Cymbopogon goeringii* (Steud.) A. Camus

【形态特征】 多年生草本,有香气;秆高直立,丛生,60~120 cm。基部叶鞘破裂后反卷而内面红棕色;叶片条形,宽3~4 mm。花序由成对的总状花序托以佛焰苞状总苞所形成;总状花序带紫色,长1~2 cm。颖果长圆状披针形,胚大型,约为果的一半。花期8~9月,果期9~10月。

【地理分布】 产江苏各地。生于丘陵、山坡草地或林缘。

分布于安徽、福建、贵州、湖北、河北、香港、河南、湖南、江西、山东、台湾、云南、浙江;朝鲜及日本也有。

【纤维】 秆、叶可作造纸原料。

稗 *Echinochloa crusgalli* (Linn.) P. Beauv.

【形态特征】 一年生草本。秆斜升,高50~130 cm。叶片条形,宽5~10 mm。圆锥花序直立或下垂,呈不规则的塔形,分枝可再有小分枝;小穗密集于穗轴的一侧,长约5 mm,有硬疣毛;颖具3~5脉;第一外稃具5~7脉,有长5~30 mm的芒;第二外稃顶端有小尖头并且粗糙,边缘卷抱内稃。花期7~8月,果期8~10月。

【地理分布】 产江苏各地。生于杂草地、耕地旁、沼泽。

几遍全国。全世界温暖地区也有。

【纤维】 茎叶纤维可作造纸原料。

芒 *Miscanthus sinensis* Anderss.

【形态特征】 多年生草本。秆高1~2 m。叶片线形,长20~50 cm,宽6~10 mm,下面被白粉,边缘粗糙。圆锥花序扇形,长5~40 cm,主轴长不超过花序的1/2;总状花序长10~30 cm;穗轴不断落;小穗成对生于各节,一柄长,一柄短,均结实且同形。颖果长圆形,暗紫色。花果期7~12月。

【地理分布】 产苏南。生于山坡、丘陵、荒芜的田野。

分布于浙江、江西、湖南、福建、台湾、广东、海南、广西、四川、

贵州、云南等省区;朝鲜及日本也有。

【纤维】 秆皮可造纸或编草鞋;秆穗作扫帚等用。芒秆在工业上是重要的造纸原料之一。通常在秋季秆叶将黄时,割取地上部分,割下的茎秆晒干,捆成束即可保存。叶鞘含纤维素 80.75%,纤维长度 2～24 mm,宽约 15 μm。茎含纤维素 53.715%。

江苏常见同属纤维植物:

五节芒 *M. floridulus* (Labill.) Warb. ex Schum. et Lauterb. 产江苏各地。秆可作造纸原料。花序轴可以集结成扫帚。

狼尾草(芮草)*Pennisetum alopecuroides* (Linn.) Spreng.

【形态特征】 多年生丛生草本。秆高 30～100 cm,花序以下常密生柔毛。叶片线形,长 10～80 cm,宽 2～6 mm。穗状圆锥花序长 5～20 cm,直立,主轴密生柔毛,分枝密生柔毛;刚毛状小枝常呈紫色,长 1～1.5 cm;小穗通常单生于由多数刚毛状小枝组成的总苞内,并于成熟时与它一起脱落。颖果长圆形,长约 3.5 mm。花期 5～8 月,果期 8～10 月。

【地理分布】 产江苏各地。生于田边、路旁、山坡、林缘。
全国广布。日本、朝鲜、东南亚、大洋洲及非洲也有。

【纤维】 编织或造纸的原料。

芦苇 *Phragmites australis* (Cav.) Trin. ex Steud.

【形态特征】 多年生草本。具粗壮根状茎。秆直立,高 1～3 m,具 20 多节,节下有腊粉。叶线状披针形,长 20～50 cm,排列成两行。圆锥花序长 10～40 cm,稍下垂。小穗有 4 朵小花,外稃基盘具长 6～12 mm 的柔毛。颖果小,长约 1.5mm。夏末秋初抽穗,陆续开花。

【地理分布】 产江苏各地。生于池沼、河旁、湖边或低湿地。
分布于全国各地。世界广布种。

【纤维】 苇秆可作造纸和人造丝、人造棉原料,也供编织席、帘等用;秆为优良的造纸原料,也是编织原料之一。作为造纸原料,在秋末冬初收割茎秆为好。收割后,将茎用捆草机压成捆。较长时间保存时,可垛成大垛,垛底要垫起,以防潮湿。

毛竹 *Phyllostachys edulis* (Carr.) J. Houzeau

【形态特征】 常绿高大乔木状竹类。地下茎为单轴型。竿高 11～13(～26) m,粗 8～11(20) cm,竿环平,箨环突起,节间(不分枝的)为圆筒形,长 30～40 cm,节下生有细毛和蜡粉。秆每节分 2 枝,一粗一细。箨鞘厚革质,背面密生棕紫色小刺毛和斑点;箨叶窄长形,基部向上凹入;叶在每小枝 2～8 片,叶片窄披针形,宽 5～14 mm,次脉 3～5 对,小横脉显著。笋期 4 月,花期 5～8 月。

【地理分布】 产江苏各地。生于山坡。

自秦岭以南均有分布。

【纤维】 传统造纸原料。篾性好,可编制各种用具及工艺品。

江苏常见同属纤维植物:

黄古竹 P. angusta McClure 老山栽培。其编纳的工艺品为我国的传统出口商品,竹竿还可作钓鱼竿等用。桂竹 P. bambusoides S. et Z. 产江苏各地。竿粗大,竹材坚硬,篾性较水竹和淡竹硬脆,可编晒席、篓等。淡竹 P. glauca McClure 产江苏各地。竹材篾性好,可编织各种竹器,也可整材使用,作农具柄、搭棚架等。水竹 P. heteroclada Oliv. 产江苏各地。竹材韧性好,栽培的水竹竹竿粗直,节较平,宜编制各种生活及生产用具。著名的湖南益阳水竹席就是用本种为材料编制而成的;竹材柔韧,是编织睡席的优良材料,也可制家具。美竹 P. mannii Gamble 宜兴、江浦老山林场有栽培。可编织凉席。竹材坚韧,篾性好,经久不裂,为上等的农具用竹和篾用竹,可编织凉席等,作晒竿不发霉。

互花米草 *Spartina alterniflora* Loiseleur

【形态特征】 多年生草本。地下部分通常由短而细的须根和长而粗的地下茎 (根状茎) 组成。根系发达,常密布于地下 30 cm 深的土层内。茎秆坚韧、直立,高可达 1～3 m,直径在 1 cm 以上。茎节具叶鞘,叶腋有腋芽。叶互生,呈长披针形,长可达 90 cm,宽 1.5～2 cm。圆锥花序长 20～45 cm,具10～20 个穗形总状花序,有 16～24 个小穗,小穗侧扁。颖果圆柱形,长 0.8～1.5 cm,8～12 月成熟,胚呈浅绿色或蜡黄色。花果期 7～11 月。

【地理分布】 苏北海滩潮间带的中潮带上广泛生长。

原产北美洲大西洋沿岸的潮间带泥滩,起初被引入世界各地充作保护泥滩用途。1979 年,我国从美国东海岸引入。

【纤维】 可用作造纸、制绳等。

黄背草(营草) *Themeda triandra* Forssk.

【形态特征】 多年生草本;秆直立,丛直,高 0.5～1.5 m。叶鞘包秆,常被疣基硬毛,叶舌具缘毛。叶片线形,长10～50 cm,宽 4～5 mm,下面常被白粉。大型圆锥花序多回复出,长 30～40 cm,总状花序长 15～17 mm,有长 2～3 mm 的总梗,托以长 2.5～3 cm 无毛的佛焰苞状总苞;小穗于每一总状花序有 7 枚;芒长 3～6 cm,1～2 回膝曲。颖果长圆形,胚线形,长为颖果的 1/2。花果期6～12 月。

【地理分布】 产江苏各地。生于山坡、路旁、林缘等荒脊土地。

分布于安徽、福建、贵州、海南、湖北、河北、河南、江西、四川、山东、陕西、台湾、西藏、云南、浙江;日本、朝鲜也有。

【纤维】 纤维可作纸张、纤维板的原料,亦可供做人造棉及人造丝等。秆可供编织草帘。根的韧性大,通常用于制作毛刷等用具。秆含纤维素40.3%,1%氢氧化钠抽出物23.2%,木质素43.5%。

荻 *Miscanthus sacchariflorus* (Maxim.) Hack.

【形态特征】 多年生蓝本,有根状茎。秆直立,高60～200 cm。叶片条形,宽10～12 mm。圆锥花序疏展成伞房状,长20～30 cm;主轴长不足花序的1/2;总状花序长10～20 cm;穗轴不断落,节间与小穗柄都无毛;芒缺或不露出小穗之外。颖果长圆形,长约1.5 mm。花果期8～10月。

【地理分布】 产宝应、洪泽、镇江、金湖、高邮、盐城。生于山坡草地、河岸湿地。

分布于山东、河南、陕西、山西、甘肃、河北及东北;朝鲜、日本及俄罗斯亚洲部分也有。

【纤维】 茎部含有大量纤维,可以编席箔、制浆造纸。"荻浆"是荻茎做成的造纸的材料。也是纤维素类能源草本植物之一。

棕榈 *Trachycarpus fortunei* (Hook.) H. Wendl.

【形态特征】 常绿乔木,高达15 m;树干有残存不易脱落的老叶柄基部网状纤维。叶半圆形,掌状深裂,直径50～70 cm;裂片多数,皱折成线形,长60～80 cm,宽1.5～3 cm,坚硬,顶端浅2裂,钝头,不下垂,有多数纤细的纵脉纹;叶柄细长,顶端有小戟突;叶鞘纤维质,网状,暗棕色,宿存。肉穗花序排成圆锥花序式,腋生,雌雄异株,花小,黄绿色。核果肾状球形,蓝黑色,有白粉。花期4月,果期12月。

【地理分布】 江苏各地栽培,有野生疏林中。
分布于我国秦岭以南、长江中下游地区。

【纤维】 各地广泛栽培,主要剥取其棕皮纤维(叶鞘纤维),作绳索,编蓑衣、棕绷、地毡,制刷子和作沙发的填充料等;嫩叶经漂白可制扇和草帽;叶鞘纤维(棕片)可以编织蓑衣、鱼网、棕箱、棕床、制绳等。棕片加工成棕丝后,是我国的出口物资之一。每年可采割2次棕片,即一般在夏初和夏末各剥一次。每次可剥棕片4～6片。

水烛(蒲草) *Typha angustifolia* Linn.

【形态特征】 多年生水生或沼生草本,高1～1.5 m。根茎横生,粗壮,具多数须根,茎直立,中空,具白色髓。叶扁平,线形,长达1 m左右,花单性,雌雄同株,雄花序在上,

狭圆柱形,雌花序在下,近圆柱形,长 10～30 cm,成熟时直径 12～30 mm,棕褐色或绿褐色。小坚果,长椭圆形,长约 1.5 mm,有褐色斑点。花期 6～7 月,果期 7～8 月。

【地理分布】　产江苏各地。生于湖泊、池塘边缘或河岸浅水处。

分布于黑龙江、吉林、辽宁、内蒙古、河北、山东、安徽、浙江、福建、台湾、广东、海南、广西、云南、贵州、湖北、河南、陕西、甘肃、青海及新疆。印度、尼泊尔、巴基斯坦、日本、俄罗斯、欧洲、美洲及大洋洲也有。

【纤维】　叶片用于编织、造纸等;雌花序可作枕芯和坐垫的填充物,全草是良好的造纸原料。脱胶后的纤维可织麻袋和搓绳编织蒲包、蒲席、编扇等。7～8 月间,用长杆镰刀割取地上茎叶。茎叶晒干后,将叶鞘、叶片切开,分别捆好,上垛备用。秋季摘取雌花序,去穗轴,即成蒲绒。蒲绒晒干后备用。

第八章

野生芳香油植物

植物天然精油(芳香油)是芳香植物的根、茎、枝、干、叶或花经水蒸气蒸馏或有机溶剂萃取后所得的挥发性油状液体。有些精油香气好,可以直接用于调配香精。大多数精油含有一些主要成分,可用物理和化学方法分离、提纯,制成单离香料,也可用以进一步合成价值更高的产品。

香料植物绝大多数都具有挥发性、以萜烯类化合物为主,并带有令人愉快的气味,可用于食品调配、饮料调配以及化妆品工业的基础原料。提纯后可获得高品味的名贵香料,价值十分可观。

精油的深加工,主要是从精油中分离其主要成分,提高其纯度。如从山苍子油中提取柠檬酸,肉桂油中提取肉桂醛,柏木油中提取柏木脑、柏木酮,樟油中提取天然樟脑、芳樟醇,茴油中提取茴脑,等等。

随着我国经济的发展,对天然精油的需求将日益增加。可提取芳香油的野生经济植物有山苍子、天竺桂、香叶树、山姜、吴茱萸、乌药、蜡梅、接骨金粟兰、竹叶椒、石荠苎等126种。其中干物含挥发油达0.05%的有38种,已开发利用的有马尾松、香樟、枫香、山苍子、野香茅、天竺桂、念珠藤、石菖蒲、狭叶山胡椒等。

马尾松 *Pinus massoniana* Lamb.

【形态特征】 常绿乔木,树干红褐色,呈块状开裂。树冠在壮年期呈狭圆锥形,老年期则开张如伞状。枝条无毛。叶线形,2针一束,质地柔软,基部具鞘。球果长卵形,有短梗。鳞盾微隆起或平,鳞脐微凹,无刺。种子具翅。花期4~5月,果期翌年10月。

【地理分布】 栽培长江沿岸(六合、仪征、盱眙)、宜溧山区及太湖丘陵山地。

分布极广,北自河南及山东南部,南至两广、台湾,东自沿海,西至四川中部及贵州,遍布于华中、华南各地。

【芳香油】 松针含有0.2%~0.5%的挥发油,可提取松针油,供作清凉喷雾剂、皂用香精及配制其他合成香料。松节油是合成香料的主要原料,松针油和松果油可用于配制日用、皂用、化妆品香精;松脂(松香)、松节油在医药、化工、国防等方面均有用途。

杉木 *Cunninghamia lanceolata*（Lamb.）Hook.

【形态特征】 常绿乔木,高达 30 m。树皮灰褐色,裂成长条片脱落,内皮淡红色;主干笔直,小枝近对生或轮生。叶螺旋状着生,在侧枝上叶的基部扭转成二列状。叶条状披针形,革质,长 3～6 cm,边缘有锯齿,上下两面均有气孔带。球果近圆球形或卵圆形。种子两侧具窄翅。花期 4 月,球果 10 月下旬成熟。

【地理分布】 产宜兴。生于山地。

我国分布较广的用材树种,广泛栽培于我国长江流域及秦岭以南地区。

【芳香油】 杉木油为杉木的木材所沥出的油脂,不是指种子油,除作为医用以外,还可以作为化工原料来制作香精香料。杉木油中可分离出杉木脑、杉木烯,杉木脑和杉木烯是提炼化工原料甲酮和甲醚的。杉木精油的主要成分是柏木醇,其含量约为 70%,其余为柏木烯、α-蒎烯、榄香烯、α-松油醇、β-石竹烯等,具有强有力的木香-麝香-龙涎香香气,主要用于爽身粉、粉饼、胭脂等脂粉类化妆品和皂类,还可适用于配入幻想型香精中。

刺柏 *Juniperus formosana* Hayata

【形态特征】 常绿乔木或灌木;小枝下垂,常三棱形。叶全为刺形,3 叶轮生,基部有关节,条状披针形,先端渐锐尖,长 1.2～2.5(～3.2) cm,宽 1.2～2 mm,中脉两侧各有 1 条白色气孔带。球果近球形或宽卵圆形,长 6～10 mm,熟时淡红色或淡红褐色,有白粉;种子,半月形,有 3～4 棱脊。花期 3 月,果熟期翌年 11 月。

【地理分布】 产宜兴、溧阳、太湖沿岸丘陵。生于林缘或多石砾山区。

分布于湖南、江西、青海、陕西、四川、台湾、西藏、云南、浙江、安徽、福建、甘肃、贵州、湖北。

【芳香油】 刺柏子油由刺柏的干燥浆果用水蒸气蒸馏所得。为无色、微绿色或黄色液体。具刺柏的特征香气和芳香苦味。主成分为 α-蒎烯、桧烯、β-月桂烯、芋烯,γ-松油烯、石竹烯等。产欧、亚和北美洲。可作日用香精修饰剂,用于男性香型产品。萜精油及馏出液、酊剂常用于酒类。

侧柏 *Platycladus orientalis*（Linn.）Franco

【形态特征】 常绿乔木,高达 20 m。小枝向上伸展,排成一平面,两面同形。叶二型,中央叶倒卵状菱形,背面有腺槽,两侧叶船形,中央叶与两侧叶交互对生。球果阔卵形,蓝绿色被白粉,种鳞 4 对,熟时张开。种子卵形,灰褐色,无翅,有棱脊。花期 3～4

月,球果9~10月成熟。

【地理分布】 江苏栽培历史悠久,各地常见千年大树。

分布于我国甘肃、河北、河南、陕西、山西等省,各地引种栽培;俄罗斯远东地区、朝鲜半岛及越南也有。

【芳香油】 精油的香气清爽,特别是木材精油香气持久宜人,作化妆品和香皂的香原料。也有用于室内喷雾剂、消毒剂和杀虫剂。

榧树 *Torreya grandis* Fort. et Lindl.

【形态特征】 常绿乔木,高达25 m,树干挺直。树皮灰褐色,浅纵裂。叶条形,通直,排成2列,叶基圆,先端有刺状短尖,叶背淡绿色,有2条与中脉等宽的黄白色气孔带。种子核果状,长圆形、卵形或倒卵形,外被肉质假种皮,成熟淡紫褐色。花期4~5月,翌年10月果成熟。

【地理分布】 产苏南。生于山地林中。

分布于浙江、福建、安徽、江西,湖南、贵州等省。

【芳香油】 假种皮可提炼芳香油(香榧壳油),主要成分是柠檬烯(42.998%)、α-蒎烯(28.138%)和β-水芹烯(3.927%)。

玉兰 *Yulania denudata* (Desr.)D. L. Fu

【形态特征】 落叶乔木,高达15 m。冬芽密生灰色长绒毛。叶互生,倒卵形至倒卵状矩圆形,长10~18 cm,宽6~10 cm,顶端短突尖,基部楔形,全缘。花先叶开放,单生枝顶,芳香,呈钟状,花被片9,白色,排列在花托上部。聚合果圆筒形,蓇葖果顶,木质。种子心形,外种皮红色,花期2~3月,果期8~9月。

【地理分布】 江苏各地栽培。

分布于我国安徽、浙江、江西、湖南、湖北、广东、四川、贵州等省。唐代起已栽培,北京及黄河流域以南至西南各地普遍栽植。

【芳香油】 花含芳香油,可提取配制香精或制浸膏,用于调配化妆品香精。

披针叶八角(毒八角)*Illicium lanceolatum* A. C. Smith

【形态特征】 常绿灌木或小乔木,高3~10 m。单叶互生,或聚生于节上,革质,倒披针形或披针形,全缘,无毛。花单生或2~3朵簇生于叶腋;花被片红色或深红色,聚合果,蓇葖10~13,

木质,顶端有长而弯曲的尖头。花期5~6月,果期8~10月。

【地理分布】 产宜兴。生于阴湿狭谷和溪流沿岸。

分布于我国安徽、浙江、江西、福建、湖北、湖南、广东、贵州等省。

【芳香油】 果和叶有强烈香气,可提炼芳香油,为高级香料的原料。

杜衡 *Asarum forbesii* Maxim.

【形态特征】 多年生草本。根状茎的节间短,直立或斜升,下端有多数须根。茎端生1~2叶,宽心形至肾状心形,表面深有白色斑,单花,顶生,直径约1 cm;花被管钟状,顶端3裂,内面暗紫色,格状网眼明显。蒴果肉质,有多数黑褐色种子。花期4~5月。

【地理分布】 产江浦、南京、苏州、宜兴。生于阴湿有腐殖质的林下或草丛。

分布于我国安徽、浙江、江西、湖北、湖南及河南南部等省区。

【芳香油】 根状茎含挥发油,主要成分为丁香油酚、黄樟醚等。本种的挥发油对动物有明显的镇静作用。

蕺菜(鱼腥草) *Houttuynia cordata* Thunb.

【形态特征】 多年生草本,高15~50 cm。有腥臭味。根状茎白色。叶互生,宽卵状心形,下面常带紫色,有细腺点,穗状花序顶生或与叶对生,总苞片4,白色花瓣状,花小密生,无花被,蒴果卵圆形,顶端开裂。种子多数,卵形。花期4~7月,果期6~9月。

【地理分布】 产苏南、扬州等地。生于沟边、溪边或林下湿地上。

分布于我国安徽、福建、甘肃、广东、广西、贵州、海南、河南、湖北、湖南、江西、陕西、四川、台湾、西藏、云南、浙江等省区;亚洲东部和东南部也有。

【芳香油】 含挥发油0.05%,主成分为癸酰乙醛、月桂烯、α-蒎烯、芳樟醇、绿原酸等。

樟(香樟) *Cinnamomum camphora* (Linn.) Presl

【形态特征】 常绿乔木,高达30 m;枝和叶都有樟脑味。叶互生,薄革质,卵形,离基三出脉,脉腋有明显的腺窝。圆锥花序腋生,花小,淡黄绿色;果球形,直径6~8 mm,紫黑色;果托杯状。花期4~5月,果期8~11月。

【地理分布】 苏州、宜兴有野生大树。江苏普遍栽培。

分布于我国长江以南及西南等区域;日本也有。

【芳香油】 樟(干、根、枝叶)精油是一种重要的化学工业原料,根据油的主要成分不同可分别用于医药、香料及其他日用化学工业的原料,也可直接用于调配各类香精。

山胡椒 *Lindera glauca* (Sieb. et Zucc.) Bl.

【形态特征】 落叶灌木或小乔木,高达 8 m。单叶互生,长椭圆形至倒卵状椭圆形,长背面灰白色,密生细柔毛;叶全缘,叶片枯后留存树上,来年新叶发出时始落,黄色,浆果球形,熟时黑色或紫黑色;果柄有毛,长 0.8～1.8 cm。花期 4 月,果期 9～10 月。

【地理分布】 产江苏各地。生于山坡灌木丛、荒山坡。

分布于我国山东、安徽、浙江、福建、广西、贵州、湖北、湖南、四川、甘肃、陕西及河南等省区;中南半岛、朝鲜及日本也有。

【芳香油】 果皮精油可用于配制皂用香精。

江苏常见同属芳香油植物还有:

狭叶山胡椒 *L. angustifolia* Cheng 产苏北连云港。叶可提取芳香油,用于配制化妆品及皂用香精。江浙山胡椒 *L. chienii* Cheng 产宜溧、宁镇山区、盱眙。叶和果实可提取芳香油,供配制香精。红果山胡椒 *L. erythrocarpa* Makino 产宜兴。叶精油可作调配皂用和化妆品香精的原料。三桠乌药 *L. obtusiloba* Bl. 产连云港云台山。果皮和枝叶提取芳香油。精油用于化妆品、皂用香精等。红脉钓樟 *L. rubronervia* Gambl. 产宜溧、宁镇山区。叶及果皮可提取芳香油。

山鸡椒(山苍子) *Litsea cubeba* (Lour.) Pers.

【形态特征】 落叶灌木或小乔木,高 8～10 m,枝叶具芳香味。叶互生,纸质,通常披针形,下面粉绿色。雌雄异株,花冠淡黄色。核果,圆球形,熟时黑色。花期 2～3 月,果期 7～8 月。

【地理分布】 产宜兴、溧阳。生于向阳的丘陵、山地灌丛、疏生林中。

分布于我国安徽、浙江、福建、台湾、江西、湖北、湖南、广东、海南、广西、云南、贵州、四川及西藏等省区;东南亚也有。

【芳香油】 山苍子为中国特有的香料植物资源之一,花、叶和果实均含芳香油,由芳香油提取的柠檬醛,为配制香精的主要原料。

紫楠 *Phoebe sheareri* (Hemsl.) Gamble

【形态特征】 常绿乔木,高达 16 m。幼枝和幼叶密生褐色绒毛。单革质,倒卵状披

针形或倒卵形,下面灰绿色,脉上密被棕色细毛,横脉及细脉密结成网格状。圆锥花序腋生,密被淡棕色绒毛;花两性;花淡绿白色。核果卵圆形,基部为宿存的杯状花被片所包被。花期5～6月,果期9～10月。

【地理分布】 产南京、句容、溧阳、宜兴、苏州。生于沟谷溪边阔叶林中或成小片纯林。

广泛分布于长江流域及其以南和西南各省区;中南半岛也有。

【芳香油】 根、枝、叶含芳香油。

檫木 *Sassafras tzumu* Hemsl.

【形态特征】 落叶乔木,高达35 m。叶卵形或倒卵形,互生,聚集小枝顶端,全缘或1～3浅裂,具羽状脉或离基三出脉。总状花序顶生,先于叶发出;花黄色,芳香。果近球形,蓝黑色而带有白蜡状粉末。花期3～4月,果期8月。

【地理分布】 产宜兴、溧阳。生于向阳山坡、山谷林中。

分布于我国安徽、浙江、福建、江西、湖北、湖南、广东、广西、云南、贵州、四川及陕西等省区。

【芳香油】 果、叶和根尚含芳香油,根含油1% 以上,油主要成分为黄樟油素,可作调香原料。

蜡梅 *Chimonanthus praecox* (Linn.) Link

【形态特征】 落叶灌木,高2～4 m。茎丛出,多分枝,叶对生,卵形或矩圆状披针形,先端渐尖,全缘,上面老时粗糙。花先于叶开放,黄色,富有香气。果托坛状或倒卵状,椭圆形,口部收缩。花期11月至翌年3月,果期4～11月。

【地理分布】 江苏各地栽培。

分布于我国华东及湖北、湖南、四川、贵州、云南等省区;朝鲜、日本及美洲、欧洲也有。

【芳香油】 花可提取蜡梅浸膏0.5%～0.6%;化学成分有苯甲醇、乙酸苯甲醋、芳樟醇、金合欢花醇、松油醇、吲哚等。

丝穗金粟兰 *Chloranthus fortunei* (A. Gray) Solms‐Laub.

【形态特征】 多年生草本,高25～50 cm。根状茎横走,分枝。叶对生,通常4片生于茎上部,宽椭圆形,边缘有锐锯齿,齿尖有一腺体。穗状花序单个顶生,或卵形;花白色,芳香;雄蕊3,中间的1个有两室的花药,侧生的2个各有1个1室的花药,药隔伸长成丝状,白色,直立长1～1.9 cm;子房卵形。核果倒卵形,长2.5～

3 mm。花期 4～5 月,果期 5～7 月。

　　【地理分布】　产连云港。生于林下阴湿处或沟边草丛中。

　　分布于我国辽宁、吉林、河北、山西、陕西、甘肃、四川、湖北等省区;朝鲜、日本也有。

　　【芳香油】　根状茎可提取芳香油。

枫香 *Liquidambar formosana* Hance

　　【形态特征】　落叶乔木,高 40m。树干挺直,树皮灰褐色。叶宽卵形,掌状 3 裂,中央裂片较长,先端尾状渐尖;两侧裂片平展;基部心形;边缘有锯齿,齿尖有腺状突。花单性,雌雄同株,无花被,头状果序球形,直径 2.5～4.5 cm,宿存花柱和萼齿针刺状。花期 3～4 月,果 10 月成熟。

　　【地理分布】　产江苏各地。多生于平地,村落附近及低山次生林中。

　　分布于我国海南、广西、云南、广东、香港、福建、湖北、四川、台湾、河南、陕西、甘肃等省区;老挝、越南北部、朝鲜南部等国和区域也有。

　　【芳香油】　枫香树脂在香料工业上是一种较好的定香剂,并可用于配制烟用和皂用香精。精制的枫香树脂添加于牙膏内,除作香精之外还有止血止痛的作用。

化香树 *Platycarya strobilacea* Sieb. et Zucc.

　　【形态特征】　落叶小乔木,高 4～6 m。奇数羽状复叶互生,长 15～30 cm,小叶 7～23,卵状披针形。花单性,雌雄同株;果序球果状,卵状椭圆形至长椭圆状圆柱形宿存苞片木质;小坚果扁平,有 2 狭翅。花期 5～6 月,果期 7～10 月。

　　【地理分布】　产连云港、江浦、南京、江宁、宜兴、无锡等地。生于向阳山坡。

　　分布于我国长江流域及西南各省区,是低山丘陵常见树种。朝鲜、日本也有。

　　【芳香油】　根部及老木含有芳香油。

满山红 *Rhododendron mariesii* Hemsl. et Wils.

　　【形态特征】　落叶灌木,高 1～2 m。叶纸质,常 3 枚轮生枝顶,卵状披针形或三角状卵形。花通常成双生于枝顶(少有 3 朵),先叶开放;花冠漏斗状,淡紫红色,上部裂片有红紫色斑点。蒴果圆柱形,被密毛,果梗直立。花期 2～3 月,果期8～10月。

　　【地理分布】　产江苏各地。生于山地灌丛中。

　　分布我国于河北、河南、安徽、浙江、福建、台湾、江西、湖北、湖南、广东、香港、广西、贵州、云南、四川及陕西等省区。

　　【芳香油】　叶、花可入药或提取芳香油。内有大牻牛儿酮,桧脑,薄荷醇,α-、β-及γ-桉叶醇和4-苯基-2-丁酮

毛瑞香 *Daphne kiusiana* Miq. var. *atrocaulis* (Rehd.) F. Mackawa

　　【形态特征】　常绿灌木,高0.5～1 m;枝条深紫色或紫褐色,无毛。叶椭圆形至倒披针形。花白色,有芳香,常5～13朵组成顶生头状花序,无总花梗。核果卵状椭圆状,红色。花期11月至翌年2月,果期4～5月。

　　【地理分布】　产宜兴。生于林缘或疏林中、潮湿山坡林下。

　　分布于我国浙江、安徽、福建、台湾、江西、湖北、湖南、广东、广西、贵州及四川等省区。

　　【芳香油】　花可提取芳香油。

木香花 *Rosa banksiae* Aiton

　　【形态特征】　攀援灌木,高达6 m;小枝疏生皮刺,少数无刺。羽状复叶;小叶3～5,长圆状卵形或矩圆状披针形。托叶条形,边缘具有腺齿,与叶柄离生,早落。花多朵成;花白或黄色,单瓣或重瓣,芳香。蔷薇果小,近球形,直径3～4 mm,红色。花期4～5月。

　　【地理分布】　江苏各地栽培。生于溪边、河谷、林缘的湿润灌木丛中,喜攀附岩石、灌丛和枯树干上。

　　在河北、山东、山西、陕西、甘肃、青海、湖北、江西、四川、云南、福建等省区普遍栽培。

　　【芳香油】　花含芳香油,可供配制香精化妆品用。

软条七蔷薇 *Rosa henryi* Boulenger

　　【形态特征】　落叶匍匐灌木,高3～5 m;小枝具钩状皮刺,带紫色,花枝无刺。羽状复叶;小叶3～5,椭圆形或椭圆状卵形,托叶窄,大部分附着于叶柄。伞形的伞房花序,多花白色,芳香;反折。蔷薇果球形,直径8～10 mm,暗红色。花期4～5月,果期8～10月。

　　【地理分布】　产宜兴。生于山谷、山坡林下、灌丛。

　　分布于我国河南、安徽、浙江、福建、江西、湖北、湖南、广东、广

西、贵州、云南、四川、陕西南部及甘肃南部等省区。

【芳香油】 花瓣中可提取芳香油。

江苏常见同属芳香油植物：

野蔷薇 *R. multiflora* Thunb. 产江苏各地。粉团蔷薇 *R. multiflora* Thunb. var. *cathayensis* Rehd. et Wils. 产江苏各地。鲜花含芳香油，可供饮用及用于化妆。

槐树 *Sophora japonica* Linn.

【形态特征】 落叶乔木，高达 20 m。小枝绿色，光滑，有明显黄褐色皮孔。奇数羽状复叶，小叶对生，9～15 枚，椭圆形或卵形，背面有白粉及柔毛，全缘。圆锥花序，花浅黄色，芳香。荚果肉质，串珠状，熟后经久不落。花期 7～8 月，果期 8～10 月。

【地理分布】 产江苏各地。生于山坡边或宅旁。

原产中国北部，各地广泛栽植。

【芳香油】 花含有芳香油，鲜花浸膏可用作调合花香型香精用。

臭节草 *Boenninghausenia albiflora* (Hook.)Reichb. ex Meiss.

【形态特征】 有强烈气味的多年生宿根草本，高 50～80 cm。基部常为木质，嫩枝的髓部很大，常中空。二回至三回羽状复叶，互生小叶薄纸质或膜质，倒卵形或椭圆形，下面灰绿色，有透明油腺点。花白色；有透明腺点。蒴果，由顶端沿腹缝线开裂；种子肾形，黑褐色，表面有瘤状凸起。花果期 7～11 月。

【地理分布】 产苏南。生于山坡石灰岩山地、阴湿林缘或灌丛中。

分布于我国安徽、浙江、福建、台湾、江西、湖北、湖南、广东、广西、贵州、云南、西藏、四川及陕西等省区；南亚和东南亚也有。

【芳香油】 茎、叶含精油，主含：β-myroene、α-phellandrene、β-caryophyllene、cadinene、caryophyllene osides。

白鲜 *Dictamnus dasycarpus* Turcz.

【形态特征】 多年生宿根草本，高可达 1 m，全株有强烈香气，基部木质；茎、叶、花序密被白色的长毛并着生水泡状的油腺点。奇数羽状复叶；小叶 9～13，椭圆形至长圆状披针形,花大型,白色或淡紫色;蒴果 5 室,裂瓣顶端呈锐尖的喙,密被棕黑色腺点及白色柔毛。花期 5 月,果期 8~9 月。

【地理分布】 产江苏各地。生于低山、山坡林缘、灌木丛内。

分布于我国黑龙江、吉林、辽宁、内蒙古、河北、山西、河南、山东、江西、安徽、湖北、四川、陕西、甘肃、宁夏、青海及新疆等省区;朝鲜、蒙古、俄罗斯远东地区也有。

【芳香油】 叶、根可提制芳香油。叶含芳香油 0.5%。有 δ-limonene、δι-limonene、estragole,含油量约 0.5%。根含生物碱 choline、dictamnine、skimmianine、trigonelline;又含 limonoids: obacunone、frax-inellone、dictamnolactone、dictamnolide;香豆素: psoralen、xanthotoxin 及谷甾醇 sitosterol。

吴茱萸 *Tetradium ruticarpum*（A. Juss.）Hartley

【形态特征】 落叶灌木或小乔木,高 3~10 m;小枝紫褐色。奇数羽状复叶,对生;小叶 5~9,椭圆形至卵形,全缘或有不明显的钝锯齿,下面密被长柔毛,有粗大油腺点。聚伞状圆锥花序顶生,花白色。蓇葖果紫红色,有粗大油腺点,顶端无喙,有 1 种子;种子卵状球形,黑色,有光泽。花期 4~6 月,果期 8~11 月。

【地理分布】 产苏南。生于平原、疏林及林缘旷地。古老的传统中药植物,也有栽培。

分布于我国河南、安徽、浙江、福建、台湾、江西、湖北、湖南、广东、广西、贵州、云南、四川、陕西及甘肃等省区;印度、不丹、尼泊尔、缅甸等国也有。

【芳香油】 全株含挥发油,主要是吴萸烯,是植株各部有特殊腥臭气味的主要成分,其次是吴萸内酯、罗勒烯等。

江苏常见同属芳香油植物:

臭檀吴萸(臭檀)*T. daniellii*(Benn.) T. G. Hartley 产连云港云台山。枝叶含芳香油。

野花椒 *Zanthoxylum simulans* Hance

【形态特征】 落叶灌木或小乔木,高 1~2 m,枝通常有皮刺及白色皮孔。奇数羽状复叶,互生,小叶通常 5~9,对生,卵圆形,卵状长圆形或菱状宽卵形,两面均有透明油腺点,上面密生短刺刚毛。蓇葖果,红色至紫红色,基部有伸长的子房柄,外面有粗大、半透明的油腺点。种子近球形,黑色。花期 3~5 月,果期 7~9 月。

【地理分布】 产江苏各地。生于平地、低山、山坡林缘、灌丛。

分布于我国陕西、河北、河南、山东、安徽、浙江、福建、台湾、江西、广东、湖南、湖北及贵州等省区。

【芳香油】 果皮及叶含挥发油:phellandrene、zanthoxylene、citronellol、geraniol,果皮含油约4%,叶的含量较少。

江苏常见同属植物:

竹叶花椒 Z. armatum DC.产江苏各地。生于低山丘陵地带、山地林缘及灌丛中,石灰岩山地常见。果实、枝叶均可提取芳香油。青花椒(崖椒) Z. schinifolium Sieb. et Zucc.产江苏各地。生于山坡林边、灌丛。叶和果皮含精油:geraniol、citral、anisaldehyde.

楝树(苦楝) *Melia azedarach* Linn.

【形态特征】 落叶乔木,高15~20 m,幼枝绿色,有星状毛,皮孔多而明显;老枝紫褐色,二或三回奇数羽状复叶,小叶卵形或卵状披针形,边缘有粗钝锯齿。花淡紫色,核果近球形,成熟后橙黄色。花期4~5月,果期10~11月。

【地理分布】 产江苏各地。生于旷野、向阳旷地。

我国华北南部至华南,西至甘肃、四川、云南均有分布;南亚、东南亚及太平洋岛屿也有。

【芳香油】 花可蒸芳香油。

黄连木 *Pistacia chinensis* Bunge

【形态特征】 落叶乔木,高达25 m。偶数羽状复叶互生,小叶10~14枚,披针形、卵状披针形,全缘,先端渐尖,基部歪斜。雌雄异株。先花后叶,花小无瓣,雄花淡绿色,雌花紫红色,核果扁球形,紫蓝色或红色。花期3~4月,果期9~11月。

【地理分布】 产江苏各地。生于低山丘陵及平原。

我国黄河流域以南均有分布;菲律宾也有。

【芳香油】 鲜叶和枝可提取芳香油。

蛇床 *Cnidium monnieri* (Linn.) Cuss.

【形态特征】 一年生草本,高30~80 cm;茎有分枝,疏生细柔毛。基生叶矩圆形或卵形,长5~10 cm,二至三回三出式羽状分裂,最终裂片狭条形或条状披针形,伞幅10~30,不等长;花白色。双悬果宽椭圆形,长2.5~3 mm,宽1.5~2 mm,背部略扁平棱,果棱成翅状。花期4~7月,果期6~10月。

【地理分布】 产江苏各地。生于田野、路旁、沟边及河边湿地。

分布于我国黑龙江、吉林、辽宁、内蒙古、河北、山西、山东、河南、安徽、浙江、福建、台湾、江西、湖北、湖南、广东、海南、广西、贵州、云南、四川、甘肃及陕西等省区;俄罗斯、朝鲜、越南、北美及欧洲等国和地区也有。

【芳香油】 果实可提制芳香油,可配置香水、香精等。果实含精油1%~1.3%,主要成分为异龙脑、异缬草酸酯等。

变豆菜(山芹菜) *Sanicula chinensis* Bunge

【形态特征】 多年生草本,高30~100 cm,无毛;茎直立,上部多次二歧分枝。基生叶近圆形、圆肾形或圆心形,常3全裂,茎生叶3深裂。伞形花序有花6~10,花瓣白色或绿白色,先端内凹。双悬果球状圆卵形,长4~5 mm,密生顶端具钩的直立皮刺。花果期4~10月。

【地理分布】 产江苏各地。生于山坡林下、林缘。

分布于我国吉林、辽宁、内蒙古、河北、山东、安徽、浙江、福建、江西、湖北、湖南、广西、贵州、云南、四川、甘肃、陕西、山西及河南等省区;日本、朝鲜及俄罗斯西伯利亚等国和地区也有。

【芳香油】 果实可提制芳香油,具强烈的芳香气。

海桐 *Pittosporum tobira* (Thunb.) Ait.

【形态特征】 常绿灌木,高2~6 m;枝条近轮生。叶聚生枝端,狭倒卵形,顶端圆形或微凹,边缘全缘。花有香气,白色或带淡黄绿色。蒴果近球形,长约1.5 cm,裂为3片,果皮木质,厚约2 mm。种子长3~7 mm,暗红色。花期5月,果期10月。

【地理分布】 产宜溧山区。生于山坡林中。常见庭园栽培。

分布于我国福建、广东、广西、贵州、海南、湖北、四川、台湾、云南、浙江等省区;朝鲜、日本也有。长江流域及以南地区庭园都有栽培。

【芳香油】 精油用于香精的调和。

忍冬(金银花) *Lonicera japonica* Thunb.

【形态特征】 常绿攀援灌木;幼枝暗褐色,密生柔毛和腺毛。叶宽披针形至卵状椭圆形,顶端短渐尖至钝,基部圆形至近心形,幼时两面有毛,后上面无毛。花成对生于小枝上部叶腋;先白色略带紫色后转黄色,芳香。浆果球形,蓝黑色。花期4~6月,果期7~10月。

【地理分布】 产江苏各地。生于山坡、路旁、山坡灌丛或疏林中。

分布于我国安徽、江苏、福建、甘肃、广东、广西、贵州、河北、河南、湖北、湖南、吉林、辽宁、江西、山西、山东、陕西、四川、台湾、云南、浙江等省区;日本及朝鲜半岛也有。

【芳香油】 挥发油主要为双花醇、芳樟醇,并含木犀草素、绿原酸、异绿原酸、黄酮类物质、忍冬苷、恂氯原酸、番木鳖苷(loganin)、肌醇。

江苏常见同属植物:

金银木(金银忍冬)*L. maackii* (Rupr.) Maxim. 产江苏各地。生于山地林中、林缘。花可提取芳香油。

窄叶败酱 *Patrinia heterophylla* Bunge

【形态特征】 多年生草本,高 30~60 cm。基叶丛生,长3~8 cm,常 2~3 对羽状深裂,花先白色后变黄色,顶生及腋生密花聚伞花序。瘦果长方形或倒卵形,顶端平;苞片矩圆形至宽椭圆形,长达 12 mm。花期 7~9 月,果期 8~10 月。

【地理分布】 产苏南。生于山坡、草丛、路旁。

分布于我国安徽、甘肃、广西、河北、河南、湖北、湖南、吉林、江西、辽宁、内蒙古、宁夏、陕西、山东、山西、四川、浙江、青海、云南等省区。

【芳香油】 根含挥发油 0.63%,主成分为异戊酸(isovalericacid),还含倍半萜烯类,倍半萜醇类和醛、酮、醇等含氧化合物及单萜烯类。可作香料,供工业用。

江苏常见同属植物:

败酱(黄花败酱)*P. scabiosaefolia* Fisch. ex Link 产江苏省各地。生于山坡草丛。根、根茎含挥发油(约 8%)。

缬草 *Valeriana officinalis* Linn.

【形态特征】 多年生草本,高 100~150 cm。茎直立,具纺锤状根茎或多数细长须根。基生叶丛出,长卵形,为奇数羽状复叶或不规则深裂,小叶片 9~15,茎生叶对生,无柄抱茎,花小,淡紫红或白色,筒状。瘦果卵形,长约 4 mm,基部近平截,顶端宿萼多条,羽毛状。花期 5~7 月,果期 6~10 月。

【地理分布】 产句容。生于山坡、草地、林下或沟边。

分布于我国西藏、江苏、安徽、浙江、江西、北京、青海、重庆、甘肃、贵州、河北、河南、湖北、湖南、山西、陕西、山东、四川、台湾等省区;欧洲和亚洲西部也有。

【芳香油】 缬草精油主要用于调配烟、酒、食品、化妆品、香水香精。缬草的主要成分是一种颜色从黄绿色到黄棕色的精油,这种精油存在于干燥的根中,含量从 0.5%到 2%不等,不过平均产量很少超过 0.8%。这种含量变化的原因是由于缬草所处自然区位的不同:在干燥、石质的土壤中,缬草根中所含的精油比在湿润、肥沃的土壤中更丰富。

黄花蒿 *Artemisia annua* Linn.

【形态特征】　一年生草本,高 50～150 cm。全株有较强挥发
油气味。茎多分枝,无毛。基部及下部叶在花期枯萎,中部叶卵
形,三回羽状深裂,裂片及小裂片矩圆形或倒卵形;上部叶小,常
一回羽状细裂。头状花序极多数,球形,总苞片 2～3 层,全为管
状花,黄色,瘦果椭圆形。花期 8～10 月,果期 10～11 月。

【地理分布】　产江苏各地。生于荒地、山坡林缘及荒地。

除海南外,各省区均有分布。广布于欧洲、亚洲温带、寒温带
及亚热带地区、地中海地区、非洲北部、亚洲南部及西南部、北美。

【芳香油】　精油可用于调配香精和药用。风干植物经水汽蒸馏,得带微绿有佳香的
精油 0.18%。精油含率以开花期为最高,新鲜植物比久藏植物含率高。精油成分中含酮
类物质 44.97%,其中主要为蛔蒿酮(Artemi-siaketone)21%,ι-樟脑 13%,1,8-桉叶素
(Cineole)13%,乙酸蛔蒿醇酮(Acetic ester of ι-β-Artemisiaalcohol)4%,蒎烯 1%等。

艾蒿(艾) *Artemisia argyi* Levl. et Vant.

【形态特征】　多年生草本,高 50～120 cm;茎有白色绒毛,
上部分枝。叶片 3～5 深裂或羽状深裂,边缘有不规则锯齿,表
面有白色小腺点,背面密生白色毡毛;上部叶渐小,3 裂或全缘。
头状花序排列成复总状,总苞片边缘膜质;花带红色,外层雌性,
内层两性。瘦果。花果期 7～10 月。

【地理分布】　产江苏各地。生于路边、荒野、林缘。

东北、华北、华东、华南、西南以及陕西及甘肃等区域和省均
有分布;蒙古、朝鲜半岛、日本及俄罗斯远东地区也有。

【芳香油】　精油可调制草药型香精。

茵陈蒿(茵陈) *Artemisia capillaris* Thunb.

【形态特征】　多年生草本或半灌木状,高 50～100 cm。全株
有浓烈的香气。当年枝顶端有叶丛。叶一至三回羽状深裂,下部裂
片较宽短,常被短绢毛;中部叶裂片细长;上部叶羽状分裂,3 裂或
不裂,近无毛。头状花序极多数,在枝端排列成复总状,总苞球形。
花黄色,管状。瘦果矩圆形,长约 0.8 mm,无毛。花期 9～10 月,果
期 10～12 月。

【地理分布】　产江苏各地。生于河岸、海边、河边沙地、山坡、
路边潮湿处。

全国各地均有分布;朝鲜半岛、日本、菲律宾、越南、柬埔寨、马
来西亚、印度尼西亚及俄罗斯远东地区等国和地区也有。

【芳香油】 精油是配制各种清凉剂、喷雾香水和皂用香精原料。挥发油主要成分为α-蒎烯、茵陈二炔酮(capillin)、茵陈烯炔(capillene)、茵陈醇(capillanol)、茵陈色原酮(capillarisin)、绿原酸等。

江苏常见同属植物:

牡蒿 A. japonica Thunb. 产江苏各地。生于林缘、林中空地、疏林下、旷野、灌丛、丘陵、山坡、路旁。地上部分含挥发油,其成分为月桂烯(myrcene)、对-聚伞花素(p-cymene)、柠檬烯(limonene)、紫苏烯(perillene)、α-蒎烯(α-pinene)、β-蒎烯(β-pinene)、α-松油醇(α-ter-pineol)、乙酸龙脑酯(bornylacetate)、樟烯(camphene)、草蒲烯(calamenene)等。矮蒿 A. lancea Vaniot 产江苏各地。含挥发油,成分为乙酸乙酯、莰烯、艾醇A (yomogi alcohol A)等。蒙古蒿 A. mongolica(Fisch. ex Bess.)Nakai 产江苏各地。可提取芳香油,供化工工业用。鲜叶和嫩枝含挥发油,成分有2-甲基丁烯-[2](2-methyl-2-butene)、甲叉环戊烷(methylene cyclopentane)、α-侧柏烯(α-thujene)、α-蒎烯、莰烯等成分。魁蒿(五月艾)A. princeps Pamp. 产江苏各地。含挥发油,香味浓烈而特异,主要成分为侧柏酮(30%～45%)、侧柏醇(14%)、乙酸侧柏酯、蒲品烯醇-4 (terpinenol-4)与α-萜品烯醇(α-terpineol)。白莲蒿 A. gmelinii Webex ex Stechman 产苏南。挥发油得量较高,叶及嫩叶得油率0.3 ml/100 g。油中主要成分为1,8-桉叶素、樟脑、龙脑和蒿酮。

苍术(茅苍术、南苍术)Atractylodes lancea (Thunb.) DC.

【形态特征】 多年生草本,高30～50 cm。根状茎长块状。叶卵状披针形至椭圆形,下部叶常3裂,裂片顶端尖,顶端裂片极大,卵形,两侧的较小,基部楔形,无柄或有柄。头状花序顶生,叶状苞片1列,羽状深裂,裂片刺状;花冠筒状,白色或稍带红色,顶端5裂,瘦果倒卵圆形,密被白色长柔毛;冠毛长约8 mm,羽状。花期8～10月,果期9～12月。

【地理分布】 产苏南及连云港等地。生于山坡灌丛、草丛中。

分布于我国黑龙江、吉林、辽宁、内蒙古、河北、山西、河南、山东、安徽、浙江、江西、湖北、湖南、四川、甘肃及陕西等省区;俄罗斯远东地区、朝鲜半岛及日本也有。

【芳香油】 根含芳香油,可提制苍术硬脂,经处理后可配置晚香玉、紫丁香、葵花等类型的香精,也可作保香剂。根茎含挥发油3.25%～6.92%,内含2-莰烯、β-橄榄烯、花柏烯、丁香烯、榄香烯、荜草烯、芹子烯、广藿香烯、1,9-马兜铃二烯、愈创口醇、榄香醇、苍术酮(atractylone)、芹子二烯酮、苍术呋喃烃(atractylodin)、茅术醇(hinesol)、β-桉叶醇等。

天名精(鹤虱)Carpesium abrotanoides Linn.

【形态特征】 多年生草本,高50～100 cm。叶互生;下部叶片宽椭圆形或长圆形,头状花序腋生,有短梗或近无梗,总苞钟状球形,总苞片3层,花筒状,黄色。瘦果长约3.5 mm,有纵沟多条,顶端有短喙。花期6~8月,果期9~10月。

【地理分布】 产江苏各地。生于林下、林缘、村旁、路边。

分布于我国华东、华南、华中、西南各省区及河北、陕西等地;朝鲜半岛、日本、越南、缅甸、锡金、伊朗及俄罗斯高加索等国和地区也有。

【芳香油】 果实含挥发油0.25%~0.65%,油中含天名精酮(carabrone)、天名精内酯(carpesialactone)、正己酸(*n*-caproic acid)等成分。

江苏常见同属植物:

烟管头草(挖耳草)*C. cernuum* Linn. 产江苏各地。生于路边荒地、山坡、沟边。可提芳香油,作调制香精原料。

野菊 *Chrysanthemum indicum* Linn.

【形态特征】 多年生草本,高25~100 cm。茎生叶卵形或长圆状卵形,羽状深裂,顶裂片大,全部叶上面有腺体及疏柔毛,下面毛较多密,头状花序在枝顶排成伞房状圆锥花序;舌状花黄色。瘦果有5条极细几不明显的纵肋,无冠状冠毛。花期6~11月。

【地理分布】 产江苏各地。生于山坡草地、灌丛、河边水湿地、滨海盐渍地、田边及路旁。

我国除新疆外,广布全国各地;印度、日本、朝鲜半岛、越南及俄罗斯等男也有。

【芳香油】 全株具有浓郁的香气,其浸膏香气独特,用于调配的香精,香气高雅、透发、留香持久,用于饮料和香烟的加香原料。

鼠麴草 *Gnaphalium affine* D. Don

【形态特征】 二年生草本,高10~15 cm。茎直立,密生白色绵毛。叶互生,倒披针形或匙形,两面有灰白色绵毛。头状花序密集生于枝端,总苞片3层,金黄色,小花黄,外围雌花。中央两性花,瘦果冠毛,黄白色。花期4~6月,果期8~9月。

【地理分布】 产江苏各地。生于田埂、荒地、路旁。

分布于我国华南、西北、华东、华中、华北、西南等地区;日本、朝鲜半岛、菲律宾、印度尼西亚、中南半岛及印度等国和地区也有。

【芳香油】 全草可以提取芳香油。

密蒙花 *Buddleja officinalis* Maxim.

【形态特征】 落叶灌木,高 1～3 m;小枝略呈四棱形,密被灰白色绒毛。叶对生,长圆状披针形至线状披针形,上面被细星状毛,下面密被灰白色至黄色星状茸毛。聚伞圆锥花序顶生,长 5～10 cm,密被灰白色柔毛;花芳香;花冠淡紫色至白色,蒴果卵形,2 瓣裂;种子多数,具翅。花期 3～4 月,果期 5～8 月。

【地理分布】 产苏南。生于山坡杂木林地,河边和丘陵常见。

分布于我国山西、陕西、甘肃、安徽、福建、河南、湖北、湖南、广东、广西、四川、贵州、云南和西藏等省区。

【芳香油】 花可提取芳香油,亦可作黄色食品染料。

江苏常见同属植物:

大叶醉鱼草 *B. davidii* Franch. 产苏南。花可提制芳香油。

栀子 *Gardenia jasminoides* Ellis

【形态特征】 常绿灌木,高 1～3 m。叶对生或 3 叶轮生,革质,椭圆形、宽倒披针形或倒卵状长圆形,全缘,托叶膜质,基部合生成鞘状。花大,白色,芳香,果黄色或橙红色,卵状至长椭圆状,长 2～4 cm,有 5～9 条翅状直棱,1 室;种子很多,嵌于肉质胎座上。花期 3～7 月,果期 5 月至翌年 2 月。

【地理分布】 产宜兴。生于旷野、丘陵、山谷、山坡、溪边。

分布于我国河南、安徽、浙江、福建、台湾、江西、湖北、湖南、广东、香港、海南、广西、云南、贵州及四川等省区;日本、朝鲜、越南、柬埔寨、尼泊尔、印度、巴基斯坦、太平洋岛屿及美洲北部等国和地区也有。

【芳香油】 花可提制芳香浸膏,用于多种花香型化妆品和香皂、香精的调合剂。栀子花精油可用于多种香型化妆品、香皂、香精以及高级香水香精。果可提取栀子黄色素,作染料和食品和香料调合剂。

络石 *Trachelospermum jasminoides* (Lindl.) Lem.

【形态特征】 常绿木质藤本,长达 10 m,具乳汁。叶对生,椭圆形或卵状披针形,花冠白色,高脚碟状,蓇葖果叉生,无毛;种子顶端具种毛。花期 5～7 月,果期 9～

10 月。

【地理分布】 产江苏各地。生于山野、路旁、林缘或杂木林中,常缠绕于树上或攀援于岩石上。

分布于陕西、河南、山西、河北、山东、安徽、浙江、福建、台湾、江西、湖北、湖南、广东、海南、广西、贵州、云南、四川及西藏;日本、朝鲜及越南也有。

【芳香油】 花芳香,可提取"络石浸膏"。

砂引草 *Messerschmidia sibirica* Linn.

【形态特征】 多年生草本,有细长的根状茎。茎有白色长柔毛。叶窄长圆形至窄卵形,两面密生白色紧贴的毛,侧脉不明显。聚伞花序蝎尾状,花密集,花冠白色,漏斗状,核果椭圆球形,长约 8 mm,有短毛。花期 5 月,果实 7 月成熟。

【地理分布】 产大丰、赣榆、连云港云台山。生于海滨沙滩。

分布于我国辽宁、内蒙古、宁夏、甘肃、陕西、山西、河北、山东及浙江等省区;日本、朝鲜、蒙古、俄罗斯、亚洲西南部及欧洲东南部也有。

【芳香油】 花香气浓郁,可提取芳香油。

流苏树 *Chionanthus retusus* Lindl. et Paxt.

【形态特征】 落叶灌木或乔木,高达 20 m。叶长圆形、椭圆形、卵形或倒卵形,全缘,花冠白色,4 深裂,裂片条状倒披针形,果实椭圆状,长 10~15 mm,被白粉,呈蓝黑色或黑色。花期 4~6 月,果期 6~11 月。

【地理分布】 产江苏各地。生于林内、向阳山谷。

分布于我国辽宁、河北、山东、浙江、福建、台湾、江西、湖南北部、湖北、河南、山西、陕西、四川及云南等省区;朝鲜半岛及日本也有。

【芳香油】 果可榨芳香油。

女贞 *Ligustrum lucidum* Ait.

【形态特征】 常绿灌木或乔木,高 6~10 m。枝条有皮孔。叶卵形、宽卵形、椭圆形或卵状披针形,全缘,无毛;花冠白色,钟状,4 裂,浆果状核果,肾菜或近肾形,蓝紫色,被白粉。花期 6~7 月,果期 10~12 月。

【地理分布】 产江苏各地。生于林中、村边或路旁。

分布于我国河南、安徽、浙江、福建、江西、湖北、湖南、广东、香港、广西、贵州、云南、西藏、四川、甘肃东南部及陕西等省区南部。

【芳香油】 花含多种植物清油,如橙花醇、月桂烯等,可提取芳香油,用于香料及医药工业。女贞叶经过 24 小时的浸渍后,可用蒸馏法提取清香的冬青油,它常被添入甜食和牙膏中。冬青油很容易被皮肤吸收,它具有收敛、利尿、兴奋等功效,可用来治疗肌肉疼痛。

江苏常见同属植物:

小叶女贞 *L. quihoui* Carr. 产江苏各地。生于沟边、路旁、山坡或河边灌丛中。花含芳香油。

木犀(桂花) *Osmanthus fragrans* Lour.

【形态特征】 常绿灌木或小乔木,高达 12 m。叶椭圆形至椭圆状披针形,全缘或上半部疏生细锯齿,花序簇生于叶腋;边缘啮蚀状;花冠黄白色,极芳香,长 3～4.5 mm,4 裂,花冠筒长 1～1.5 mm;雄蕊 2,花丝极短,着生于花冠筒近顶部。核果椭圆形,长 1～1.5 cm,熟时紫黑色。花期 9～10 月,果期翌年 3～4 月。

【地理分布】 江苏各地栽培。

原产我国西南部喜马拉雅山东段,印度、尼泊尔、柬埔寨等国也有分布。现我国四川、云南、广东、广西、湖北等省区均有野生,淮河流域至黄河下游以南各地普遍栽培。

江苏常见同属植物尚有丹桂 *O. fragrans* var. *aurantiacus* Makino,银桂 *O. fragrans* var. *latifobius* Makino 多地多有栽培。

【芳香油】 花芳香,含挥发油,其中有 β-水芹烯、橙花醇、芳樟醇;尚含醋质,其中有月桂酸、肉豆蔻酸、棕榈酸、硬脂酸。花的浸膏供配制高级香精用。

楸树 *Catalpa bungei* C. A. Meyer

【形态特征】 落叶乔木,高达 30 m。树干耸直;树皮灰褐色,叶对生,轮生或互生,三角状卵形至宽卵状椭圆形,全缘,下面脉腋通常具紫里腺斑。花冠白色,内有 2 条黄色条纹及紫色斑点。蒴果线形,长 25～50 cm,宽约 5 mm;种子狭长椭圆形,两端生长毛。花期 5～6 月,果期 6～10 月。

【地理分布】 产连云港。生于山坡林中。

分布于我国陕西、山西、河北、河南、山东、浙江、安徽、湖北、湖南、广西、贵州、云南及四川等省区。

【芳香油】 花可提芳香油。

白棠子树 *Callicarpa dichotoma* (Lour.) K. Koch

【形态特征】 落叶灌木,高 1～2 m,小枝带紫红色,略有星状毛。叶倒卵形或卵状披针形,顶端急尖,下面有黄色腺点;花冠紫红色,无毛;子房无毛,有腺点。果实球形,紫色。花期 6～7 月,果期 9～10 月。

【地理分布】 产连云港、南京、无锡、苏州、宜兴。生于山溪边、山坡灌丛。

分布于我国河北、山西、河南、山东、安徽、浙江、福建、台湾、江西、湖北、湖南、广东、广西及贵州等省区;朝鲜、日本及越南等国也有。

【芳香油】 茎叶可提取芳香油。

牡荆 *Vitex negundo* Linn. var. *cannabifolia* (Sieb. et Zucc.) Hand. – Mazz.

【形态特征】 落叶灌木或小乔木,植株高 1～5 m。多分枝,具香味。小枝四棱形,掌状复叶,对生;小叶 5,稀为 3,中间 1 枚最大,叶片披针形或椭圆状披针形,花冠淡紫色,先端 5 裂,二唇形。果实球形,黑色。花果期 7～10 月。

【地理分布】 产江苏各地。生于山坡、路旁、林边。

分布于陕西、山西、山东、安徽、浙江、福建、江西、广东、湖南、湖北、四川及贵州等省区;日本也有。

【芳香油】 花和枝叶可提取芳香油,精油可用于化妆品和皂用香精。

江苏常见同属植物:

黄荆 *V. negundo* Linn. 产江苏各地。生于山坡路边或灌丛中。荆条 *V. negundo* Linn. var. *heterophylla* (Franch.) Rehd. 产连云港、南京。生于山坡、谷地、河边、路旁、灌木丛中。

藿香 *Agastache rugosa* (Fisch. et Mey.) O. Kuntze

【形态特征】 多年生草本,高 0.5～1.5 m。全株具香气。茎直立,四棱形。叶心状卵形至长圆状披针形,轮伞花序多花,在主茎或侧枝上组成顶生密集圆筒状的假穗状花序;花冠淡紫蓝色,筒直伸,上唇微凹,下唇 3 裂,中裂片最大,等 2。小坚果卵状矩圆形,腹面具棱,顶端具短硬毛。花期 6～7 月,果期 10～11 月。

【地理分布】 产连云港、徐州、淮安、太仓、泰县、南通、宝应、南京、溧阳。生于山坡或路旁。多有栽培。

各地广泛分布,常见栽培,供药用。俄罗斯、朝鲜、日本及北美洲等国和区域也有。

【芳香油】 精油为名贵香料,香气持久,多用于香料的定香剂。叶及茎含挥发油 0.28%,主要成分为甲基胡椒酚(methylchavicol),占 80%以上。

薄荷(野薄荷)*Mentha canadensis* Linn.

【形态特征】 多年生草本,高 30～60 cm。具根茎。全株具浓郁的香味。茎上部具

倒向微柔毛,叶长圆状披针形至披针状椭圆形,轮伞花序腋生,球形,花冠淡紫或白色,外被毛,小坚果卵球形。花期 7～9 月,果期 10 月。

【地理分布】 产于江苏各地。栽培或逸为野生,生于水旁潮湿地。

分布于我国南北各地;日本、朝鲜半岛、俄罗斯远东地区、亚洲热带地区及北美也有。最早期于欧洲地中海地区及西亚洲一带盛产,现时主要产地为美国、西班牙、意大利、法国、英国、巴尔干半岛等,而中国大部分省区如云南、江苏、浙江、江西等都有出产。

【芳香油】 薄荷脑和薄荷油主要用于牙膏、口腔卫生用品、食品、烟草、酒、清凉饮料、化妆品、香皂的加香;新鲜茎叶含油量为 0.8%～1.0%,干品含油量为 1.3%～2.0%,油称薄荷油或薄荷原油,原油主要用于提取薄荷脑(含量 77%～87%)。

石香薷 *Mosla chinensis* Maxim.

【形态特征】 一年生草本,高 9～40 cm。茎纤细,叶线状长圆形或线状披针形,两面均被疏短柔毛及棕色凹陷腺点。花序头状或假穗状,花冠紫红色至白色,长约 5 mm,上唇微缺,下唇 3 裂,中裂片较大,小坚果近球形,具深雕纹。花期 9～10 月,果期 10～11 月。

【地理分布】 产连云港云台山、江浦、南京、镇江、句容、无锡、苏州。生于草地或林下、山坡、草地。

分布于我国安徽、福建、广东、广西、贵州、湖北、湖南、江西、山东、四川、台湾、浙江等省区;越南北部也有。

【芳香油】 全草含挥发油 2%,内含香荆芥酚 71.64%,对聚伞花素 10.10%,对异丙基苯(*p*-isopropylbenzylalcohol) 5.28%,α-松油烯(α-terpinene) 1.23%,百里香酚 1.40%,葎草烯 1.36%,β-金合欢烯(β-farnesene)0.25%,柠檬烯(limonene)0.15%。

江苏常见同属植物:

石荠苧 *M. scabra* (Thunb.) C. Y. Wu et H. W. Li 产江苏各地。生于山坡、路旁、灌丛。全草含挥发油,主要有荠苧(orthodene)、β-蒎烯(β-pinene)、桉叶素(cineole)、α-侧柏醇(α-thujyl alcohol)、芳樟醇(linalool)、牻牛儿醇(geraniol)、柠檬醛(citral)等。

紫苏 *Perilla frutescens* (Linn.) Britt.

【形态特征】 一年生草本。茎四棱形,高 30～200 cm,绿色或紫色,被长柔毛。叶宽卵形或圆卵形,被疏柔毛,叶柄密被长柔毛。轮伞花序 2 花,组成顶生和腋生、偏向一侧、密被长柔毛的总状花序,花冠紫红色或粉红色至白色,小坚果近球形,灰褐色。花果期 8～12 月。

【地理分布】 江苏各地栽培,也有野生,见于村边或路旁。

全国各地广泛栽培。不丹、印度、中南半岛、印度尼西亚、朝鲜及日本等国和区域也有。

【芳香油】　精油为提取柠檬醛的原料,亦可直接用于皂用和食品香精,并有防腐杀菌作用。挥发油中含紫苏醛、紫苏醇、薄荷酮、薄荷醇、丁香油酚、白苏烯酮等。

黄芩 *Scutellaria baicalensis* Georgi

【形态特征】　多年生草本,高 30~120 cm。根状茎肥厚,粗达 2 cm,伸长。茎基部伏地,上升,近无毛或被上曲至开展的微柔毛。叶披针形至条状披针形,下面密被下陷的腺点。花冠紫色、紫红色至蓝紫色,筒近基部明显膝曲,下唇中裂片三角状卵圆形。小坚果卵球形,具瘤,腹面近基部具果脐。花期 7~8 月,果期 8~9 月。

【地理分布】　产苏北。生于阳坡草地或荒地。

分布于我国黑龙江、辽宁、内蒙古、河北、山东、湖北、河南、山西、陕西及甘肃等省区;俄罗斯、蒙古、朝鲜及日本等国也有。

【芳香油】　茎、根可提制芳香油,提制浸剂后的根、茎可作烟草香料。

地椒(烟台百里香) *Thymus quinquecostatus* Celak.

【形态特征】　矮小半灌木状草本,有强烈香气。匍匐茎末端多成不育枝或偶成花枝。茎具四棱,枝紫色,密被绒毛;花枝高 2~10 cm。叶对生,2~4 对,卵形,长 0.5~1 cm,侧脉 2~3 对,两面有凹陷腺点;下部的叶柄长约为叶片的一半,上部的叶柄变短。花序头状;花萼略唇形,喉部具毛环;花冠紫红色至粉红色,二唇形,长 6.5~8 mm;雄蕊 4,二强,伸出。小坚果近圆球形或卵圆形。花期 6~8 月,果期 9 月。

【地理分布】　产连云港。生于向阳山坡,成片生长。

分布于我国辽宁、河北、山东、河南及山西等省区;俄罗斯、朝鲜、日本等国也有。

【芳香油】　全株芳香可作香料或者提炼香精油。

卷丹(虎皮百合、宜兴百合) *Lilium tigrinum* Ker – Gawler

【形态特征】　多年生草本,高 0.8~1.5 m。鳞茎宽卵状球形,直径 4~8 cm;鳞瓣宽卵形,白色。叶长圆状披针形至披针形,上部叶腋具珠芽,有 3~7 条脉。花 3~6 朵或更多。花橙红色,下垂;反卷,内面具紫黑色斑点,蜜腺有白色短毛,两边具乳头状突起。蒴果窄长卵形。花期 7~8 月,果期 9~10 月。

【地理分布】　产于连云港云台山、江宁、南京紫金山、句容、宜兴、苏州。生于山坡灌木林下、草地、路边或水旁。

分布于我国吉林、辽宁、河北、山东、浙江、福建、江西、安徽、湖北、湖南、广西、云南、四川、西藏、青海、甘肃、陕西、山西及河南等省区;朝鲜及日本也有。

【芳香油】　花含芳香油,可作香料。

鸢尾 *Iris tectorum* Maxim.

【形态特征】　多年生草本。根状茎短而粗壮，坚硬，浅黄色。叶基生剑形，无明显中脉，花葶与叶几等长，单一或二分枝，每枝具 1～3 花，苞片披针形，长 4～7 cm。花蓝紫色，蒴果狭矩圆形，长 5～6 cm，具 6 棱，外皮坚韧，有网纹；种子多数，球形或圆锥状，深棕褐色，具假种皮。花期 4～6 月，果期 6～8 月。

【地理分布】　产宜溧山区。生于向阳坡地、林缘及水边湿地。

分布于我国山西、安徽、浙江、福建、湖北、湖南、江西、广西、陕西、甘肃、四川、贵州、云南、西藏；缅甸、朝鲜半岛和日本等国和地区也有。在庭园已久经栽培。

【芳香油】　根茎浸膏是配制高级香料原料，可用于化妆品、香皂、香水、食品香精，在薰衣草型、花露水型香精中使用尤为适宜。

香附子（莎草）*Cyperus rotundus* Linn.

【形态特征】　多年生草本。有匍匐根状茎和椭圆状块茎。秆直立，有三锐棱。叶基生，短于秆，鞘棕色，常裂成纤维状。苞片 2～3，叶状，长于花序；长侧枝聚伞花序简单或复出，有 3～6 个开展的辐射枝，小坚果矩圆倒卵形，有三棱，长约为鳞片的 1/3，表面具细点。花果期 5～11 月。

【地理分布】　产江苏各地。生于荒地、路边、沟边或田间向阳处。

全国广泛分布；全世界广布。

【芳香油】　根茎含挥发油 0.65%～1.4%。不同产地的香附其挥发油的组成不完全相同。国产香附挥发油含香附烯（cyperene）、β-芹子烯（β-scliene）、α-香附酮（α-cyperone）、β-香附酮（β-cyperene）、广藿香酮（patchoulenone）（也称异香附酮）及少量单萜化合物：柠檬烯（limonene）、1,8-桉油素（1,8-cineol）、β-蒎烯（β-pinene）、对-聚伞花素（p-cymene）、樟烯（camphene）等。

菖蒲 *Acorus calamus* Linn.

【形态特征】　多年水生草本植物。有香气，根状茎横生，粗壮，直径达 1.5 cm。叶剑形，具明显突起的中脉，肉穗花序圆柱形，佛焰苞叶状，剑状线形，长 30～40 cm，宽 5～10 mm；果紧密靠合，红色，果期花序粗达 16 mm。花期(2～)6～9 月。

【地理分布】　产江苏各地。生于水边或沼泽地。

全国大部分地区均有分布。朝鲜、日本、俄罗斯西伯利亚至北美洲有分布。欧洲有引种。

【芳香油】　根茎、根、叶均含挥发油。根状茎的主要成分是 β-细辛脑(47.43%)、L-去氢白菖烯(9.75%)、异菖蒲烯二醇(5.41%)、前异菖蒲烯二醇(3.53%);根的主要成分是白菖蒲烯(20.00%)、马兜铃烯(15.71%)、菖蒲二烯(14.19%)、反式-异榄香素(9.51%)。

第九章

野生土农药植物

植物性土农药是利用植物的茎叶经过简单加工而制成的农药。它具有原料广、成本低、方法简、无污染,既能灭虫又能除病,对人、畜安全等优点。

植物性土农药可以有效地防治植物病虫害,同时在环境保护方面具有特殊的意义。植物性土农药对害虫有毒杀、拒食、忌避等作用,有的种类可杀灭或抑制病原菌及病毒,其中大部分对人、畜比较安全。同时,喷洒在作物表面容易分解,能避免留有残毒的危险,特别适合于水果、蔬菜等食用植物。植物性土农药的研究与开发在农业、林业、园艺生产及环境治理方面具有广泛的应用前景。

野生植物农药的有效成分存在于整个植株的各个部分,但往往在植物的特定部位较多。有效成分在块根、块茎、根茎中较多的有草乌(*Aconitum kusnezoffii*)、苦参(*Sophora flavescens*)、藜芦(*Veratrum nigrum*)等,应用全草的有水蓼(*Polygonum hydropiper*)、毛茛(*Ranunculus japonicus*)、黄花蒿(*Artemisia annua*)等。

海金沙 *Lygodium japonicum*（Thunb.）Swartz

【形态特征】 多年生攀援蕨类。根茎细长,横走,黑褐色或栗褐色,密生有节的毛。茎无限生长;顶端有被毛茸的休眠小芽。叶二型,即营养叶和孢子叶。孢子囊梨形,环带位于小头一侧。孢子期5～11月。

【地理分布】 产江苏各地。生于山坡林下、林缘及灌丛中。

分布于中国暖温带及亚热带,北至陕西及河南南部,西达四川、云南和贵州;朝鲜、越南、日本、南亚、东南亚及澳大利亚也有。

【土农药】 茎叶捣烂加水浸泡,可治棉蚜虫、红蜘蛛。

狗脊 *Woodwardia japonica*（Linn.f.）Sm.

【形态特征】 多年生蕨类,高50～130 cm。根状茎短粗,直立或斜生,密被红棕色的披针形鳞片。叶簇生,叶柄褐色,密被鳞片;叶片长圆形或卵状披针形,二回羽裂,沿叶轴和羽轴有红棕色鳞片。孢子囊群线形,着生于主脉两侧,囊群盖棕褐色。

【地理分布】 产苏南。生于疏林下及溪沟旁阴湿处。

分布于安徽、澳门、重庆、福建、广东、广西、贵州、海南、湖南、江西、上海、四川、台湾、云南、浙江、河南、香港、湖北;朝鲜半岛、日本也有。

【土农药】 根状茎可作土农药,防治蚜虫及红蜘蛛。

马尾松 *Pinus massoniana* Lamb.

【形态特征】 常绿乔木,树干红褐色,树皮、呈块状开裂。树冠在壮年期呈狭圆锥形,老年期则开张如伞状。叶线形,2针一束,质地柔软,基部具鞘。球果长卵形,有短梗。鳞盾微隆起或平,鳞脐微凹,无刺。种子具翅。花期 4~5 月,果期翌年 10 月。

【地理分布】 栽培于长江沿岸(六合、仪征、盱眙)、宜溧山区及太湖丘陵山地。

分布极广,北自河南及山东南部,南至两广、台湾,东自沿海,西至四川中部及贵州,遍布于华中、华南各地。

【土农药】 用 5 kg 马尾松针加开水 5 kg,密闭浸泡 2 h 过滤喷洒,可防治稻叶蝉、稻飞虱。松针的 30 倍水浸液、可抑制马铃薯发芽。

金钱松 *Pseudolarix amabilis* (Nelson) Rehd.

【形态特征】 落叶乔木,高 20~40 m。小枝有长枝与短枝,叶在长枝上螺旋状散生,在短枝上簇生,辐射平展,秋后呈金黄色,条形或倒披针状条形,球果卵圆形;种鳞木质,卵状披针形熟后脱落;种子倒卵形,上端有翅。花期 4~5 月,果期10 月。

【地理分布】 产宜兴、溧阳。生于针阔混交林中。

分布于浙江、安徽、福建、江西、湖南、湖北和四川。

【土农药】 根皮或近根树皮称土槿皮。有毒,具杀虫止痒的功效;含土槿酸、酚类化合物、鞣质和色素等。

披针叶八角(披针叶茴香)*Illicium lanceolatum* A. C. Smith

【形态特征】 常绿灌木或小乔木,高 3~10 m。树皮灰褐色。叶互生或聚生于小枝上部,革质。花红色,蓇葖果 10~14枚,轮状排列,顶端有长而弯曲的尖头;种子淡褐色,有光泽。花期 5 月,果期 9~10 月。

【地理分布】 产宜兴。生于阴湿狭谷和溪流沿岸。

分布于安徽、浙江、江西、福建、湖北、湖南、广东、贵州。

【土农药】 种子有毒,浸出液可杀虫,作土农药。

山鸡椒（山苍子）*Litsea cubeba*（Lour.）Pers.

【形态特征】 落叶灌木或小乔木，高 8～10 m，枝叶具芳香味。叶互生，纸质，通常披针形，下面粉绿色。雌雄异株，花冠淡黄色。核果，圆球形，熟时黑色。花期 2～3 月，果期 7～8 月。

【地理分布】 产宜兴、溧阳。生于向阳的丘陵、山地灌丛、和疏林。

分布于安徽、浙江、福建、台湾、江西、湖北、湖南、广东、海南、广西、云南、贵州、四川及西藏；东南亚亦有。

【土农药】 山苍子油用于作物虫害防治。据报道，山苍子油用于防治茶树、棉花黄萎病，防治茶毛虫和红锈藻病都有一定的作用，且对人体无毒，不污染环境，又有宜人的香味，因此，在防治储粮害虫、食品害虫、卫生害虫以及杀菌防霉和防治作物病害等方面具有突出优点。

丝穗金粟兰 *Chloranthus fortunei*（A. Grnay）Solms－Laub.

【形态特征】 多年生草本，高 25～50 cm；根状茎横走，分枝。叶对生，通常 4 片生于茎上部，宽椭圆形，边缘有锐锯齿，齿尖有一腺体。穗状花序单个顶生，连总花梗长 3～5 cm；苞片通常不裂，肾形或卵形；花白色、芳香，雄蕊 3，中间的 1 个有两室的花药，侧生的 2 个各有一个一室的花药，药隔伸长成丝状直、白色、长 1～1.9 cm 子房卵形。核果倒卵形，长 2.5～3 mm。花期 4～5 月，果期 5～7 月。

【地理分布】 产连云港。生于山坡或山谷杂木林下阴湿处或沟边草丛中。

分布于辽宁、吉林、河北、山西、陕西、甘肃、四川、湖北；朝鲜、日本也有。

【土农药】 全草捣烂加水 5 倍过滤，防治蚜虫；50％滤液可防治子子。

大血藤 *Sargentodoxa cuneata*（Oliv.）Rehd. et Wils.

【形态特征】 落叶木质藤本。长达 25 m，直径达 9 cm，小枝略红色。叶互生，三出复叶，顶生小叶菱状倒卵形，长达 14 cm。侧生小叶斜卵形，小叶无柄。总状花序腋生，下垂；花单性，雌雄异株。浆果肉质，熟时暗蓝色，有柄，多数着生于球形花托上；种子卵形，黑色，种脐显著。花期 4～6 月，果期 7～9 月。

【地理分布】 产宜兴。生于山坡灌丛、疏林和林缘。

分布于重庆、河南、安徽、江西、浙江、湖南、湖北、四川、广西、贵州及云南；老挝及越南北部也有分布。

【土农药】 可用为杀虫剂。

木防己 *Cocculus orbiculatus*（Linn.）DC.

【形态特征】　草质或近木质缠绕藤本。小枝密生柔毛。叶形多变,卵形或卵状长圆形,长 3～10 cm,宽 2～8 cm,全缘或微波状,有时 3 裂,基部圆或近截形,顶端渐尖、钝或微缺,有小短尖头,两面均有柔毛。聚伞状圆锥花序腋生或顶生;花序轴有毛;雄花有雄蕊 6,分离;雌花有退化雄蕊 6,心皮 6,离生。核果近球形,两侧压扁,蓝黑色,有白粉。花期 5～7 月,果期 8～10 月。

【地理分布】　产江苏各地。生于山坡、灌丛、林缘、路边或疏林中。

我国除西北部和西藏外都有分布。

【土农药】　可作杀虫农药。根含多种生物碱,如木兰碱（magnoflorine）、木防己碱（trilobine）、异木防己碱（isotrilobine）、高木防己碱（homotrilobine）、木防己胺碱（trilobamine）、去甲毛木防己碱（normenisarine）及木防己新碱（clolbine）。

蝙蝠葛 *Menispermum dauricum* DC.

【形态特征】　草质藤本,长达 10 余米。根茎细长,圆柱形,生有多数须根。茎缠绕性,小枝带绿色,有细纵条纹。叶盾状,圆肾形或卵圆形,边缘略呈 3～7 角状浅裂,掌状脉 5～7 条单性,核果肾状圆形或宽半月形。花期 6～7 月,果期 8～9 月。

【地理分布】　产江苏各地。生于山坡林缘、田边、路旁或攀援于岩石上。

分布于东北、华北及华东低山区;日本、朝鲜和俄罗斯西伯利亚南部也有。

【土农药】　可作杀虫农药。

乌头 *Aconitum carmichaeli* Debx.

【形态特征】　多年生草本,高 60～150 cm。块根倒圆锥形,肉质,长 2～4 cm;主根粗大,长圆锥形,周围着生有多个当年生的小块根。茎直立,中部以上有反曲的小柔毛。叶掌状二至三回分裂,裂片有缺刻。花序顶生,花蓝紫色,外面有短柔毛。蓇葖果长圆形,由 3 个分裂的子房组成。种子黄色,三棱形,有膜质翅。花期 9～10 月,果期 10 月。

【地理分布】　产连云港云台山、江浦、江宁、句容、宜兴。生于山地草丛、林边。

分布于辽宁、山东、安徽、浙江、江西、湖北、湖南、广东、广西、贵州、四川、陕西、河南;越南北部也有。

【土农药】　根、叶的水浸液可制农药。根含乌头碱、次乌头碱、新乌头碱、阿替新碱等多种生物碱,总生物碱量(块根)0.70%～1.5%。此外,根内还含有黄酮类、甾醇及糖类等物质。

威灵仙 *Clematis chinensis* Osbeck

【形态特征】 蔓生藤本。茎和叶干燥后变黑色。略。一回羽状复叶;小叶5,少有3,狭卵形或三角形卵形,全缘,花序顶生或腋生,花多数;萼片4,花瓣状,白色,矩圆形或狭倒卵形;瘦果扁狭卵形,被贴生柔毛;宿存花柱长1.8～4 cm,羽毛状。花期6～9月,果期8～11月。

【地理分布】 产苏南。生于山谷、山坡林边或灌丛中。

分布于长江流域以南低海拔的山坡灌丛中,常作为药用栽培;越南及日本也有。

【土农药】 全株可作农药。根含原白头翁素、白头翁内酯等。

白头翁 *Pulsatilla chinensis* (Bunge) Regel

【形态特征】 多年生草本,高15～35 cm。叶片宽卵形,3全裂,中央裂片通常具柄,3深裂,侧生裂片较小,花葶1～2,高15～35 cm;总苞管状,裂片条形;花梗长2.5～5.5 cm;萼片6,排成花长1,蓝紫色,聚合果近圆球形;瘦果纺锤形,宿存花柱羽毛状,长3.5～6.5 cm。花期4～5月。果期6～7月。

【地理分布】 产江苏各地。生于山坡草地、山谷、田野。

分布于黑龙江、吉林、辽宁、内蒙古、河北、山西、山东、安徽、河南、湖北、陕西、甘肃、青海及四川。

【土农药】 根状茎水浸液可作土农药,能防治地老虎、蚜虫、蝇蛆、孑孓,以及小麦锈病、马铃薯晚疫病等病虫害。全草含原白头翁素。

禺毛茛 *Ranunculus cantoniensis* DC.

【形态特征】 多年生草本,高25～80 cm。茎直立。三出复叶,小叶卵形至宽卵形,2～3中裂,两面贴生糙毛。花瓣5,椭圆形,黄色,基部狭窄成爪,蜜槽上有倒卵形小鳞片;聚合果近球形,瘦果扁平,边缘有棱翼,顶端弯钩状。花果期4～7月。

【地理分布】 产江苏各地。多生于沟边、田埂、村边等潮湿处。

分布于河南、安徽、浙江、台湾、福建、江西、湖北、湖南、广东、香港、广西、贵州、云南、四川及陕西;朝鲜半岛、日本及不丹也有。

【土农药】 全株可制杀虫农药。

茴茴蒜 *Ranunculus chinensis* Bunge

【形态特征】 多年生草本,高 15~50 cm。茎直立,与叶柄均有伸展的淡黄色糙毛。三出复叶,叶片宽卵形,中央小叶具长柄,3 深裂,侧生小叶,不等地 2 或 3 裂;茎上部叶渐变小。花瓣 5,黄色,宽倒卵形,基部具蜜槽;聚合果近长圆形,长约 1 cm;瘦果扁,无毛。花期 4~6 月,果期 7~9 月。

【地理分布】 产江苏各地。生于溪边或湿草地。

除福建、台湾、广东、海南、广西外,广布全国各地;朝鲜半岛、日本、俄罗斯西伯利亚、蒙古、哈萨克斯坦、巴基斯坦北部、印度北部及不丹也有。

【土农药】 全草的水浸液对菜青虫、黏虫以及小麦病害有良好的防治效果。

毛茛 *Ranunculus japonicus* Thunb.

【形态特征】 多年生草本,高 30~70 cm。茎直立,中空,有槽。全株被柔毛。须根多数簇生。基生叶多数,叶片圆心形或五角形,常 3 深裂;下部叶与基生叶相似,向上叶变小。花瓣 5,黄色,倒卵形,基部有蜜槽。聚合果近球形,瘦果扁平。喙短而直或外弯。花期 4~9 月,果期 6~10 月。

【地理分布】 产江苏各地。生于山坡、路旁、沟边或湿地杂草丛中。

除海南、西藏外广布各省区;朝鲜半岛、日本、俄罗斯远东地区也有。

【土农药】 茎、叶水浸液均可杀虫。茎、叶含原白头翁素及白头翁素。

天葵 *Semiaquilegia adoxoides* (DC.) Makino

【形态特征】 多年生草本,高 10~32 cm。块根棕黑色。基生叶丛生,掌状三出复叶;小叶片扇状菱形,3 深裂,背面常常淡紫色;叶柄,基部鞘状;茎生叶较小。花小,萼片花瓣状,白色,带淡紫色,蓇葖果卵状长椭圆形,具凸起的横向脉纹,熟时开裂。种子细小,黑褐色,表面有许多小瘤状突起。花期 3~4 月,果期 4~5 月。

【地理分布】 产江苏各地。生于林下、石隙、草丛等阴湿处。

分布于安徽、浙江、福建、江西、湖北、湖南、广西、贵州、四川、陕西及河南;日本也有。

【土农药】 块根也可作土农药,防治蚜虫、红蜘蛛、稻螟等虫害。

博落回 *Macleaya cordata*（Willd.）R. Br.

【形态特征】 多年生草本,高 1～4 m,基部木质化。具黄褐色浆汁。根茎粗大,橙红色。茎绿色或红紫色,被白粉,中空,上部多分枝,无毛。单叶互生,叶片宽卵形或近圆形,先端 7～9 深裂或浅裂,上面绿色,无毛,下面具白粉,黄白色;蒴果倒披针形或狭倒卵形,长 1.7～2.3 cm,具 4～6 粒种子。花果期 6～11 月。

【地理分布】 产江苏各地。生于山野丘陵、低山草地、林边。

分布于贵州、广西、广东、福建、江西、湖南、湖北、安徽、浙江、河南、陕西、甘肃;日本中部也有。

【土农药】 作农药可防治稻椿象、稻苞虫、钉螺等。全草中含原阿片碱、原阿片碱- N -氧化物(protopine-N-oxide)、α -别隐品碱、黄连碱(coptisine)、小檗碱(berberine)、刻叶紫堇明碱(corysamine)。果实中含血根碱、白屈菜红碱、原阿片碱、α -别隐品碱及 β -别隐品碱。

商陆 *Phytolacca acinosa* Roxb.

【形态特征】 多年生草本,高 1～1.5 m,无毛。根粗壮肥厚,肉质,圆锥形,外皮淡黄色。茎绿色或带紫红色,多分枝。叶互生,椭圆形或广披针形,全缘。花序顶生或侧生,圆柱状,直立;花被片 5,白色,花后长反折;花药淡红色;果穗直立;浆果紫黑色,多汁。种子肾形或近圆形,扁平,黑色。花期 4～7 月,果期 6～10 月。

【地理分布】 产江苏各地。生于较阴湿处。

除东北地区和内蒙古、青海、新疆外,广布各省区;朝鲜半岛及日本、印度也有。

【土农药】 可作农药。含有商陆碱、商陆毒素等的有毒植物,具有杀灭植物害虫的功效。

江苏常见同属植物:

美洲商陆 *P. americana* Linn. 产江苏各地。生于疏林下、路旁和荒地。全草可作农药。

马齿苋 *Portulaca oleracea* Linn.

【形态特征】 一年生肉质草本,匍匐状,分枝多。叶互生,倒卵形,全缘,肥厚而柔软。花淡黄色,通常 3～5 朵簇生于枝端,午时盛开。蒴果,圆锥形,盖裂。种子肾状卵形、黑褐色。花期 6～9 月,果期 7～10 月。

【地理分布】 产江苏各地。生于菜园、旱地和田梗、沟边、路旁。我国南北各地均产。

【土农药】　可作农药。马齿苋 1 kg,樟脑粉 0.1 kg。马齿苋切细加水 20 kg 煮沸后过滤,加樟脑粉熬 10 min 即成。每千克原液加水 2.5 kg,防治棉花、水稻害虫,效果良好。

萹蓄 *Polygonum aviculare* Linn.

【形态特征】　一年生草本,高 15～50 cm。茎丛生,平卧、斜展或直立。叶互生,椭圆形或披针形,叶柄短或近于无柄;托叶鞘膜质,下部褐色,上部白色透明。花 1～5 朵簇生叶腋,花淡红或白色。瘦果卵形,有 3 棱。花期6～8 月,果期9～10 月。

【地理分布】　产江苏各地。生于山坡、田野、路旁。

分布于全国大部分地区;北温带广泛分布。

【土农药】　全草可制成农药,对青虫、蟓象有显著毒杀作用。

土荆芥 *Chenopodium ambrosioides* Linn.

【形态特征】　一年生或多年生草本,高 50～80 cm,有强烈气味。茎直立,4 棱形,表面常带紫色,有向下弯曲的白色短柔毛。叶片卵形至卵状披针形,下面有散生油点。花绿色,胞果扁球形,完全包于花被内。种子肾形,黑色或暗红色,有光泽。花期 6～8 月,果期 9～10 月。

【地理分布】　产江苏各地。生于村旁、旷野、路旁、河岸和溪边。

原产热带美洲,现广布于世界热带及温带地区。

【土农药】　土荆芥对农业害虫和仓储害虫具有毒杀、拒食、生长抑制等作用。果实含挥发油(土荆芥油),油中含驱蛔素,是驱虫有效成分。

虎杖 *Reynoutria japonica* Houtt.

【形态特征】　多年生灌木状草本,无毛,高 1～1.5 m。根状茎横走,外皮黄褐色。茎直立,丛生,中空,表面散生红色或紫红色斑点。叶片宽卵状椭圆形或卵形,花被 5 深裂,淡绿色。瘦果椭圆形,有 3 棱,黑褐色,光亮,包藏于宿存的花被内。花期 6～7 月,果期 9～10 月。

【地理分布】　产江苏各地。生于山坡草地、林下、沟边、路旁。

分布于甘肃、陕西、河南、山东、安徽、浙江、福建、台湾、江西、湖北、湖南、广东、海南、广西、云南、贵州及四川;日本、朝鲜半岛也有。

【土农药】　可制农药,对防治螟虫、蚜虫等有效。

水蓼（辣蓼）*Polygonum hydropiper* Linn.

【形态特征】　一年生草本，高 40～80 cm。茎直立或倾斜，多分枝，无毛。叶披针形，全缘，通常两面有腺点；托叶鞘筒状，膜质，紫褐色，有睫毛。花疏生，淡绿色或淡红色；花被，有腺点。瘦果卵形，扁平，少有 3 棱，有小点，包藏于宿存的花被内。花期 5～9 月，果期 6～10 月。

【地理分布】　产江苏各地。生于河滩、田野水边或山谷湿地。我国南北各地均有分布；朝鲜、日本、印度尼西亚、印度、欧洲及北美也有。

【土农药】　茎、叶均可起到杀虫和防治病害的作用。叶内含糖苷等物质及少量的鱼藤酮。

酸模叶蓼 *Polygonum lapathifolium* Linn.

【形态特征】　一年生草本，高 50～200 cm。茎具红褐色斑点，节部膨大。叶互生，宽披针形，大小变化很大，表面常有黑褐色新月形斑点；托叶鞘筒状，淡褐色。圆锥花序；苞片膜质，花被粉红色或白色。瘦果卵形，两面微凹，黑褐色。花期 6～8 月，果期 7～10 月。

【地理分布】　产江苏各地。生于田边、路旁、湿地、沟旁。

分布于我国大部分地区；日本、蒙古、俄罗斯、印度、巴基斯坦、菲律宾以及欧洲和北美也有。

【土农药】　全草可制土农药。

杠板归 *Polygonum perfoliatum* Linn.

【形态特征】　多年生草本。茎有棱，红褐色，有倒生钩刺。叶互生，盾状着生；叶片近三角形，长 4～6 cm，宽 5～8 cm，先端尖，基部近心形或截形，下面沿脉疏生钩刺；托叶鞘叶状，绿色，近圆形，抱茎；叶疏生倒钩刺。花被 5 深裂，淡红色或白色，瘦果球形，包于蓝色多汁的花被内。花期 6～8 月，果期 9～10 月。

【地理分布】　产江苏各地。生于低山灌丛、路旁、沟边。

分布于吉林、内蒙古、河北、山东、陕西、浙江、江西、安徽、湖北、云南、福建、台湾和广东；朝鲜、日本、马来西亚、菲律宾、印度和俄罗斯西伯利亚地区也有。

【土农药】　茎、叶可作杀虫剂。植物体含靛苷、水蓼素、β-香豆酸、阿魏酸、香草酸、原儿茶酸、咖啡酸、鞣质等。

酸模（猪耳朵）*Rumex acetosa* Linn.

【形态特征】　多年生草本,高 30～100 cm,根茎肥厚,黄色。茎直立,通常不分枝。基生叶有长柄;叶片长圆形,全缘或有时呈波状缘;茎上部的叶披针形,无柄而抱茎,托叶鞘膜质,斜截形。顶生圆锥状花序,雌雄异株。瘦果椭圆形,有 3 棱,暗褐色,有光泽全缘。花期 4～7 月,果期 8～10 月。

【地理分布】　产江苏各地。生于山坡、路边荒地、山坡阴湿处。

全国大部分地区有分布;日本、朝鲜、俄罗斯、哈萨克斯坦、欧洲和美洲也有。

【土农药】　全草浸液可作农药。

化香树 *Platycarya strobilacea* Sieb. et Zucc.

【形态特征】　落叶乔木,高可达 20 m,通常 4～6 m。树皮纵深裂,暗灰色;枝条褐黑色,幼枝棕色,有茸毛,髓实心。羽状复叶,小叶 7～19,卵状长椭圆形,缘有重锯齿,基部歪斜。穗状花序,果序呈球果状,宿存苞片木质。果卵形,扁平,两侧具翅。花期 5～6月,果期 7～10 月。

【地理分布】　产连云港、宜兴、无锡等地。生于向阳山坡。

分布于长江流域及西南各省区,是低山丘陵常见树种。朝鲜、日本也有。

【土农药】　叶可作农药,捣烂加水过滤出的汁液对防治棉蚜、红蜘蛛、甘薯龟金花虫、菜青虫、地老虎等有效。

树叶中提取的萘醌类化合物对枯草芽孢杆菌、大肠杆菌、啤酒糖酵母和金黄色葡萄球菌有抗病原微生物作用。此类化合物还具有抑制植物生长的作用不宜种在鱼塘边。

枫杨 *Pterocarya stenoptera* C. DC.

【形态特征】　落叶乔木,高达 30 m;树皮黑灰色;小枝有灰黄色皮孔;髓部薄片状。叶互生,偶数羽状复叶,叶轴有翅;小叶长椭圆形,表面有细小疣状凸起。果实长椭圆形,果翅 2,翅长圆形至长圆状披针形。花期 4～5 月,果期 7～8 月。

【地理分布】　产江苏各地。生于溪边、河滩及湿地。

分布于陕西、河南、山东、安徽、浙江、江西、福建、台湾、广东、广西、湖南、湖北、四川、贵州、云南,华北和东北有栽培。

【土农药】　枫杨叶 0.5 kg 捣烂,加水 50 kg,取滤液,可防治蚜虫、叶蝉、飞虱、地下害虫等。或采集 80～100 kg 枫杨鲜叶,捣烂后给菜地或苗圃深施,能防治地老虎、蝼蛄等地下害虫。

羊踯躅(黄杜鹃)*Rhododendron molle*（Bl.）G. Don

【形态特征】 落叶灌木,高1～2 m。老枝光滑,带褐色幼枝有短柔毛和刚毛。叶互生,椭圆形至椭圆状倒披针形,花多数,短总状花序顶生,与叶同时开放,花黄色或金黄色,花冠漏斗状,长达4.5 cm,外被细毛,内面有深红色斑点。蒴果锥状长圆形,被柔毛和刚毛。花期4～5月,果期6～7月。

【地理分布】 产江苏各地。生于山坡、石缝、灌木丛中。

分布于浙江、江西、福建、湖南、湖北、河南、四川、贵州等省,是杜鹃花中极少开黄花的树种。

【土农药】 花对昆虫有强烈毒性,属接触毒与食入毒;其有效成分为梫木毒素与石楠素;对人亦有毒性。其根、叶对昆虫无毒杀作用。南方各省农村有作农药使用。

白檀 *Symplocos paniculata*（Thunb.）Miq.

【形态特征】 落叶灌木或小乔木,高4～12 m。单叶互生,卵状椭圆形或倒卵状圆形,花白色,芳香,圆锥花序生于新枝顶端或叶腋,花丝基部合生,呈五体雄蕊;核果成熟时蓝黑色,斜卵状球形,萼宿存。花期5月,果期10月。

【地理分布】 产连云港和苏南地区。生于山坡、路边、疏林或密林中。

分布于辽宁、山东、河南、安徽、浙江、福建、台湾、湖北、湖南、广东、海南、广西、贵州、云南、西藏、四川、甘肃东南部及陕西西南部和河北东北部;朝鲜、日本及印度也有。

【土农药】 根皮与叶可作农药。

糙叶树 *Aphananthe aspera*（Thunb.）Planch.

【形态特征】 落叶乔木,高达25 m。树皮褐色或灰褐色。叶卵形或卵状椭圆形,基出脉3,有锐锯齿,两面均有糙伏毛,上面粗糙。花单性,雌雄同株;花被5裂,宿存;子房被毛,1室,柱头2。核果近球形或卵球形,长8～13 mm,黑色。花期3～5月,果期8～10月。

【地理分布】 产江苏各地。生于山坡林中。

分布于山东、安徽、浙江、福建、台湾、江西、湖北、湖南、广东、广西、贵州、四川及云南南部和陕西南部;朝鲜、日本及越南也有。

【土农药】 叶制土农药,可防治棉蚜虫。

朴树 *Celtis sinensis* Pers.

【形态特征】 落叶乔木,高达 20 m。树皮灰褐色。叶卵形至卵状椭圆形,基部歪斜,中部以上边缘有浅锯齿,三出脉,核果近球形,直径 4～5 mm,熟时黄色或橙黄色;果柄与叶柄近等长;果核有肋和蜂窝状网纹,单生或两个并生。花期 4 月,果期 10 月。

【地理分布】 产江苏各地。生于路边、山坡或林缘、平原及低山丘陵,农村习见。

分布于河北、山东、安徽、浙江、福建、台湾、江西、湖北、湖南、广东、海南、广西、贵州、四川及河南陕西南部、甘肃南部;越南、老挝也有。

【土农药】 叶制土农药,可杀红蜘蛛。

榔榆 *Ulmus parvifolia* Jacq.

【形态特征】 落叶乔木,高达 25 m。树皮灰色或灰褐,不规则鳞状薄片剥落,露出红褐色内皮;当年生枝密被短柔毛。叶窄椭圆形、披针状卵形或倒卵形,基部偏斜,不对称,一边楔形,一边圆形,翅果椭圆形状卵形或椭圆形,缺口柱头面被毛,其余无毛。种子位于翅果中部或稍上处。花期 8～9 月,果期 10 月。

【地理分布】 产江苏各地。生于平原、丘陵、山坡或谷地。

分布于河北、山西、山东、安徽、浙江、福建、台湾、江西、胡北、湖南、广东、海南、广西、贵州、四川、陕西及河南;朝鲜半岛、日本、越南印度也有。

【土农药】 叶制土农药,可杀红蜘蛛。

桑树 *Morus alba* Linn.

【形态特征】 落叶乔木或灌木状,高达 15 m。树皮褐色或黄褐色;幼枝有毛。叶卵形或宽卵形,先端尖或钝,基部圆形或近心形,边缘有粗锯齿或不规则分裂,上面无毛,有光泽;下面脉上有疏毛,脉腋有簇生毛。花单性,雌雄异株,雄花序下垂,长 2～3 cm;聚花果卵状椭圆形,长 1～2.5 cm,黑紫色或白色。花期 4 月,果期 5～7 月。

【地理分布】 产江苏各地。生于丘陵、山坡、村旁、田野等处,多为人工栽培。

分布于中国中部,有约四千年的栽培史,栽培范围广泛,东北自哈尔滨以南,西北从内蒙古南部至新疆、青海、甘肃、陕西;南至广东、广西,东至台湾,西至四川、云南;以长江中下游各地栽培最多。

【土农药】 叶可作土农药。

乳浆大戟 *Euphorbia esula* Linn.

【形态特征】 多年生草本,高 15～40 cm,有白色乳汁。茎直立,有纵条纹,下部带淡紫色。短枝或营养枝上的叶密生,条形;长枝或生花茎上的叶互生,倒披针形或条状披针形,顶端图钝微凹或具凸尖。蒴果三棱状球形,有 3 条纵沟,熟时 3 瓣分裂;种子卵圆形,灰褐色或有棕色斑点。花果期 4～10 月。

【地理分布】 产江苏各地。生于草丛、山坡、路旁。

分布于全国(除海南、贵州、云南和西藏外)。广布于欧亚大陆。

【土农药】 全草切碎,投入粪池能杀蛆。

泽漆 *Euphorbia helioscopia* Linn.

【形态特征】 一年生或二年生草本,高达 50 cm。茎无毛或仅分枝略具疏毛,基部紫红色,分枝多。叶互生,倒卵形或匙形,先端钝圆或微凹缺,茎顶端具 5 片轮生叶状总苞,与叶相似,但较大,腺体 4,杯状花序钟形,黄绿色;蒴果三棱状扁圆形,无毛;种子卵形,表面有凸起网纹。花期 4～5 月,果期 5～8 月。

【地理分布】 产江苏省各地。生于山沟、路边、草地、荒野和山坡。

分布于辽宁、河北、山西、河南、山东、安徽、浙江、福建、江西、湖北、湖南、广西、贵州、云南、四川、青海、宁夏、甘肃及陕西;欧亚大陆及北非也有。

【土农药】 茎叶滤液可防治小麦吸浆虫、麦蚜虫、红蜘蛛及棉蚜虫等。

续随子 *Euphorbia lathyris* Linn.

【形态特征】 多年生草本,高达 80cm;全株含乳汁。茎直立,被白色短柔毛,上部分枝。叶线状披针形,两面无毛,全缘。苞叶 2,卵状长三角形,长 3～8cm,花序单生,近钟状,边缘 5 裂,腺体 4,新月形。蒴果三棱状球形,表面有光滑,成熟时不裂。花期4～5 月,果期 6～9 月。

【地理分布】 产江苏各地。生于山坡、灌丛、路旁、荒地、草丛、林缘或疏林内。

除台湾、云南、西藏、新疆外,全国广布;朝鲜、日本也有。

【土农药】　茎、叶均可杀虫。茎、叶中含大戟苷、大戟酸、三萜醇、有机酸、鞣质、树脂酸、糖等物质。

一叶萩　*Flueggea suffruticosa*（Pall.）Baill.

【形态特征】　落叶灌木，高 1～3 m；小枝浅绿色。单叶互生，椭圆形或长椭圆形，两面无毛，全缘或有不整齐波状齿或细钝齿，侧脉两面凸起，花小，单性，雌雄异株，无花瓣，3～12 簇生于叶腋；蒴果三棱状扁球形，直径约 5 mm，红褐色，无毛，三瓣裂。花期 5～6 月，果期 6～9 月。

【地理分布】　产江苏省各地。生于山坡灌丛中或山沟、路边。

分布于安徽、福建、广东、广西、贵州、海南、河北、黑龙江、河南、湖北、湖南、江西、吉林、辽宁、内蒙古、山东、山西、四川、台湾、西藏、云南、浙江；蒙古、俄罗斯、日本、朝鲜也有。

【土农药】　土农药植物。

算盘子　*Glochidion puberum*（Linn.）Hutch.

【形态特征】　落叶灌木，高 1～2 m；小枝灰褐色，密被黄褐色短柔毛。叶长圆形至长圆状披针形或倒卵状长圆形，表面除中脉外无毛，下面密被短柔毛。花小，单性，雌雄同株或异株，无花瓣，2～5 朵簇生叶腋；萼片淡粉绿色 6，2 轮；蒴果扁球形，成熟时带红色，有明显的纵沟槽，被短柔毛；种子近肾形，具 3 棱。花期 4～8 月，果期 7～11 月。

【地理分布】　产江苏各地。生于山坡、溪旁灌丛或林缘。

分布于山东、安徽、浙江、福建、台湾、江西、湖北、湖南、广东、香港、海南、广西、贵州、云南、西藏、四川、甘肃、陕西及河南。

【土农药】　土农药植物。

雀儿舌头　*Leptopus chinensis*（Bunge.）Pojark.

【形态特征】　落叶小灌木，高可达 3 m。叶卵形至椭圆形。花小，单性，雌雄同株，单生或 2～4 簇生于叶腋，花瓣 5，白色，蒴果球形或扁球形，直径6 mm。花期 2～8 月，果期 6～10 月。

【地理分布】　产铜山。生于山坡、田边、路旁、林缘。

分布于安徽、北京、甘肃、广西、贵州、河北、河南、湖北、湖南、江西、吉林、辽宁、内蒙古、宁夏、青海、陕西、山东、上海、山西、四川、天津、西藏、云南、浙江、台湾。

【土农药】　叶可作杀虫农药。

乌桕 *Triadica sebifera* (Linn.) Small

【形态特征】 落叶乔木,高达 15 m,具乳汁。叶菱形至菱状卵形,基部阔楔形,全缘,两面无毛,秋天变成红色;叶柄,基部有 1 对腺本。花单性,雌雄同株,穗状花序顶生的,中上部全为雄花,基部有 1~4 朵雌花;蒴果梨状球形,种子近圆形,黑色,外被白蜡。花期 5~6 月,果期 10~11 月。

【地理分布】 产江苏各地。栽培于路旁、田埂、山坡。

分布于秦岭、淮河流域以南,东至台湾,南至海南岛,西至四川中部,西南至贵州、云南等地,主要栽培区在长江流域以南浙江、湖北、四川、贵州、安徽、云南、江西、福建等省区;日本、越南及印度也有。欧洲、美洲和非洲有栽培。

【土农药】 因叶有毒,浸出液可作杀虫剂,不宜种在鱼塘边。

油桐 *Vernicia fordii* (Hemsl.) Airy-Shaw

【形态特征】 落叶小乔木,高达 9 m;树皮灰色。叶卵状圆形,基部截形或心形,不裂或 3 浅裂,全缘,叶柄顶端有 2 红色扁平腺体,花大,白色略带红。核果近球形,果皮平滑,无棱,直径 3~6 cm;种子具厚壳种皮。花期 3~4 月,果期 8~9 月。

【地理分布】 产江苏各地。低山丘陵地区栽培于。

北至、河南、陕西各省南部,西至四川中部,西南至贵州、云南,南至广东、广西均有栽培。至少有千年以上的栽培历史,直到 1880 年后才陆续传到国外。

【土农药】 老叶切碎捣烂,水浸液可防治地下虫害。

芫花 *Daphne genkwa* Sieb. et Zucc.

【形态特征】 落叶灌木,高 30~100 cm;幼枝密被淡黄色绢状毛,老枝无毛。叶对生或偶为互生,椭圆状矩圆形至卵状披针形。花先叶开放,淡紫色或淡紫红色,3~6 朵成簇腋生;核果椭圆形,肉质、白色,包藏于宿存的花萼筒的下部。花期 3~5 月,果期 6~7 月。

【地理分布】 产江苏各地。生于山坡路边、疏林中。

分布于甘肃、陕西、山西、河北、山东、河南、安徽、浙江、福建、台湾、江西、湖北、湖南、贵州及四川。

【土农药】 全株可作农药,煮汁可杀虫,杀灭天牛虫效果良好。

蛇莓 *Duchesnea indica*（Andr.）Focke

【形态特征】 多年生草本，具长匍匐茎，长 30～100 cm，有柔毛。三出复叶，小叶片，菱状卵形或倒卵形，花黄色，单生于叶腋，萼片卵形，副萼片比萼片长，倒卵形，花托扁平，果期膨大成半圆形，海绵质，红色；瘦果卵形，光滑或具不明显突起，鲜时有光泽。花期 6～8 月，果期 8～10 月。

【地理分布】 产江苏各地。生于山坡、河岸、草地、林缘、疏林下、路边、草地、荒坡及田边。

分布于吉林、辽宁、河北、山西、河南、山东、安徽、浙江、福建、台湾、江西、湖北、湖南、广东、海南、广西、贵州、云南、西藏、四川、陕西、甘肃及宁夏；从阿富汗东达日本，南达印度、印度尼西亚，至欧洲及北美洲均有。

【土农药】 全草水浸液可防治农业害虫，灭杀蛆、孑孓等。

石楠 *Photinia Serratifolia*（Desf.）Kalk.

【形态特征】 常绿灌木或小乔木，高 4～6 m，稀可达 12 m；。叶长椭圆形、长倒卵形或倒卵状椭圆形，边缘有疏生带腺细锯齿，近基部全缘，复伞房花序顶生，直径 10～16 cm，花白色。梨果球形，红色后褐紫色。花期 4～5 月，果期 10 月。

【地理分布】 产江苏各地。生于林中、山坡、溪边的杂木林内或山坡、溪边的杂木林内。

分布于河南南部、安徽南部、浙江、福建、台湾、江西、湖北、湖南、广东、广西、云南、贵州、四川、河南南部、安徽南部、甘肃南部及陕西南部；日本、印度、印度尼西亚及菲律宾也有。

【土农药】 叶和根可作土农药防治蚜虫，并对病菌孢子发芽有抑制作用。

地榆 *Sanguisorba officinalis* Linn.

【形态特征】 多年生草本，高 1～2 m；根粗壮；茎直立。奇数羽状复叶；小叶 2～5 对，稀 7 对，长圆状卵形至长椭圆形，边缘有圆而锐的锯齿，无毛；基生叶托叶褐色，膜质，无毛，茎生叶托叶草质，半卵形，包茎，近镰刀状，有齿。密集，圆柱形的穗状花序，顶生；花小萼裂片 4，花瓣状，紫红色，瘦果褐色，具细毛，有纵棱，包藏在宿萼内。花期 7～10 月，果期 9～11 月。

【地理分布】 产江苏各地。生于山坡、草地。

除台湾、香港和海南外广泛，分布于全国各地；欧洲和亚洲其他地区也有。

【土农药】 全草作农药可治蚜虫、红蜘蛛、小麦秆锈病。

苦参 *Sophora flavescens* Ait.

【形态特征】 多年生草本或亚灌木,高 1.5～3 m。羽状复叶;小叶 25～29,披针形至椭圆形,下面密生平贴柔毛。总状花序顶生,花冠淡黄色。荚果长 5～8 cm,于种子间微缢缩,呈不明显的串珠状,有种子 1～5 粒。种子长卵圆形,稍扁,深红褐或紫褐色。花期 6～7 月,果期 7～9 月。

【地理分布】 产江苏各地。生于山坡山坡阴处或沙地。

分布于黑龙江、吉林、辽宁、内蒙古、河北、山西、河南、山东、安徽、浙江、福建、台湾、江西、湖北、湖南、贵州、广西、云南、四川、陕西及甘肃;印度、朝鲜、日本及俄罗斯西伯利亚也有。

【土农药】 根、茎、种子均可入药杀虫。入药部位含苦参碱、氧化苦参碱、羟基苦参碱、脱氧苦参碱、苦参啶、苦参醇,以及金雀花碱、N-甲基金雀花碱等。

野鸦椿 *Euscaphis japonica*（Thunb.）Kanitz

【形态特征】 落叶小乔木或灌木,高约 3 m。树皮灰褐色,小枝及芽棕红色,枝叶揉碎后发恶臭气味。奇数羽状复叶对生,小叶 5～11,对生,卵形至卵状披针形,边缘具细锯齿,圆锥花序顶生,花黄白色,蓇葖果,长 1～2 cm,果皮软革质,紫红色。种子近圆形,假种皮肉质,黑色。花期 5～6 月,果期 9～10 月。

【地理分布】 产江苏各地。生于山坡林中。

分布于江苏、安徽、浙江、福建、台湾、江西、湖北、湖南、广东、海南、广西、云南、贵州、四川、甘肃、陕西及河南;日本及朝鲜也有。

【土农药】 树皮和叶可作农药。

白鲜 *Dictamnus dasycarpus* Turcz.

【形态特征】 多年生宿根草本,高可达 1 m,全株有强烈香气,基部木质;茎、叶、花序密被白色的长毛并着生水泡状的油腺点。奇数羽状复叶;小叶 9～13,椭圆形至长圆状披针形,花大型,白色或淡紫色;蒴果 5 室,裂瓣顶端呈锐尖的喙,密被棕黑色腺点及白色柔毛。花期 5 月,果期 8～9 月。

【地理分布】 产江苏各地。生于低山、山坡林缘、灌木丛内。

分布于黑龙江、吉林、辽宁、内蒙古、河北、山西、河南、山东、江西、安徽、湖北、四川、陕西、甘肃、宁夏、青海及新疆;朝鲜、蒙古和俄罗斯远东地区也有。

【土农药】 根茎可制农业杀虫剂。

臭椿 *Ailanthus altissima*（Mill.）Swingle

【形态特征】 落叶乔木,高达 20 m。树皮平滑。小枝粗壮。奇数羽状复叶互生,小叶 13～25,对生或近对生,揉之有臭味,卵状披针形,基部斜楔形,全缘,仅在近基部 1～2 对粗锯齿,齿顶端下面有 1 腺体。翅果扁平,长椭圆形,淡黄绿色或淡红褐色,中间有 1 粒种子。花期 5～6 月,果期 9～10 月。

【地理分布】 产江苏各地。生于向阳山坡或灌丛。

分布于辽宁、内蒙古、河北、山西、河南、山东、江苏、安徽、浙江、福建、台湾、江西、湖北、湖南、广东、广西、贵州、云南、西藏、四川、陕西、甘肃及新疆。世界各地栽培。

【土农药】 臭椿鲜叶 1 kg,加水 3 kg,浸泡 2 d 后的浸出液,可直接喷雾防治蔬菜蚜虫、菜青虫等害虫;或将此液加 5 倍的水,喷雾防治小麦锈病。

苦木（苦树）*Picrasma quassioides*（D. Don）Benn.

【形态特征】 落叶小乔木,高达 10 m。树皮平滑,紫褐色。奇数羽状复叶互生,小叶 9～15,卵形至长圆状卵形,基部宽楔形,偏斜,顶端锐尖至短渐尖,边缘有锯齿。聚伞花序腋生;花黄绿色;核果倒卵形,3～4 个并生,蓝至红色,萼宿存。花期 4～5 月,果期 6～9 月。

【地理分布】 产江苏各地。生于山坡林中。

分布于辽宁、河北、山西、河南、山东、安徽、浙江、福建、台湾、江西、湖北、湖南、广东、海南、香港、广西、贵州、云南、西藏、四川、陕西及甘肃;不丹、尼泊尔、朝鲜、日本及印度北部也有。

【土农药】 根皮极苦,有毒,可作农药。

楝树（苦楝）*Melia azedarach* Linn.

【形态特征】 落叶乔木,高 15～20 m,幼枝绿色,有星状毛,皮孔多而明显;老枝紫褐色,二或三回奇数羽状复叶,小叶卵形或卵状披针形,边缘有粗钝锯齿。花淡紫色,核果近球形,成熟后橙黄色。花期 4～5 月,果期 10～11 月。

【地理分布】 产江苏各地。生于旷野、向阳旷地。

华北南部至华南,西至甘肃、四川、云南均有分布;南亚、东南亚及太平洋岛屿也有。

【土农药】 鲜叶可灭钉螺作农药。所含的川楝素,有杀虫作用。苦川素是一种高效杀虫剂,可防治 100 多种昆虫,是配置无公害农药的重要生物原料。

黄连木 *Pistacia chinensis* Bunge

【形态特征】 落叶乔木,高达 25 m。偶数羽状复叶互生,小叶 10～14 枚,披针形、卵状披针形,全缘,先端渐尖,基部歪斜。雌雄异株。先花后叶,花小无瓣,雄花淡绿色,雌花紫红色,核果扁球形,紫蓝色或红色。花期 3～4 月,果期 9～11 月。

【地理分布】 产江苏各地。生于低山丘陵及平原。

我国黄河流域以南均有分布;菲律宾也有。

【土农药】 根、枝、皮可制成生物农药。

盐肤木 *Rhus chinensis* Mill.

【形态特征】 落叶小乔木,高 5～10 m,小枝被柔毛,有皮孔。叶互生,奇数羽状复叶,叶轴具宽翅,小叶 7～13;小叶边缘有粗锯齿,有柔毛。圆锥花序顶生,直立,宽大;花小,杂性,花冠黄白色,核果近扁圆形,被柔毛和腺毛,成熟后红色。花期 8～9 月,果期 10 月。

【地理分布】 产江苏各地。生于向阳山坡及沟谷、溪边的疏林、灌丛和荒地。

除黑龙江、吉林、内蒙古和新疆外,其余各省区均有分布。也见于日本、中南半岛、印度至印度尼西亚。

【土农药】 幼枝和叶可作土农药。

野漆树 *Toxicodendron succedaneum* (Linn.) O. Kuntze

【形态特征】 落叶灌木或小乔木,高达 10 m。树皮暗褐色;小枝粗壮,无毛。顶芽鲜紫褐色,有疏毛。奇数羽状复叶互生,多聚生于枝顶,小叶 7～15,长圆状椭圆形或宽披针形,边全缘,下面常被白粉;侧脉明显,15～22 对。花小,黄绿色。核果扁平,斜菱状圆形,淡黄色,直径 6～8 mm,干时有皱纹。花期 5～6 月,果期 8～10 月。

【地理分布】 产苏南地区。生于山坡林中。

分布于河北、山东、河南、安徽、浙江、江西、福建、台湾、湖北、湖南、广东、海南、广西、贵州、四川、云南、西藏、宁夏、甘肃及陕西西南部;印度及日本南部、中南半岛、朝鲜半岛也有。

【土农药】 土农药植物。

木蜡树 *Toxicodendron sylvestre* (Sieb. et Zucc.) O. Kuntze

【形态特征】 落叶灌木或小乔木,高达 10 m。树皮灰褐色,初平滑后呈纵裂。幼枝及冬芽被棕黄色毛。奇数羽状复叶,多聚生于枝顶;小叶 9~15,对生,小叶片长椭圆状披针形,全缘,两面被柔毛,花序腋生,密生棕黄色柔毛;花小,黄绿色;核果扁平而偏斜,中果皮有蜡质,内果皮坚硬,成熟时淡黄色,平时皱缩。花期 5~6 月,果期 10 月。

【地理分布】 产连云港、南京、镇江、常州、宜兴、无锡、苏州。生于山地林、向阳山坡疏林中、石砾地。

分布于河南、安徽、浙江、福建、台湾、江西、湖北、湖南、广东、海南、广西、贵州、云南、四川及陕西;朝鲜半岛及日本南部也有。

【土农药】 土农药植物。

苦皮藤(棱枝南蛇藤) *Celastrus angulatus* Maxim.

【形态特征】 落叶藤本。小枝有 4~6 棱,皮孔密而明显,髓心片状;叶互生,宽卵形或近圆形,长 9~16 cm,宽 6~15 cm,花序顶生,有棱顶部有关节;花黄绿色。果序长达 20 cm,蒴果黄色,近球形。种子近椭圆形,长 3~5 mm,有红色假种皮。花期 5~6 月,果期 8~10 月。

【地理分布】 产苏南地区及盱眙。生于山坡林中及灌丛中。

分布于甘肃南部、陕西南部、河南、河北南部、山东南部、安徽、浙江北部以及河南安徽江西、湖北、湖南、广东、广西、贵州、云南及四川。

【土农药】 根皮和茎皮均含有多种强力杀虫成分。主要成分为倍半萜类化合物,目前已从苦皮藤中分离、鉴定了至少 18 种可作农药化合物,其中拒食成分 1 种(苦皮藤素 I),毒杀成分 6 种,麻醉成分 11 种(苦皮藤素 IV 为代表)。

江苏常见同属植物:

大芽南蛇藤 *C. gemmatus* Loes. 产苏南地区。生于密林及灌丛中。南蛇藤 *C. orbiculatus* Thunb. 产江苏省各地。生于山沟及山坡灌丛中。

雷公藤 *Tripterygium wilfordii* Hook. f.

【形态特征】 落叶藤状灌木,高达 3 m;小枝棕红色,有 4~6 纵棱,密生瘤状皮孔及锈色短毛。叶椭圆形至宽卵形,叶柄密被锈色毛。花序顶生及腋生,长 5~7 cm,被锈毛;花白绿色,蒴果长圆形,具 3 片膜质翅,翅上有斜生侧脉;种子,细柱状。花期 5~6 月,果期 9~10 月。

【地理分布】 产宜兴。生于背阴多湿的山坡、山谷、溪边灌木丛中。

分布于台湾、福建、浙江、安徽南部、江西、湖北、湖南、广东、广西、贵州、四川、西藏、云南、青海及辽宁；朝鲜、日本及缅甸也有。

【土农药】 农村常用作农药和杀虫，效果极佳。雷公藤的水浸液及乙醇浸液均有毒杀梨叶星毛虫及卷叶虫的能力。

牛奶子 *Elaeagnus umbellata* Thunb.

【形态特征】 落叶灌木，高达 4 m，具刺；幼枝密被银白色及黄褐色鳞片。叶，椭圆形至倒卵状披针形，表面银白鳞片及星状毛，下面灰白色，有少量褐色鳞片，花先叶开放，黄白色，芳香，2～7朵丛生新枝基部；果近球形或卵圆形，幼时绿色，被银白色或褐色鳞片，熟时红色；果柄粗，长 0.4～1 cm。花期 4～5 月，果期 7～8 月。

【地理分布】 产苏南地区。生于向阳疏林或灌丛中。

分布于华北、华东、西南各省区和陕西、甘肃、青海、宁夏、辽宁、湖北；中南半岛、日本、朝鲜、印度、尼泊尔、不丹、阿富汗、意大利等也有。

【土农药】 叶作土农药可杀棉蚜虫。

八角枫 *Alangium chinense* (Lour.) Harms

【形态特征】 落叶小乔木或灌木，高 5～7 m。树皮光滑，浅灰色；小枝绿色，有短柔毛。叶互生，近圆形；主脉常 3～5 条。花 7～30 朵组成腋生的聚伞花序，花瓣白色或黄白色，芳香，条形；核果卵圆形，花萼和花盘宿存。花期 3～7 月，果期 7～9 月。

【地理分布】 产江阴、江浦、溧阳、无锡也有。生于向阳山坡或疏林中。

分布于吉林、辽宁、河北、山西、河南、山东、安徽、浙江、福建、台湾、江西、湖北、湖南、广东、广西、贵州、云南、西藏、四川、甘肃及陕西；朝鲜及日本也有。

【土农药】 根叶可以作农药。

蛇床 *Cnidium monnieri* (Linn.) Cuss.

【形态特征】 一年生草本，高 30～80 cm；茎有分枝，疏生细柔毛。基生叶矩圆形或卵形，长 5～10 cm，二至三回三出式羽状分裂，最终裂片狭条形或条状披针形，伞幅 10～30，不等长；花白色。双悬果宽椭圆形，长 2.5～3 mm，宽 1.5～

2 mm,背部有略扁平棱,果棱成翅状。花期4～7月,果期6～10月。

【地理分布】 产江苏各地。生于田野、路旁、沟边及河边湿地。

分布于黑龙江、吉林、辽宁、内蒙古、河北、山西、山东、河南、安徽、浙江、福建、台湾、江西、湖北、湖南、广东、海南、广西、贵州、云南、四川、甘肃及陕西;俄罗斯、朝鲜、越南以及北美和欧洲也有。

【土农药】 蛇床的杀虫及防治植病效果很好,并且极为安全,是一种优良的农药植物。

艾蒿(艾) *Artemisia argyi* Levl. et Vant.

【形态特征】 多年生草本,高50～120 cm;茎有白色茸毛,上部分枝。叶片3～5深裂或羽状深裂,边缘有不规则锯齿,表面有白色小腺点,背面密生白色毡毛;上部叶渐小,3裂或全缘。头状花序排列成复总状,总苞片边缘膜质;花带红色,外层雌性,内层两性。瘦果。花果期7～10月。

【地理分布】 产江苏各地。生于路边、荒野、林缘。

东北、华北、华东、华南、西南以及陕西和甘肃等均有分布;蒙古、日本及朝鲜半岛俄罗斯远东地区也有。

【土农药】 全草作杀虫农药。将鲜草切碎加10倍水煮半小时,冷却后喷洒,可防治棉蚜、红蜘蛛、菜青虫等害虫。

茵陈蒿(茵陈) *Artemisia capillaris* Thunb.

【形态特征】 多年生草本或半灌木状,高50～100 cm。全株有浓烈的香气。当年枝顶端有叶丛。叶一至三回羽状深裂,下部裂片较宽短,常被短绢毛;中部叶裂片细长;上部叶羽状分裂,3裂或不裂,近无毛。头状花序极多数,在枝端排列成复总状,总苞球形;花黄色,管状。瘦果矩圆形,长约0.8 mm,无毛。花期9～10月,果期10～12月。

【地理分布】 产江苏各地。生于、海边、河边沙地、山坡、路边潮湿处。

全国各地均有分布;日本、菲律宾、越南、柬埔寨、马来西亚、印度尼西亚及朝鲜半岛、俄罗斯远东地区也有。

【土农药】 可作农药,防治蚜虫。

野艾蒿 *Artemisia lavandulaefolia* DC.

【形态特征】 多年生草本,高50～120 cm。茎上被密短毛。叶二回羽状分裂,裂片常有齿;下面有灰白色密短毛,头状花序多数,在上部的分枝上排列成复总状,花冠檐部紫红色,外层雌性,内层两性。瘦果长不及1 mm,无毛。花果期8～10月。

【地理分布】 产江苏各地。生于路边、草地、山谷灌丛。

分布于黑龙江、吉林、辽宁、内蒙古、河北、山西、河南、山东、安徽、福建、江西、湖北、湖南、广东、广西、贵州、云南、四川、陕西、甘肃、青海及新疆;日本、蒙古以及俄罗斯西伯利亚东部、朝鲜半岛及远东地区也有。

【土农药】 茎、叶、花均可杀虫。植株含精油、胆碱及鞣质等成分。

天名精（鹤虱）*Carpesium abrotanoides* Linn.

【形态特征】 多年生草本,高 50～100 cm,稍有臭气。茎直立,上部多分枝呈二叉状;茎下部的长椭圆形叶互生;头状花序多数,腋生半下垂,花黄色,全为管状花;外围花雌性,花冠细长呈丝状;中央花两性,花冠筒状。瘦果褐黑色。

【地理分布】 产江苏各地。生于林下、林缘、村旁、路边。

分布于华东、华南、华中、西南各省区及河北、陕西等地;日本、越南、缅甸、锡金、伊朗及朝鲜半岛、俄罗斯高加索地区也有。

【土农药】 全草水浸液可作农药,杀青菜虫、地老虎、守瓜虫等。

野菊 *Chrysanthemum indicum* Linn.

【形态特征】 多年生草本,高 25～100 cm。茎生叶卵形或长圆状卵形,羽状深裂,顶裂片大,侧裂片常 2 对,全部叶上面有腺体及疏柔毛,下面毛较多密,头状花序,在枝顶排成伞房状圆锥花序;舌状花黄色,瘦果有 5 条极细几纵肋,无冠状冠毛。花期 6～11 月。

【地理分布】 产江苏各地。生于山坡草地、灌丛、河边水湿地、滨海盐渍地、田边及路旁。

除新疆外,广布全国各地;印度、日本、俄罗斯、越南及朝鲜半岛也有。

【土农药】 全株及可做农药,能杀虫和防治植病。植株含 0.1%～0.2% 芳香油,其主要成分为菊醇、菊酮、樟烯等,也含有野菊花内酯、野菊花素 A、刺槐苷、蒙花苷、菊苷、木犀草素及微量的除虫菊素。

蒲公英 *Taraxacum mongolicum* Hand.-Mazz.

【形态特征】 多年生草本,高 25 cm,全株含白色乳汁。叶基生,呈莲座状,长圆状倒披针形或匙形,边缘羽状浅裂或齿裂。头状花序单生于花茎顶,黄色舌状花。花两性,瘦果,具白色冠毛。花期4～5月,果期6～7月。

【地理分布】 产江苏各地。生于山坡草地、路边、田野。

广布于东北、华北、华东、华中、西北、西南;朝鲜半岛及蒙古、俄罗斯也有。

【土农药】 全草可防治蚜虫。

醉鱼草 *Buddleja lindleyana* Fort.

【形态特征】 落叶灌木,高可达2 m,小枝四棱形,嫩枝被棕黄色星状细毛,单叶对生,卵形或卵状披针形,叶背疏生棕黄色星毛,穗状花序顶生,长7～20 cm,花密集,花冠钟形,紫色,4裂,稍有弯曲。蒴果矩圆形,具鳞片,种子细小。花期6～8月,果期10月。

【地理分布】 产江苏各地。生于沟边、路旁、灌丛中或栽培。

分布于浙江、安徽、江西、福建、广东、广西、湖南、湖北、四川等地。

【土农药】 叶含醉鱼草苷等多种黄酮类物质,有毒虫作用。

杠柳 *Periploca sepium* Bunge

【形态特征】 落叶藤状灌木,长达4 m。具乳汁。除花外全株无毛,小枝对生。叶,卵状长圆形。花冠紫红色,蓇葖果双生,圆柱状,长7～12 cm,直径约5 mm;种子长圆形,顶端具白绢质长3 cm的种毛。花期5～6月,果期7～9月。

【地理分布】 产苏北地区。生于山坡林缘、路旁。

分布于吉林、辽宁、内蒙古、宁夏、河北、山东、安徽、江西、湖北、贵州、四川、甘肃、陕西、河南及山西。

【土农药】 叶及根皮均可做杀虫剂,并有防治植病的作用。化学成分有五加皮苷A-K、杠柳苷、4-甲氧基水杨醛、香树脂醇,β-谷甾醇、以及葡萄糖苷等。

枸杞 *Lycium chinense* Mill.

【形态特征】 落叶灌木,高1～2 m。枝细长,柔弱,常弯曲下垂,有棘刺。叶互生或簇生,卵状菱形或卵状披针形,全缘。花1～4朵簇生于叶腋,花冠漏斗状,淡紫色。浆果卵形或长椭圆状卵形,长1～1.5 cm,红色,种子肾形,黄色。花期6～9月,果期7～10月。

【地理分布】 产连云港、徐州、镇江、南京。生于山坡、荒地、路旁、村边或有栽培。

广布于我国各省区,日本、朝鲜半岛及欧洲及北美有栽培。

【土农药】 枝干煮水、滤汁喷洒可杀棉蚜虫。

粗糠树 *Ehretia dicksonii* Hance

【形态特征】 落叶乔木,高达 10 m;树皮灰褐色,纵裂;枝条褐色,小枝淡褐色,均被柔毛。叶椭圆形或宽椭圆形倒卵形,上面粗糙,有糙伏毛,下面密生短柔毛。核果黄色,近球形,直径约 1.5 cm。花期 3～5 月,果期 6～7 月。

【地理分布】 产南京、镇江。生于山谷林中、宅旁。

分布于安徽、浙江、福建、台湾、湖南、广东、海南、广西、四川、贵州、河南、陕西及甘肃;日本、越南、不丹及尼泊尔也有。

【土农药】 叶和果实捣碎加水可作土农药,防治棉蚜虫、红蜘蛛。

梓树 *Catalpa ovata* G. Don

【形态特征】 落叶乔木,高达 20 m;嫩枝无毛或具长柔毛。叶对生,有时轮生,宽卵形或近圆形,先端常 3～5 浅裂,上面尤其是叶脉上疏生长柔毛;叶柄长,嫩时有长柔毛。圆锥花序顶生;花冠钟状,淡黄色,内有黄色线纹和紫色斑点。蒴果线形,长 20～30 cm;种子长椭圆形,两端生长毛。花期 5～6 月,果期 7～8 月。

【地理分布】 江苏各地栽培。

分布于安徽、甘肃、河北、黑龙江、河南、湖北、吉林、辽宁、内蒙古、宁夏、青海、陕西、山东、山西、四川、新疆;日本也有。

【土农药】 叶或树皮亦可作农药,可杀稻螟、稻飞虱。

透骨草(毒蛆草) *Phryma leptostachya* Linn. subsp. *asiatica* (Hara) Kitamura

【形态特征】 多年生草本,高达 60 cm;茎直立,不分枝,方形,有细柔毛。叶对生,卵形至卵状披针形,长 3～11 cm,宽 2～7 cm,基部楔形下延成叶柄,边缘有钝齿,两面疏生细柔毛;叶柄长 5～30 mm,有细柔毛。总状花序顶生或腋生;花小,多数;花冠淡紫色或白色,唇形,上唇 3 裂,下唇 2 裂;柱头 2 浅裂。瘦果下垂,棒状,长 6～8 mm,包在宿存花萼内,反折并贴近花序轴。花期 6～10 月,果期 8～12 月。

【地理分布】 产江苏各地。生于阴湿山谷或林下。

全国广泛分布;日本、朝鲜、俄罗斯、越南、印度东及巴基斯坦也有。

【土农药】 根及叶的鲜汁或水煎液对菜粉蝶、家蝇和三带喙库蚊的幼虫有强烈的毒性。根含透骨草素及透骨草醇乙酸酯,后者为主要杀虫成分。民间用全草煎水消灭蝇蛆和菜青虫。

黄荆 *Vitex negundo* Linn.

【形态特征】 落叶灌木或小乔木,高达 5 m。皮小枝方形,密生灰白色茸毛。叶对生,掌状复叶,小叶 5 片,中间小叶最大,小叶椭圆状卵形至披针形,先端渐尖,基部楔形,全缘或有少数浅锯齿,下面密生灰白色细茸毛。花淡紫色,外面有茸毛,顶端 5 裂,二唇形。核果球形,黑褐色,基部有宿萼。花期 7～8,果期 9～10 月。

【地理分布】 产江苏各地。生于山坡路边或灌丛中。

分布于安徽、福建、广东、广西、贵州、海南、河南、湖北、湖南、江西、青海、陕西、四川、台湾、西藏、云南、浙江。非洲东部经、亚洲东南部和、南州的美玻利维亚也有。

【土农药】 鲜叶,捣烂敷可治虫,灭蚊。鲜全株:可灭蛆。

益母草 *Leonurus japonica* Houtt.

【形态特征】 二年生草本。茎四方形,高 30～120 cm,有糙伏毛。茎下部叶轮廓卵形,掌状 3 裂,其上再分裂,中部叶通常 3 裂成长圆形裂片,花序上的叶呈条形或条状披针形,全缘或具稀少细齿,最小裂片宽在 3 mm 以上;叶柄长 2～3 cm 至近无柄。小坚果矩圆状三棱形。花期 6～9 月,果期 9～10 月。

【地理分布】 产江苏各地。生于田埂、路旁、溪边或山坡草地。

分布于全国各地。俄罗斯、朝鲜、日本、以及非洲及美洲也有。

【土农药】 作农药对马铃薯晚疫病病菌孢子发芽有显著抑制效果;对小麦叶锈病有防治效果。

石荠苧 *Mosla scabra* (Thunb.) C. Y. Wu et H. W. Li

【形态特征】 一年生草本,高 20～100 cm。茎直立,密被短柔毛。叶对生,卵形或卵状披针形,上面被柔毛,下面被疏短柔毛,密布腺点。轮伞花序 2 花,组成顶生的总状花序;花冠粉红色,小坚果黄褐色,球形,具皱纹。花期 5～10 月,果期 6～11 月。

【地理分布】 产江苏各地。生于山坡、路旁、灌丛。

分布于吉林、辽宁、安徽、浙江、福建、台湾、江西、湖北、湖南、广东、广西、贵州、四川、陕西及甘肃;日本及越南北部也有。

【土农药】 全草能杀虫。

黄芩 *Scutellaria baicalensis* Georgi

【形态特征】 多年生草本,高30～120 cm;根状茎肥厚,粗达2 cm,伸长。茎基部伏地,上升,近无毛或被上曲至开展的微柔毛。叶具披针形至条状披针形,下面密被下陷的腺点。花冠紫色、紫红色至蓝紫色,小坚果卵球形,具瘤,腹面近基部具果脐。花期7～8月,果期8～9月。

【地理分布】 产苏北地区。生于阳坡草地或荒地。

分布于黑龙江、辽宁、内蒙古、河北、山东、湖北、河南、山西、陕西及甘肃;俄罗斯、蒙古、朝鲜及日本也有。

【土农药】 根中可分离出黄芩苷(黄芩素)。0.28%黄芩苷黄酮水剂稀释300～400倍喷雾,可防治苹果腐烂病。

百部(蔓生百部) *Stemona japonica* (Bl.) Miq.

【形态特征】 多年生攀援草本,茎长1 m左右;纺锤形,块根肉质,簇生。叶3～4片轮生,纸质,卵形或卵状披针形,顶端渐尖,基部圆形或截形,基出叶脉5～7条,横脉细密,平行。花贴生于叶片上面中脉上,有花1至数朵;花被片淡绿色,雄蕊紫红色。蒴果扁卵形,熟时两瓣裂。花果期5～7月。

【地理分布】 产宜溧山地。生于草丛中、阳坡灌丛下或竹林。

分布于安徽南部、浙江西北部以及福建及江西。

【土农药】 土农药植物。药理实验证明,百部属植物中的生物碱具多种物理活性。属接触性杀虫剂,对人体寄生虫有杀减作用。可毒杀椿象、天牛、猿叶虫、桃象鼻虫、蝇蛆、地老虎等。江苏同属植物尚有直立 S. Aessieifotia(miq.)Miq.产江苏省各地。

狗尾草 *Setaria viridis* (Linn.) Beauv.

【形态特征】 一年生草本,秆高30～100 cm。叶片条状披针形,圆锥花序紧密,呈柱状,长2～15 cm;主轴被毛,颖果灰白色。花果期5～10月。

【地理分布】 产江苏各地。生于荒野、路边。

分布于全国各地。温带、亚热带均有分布。

【土农药】 全草加水煮沸20 min后,滤出液可喷杀菜虫。

菖蒲 *Acorus calamus* Linn.

【形态特征】 多年水生草本植物。有香气,根状茎横生,粗壮,直径达 1.5 cm。叶剑形,花葶基出,短于叶片,稍压扁状;肉穗花序圆柱形,佛焰苞叶状,剑状线形,长 30～40 cm,宽 5～10 mm;果紧密靠合,红色,果期花序粗达 16 mm。花期(2～)6～9 月。

【地理分布】 产江苏各地。生于水边或沼泽地。

全国大部分地区均有分布。朝鲜、日本以及俄罗斯西伯利亚至北美洲分布。欧洲有引种。

【土农药】 将菖蒲根茎 500 g 捣烂后,加水 1～1.5 kg 熬煮 2 h,经过滤所得的原液,兑水 3～6 kg 喷施,可有效防治稻飞虱、稻叶蝉、稻螟蛉、蚜虫、红蜘蛛等虫害。

第十章

有 毒 植 物

目前,全世界植物有 30 多万种,有毒植物约 2 000 种。有毒植物自身化学成分复杂,其中有很多是有毒物质,不慎接触到,可能会引起很多疾病甚至死亡。我国已知的有毒植物有近千种。有些植物外观漂亮,但内里却暗藏杀机,可能是种子有毒,或许是叶片有毒,甚至于全株有毒。但它们是自然界不可缺少的一部分,是重要的工业原料。它们与人们的生活息息相关。在日常生活中,极有可能会因接触或误食这些植物而受到伤害,因此有必要加深对有毒植物的认识。

有毒植物造成毒害的方式包括如下几种。①直接食用而中毒:如见血封喉、断肠草、鱼藤、夹竹桃。②因食用或药用过量而中毒:人参、银杏及杏仁等,原本是补品或药膳材料;毛地黄、乌头、雷公藤等可入药,这些使用过量都有中毒的危险。③因误食而中毒:误食室内观叶植物或大戟类植物的乳汁,是常有的事;或将红花八角的果实当作食用八角烹调菜肴都会造成中毒事件。④因吸入而中毒:呼吸时吸入某些植物的花粉,会造成呼吸道感染,气喘或者死亡;此外,吸食大麻、鸦片、吗啡等植物制品,也会引起中毒。⑤因间接食用而中毒:蜜蜂如果吸食杜鹃花或雷公藤等有毒植物的花蜜后,我们再去吃用这些花蜜所酿成的蜂蜜,用夹竹桃树枝当筷子吃饭都可能引起间接中毒。⑥因接触而中毒:荨麻科、大戟科、漆树科、天南星科、菊科等的许多植物,其汁液或毛等碰触到人畜的皮肤,往往会造成红肿、发痒甚至溃烂等现象。

人在遭受到有毒植物毒害以后会表现出不同的症状:

呼吸系统中毒:呼吸受到抑制,引起支气管痉挛、哮喘、呼吸困难等现象,严重时会导致死亡。

免疫系统中毒:有毒植物的毒素干扰乃至破坏免疫系统,造成种种过敏性反应,比较常见的症状有过敏性休克、过敏性鼻炎、过敏性哮喘、过敏性皮炎等。

神经系统中毒:感觉功能、运动功能和思维功能的障碍或丧失,有时连带造成呼吸功能和心脏功能的障碍等。反映出来的症状有肌肉僵硬、痉挛、四肢麻痹、嗜睡、昏迷、心跳缓慢和血压下降等。

中毒后的应急处理方式如下:

植物中毒的一般处理方式:植物中毒一般都属于急性症状,中毒者应尽快送医,由医生进行临床检查和毒物鉴定。辨识引起中毒植物种类。在植物中毒治疗上可分为一般治疗、使用解毒剂治疗及对症下药等。

含氰苷类植物中毒:含氰苷类植物中毒以苦杏仁引起的最为多见,后果最为严重。解毒治疗,给中毒病人吸入亚硝酸异戊酯,停用后用 3% 亚硝酸钠溶液缓慢静脉注射,再用新配置的 25%～50% 的硫代硫酸钠缓慢静脉注射。

乌头碱类植物中毒:乌头类植物有毒成分系乌头碱口服 0.2 mg 即能使人中毒,口服 3～5 mg 可致死。乌头碱可经破损皮肤和胃肠道迅速吸收。乌头碱口服中毒应立即用 1:5 000 高锰酸钾、2% 食盐水或浓茶反复洗胃。洗胃后可灌药用炭 10～20 g,随后再灌入硫酸镁 20～30 g 导泻。

可解毒的常见食物有如下几种:①牛奶:保护胃黏膜,减少胃壁与有毒物质的接触。②生鸡蛋白:同牛奶一样,能够保护胃黏膜,可用于应急的解毒处理。③浓茶:浓茶是通常使用的简单解毒剂之一,可作应急之用。④生绿豆:生绿豆 100～200 g 磨碎泡开水,等水冷后喝下,可以解毒。

问荆 *Equisetum arvense* Linn.

【形态特征】 多年生蕨类,高 30～60 cm。根状茎横生黑褐色。地上茎直立,二型:生殖枝和营养枝,营养枝在生殖枝枯萎后生出,绿色多分枝,有棱脊 6～15 条。叶鳞片状,轮生,在每节上合生成筒状叶鞘;包围在节间基部。孢子囊穗顶生,钝头,孢子叶六角形,盾状着生,螺旋排列,边缘着生长形孢子囊。

【地理分布】 产苏北地区。生田边、沟边、道旁和住宅附近,常成片生长类。

分布于东北、华北、西北、华东、华中及西南等省区;日本和俄罗斯、朝鲜半岛、喜马拉雅、欧洲、北美洲有也有。

【毒害性】 全草有毒,马多食后引起反射机能兴奋,步行踉跄、站立困难、后肢麻痹等运动机能发生障碍,但食欲和神经活动仍能维持正常,到末期才受影响。急性中毒数小时至 1 日即倒毙,多则 2～8 d。牲畜如少量长期误食则呈慢性中毒,出现消瘦、下痢等。解剖发现小脑和脊髓充血、水肿。

江苏常见同属有毒植物:

节节草 *E. ramosissimum* Desf. 产江苏省各地。生于路旁、溪边及沙地。全株有毒。马、骡中毒后主要出现中枢神经中毒症状,以运动机能障碍为主,有站立不稳、步态蹒跚、后躯摇摆、眼睑下垂、肌肉强直、全身或局部肌肉颤动、阵发性痉挛、呼吸困难、全身出汗症状,最后陷于虚脱和窒息状态。

蕨 *Pteridium aquilinum* (Linn.) Kuhn var. *latiusculum* (Desv.) Underw. ex Heller

【形态特征】 多年生蕨类,高达 1 m。根状茎长而横走,有黑褐色茸毛。叶片三角形或阔披针形,三至四回羽状或四回羽裂;末回小羽片或裂片矩圆形,全缘或下部的有 1～3 对浅裂片或呈波状圆齿。孢子囊群生小脉顶端的联结脉上,沿叶缘分布;囊群盖条形,为叶缘反折而成的假盖。

【地理分布】 产江苏各地。生于光照充足偏酸性土壤的林缘或荒坡。

分布于全国各地;世界温带和暖温带地区广布。

【毒害性】 牛、羊及马食之可中毒,猪食之无碍。毒性物质可能是硫胺酶。有人认为,毒性物质不仅是硫胺酶,还有其他成分。对全骨髓造血系统都有伤害,特别是抑制红细胞之生成。抑制红细胞对铁的摄取。此外也出现血小板及白细胞的减少的症状,发生广泛的点状出血。牛大量食之后中毒。给大鼠喂食,药理实验表明可致癌,特别是小肠部位。

含1-茚满酮类化合物:蕨素 A、B、C、D、E、F、G、J、K、L、Z,蕨苷 A、B、C、D、Z,棕榈酰蕨素 A、B、C,异巴豆酰蕨素 B,苯甲酰蕨素 B,乙酰蕨素 C。

贯众 *Cyrtomium fortunei* J. Sm.

【形态特征】 多年生蕨类,根状茎短,直立或斜生,连同叶柄基部且密阔卵状披针形黑褐色大鳞片。叶簇生,叶片阔披针形或矩圆披针形,奇数一回羽状;羽片镰状披针形,基部上侧稍呈耳状凸起,下侧圆楔形,边缘有缺刻状细锯齿。孢子囊群生于小脉顶端,在主脉两侧各排成不整齐的3~4行。囊群盖大,圆盾形,全缘。

【地理分布】 产江苏各地。生于山坡林下、溪沟边、石缝中,以及墙脚边等阴湿处。

分布于安徽、重庆、福建、甘肃、广东、广西、贵州、河北、河南、湖北、湖南、江西、陕西、山东、上海、山西、四川、台湾、云南、浙江;越南、泰国、日本和朝鲜半岛也有。

【症状】 根茎有毒,中毒后轻者有头痛、头晕、腹泻、腹痛、呼吸困难、短暂失明,重者发生谵妄、昏迷、黄疸、肾功能损伤,最后因呼吸衰竭而死亡。中毒后恢复缓慢,可造成永久性失明。药理实验表明根茎的乙醚提取物 LD_{50} 为 1.7 g/kg。

根茎含多种间苯三酚衍生物,有绵马素、白绵马素、东北贯众素、绵马酚、绵马酸、黄绵马酸等。

侧柏 *Platycladus orientalis* (Linn.) Franco

【形态特征】 常绿乔木,高达 20 m。小枝向上伸展。叶二型,中央叶倒卵状菱形,背面有腺槽,两侧叶船形,中央叶与两侧叶交互对生。球果阔卵形,近熟时蓝绿色被白粉,种鳞 4 对,熟时张开,种子卵形,灰褐色,无翅,有棱脊。花期 3~4 月,球果 9~10 月成熟。

【地理分布】 江苏各地栽培。栽培历史悠久,各地常见千年大树。

分布于甘肃、河北、河南、陕西、山西,引种于安徽、福建、广东、广西、贵州、湖北、湖南、江西、吉林、辽宁、内蒙古、山东、四川、西藏、云南、浙江;俄罗斯远东地区、朝鲜半岛及越南也有。

【毒害性】 枝、叶有毒。人、畜中毒引起腹痛、腹泻、恶心、呕吐、头晕、口吐白沫,有时发生肺水肿、强直性或阵挛性惊厥、循环及呼吸系统衰竭等症状。叶提取物有中枢镇静作用,小鼠腹膜内注射叶的水煎剂LD_{50}为 15.2 g/kg。

披针叶八角（毒八角）*Illicium lanceolatum* A. C. Smith

【形态特征】 常绿灌木或小乔木,高 3～10 m。叶互生或聚生于小枝上部,革质,倒披针形线披针形。花红色;聚合果,蓇葖 10～14 枚,轮状排列,斜生于花托上,呈星状,顶端有长而弯曲的尖头;种子淡褐色,有光泽。花期 5 月,果期 9～10 月。

【地理分布】 产宜兴。生于阴湿狭谷和溪流沿岸。

分布于安徽、浙江、江西、福建、湖北、湖南、广东、贵州。

【毒害性】 枝、叶、根、果均有毒,果实,尤其是果壳毒性大。莽草中毒多因将其果误作八角食用而引起。毒害作用为直接刺激消化道黏膜,经消化道吸收进入间脑、延脑,使呼吸中枢和血管运动中枢功能失常,并麻痹运动神经末梢,严重时损害大脑。

披针叶八角:果实多为 8～13 瓣,顶端呈较尖的鸟喙状,向后弯曲;果皮较薄,味略苦;果柄较短,平直或微弯。

可食用八角果实多为 8 瓣,顶端呈较钝的鸟喙状;果皮较厚,有较浓郁的香气,味甜;果柄较长,弯曲。

马兜铃（天仙藤）*Aristolochia debilis* Sieb. et Zucc.

【形态特征】 多年生草质藤本,茎有异味。全株无毛;根圆柱形。叶三角状矩圆形至卵状披针形或卵形,顶端短渐尖或钝,基部心形,两侧具圆的耳片;花单生叶腋,花被筒喇叭状,基部急剧膨大呈球状,带暗紫色,蒴果近球形,6 瓣裂开;种子扁平,钝三角形,有白色膜质宽翅。花期 7～8 月,果期 9～10 月。

【地理分布】 产江苏各地。生于山谷、沟边、路旁阴湿处及山坡灌丛中。

分布于安徽、福建、广东、广西、贵州、河南、湖北、湖南、江西、山东、四川、浙江。

【毒害性】 全株有毒,种子毒性较大。中毒症状有恶心、呕吐、腹痛、腹泻、便血、尿血及蛋白尿、呼吸抑制、血压下降等。水煎果实 30 g,服后 10 min 左右出现恶心、头晕、气短症状,继则呕吐逐渐加重,甚者吐血,并有脱水、酸中毒现象。家畜中毒引起消化器官及肾脏炎症,多尿、血尿、下痢、食欲及反刍消失、知觉钝麻、嗜睡、瞳孔散大、后躯麻痹、呼吸困难。近年来发现马兜铃含有的马兜铃酸有较强肾毒性。

江苏常见同属有毒植物:

绵毛马兜铃(寻骨风)*A. mollissima* Hance 产江苏省各地。全草有毒。

杜衡 *Asarum forbesii* Maxim.

【形态特征】 多年生草本。根状茎的节间短,直立或斜升,下端有多数须根。茎端生 1～2 叶,宽心形至肾状心形,表面深有白色斑,边缘与脉上密生细柔毛;单花顶生,直径约 1 cm;花被管钟状,顶端 3 裂,内面暗紫色,格状网眼明显;蒴果肉质,有多数黑褐色种子。花期 4～5 月。

【地理分布】 产南京、苏州、宜兴。生于阴湿有腐殖质的林下或草丛。

分布于安徽、浙江、江西、湖北、湖南及河南南部。

【毒害性】 杜衡主要含挥发油,植株中的挥发油含有毒物质黄樟醚等,对人的中枢神经系统和肝、肾有损害,可出现类似磷中毒症状。

蜡梅 *Chimonanthus praecox* (Linn.) Link

【形态特征】 落叶灌木,高可达 5 m。丛生,根颈部发达呈块状,称为"蜡盘"。叶对生,近革质,卵形或椭圆状披针形,全缘,表面绿色而粗糙,背面灰色而光滑。花单生于枝条两侧,黄色,有光泽,蜡质,具浓郁香味。瘦果。花期 11 月至翌年 3 月,果期 4～11 月。

【地理分布】 江苏各地栽培。

分布于华东及湖北、湖南、四川、贵州、云南等地;朝鲜、日本及美洲、欧洲也有。

【毒害性】 果实、枝叶有毒,误食可引起强烈抽搐。

及己 *Chloranthus serratus* (Thunb.) Roem. et Schult

【形态特征】 多年生草本,高 20～40 cm;根状茎粗短。叶对生,4～6 片,生于茎上部,通常卵形,边缘有圆齿或锯齿,齿尖有腺体;穗状花序单个或 2～3 分枝,花白色;核果近球形。花期 4～5 月,果期 6～8 月。

【地理分布】 产苏南地区及连云港。生于林边阴湿处。

分布于河南、山东、安徽、浙江、福建、江西、湖北、湖南、广东、广西、贵州、云南及四川。

【毒害性】 根有毒,成人口服 6～7 g 即可发生中毒。曾报道一例用黄酒捣服鲜根约 20 g,24 小时内死亡。中毒症状有呕吐、头昏、口渴、手足抽搐、面色苍白、意识模糊、结膜充血、齿龈发黑、心悸亢进、昏迷,而后死亡。尸体检查发现肝、脾、心、脑瘀血,肺出血及水肿。

江苏常见同属有毒植物还有:

丝穗金粟兰 *C. fortunei* (A. Gray) Solms‐Laub. 产苏南地区。有毒,内服宜慎。
多穗金粟兰 *C. multistachys* Pei. 产南京宝华山。有毒。

三叶木通 *Akebia trifoliata* (Thunb.) Koidz.

【形态特征】 落叶木质藤本,茎、枝都无毛。掌状多叶 3 小叶;小叶卵圆形、宽卵圆形或长卵形,长宽变化很大,总状花序腋生,长约 8 cm;花单性同株;雄花生于上部,雄蕊 6;雌花花被片紫红色,具 6 个退化雄蕊,心皮分离。果实肉质,长卵形,成熟后沿腹缝线开裂;种子多数,卵形,黑色。花期 4～6 月,果期 7～9 月。

【地理分布】 产宜兴。生于山坡灌丛中。

分布于河北、山西、山东、河南和陕西南部、甘肃东南部及长江流域各省区;日本也有。

【毒害性】 枝叶有毒。小鼠腹膜内注射枝和叶的氯仿或甲醇提取物 200 mg/kg,出现扭体、竖尾、肌张力增加、高步态等症状;在 500 mg/kg 剂量下可见呼吸抑制、瘫痪以至死亡。根中苷类提取物有抗炎作用。木通皂苷小剂量有显著利尿作用,大剂量时可导致肾功能衰竭。

蝙蝠葛(蝙蝠藤) *Menispermum dauricum* DC.

【形态特征】 草质藤本,长达 10 余米。根茎细长,圆柱形,生有多数须根。茎缠绕性,小枝带绿色,有细纵条纹。叶盾状,圆肾形或卵圆形,边缘略呈 3～7 角状浅裂,掌状脉 5～7 条花单性,花黄绿色,核果,肾状圆形线宽半月开,紫黑色。花期 6～7 月,果期 8～9 月。

【地理分布】 产江苏各地。生于山坡林缘、田边、路旁或攀援于岩石上。

分布于东北、华北及华东低山区;日本、朝鲜和俄罗斯西伯利亚南部也有。

【毒害性】 根和茎含山豆根碱、汉防己碱等多种生物碱,有剧毒。

南天竹 *Nandina domestica* Thunb.

【形态特征】 常绿灌木,高可达 2 m。茎圆柱形,丛生,少分枝,幼嫩部分呈红色,光滑无毛。叶互生,常集生于茎梢,二或三回羽状复叶,小叶狭卵形及披针形,全缘,无毛,叶柄基部有关节。花白色。浆果球状,熟时红色。花期 5～7 月,果期 8～10 月。

【地理分布】 产南京、宜兴,各地均有栽培。生于山地、林下沟旁、路边灌丛中,或庭园栽培。

分布于陕西、安徽、湖北、湖南、四川、江西、浙江、福建、广西；日本亦有。国内外庭园普遍栽培。

【毒害性】 全株有毒，中毒症状为兴奋，脉搏先快后慢且不规则、血压下降、肌肉痉挛、呼吸麻痹、昏迷等。茎、根含有南天竹碱、小檗碱；茎含原阿片碱、异南天竹碱。另外，茎和叶含木兰碱，果实含异可利定碱、原阿片碱。叶、花蕾及果实均含有氢氰酸。叶尚含穗花杉双黄酮、南天竹苷 A 及南天竹苷 B。

乌头 *Aconitum carmichaeli* Debx.

【形态特征】 多年生草本，高 60～150 cm。块根倒圆锥形，肉质，长 2～4 cm；主根粗大，长圆锥形，周围着生有多个当年生的小块根。茎直立，中部以上有反曲的小柔毛。叶掌状二至三回分裂，裂片有缺刻。花序顶生，花蓝紫色，外面有短柔毛。蓇葖果长圆形，由 3 个分裂的子房组成。种子黄色，三棱形，有膜质翅。花期 9～10 月，果期 10 月。

【地理分布】 产南京、镇江、宜兴和江浦、江宁。生于山地草丛、林边。

分布于安徽、浙江、江西、湖北、湖南、贵州、四川、辽宁南部、山东东部、广东北部、广西北部、陕西南部、河南南部；越南北部也有。

【毒害性】 乌头块根内含乌头碱、次乌头碱、新乌头碱、塔拉地萨敏、川乌头碱 A、川乌头碱 B、棍掌碱、去甲猪毛菜碱等成分。其中乌头碱、次乌头碱、新乌头碱为毒性很强的双酯类生物碱。

江苏常见同属植物：

深裂乌头 *A. carmichaeli* Debx. var. *tripartitum* W. T. Wang 产南京紫金山、句容宝华山。生于山地草坡、松林边或灌丛中。赣皖乌头 *A. finetianum* Hand.-Mazz. 产宜兴、溧阳。生于山地阴湿处。

威灵仙 *Clematis chinensis* Osbeck

【形态特征】 蔓生藤本。茎和叶干燥后变黑色；一回羽状复叶；小叶 5，少有 3，狭卵形或三角形卵形，全缘，伞花序顶生或腋生，花多数；萼片 4，花瓣状，白色，展平，矩圆形或狭倒卵形；无花瓣。瘦果扁狭卵形，被贴生柔毛；宿存花柱长 1.8～4 cm，羽毛状。花期 6～9 月，果期 8～11 月。

【地理分布】 产苏南。生于山谷、山坡林边或灌丛中。

分布于长江流域以南低海拔的山坡灌丛中，常作为药用栽培；越南及日本也有。

【毒害性】《南方主要有毒植物》记载：铁脚威灵仙，全株毒。中毒症状：茎叶的汁液与皮肤接触引起皮肤发泡溃疡；误食引起呕吐、腹痛、剧烈腹泻，类似石龙芮的中毒症状。解救方法：早期可用 0.2% 高锰酸钾溶液洗胃；服蛋清或面糊及可食性活性炭;静脉滴注葡萄糖盐水;腹剧痛时可用阿托品等对症治疗。皮肤及黏膜中毒,可食用用清水、硼酸或鞣酸溶液洗涤。

白头翁 *Pulsatilla chinensis*（Bunge）Regel

【形态特征】 多年生草本,高 15～35 cm。叶片宽卵形,3 全裂,中央裂片通常具柄,3 深裂,侧生裂片较小。花葶 1～2,高 15～35 cm;总苞管状,裂片条形;花梗长 2.5～5.5 cm。聚合果近圆球形 9～12 cm;瘦果纺锤形,宿存花柱羽毛状,长 3.5～6.5 cm。花期 4～5 月。

【地理分布】 产江苏各地。生于山坡草地、山谷、田野。

分布于黑龙江、吉林、辽宁、内蒙古、河北、山西、山东、安徽、河南、四川、陕西、湖北北部、以及甘肃南部、青海东部。

【毒害性】 全株俱毒,以根最毒。全草含原白头翁素,根含有白头翁素。除去根的全草有强心作用,其强心成分为翁因、翁灵。外用对黏膜有刺激作用,可作发泡剂。如超量服用或误服,对口腔、胃肠道有强烈的刺激作用,对心脏、血管有毒害作用,可导致内脏血管收缩、末梢血管扩张,严重者抑制呼吸中枢导致死亡。

禺毛茛 *Ranunculus cantoniensis* DC.

【形态特征】 多年生草本,高 25～80 cm。茎直立。三出复叶,小叶卵形至宽卵形,2～3 中裂,两面贴生糙毛。花瓣 5,椭圆形,黄色,基部狭窄成爪,蜜槽上有倒卵形小鳞片。聚合果近球形,瘦果扁平,边缘棱翼,顶端弯钩状。花果期 4～7 月。

【地理分布】 产江苏各地。多生于沟边、田埂、村边等潮湿处。

分布于河南、安徽、浙江、台湾、福建、江西、湖北、湖南、广东、香港、广西、贵州、云南、四川及陕西;朝鲜半岛、日本及不丹也有。

【毒害性】 全草含原白头翁素及其二聚物白头翁素,有毒。鲜茎叶中原白头翁素含量约 0.12%,干茎叶中约 0.34%,鲜根约 0.3%。

茴茴蒜 *Ranunculus chinensis* Bunge

【形态特征】 多年生草本,高 15～50 cm。茎直立,与叶柄均有伸展的淡黄色糙毛。三出复叶,叶片宽卵形,中央小叶具长柄,3 深裂,侧生小叶,不等地 2 或 3 裂;茎上部叶渐变小。花瓣 5,黄色,宽倒卵形,基部具蜜槽。聚合果近长圆形,长约 1 cm;瘦果扁,无毛。花期 4～6 月,果期 7～9 月。

【地理分布】 产江苏各地。生于溪边或湿草地。

除福建、台湾、广东、海南、广西外,广布各省;朝鲜半岛、日本、俄罗斯西伯利亚、巴基斯坦北部、印度北部及不丹、蒙古、哈萨克斯坦也有。

【毒害性】 全草有毒。误食后会致口腔灼热、恶心、呕吐、腹部巨痛,严重者呼吸衰竭而致死亡。含乌头碱、飞燕草碱、银莲花素等。

毛茛 *Ranunculus japonicus* Thunb.

【形态特征】 多年生草本,高 30～70 cm。茎直立、中空、有槽,具分枝。全株被柔毛。须根多数簇生。基生叶多数,叶片圆心形或五角形,常 3 深裂。下部叶与基生叶相似,向上叶变小。花瓣 5,黄色,倒卵形,基部有蜜槽。聚合果近球形,瘦果扁平。花期 4～9 月,果期 6～10 月。

【地理分布】 产江苏各地。生于山坡、路旁、沟边或湿地杂草丛中。

除海南、西藏外广布各省区;日本以及朝鲜半岛、日本、俄罗斯远东地区也有。

【毒害性】 全株有毒,花的毒性最大,其次为叶和茎。人中毒后最初表现为烦躁不安、口内灼热肿胀、咀嚼困难,继而呕吐、疝痛、下痢、尿血、脉搏徐缓、呼吸困难、瞳孔散大、失去知觉,最后痉挛死亡。茎叶含乌头碱及飞燕草碱,全草含白头翁素、原白头翁素等。

石龙芮 *Ranunculus sceleratus* Linn.

【形态特征】 一年生草本,高 15～45 cm。茎直立,疏生短柔毛或无毛。叶宽卵形,3 深裂,中央裂片菱状倒卵形,3,全缘或有疏圆齿,侧生裂片不等 2 或 3 裂;茎上部叶变小。花小,花瓣 5,黄色,狭倒卵形,蜜槽不具鳞片;雄蕊和心皮多数,无毛。聚合果长圆形,长约 7 mm;瘦果宽卵形,扁,长约 1.2 mm。花期 4～6 月,果期 7～8 月。

【地理分布】 产江苏各地。生于溪沟边或湿地。

除海南、青海、西藏外广布各省区。

【毒害性】 新鲜叶含有强烈挥发性刺激成分,与皮肤接触可引起炎症及水泡,内服可引起剧烈胃肠炎和中毒症状,但很少引起死亡。全草含原白头翁素,有毒。

猫爪草(小毛茛) *Ranunculus ternatus* Thunb.

【形态特征】 多年生草本,高 5～17 cm。块根多个簇生,近纺锤形,肉质,聚集呈猫爪状,长 7～10 mm。茎多分枝。基生叶丛生,三出复叶,顶端裂片长圆状卵形,侧生裂片楔状倒卵形,较小,边缘具缺刻。单花顶生,花瓣 5,黄色,倒卵形,基部有蜜槽;雄蕊和心皮多数;瘦果广卵形,无毛。花期 3～5 月,果期 5～6 月。

【地理分布】 产苏南地区。生于路边潮湿处。

分布于河南、安徽、浙江、福建、台湾、江西、湖北、湖南及广西;日本也有。

【毒害性】 全草有毒。花的毒性比其他部位大,误食可引起黏膜发炎。全草所含原白头翁素为有毒成分。

江苏常见毛茛属植物:

刺果毛茛 *R. muricatus* Linn. 产苏州、上海。全株有毒。扬子毛茛 *R. sieboldii* Miq. 产江苏各地。全株有毒。

博落回 *Macleaya cordata*(Willd.)R. Br.

【形态特征】 多年生草本,高 1~4 m,基部木质化。具黄褐色浆汁。根茎粗大,橙红色。茎绿色或红紫色,被白粉,中空,上部多分枝,无毛。单叶互生,叶片宽卵形或近圆形,先端,7~9 深裂或浅裂,上面绿色,无毛,下面具白粉。蒴果倒披针形或狭倒花卵形,长1.7~2.3 cm,具 4~6 粒种子。花果期 6~11 月。

【地理分布】 产江苏各地。生于山野丘陵、低山草地、林边。

分布于贵州、广西、广东、福建、江西、湖南、湖北、安徽、浙江、河南、陕西和甘肃南部;日本中部也有。

【毒害性】 博落回含多种生物碱,毒性颇大。文献上已屡有口服或肌注后中毒乃至死亡的报道,主要为引起急性心源性脑缺血综合征。动物实验也证明,将博落回注射液注入兔耳静脉,可引起心电图的 T 波倒置,并可出现室性心律失常,伴有短暂的阵发性心动过速;阿托品有对抗作用。

江苏常见同属有毒植物:

小果博落回 *M. microcarpa*(Maxim.)Fedde 产苏北地区。生于山坡草地或灌丛中。有毒,同博落回。小果博落回地上部分含血根碱、白屈菜红碱、原阿片碱、隐品碱(cryptopine)、别隐品碱(allocryptopine)和博落回碱。

商陆 *Phytolacca acinosa* Roxb.

【形态特征】 多年生草本,高 1~1.5 m,无毛。根粗壮肥厚,肉质,圆锥形,外皮淡黄色。茎绿色或带紫红色,多分枝。叶互生,椭圆形或广披针形,全缘。顶生或侧生,圆柱状,直立;花白色,花药淡红色;果穗直立;浆果紫黑色,多汁。种子肾形或近圆形,扁平,黑色。花期 4~7 月,果期 6~10 月。

【地理分布】 产江苏各地。生于较阴湿处。

除东北、内蒙古、青海、新疆外,广布各省区;朝鲜半岛以及日本及、印度也有。

【毒害性】 商陆中毒常见有精神症状,如谵语、狂躁等,兼见刺激胃肠道黏膜,引起腹泻,或作用于神经中枢,兴奋延脑中枢,使四肢抽搐,大剂量可引起中枢麻痹、呼吸运动障碍、心脏麻痹而死亡。根、茎、叶均含商陆毒素、氧化肉豆蔻酸、三萜酸、皂苷和多量硝酸钾。

美洲商陆 *Phytolacca americana* Linn.

【形态特征】 多年生草本,高1～2 m。根粗壮,肥大,倒圆锥形。茎直立,圆柱形,有时带紫红色。叶片椭圆状卵形或卵状披针形花序顶生或侧生,纤细;花白色,微带红晕,果序下垂;浆果扁球形,熟时紫黑色;种子肾圆形,直径约3 mm。花期6～8月,果期8～10月。

【地理分布】 产江苏各地。生于疏林下、路旁和荒地。

原产北美。河北、陕西、山东、浙江、安徽、江西、福建、台湾、河南、湖北、湖南、广东、海南、四川、贵州及云南等地栽培,已野化。

【毒害性】 根及浆果对人及家畜均有毒,食后2 h出现呕吐、腹泻、痉挛,有时惊厥,严重者因呼吸麻痹而死亡。小鼠腹膜内注射甲醇提取物300 mg/kg,出现四肢无力,1/3死亡。根含多种有毒物质,如商陆毒素等。

藜(灰菜) *Chenopodium album* Linn.

【形态特征】 一年生草本,高达150 cm。茎直立,粗壮,具棱,有沟槽及紫红色的条纹,多分枝。叶菱状卵形至披针形,下面密被灰白色粉粒。花序顶生或腋生。胞果完全包于花被内或顶端稍露;种子横生,双凸镜形,表面有不明显的沟纹。花期5～8月,果期9～10月。

【地理分布】 产江苏各地。生于田间、路边、荒地、宅旁。

分布于全国各地。全球温带至热带广布。

【毒害性】 为中国植物图谱数据库收录的有毒植物,有人食其幼苗后在日照下裸露皮肤部分即发生浮肿及出血等症状,局部有刺痒、肿胀及麻木感,少数重者可产生水疱,甚至并发感染和溃烂,患者有低热、头痛、疲乏无力、胸闷及食欲不振等症状。

土荆芥 *Chenopodium ambrosioides* Linn.

【形态特征】 一年生或多年生草本,高50～80 cm,有强烈香味。茎直立,四棱形,表面常带紫色,有向下弯曲的白色短柔毛。叶片卵形至卵状披针形,下面有散生油点。花绿色,胞果扁球形,完全包于花被内;种子肾形,黑色或暗红色,有光泽。花期6～8月,果期9～10月。

【地理分布】 产江苏各地。生于村旁、旷野、路旁、河岸和溪边。

原产热带美洲,现广布于世界热带及温带地区;广西、广东、福建、台湾、浙江、江西、湖南、四川等省区有逸为野生。

【毒害性】 为中国植物图谱数据库收录的有毒植物,植株中所含挥发油有毒。其含量以果实最多,故毒性较强,叶次之,茎最弱。

盐角草(海蓬子)*Salicornia europaea* Linn.

【形态特征】 一年生草本。茎直立,高达 35 cm,多分枝,枝肉质,绿色。叶鳞片状,长约 1.5 mm,先端锐尖,基部连成鞘状,具膜质边缘。花序穗状;每 3 花生于苞腋,中间 1 花较大,两侧 2 花较小,陷入肉质的花序轴内,胞果果皮膜质,种子长圆状卵形,径约 1.5 mm,种皮革质,被钩状刺毛。花果期 6～7 月。

【地理分布】 产苏北沿海地区。生于盐碱地、盐湖旁及海边。

分布于辽宁、内蒙古、河北、山东、山西、陕西、宁夏、甘肃、青海及新疆;日本、朝鲜、印度、俄罗斯以及欧洲、非洲及北美洲也有。

【毒害性】 为中国植物图谱数据库收录的有毒植物,为全株有毒,牲畜如啃食过量,易引起下泻。含盐角草碱和盐角草次碱以及甜菜花青素、草酸盐等。

酸模(猪耳朵)*Rumex acetosa* Linn.

【形态特征】 多年生草本,高 30～100 cm,根茎肥厚,黄色。茎直立,通常不分枝。基生叶有长柄;叶片长圆形,全缘或有时呈波状;茎上部的叶披针形,无柄而抱茎;托叶鞘膜质,斜截形。顶生圆锥状花序,雌雄异株;瘦果椭圆形,有 3 棱,暗褐色,有光泽,全缘。花期 4～7 月,果期 8～10 月。

【地理分布】 产江苏各地。生于、路边荒地、山坡阴湿处。

全国大部分地区有分布;日本、朝鲜、俄罗斯、哈萨克斯坦和高加索、欧洲及美洲也有。

【毒害性】 因含酸性草酸钾及某些酒石酸,故有酸味,有时因草酸含量过多而致中毒,文献上曾有小儿食酸模叶而致死的报道。

羊蹄 *Rumex japonicus* Houtt.

【形态特征】 多年生草本,高 50～100 cm。茎直立,不分枝;基生叶有长柄;叶片长椭圆形或卵状矩圆形,茎生叶,有短柄;托叶鞘筒状,膜质。花序为狭长的圆锥状;花两性,花被片,果时内轮花被片增大,卵状心形,边缘有不整齐的细齿,全部生瘤状突起;瘦果宽卵形,有 3 锐棱,黑褐色,有光泽。花期 5～6 月,果期 6～7 月。

【地理分布】 产连云港、南京、镇江等地。生于山坡、路旁、荒地、沟边等潮湿处。

分布于黑龙江、吉林、辽宁、内蒙古、河北、山西、陕西、河南、山东、安徽、浙江、福建、台湾、江西、湖北、湖南、广东、香港、海南、广西、贵州及四川;朝鲜、日本以及俄罗斯远东地区也有。

【毒害性】 羊蹄含草酸,大剂量应用时有毒。

槲树(柞栎) *Quercus dentata* Thunb.

【形态特征】 落叶乔木,高 25 m,小枝粗壮,有灰黄色星状柔毛。叶倒卵形至倒卵状楔形,边缘有 4～6 对波浪状裂片,下面有灰色柔毛和星状毛,侧脉 4～10 对;叶柄极短,长 2～3 mm。壳斗环形,包围坚果 1/2;苞片狭披针形,反卷,红棕色;坚果卵形至宽卵形,直径约 1.5 cm,无毛。花期 4～5 月,果期 9～10 月。

【地理分布】 产江苏各地。生于山地阳坡林中。

分布于黑龙江、吉林、辽宁、河北、河南、山西、陕西、甘肃、山东、安徽、浙江、台湾、湖北、湖南、贵州、广西、云南及四川。

【毒害性】 为中国植物图谱数据库收录的有毒植物,其叶有毒,其次是壳斗。牛、马、羊和家兔等长期大量采食后会引起中毒。牛主要症状有食欲减退、反刍减少或困难、便秘、横卧,尿粉红色、乳汁分泌减少直至停止,此外有高热、震颤、衰弱等症状。

白栎 *Quercus fabri* Hance

【形态特征】 落叶乔木,高达 25 m;小枝密生灰黄色至灰褐色绒毛。叶倒卵形至椭圆状倒卵形,下面被灰黄色星状茸毛,侧脉 8～12 对;叶柄短,长 3～5 mm。壳斗杯状,包围坚果约 1/3,小苞片,卵状披针形,紧贴在口缘处伸出;坚果长椭圆形或椭圆状卵形,直径 0.7～1.2 cm,长 1.7～2 cm,无毛;果脐略隆起。花期 4 月,果期 10 月。

【地理分布】 产江苏各地。生于丘陵、山地杂木林中。

分布于陕西南部以及河南、安徽、浙江、福建、江西、湖北、湖南、广东、香港、广西、云南、贵州、四川。

【毒害性】 为中国植物图谱数据库收录的有毒植物,其毒性为幼芽、嫩芽、新枝、花及果实有毒,牛、羊、马、猪和兔等动物长期大量米食后常引起中毒,主要损害消化道,使泌尿机能紊乱,并继发局部皮下水肿。牛中毒后的主要症状为:失神呆立、阵发颤栗、食欲减损或废绝、反刍多消失、瘤胃蠕动严重减弱以至停止、腹痛、便秘、尿频至无尿,从而出现皮下水肿和体腔积水。死亡率高达 16% 以上。

化香树 *Platycarya strobilacea* Sieb. et Zucc.

【形态特征】 落叶乔木,高可达 20 m,通常 4～6 m。树皮纵深裂,暗灰色;枝条褐黑色,幼枝棕色有茸毛,髓实心。羽状复叶,小叶 7～19,卵状长椭圆形,缘有重锯齿,基部歪斜。穗状花序,果序呈球果状。宿存苞片木质,果卵形,扁平,两侧具翅。花期 5～6 月,果期 7～10 月。

【地理分布】　产连云港、南京、宜兴、无锡等地。生于向阳山坡。

分布于长江流域及西南各省区，是低山丘陵常见树种。朝鲜、日本也有。

【毒害性】　为中国植物图谱数据库收录的有毒植物，全株都具有神经性毒质，不可误食。

枫杨 *Pterocarya stenoptera* C. DC.

【形态特征】　落叶乔木，高达 30 m；树皮黑灰色；小枝有灰黄色皮孔；髓部薄片状。叶互生，偶数羽状复叶，叶轴有翅；小叶长椭圆形，表面有细小疣状突起。果实长椭圆形，果翅 2，翅长圆形至长圆状披针形。花期 4～5 月，果期 7～8 月。

【地理分布】　产江苏各地。生于溪边、河滩及低湿地。

分布于陕西、河南、山东、安徽、浙江、江西、福建、台湾、广东、广西、湖南、湖北、四川、贵州、云南，华北和东北有栽培。

【毒害性】　为中国植物图谱数据库收录的有毒植物，其叶、树皮有毒。

木荷 *Schima superba* Gardn. et Champ.

【形态特征】　乔木，高 8～20 m；小枝无毛。叶革质，卵状椭圆形至矩圆形，常缘两面无毛。单花腋生或顶生成短总状花序，花白色；花瓣 5，倒卵形；雄蕊多数；子房基部密生细毛。蒴果扁球形，直径约 1.5 cm，室背开裂，中轴宿存；种子肾形，扁平，周围具翅。花期 4～5 月，果期 9～10 月。

【地理分布】　产苏州。生于向阳山坡林中。

分布于安徽南部以及台湾、浙江、福建、江西、湖北、湖南、广东、海南、广西、贵州。

【毒害性】　为中国植物图谱数据库收录的有毒植物，其茎皮、根皮有毒。浙江民间曾用茎皮与草乌共煮，熬汁涂抹箭头，猎杀老虎等野兽。生长在本植物上的木耳亦有毒性。人接触其茎皮后可产生红肿、发痒症状。渔民用其茎皮碾粉后投入水中，鱼即刻漂浮于水面。鸡、鸭误食木荷木屑可中毒死亡。

元宝草 *Hypericum sampsonii* Hance

【形态特征】　多年生草本，高约 65 cm，光滑无毛；茎直立，圆柱形。叶对生，其基部完全合生为一体，而茎贯穿其中，长椭圆状披针形，全缘，散生透明或黑色腺点。花小，黄色；雄蕊 3 束；花柱 3 个。蒴果卵圆形，3 室，长约 8 mm，具黄褐色腺体。花期 5～6 月，

果期7～8月。

　　【地理分布】　产南京、宜兴。生于山坡草丛、路旁阴湿处。

　　分布于河南、安徽、浙江、福建、江西、湖北、湖南、广东、广西、贵州、四川以及云南东北部甘肃南部及山西西南部;日本以及越南北部、缅甸东部及印度东北部也有。

　　【毒害性】　为中国植物图谱数据库收录的有毒植物,全草有毒,含金丝桃素。

　　江苏常见同属有毒植物:

　　黄海棠 *H. ascyron* Linn. 产连云港、南京、江阴、无锡、苏州。为中国植物图谱数据库收录的有毒植物,全草有毒。赶山鞭 *H. attenuatum* Choisy 产江苏各地。全草有毒。地耳草 *H. japonicum* Thunb. ex Murray 产连云港、宜兴、常州、无锡、苏州。全草有毒。

羊踯躅（闹羊花）*Rhododendron molle*（Bl.）G. Don

　　【形态特征】　落叶灌木,高1～2 m。老枝光滑,带褐色,幼枝有短柔毛和刚毛。叶互生,椭圆形至椭圆状倒披针形,先端花多数,短总状花序顶生,与叶同时开放,花黄色或金黄色,花冠漏斗状,长达4.5 cm,外被细毛,内面有深红色斑点。蒴果锥状长圆形,被柔毛和刚毛。花期4～5月,果期6～7月。

　　【地理分布】　产江苏各地。生于山坡、石缝、灌木丛中。

　　分布于浙江、江西、福建、湖南、湖北、河南、四川、贵州等地;是杜鹃花中极少开黄花的树种。

　　【毒害性】　为中国植物图谱数据库收录的有毒植物,全株有毒,花和果毒性最大。其的毒性历代文献均有记载,历史流传的所谓"蒙汗药"组成之一就是这种植物的花,相传该花浓汁与酒同服,能使人麻醉、丧失知觉。人中毒后一般有恶心、呕吐、腹泻、心跳缓慢、血压下降症状;严重者呼吸困难、心律不齐、血压升高、手足麻木、运动失调和昏睡,因呼吸抑制而死亡。皮肤长期接触该植物可出现糜烂和灼痛。

　　江苏常见同属有毒植物:

　　马银花 *R. ovatum*（Lindl.）Planch ex Maxim. 产宜兴。生于疏林中或密林的边缘。花和根有毒,毒性与羊踯躅相近。

南烛（乌饭树）*Vaccinium bracteatum* Thunb.

　　【形态特征】　常绿灌木,高1～3 m,分枝多。叶,椭圆状卵形、狭椭圆形或卵形,边缘有尖硬细齿。花序腋生,长2～6 cm,苞片大,宿存,花白色,下垂。浆果紫黑色,径5～8 mm,被毛。花期6～7月,果期8～10月。

　　【地理分布】　产苏南地区。生于山坡林内或灌丛中。

　　分布于河南、安徽、浙江、福建、台湾、江西、湖北、湖南、广东、香港、海南、广西、贵州、云南及四川；朝鲜、日本南部以及中南半岛、马来半岛及印度尼西亚也有。

【毒害性】　全株含榿木毒素，嫩叶含量尤多。中毒后易引起呕吐，大便次数增多、多尿，神经中枢及运动神经末梢麻痹、肌肉痉挛。

江苏常见同属有毒植物：

米饭花(江南越桔) *V. mandarinorum* Diels 产宜兴、苏州。全株有毒，花的毒性最大，亦能产生有毒花蜜。叶有苦味、辛辣味和臭气。牲畜中毒后可出现昏迷、呼吸麻痹、运动神经末梢麻痹、呕吐和痉挛。

羊角菜(白花菜) *Gynandropix gynandra*（Linn.）Briq.

【形态特征】　一年生草本，高达 1 m，有臭味。茎直立，全部密生黏性腺毛。掌状复叶；小叶 3～7，倒卵形，长 1.5～5 cm，宽 1～2.5 cm，先端急尖或圆钝，全缘或稍有小齿，稍被柔毛。花序顶生；花白色或淡紫色，雄蕊 6，不等长。蒴果圆柱形，长 4～10 cm，无毛，有纵条纹；种子肾脏形，黑褐色，有凸起的皱褶。花果期 7～10 月。

【地理分布】　栽培或逸为野生。生于低荒地、旷野、庭园、宅旁。

分布于河北、河南、山东、安徽、浙江、福建、台湾、江西、湖北、湖南、广东、海南、广西、贵州、四川及云南。

【毒害性】　为中国植物图谱数据库收录的有毒植物，为全草有小毒，多食，可引起中毒，损害视神经及四肢运动神经。食后半天至 1 天发作，首先出现视物模糊、四肢尤其后肢明显无力，有时有头痛、眼眶胀痛、瞳孔中度散大、对光反射迟钝、幻视、膝反射亢进症状。重者 1～2 d 后完全失明、瘫痪。愈后遗有视力障碍及肌力减退。该植物有臭味，能驱虫。种子油可杀灭头虱，捣烂的叶敷于皮肤有烧灼感，并可发红起泡。

播娘蒿 *Descurainia sophia*（Linn.）Webb ex Prantl

【形态特征】　一年生草本，高 30～70 cm。茎直立，多分枝，密生灰色柔毛。叶狭卵形，二回至三回羽状深裂，下部叶有柄，上部叶无柄。总状花序顶生，花淡黄色，长角果，种子稍扁。花果期 6～9 月。

【地理分布】　产江苏各地。生于山坡、路边或田野。

分布于华北、西北、华东、四川；亚洲其他地区、非洲北部以及欧洲、北美也有。

【毒害性】　种子含强心苷，其一为七里香苷甲 (helveticoside)。种子的醇提取物用于在体心脏(蛙、兔、猫)、猫心电图描记及心肺制备标本试验，均呈强心苷样的作用，能增强心肌收缩力，减慢心率，降低传导速度；大剂量可引起心动过速、心室颤动等强心苷中毒症状。

乳浆大戟 *Euphorbia esula* Linn.

【形态特征】 多年生草本,高 15～40 cm,有白色乳汁。茎直立,有纵条纹,下部带淡紫色。短枝或营养枝上的叶条形;长枝或生花的茎上的叶互生,倒披针形或条状披针形,顶端圆钝微凹或具凸尖。花序顶生,蒴果三棱状球形,有 3 条纵沟,熟时 3 瓣分裂。种子卵圆形,灰褐色或有棕色斑点。花果期 4～10 月。

【地理分布】 产江苏各地。生于草丛、山坡、路旁。

分布于全国(除海南、贵州、云南和西藏外)。广布于欧亚大陆,且归化于北美。

【毒害性】 全草有毒。误食能腐蚀肠胃黏膜,引起呕吐后竣泻。可毒鼠、雀、蚊及其幼虫、蛆。主要毒性成分为巨大戟醇-3,20-二苯甲酸酯,含量仅 0.000 2%,对鱼有毒,并有抗白血病作用。

泽漆 *Euphorbia helioscopia* Linn.

【形态特征】 一年生或二年生草本,高达 50 cm。茎无毛或仅分枝略具疏毛,基部紫红色,分枝多。叶互生,倒卵形或匙形,先端钝圆或微凹缺,茎顶端具 5 片轮生叶状总苞,与叶相似,但较大,腺体 4,杯状花序钟形,黄绿色。蒴果三棱状扁圆形,无毛;种子卵形,长约 2 mm,表面有凸起网纹。花期 4～5 月,果期 5～8 月。

【地理分布】 产江苏各地。生于山沟、路边、草地、荒野和山坡。

分布于辽宁、河北、山西、河南、山东、安徽、浙江、福建、江西、湖北、湖南、广西、贵州、云南、四川、青海、宁夏、甘肃及陕西;欧亚大陆及北非也有。

【毒害性】 全株有毒,乳汁对口腔黏膜有刺激作用,如入眼内有失明危险。内服过量引起腹痛、腹泻、呕吐,严重者脱水。

斑地锦 *Euphorbia maculata* Linn.

【形态特征】 一年生匍匐小草本,高 15～25 cm,含白色乳汁。茎柔细,弯曲,分枝多,有白色细柔毛。叶通常对生,椭圆形或倒卵状椭圆形,基部不对称,上面无毛,中央有紫斑。花序腋生,被毛。蒴果三棱状球形,被白色细柔毛种子卵形而有角棱。花期 6～10 月,果实 7 月渐次成熟。

【地理分布】 产江苏各地。生于平原、低山、路边。

原产北美,归化于欧亚大陆;分布于浙江、台湾、江西、湖北、河南及河北。

【毒害性】 为中国植物图谱数据库收录的有毒植物。全草有毒。

大戟 *Euphorbia pekinensis* Rupr.

【形态特征】 多年生草本,高达 80 cm;全株含乳汁。茎直立,被白色短柔毛,上部分枝。叶,椭圆形,两面无毛,全缘。总苞片 4～7,长椭圆形;伞幅 4～7,长 2～5 cm,苞叶 2,近圆形。蒴果三棱状球形,表面有疣状突起。成熟时 3 裂。花期 4～5 月,果期 6～7 月。

【地理分布】 产江苏各地。生于山坡、灌丛、路旁、荒地、草丛、林缘或疏林内。

除台湾、云南、西藏、新疆外,全国广布;朝鲜、日本也有。

【毒害性】 根有毒,其乳汁对皮肤有刺激作用,可以引起红肿等症状。根的水提液能致泻、呕吐,曾用于消除血吸虫病人的腹水和治疗精神分裂症,还有杀虫作用。有毒成分不详。根含京大戟苷、大戟酸、大戟醇类及树脂等。根皮含三种色素:大戟色素 A、B 及 C。

江苏常见大戟属有毒植物:

湖北大戟 *E. hylnoma* Hand.‑Mazz. 产江苏省各地。全草有毒。

雀儿舌头 *Leptopus chinensis* (Bunge) Pojark.

【形态特征】 落叶小灌木,高可达 3 m。叶卵形至椭圆形。花小,单性,雌雄同株,单生或 2～4 朵簇生于叶腋,花瓣 5,白色,蒴果球形或扁球形,直径 6 mm。花期 2～8 月,果期 6～10 月。

【地理分布】 产徐州铜山。生于山坡、田边、路旁、林缘。

分布于安徽、北京、甘肃、广西、贵州、河北、河南、湖北、湖南、江西、吉林、辽宁、内蒙古、宁夏、青海、陕西、山东、上海、山西、四川、天津、西藏、云南、浙江、台湾。

【毒害性】 嫩枝叶有毒,羊类多吃会致死。

杠香藤(石岩枫) *Mallotus repandus* (Willd.) Muell.‑Arg. var. *chrysocarpus* (Pamp.) S. M. Hwang

【形态特征】 藤本状灌木,长可达 13～19 m;不分枝,小枝有星状柔毛。叶三角状卵形,基部圆或截平或稍呈心形,顶端渐尖,全缘,下面密生星状毛。花单性,雌雄异株;花序梗粗壮,不分枝。蒴果球形,具 3(～2)个分果爿,被锈色茸毛。种子黑色,球形,直径约 3 mm。花期4～6 月,果期 8～11 月。

【地理分布】 产苏南地区。生于山地疏林中或林缘。

分布于陕西、河南、安徽、浙江、福建、台湾、江西、湖北、广东、香港、海南、广西、四川、贵州、云南及西藏;东南亚及南亚也有。

【毒害性】 为中国植物图谱数据库收录的有毒植物,全株有毒。

乌桕 *Triadica sebifera* (Linn.) Small

【形态特征】 落叶乔木,高达 15 m,具乳汁。叶菱形至菱状卵形,全缘,两面无毛,秋天变成红色;叶柄基部有腺体 1 对。花单性,雌雄同株,穗状花序顶生的,中上部全为雄花,基部有 1～4 朵雌花。蒴果梨状球形,种子近圆形,黑色,外被白蜡。花期 5～6 月,果期 10～11 月。

【地理分布】 产江苏各地。栽培于路旁、田埂、山坡。

分布于秦岭、淮河流域以南,东至台湾,南至海南岛,西至四川中部,西南至贵州、云南等区域,主要栽培区在长江流域以南各省区;日本、越南及印度也有。欧洲、美洲和非洲有栽培。

【毒害性】 木材、乳汁、叶及果实均有毒。中毒报道较多,食入中毒,会出现腹痛、腹泻、腹鸣、头昏、四肢及口唇麻木、耳鸣、心慌、面色苍白、四肢厥冷等症状。接触乳汁可引起皮肤刺激、糜烂。

油桐 *Vernicia fordii* (Hemsl.) Airy Shaw

【形态特征】 落叶小乔木,高达 9 m;树皮灰色。叶卵状圆形,基部截形或心形,不裂或 3 浅裂,全缘,叶柄顶端有 2 红色扁平无柄腺体,花大,白色略带红,核果近球形,直径 3～6 cm;种子具厚壳种皮。花期 3～4 月,果期 8～9 月。

【地理分布】 江苏低山丘陵地区有栽培。

北至安徽、河南、陕西各省南部,西至四川中部,西南至贵州、云南,南至广东、广西均有栽培。至少有千年以上的栽培历史,直到 1880 年后,才陆续传到国外。

【毒害性】 全株有毒,种子毒性较大,树皮及树叶次之,新鲜的毒性较大。种子榨油后的油饼仍然有毒,比桐油毒性大。人食 5～6 粒种子即可中毒,症状先是腹痛,大吐大泻,然后头昏、口渴,以致虚脱等。山羊吃其叶,出现精神萎靡、腹泻、不食、流涎、便血等症状。有些尚有咳嗽、鼻漏等症状,有些有神经症状。马中毒后会出现不食、出汗以及胃肠炎症,下痢、流涎、呼吸困难、心悸、全身抽搐至因心衰而死。在牧区幼树树丛放牧的牲畜吃后能引起死亡,牲畜吃修剪下来的枝条也是危险的。

芫花 *Daphne genkwa* Sieb. et Zucc.

【形态特征】 落叶灌木,高 30～100 cm;幼枝密被淡黄色绢状毛,老枝无毛。叶对生或偶为互生,椭圆状矩圆形至卵状披针形。花先叶开放,淡紫色或淡紫红色,3～6 朵成簇腋生；花被筒状，核果椭圆形、肉质白色，色藏于宿存的花萼筒的下部。花期3~5月，果期6~7月。

【地理分布】 产江苏各地。生于山坡路边、疏林中。

分布于甘肃、陕西、山西、河北、山东、河南、安徽、浙江、福建、台湾、江西、湖北、湖南、贵州及四川。

【毒害性】 全株有毒，以花蕾和根毒性较大。含刺激皮肤、黏膜的油状物，内服中毒后会引起剧烈的腹痛和水泻。

瓦松 *Orostachys fimbriatus*（Turcz.）Berger

【形态特征】 多年生肉质草本，高10~40 cm。茎略斜生，全体粉绿色。基部叶莲座状，线形至倒披针形，绿色带紫，或具白粉，边缘有流苏状的软骨片和1针状尖刺；茎上叶线形至倒卵形，长尖。呈花序总状，金字塔形顶生，花淡红色。蓇葖果矩圆形，种子多数。花期7~9月，果期8~10月。

【地理分布】 产江苏各地。生于石质山坡和岩石上以及瓦房或草房顶上。

分布于黑龙江、吉林、辽宁、内蒙古、河北、山东、浙江、福建、安徽、湖北、河南、山西、陕西、甘肃、宁夏及青海；朝鲜、日本、蒙古及俄罗斯也有。

【毒害性】 含大量草酸，有毒，宜慎用。

云实 *Caesalpinia decapetala*（Roth.）Alston

【形态特征】 落叶攀援灌木，密生倒钩状刺。二回羽状复叶，羽片3~10对；小叶12~24，长椭圆形，总状花序顶生；具多花，黄色。荚果长椭圆形，扁平，有喙，椭圆形，种子6~9粒，棕色。花果期4~10月。

【地理分布】 产苏南地区。生于向阳灌丛中。

分布于陕西、甘肃南部、以及陕西、四川、云南、贵州、湖南、湖北、河南、安徽、浙江、江西、福建、台湾南部、广东、海南及广西；亚洲热带、温带地区也有。

【毒害性】 为中国植物图谱数据库收录的有毒植物，全株有毒，茎毒性最大，人误食后兴奋狂躁。

望江南 *Senma occidentalis*（Linn.）Link

【形态特征】 灌木或半灌木，高1~2 m。叶互生，偶数羽状复叶；叶柄上面近基部有1个腺体；小叶6~10，卵形或卵状披针形，花黄色，荚果条形，扁，长10~13 cm，宽1 cm，近无毛，沿缝线边缘增厚，中间棕色，边缘淡黄棕色。花期4~8月，果期6~10月。

【地理分布】 原产美洲热带,苏南地区庭园栽培或逸生村边荒地、河边滩地。

【毒害性】 种子有致泻作用,与含大黄素有关;并有明显的毒性,与含毒蛋白有关,但因具有抗原性质,狗可获免疫。小鼠、大鼠、马喂饲种子或注射苯提取物均表现毒性。

江苏常见同属有毒植物:

决明 *Senma tora* Linn. 原产美洲热带地区,江苏省各地栽培或逸生于路边、荒山。有微毒,牲畜误食过量可以致死。

皂荚(皂角) *Gleditsia sinensis* Lam.

【形态特征】 落叶乔木,高达 15～30 m。树干皮灰黑色,干及枝条具圆柱形、多分枝的粗壮刺,一回偶数羽状复叶,长 10～18 cm,小叶 3～7 对,长卵形,先端钝圆,基部稍偏斜,网脉明显。花序,腋生,花黄白色。荚果平直肥厚,长达 10～20 cm,不扭曲,熟时褐棕或红褐色,被霜粉。花期 5～6 月,果熟 9～10 月。

【地理分布】 产江苏各地。生于山坡向阳处、路旁,常在庭院或宅旁栽培。

分布于河北、山东、浙江、安徽、福建、江西、湖北、湖南、广东、广西、云南、贵州、四川、甘肃、陕西、山西及河南。

【毒害性】 豆荚、种子、树叶、树皮均有毒。误食种子 2～3 h 内感心窝部饱胀和灼热、恶心、呕吐,烦躁不安;10～12 h 后,发生腹泻、大便水样且带泡沫、头晕、无力,四肢酸麻等症状。

苦参 *Sophora flavescens* Ait.

【形态特征】 多年生草本或亚灌木,高 1.5～3 m。羽状复叶长 20～25 cm;小叶 25～29,披针形至椭圆形,先端渐尖,基部圆形,下面密生平贴柔毛。花序顶生,长15～20 cm;花淡黄色。荚果长 5～8 cm,于种子间微缢缩,呈不显明的串珠状,疏生短柔毛,有种子 1～5 粒;种子长卵圆形,稍扁,深红褐或紫褐色。花期 6～7 月,果期 7～9 月。

【地理分布】 产江苏各地。生于山坡沙地或山坡阴处。

分布于黑龙江、吉林、辽宁、内蒙古、河北、山西、河南、山东、安徽、浙江、福建、台湾、江西、湖北、湖南、贵州、广西、云南、四川、陕西及甘肃;印度、朝鲜、日本及俄罗斯西伯利亚也有。

【毒害性】 根和种子有毒。人中毒后出现以神经系统损伤为主的症状,有流涎、呼吸和脉搏加速、步态不稳,严重者惊厥,因呼吸抑制而死亡。牛、马食干根 45 g 以上,猪、羊 15 g 以上均可出现中毒症状,主要有呕吐、流涎、疝痛、下痢、精神沉郁、搐搦和痉挛。马中毒死亡前还有出汗、体温下降、呼吸浅慢、心律不齐等,中毒后先出现中枢神经抑制,然后间歇性抖动和惊厥,进而呼吸麻痹,数分钟后心跳停止死亡。人口服 10 g 干根的水煎剂即有镇静催眠作用,临床应用已确认根还有抗心律失常作用。

槐 *Sophora japonica* Linn.

【形态特征】 落叶乔木,高达 20 m,纵裂。小枝绿色,光滑,有明显黄褐色皮孔。奇数羽状复叶,小叶对生,9～15 枚,椭圆形或卵形,背面有白粉及柔毛,全缘。圆锥花序,花浅黄色。荚果串珠状肉质,熟后经久不落。花期 7～8 月,果期 8～10 月。

【地理分布】 产江苏各地。生于山坡或宅旁。

原产中国北部,北自辽宁,南至广东、台湾,东自山东西至甘肃以及四川、云南均有栽植。

【毒害性】 为中国植物图谱数据库收录的有毒植物,为花、叶、茎皮和荚果有毒。人食入花和叶中毒出现面部浮肿、皮肤发热、发痒症状、叶和荚果还能刺激肠胃黏膜,产生疝痛和下痢。果壳提取物可使小鼠和大鼠产生呼吸困难等。花蕾与花含芸香苷、甾醇,果实含刺槐素、槲皮素等多种黄酮类和酚类成分(上述均为中药的有效成分)。

红车轴草(红三叶) *Trifolium pratense* Linn.

【形态特征】 多年生草本;茎高 30～80 cm,有疏毛。叶具 3 小叶;小叶椭圆状卵形或倒卵形

先端钝圆,基部圆楔形,叶脉在边缘突出成不明显的细齿,头状,花序腋生,花冠紫色或淡紫红色。荚果倒卵形,小,包被于宿存的萼内,果皮膜质,具纵脉,含种子 1 粒。花期 5～6 月。

【地理分布】 江苏各地栽培。栽培或逸生于林缘、路边、草地等湿润处。

原产小亚细亚与东南欧。我国各地均有种植。

【毒害性】 全草有小毒。牛、马等牲畜中毒后出现三叶草病典型症状,如大量流涎、皮肤起水泡、步态僵硬、腹泻等,有的还出现眼组织坏死、失明、黄疸、奶量减少和流产等症,此与其中所含之紫苜蓿酚有关。鲜草中含紫苜蓿酚约 15.5 mg/g,主要在叶部,干草中较少。

救荒野豌豆(大巢菜) *Vicia sativa* Linn.

【形态特征】 一年或二年生草本,高 25～50 cm。羽状复叶,有卷须;小叶 8～16,长椭圆形或倒卵形,先端截形,凹入,有细尖,基部楔形,两面疏生黄色柔毛。花 1～2 朵生叶腋,无柄;紫色或红色。荚果条形,扁平,长 2.5～4.5 cm,近无毛;种子棕色,圆球形。花期 4～7 月,果期 7～9 月。

【地理分布】 产江苏各地。生于河滩、山沟、草地、路旁或田边。

原产欧洲南部、亚洲西部,目前世界各地都有种植。我国于 20 世纪 40 年代引入甘肃、江苏试种,80 年代发展到全国各地普遍种植。目前有逸生野化。

【毒害性】 为中国植物图谱数据库收录的有毒植物,全草有毒。其毒性随生长期而变化,以花期和结实期毒性最大。牲畜以慢性中毒为主,马和牛在食入该植物 1 个月内发病,一般于 15 d 开始体态消瘦,出现特有的神经损伤症状,如昏睡、步态蹒跚,中毒中期转为兴奋,末期再次出现昏睡,还伴有便秘、黄疸、疝痛、血尿、脱毛等。尸检可见内脏充血、肠炎等,脊髓髓质等呈粉红色。急性中毒死亡不多见。

紫藤 *Wisteria sinensis* (Sims) Sweet

【形态特征】 落叶木质大藤本。树皮浅灰褐色,叶痕灰色,凸出。奇数羽状复叶,小叶 7~13 枚,卵状披针形或卵形,先端渐尖,基部圆形或宽楔形,全缘。总状花序下垂,花紫色,有芳香。荚果扁平,倒披针形,密生茸毛。花期 4~5 月,果期 10~11 月。

【地理分布】 产江苏各地。生于阳坡、林缘、溪边、旷地及灌丛中。

分布于辽宁、内蒙古、河北、河南、山西、山东、浙江、安徽、湖南、湖北、广东、陕西、甘肃、四川;朝鲜、日本也有。

【毒害性】 为中国植物图谱数据库收录的有毒植物,种子和茎皮有毒。人食用豆荚和种子发生呕吐、腹痛、腹泻以致脱水。儿童食入 2 粒种子即可引起严重中毒。种子内含氰化合物。

臭节草 *Boenninghausenia albiflora* (Hook.) Reichb. ex Meiss.

【形态特征】 多年生宿根草本,有强烈气味,高 50~80 cm,基部常为木质,嫩枝的髓部很大,常中空。二回至三回羽状复叶,互生小叶薄纸质或膜质,倒卵形或椭圆形,下面灰绿色,有透明油腺点。花白色,花瓣 4,有透明腺点;蒴果,由顶端沿腹缝线开裂;种子肾形,黑褐色,表面有瘤状突起。花果期 7~11 月。

【地理分布】 产苏南地区。生于石灰岩山地、阴湿林缘或灌丛中。

分布于江苏、安徽、浙江、福建、台湾、江西、湖北、湖南、广东、广西、贵州、云南、西藏、四川及陕西;南亚和东南亚也有。

【毒害性】 全草有毒,小白鼠注射氯仿提取物 1 250 mg/kg,出现步态不稳,40 min 后有2/3小白鼠翻正反射消失。小白鼠腹膜内注射乙醇提取物 1 137.5 mg/kg,15 min 后活动减少、瘫痪、惊厥扣死亡。有杀虫作用。

苦木(苦树) *Picrasma quassioides* (D. Don) Benn.

【形态特征】 落叶小乔木,高达 10 m。树皮平滑紫褐色。奇数羽状复叶互生,长

20～30 cm;小叶 9～15,卵形至长圆状卵形,基部偏斜。花序腋生,花黄绿色;核果倒卵形,3～4 个并生,蓝至红色,萼宿存。花期 4～5 月,果期 6～9 月。

【地理分布】 产江苏各地。生于山坡林中。

分布于辽宁、河北、山西、河南、山东、安徽、浙江、福建、台湾、江西、湖北、湖南、广东、海南、香港、广西、贵州、云南、西藏、四川、陕西及甘肃;印度北部以及不丹、尼泊尔、朝鲜、日本也有。

【毒害性】 树皮、木质部及叶有毒,服用过量引起咽喉及胃疼痛、呕吐、眩晕、下痢、抽搐,严重者休克。

楝树(苦楝)*Melia azedarach* Linn.

【形态特征】 落叶乔木,高 15～20 m。幼枝绿色,有星状毛,皮孔多而明显;老枝紫褐色。二或三回奇数羽状复叶,小叶卵形或卵状披针形,边缘有粗钝锯齿。圆锥花序,花瓣淡紫色,核果近球形,成熟后橙黄色。花期 4～5 月,果期 10～11 月。

【地理分布】 产江苏各地。生于向阳旷地。

华北南部至华南,西至甘肃、四川、云南均有分布;南亚、东南亚及太平洋岛屿也有。

【毒害性】 苦楝皮有一定的毒不良反应,有毒成分为川楝素和异川楝素。其毒性反应常为头晕、头痛、思睡、恶心、腹痛等,严重者可出现中毒性肝炎、精神失常、呼吸中枢麻痹及内脏出血,甚至死亡。

漆树 *Toxicodendron vernicifluum* (Stokes) F. A. Barkley

【形态特征】 落叶乔木,高达 20 m。树皮灰白色,粗糙,成不规则的纵裂;小枝粗壮,被黄棕色柔毛。奇数羽状复叶互生;小叶 9～15,卵状椭圆形或长圆状、椭圆形,全缘,两面脉上均有棕色短毛。花序腋生,有短柔毛;花黄绿色。果序下垂,核果扁圆形或肾形,直径 6～8 mm,棕黄色,光滑,无毛,中果皮蜡质,果核坚硬。花期5～6 月,果期 10 月。

【地理分布】 产江苏各地山区。生于向阳山坡、山谷湿润林中,常见栽培。

分布于辽宁、河北、山西、河南、山东、安徽、浙江、福建、江西、湖北、湖南、广东、广西、贵州、云南、西藏、四川、陕西及甘肃;日本、朝鲜半岛及印度也有。

【毒害性】 为中国植物图谱数据库收录的有毒植物,其毒性在树的汁液,对生漆过敏者皮肤接触即引起红肿、痒痛,误食引起强烈刺激,发生口腔炎、溃疡、呕吐、腹泻,严重者可发生中毒性肾病。

江苏常见同属有毒植物:

木蜡树 *T. sylvestre* (Sieb. et zucc.) O. Kuntze 产连云港、南京、镇江、常州、宜兴、无锡、苏州。其树液有毒,有毒成分与中毒症状均和漆树相似。

酢浆草 *Oxalis corniculata* Linn.

【形态特征】 草本。茎柔弱,常平卧,节上生不定根,被疏柔毛。叶基生,茎生叶互生,3 小叶复叶;小叶,倒心形,先端凹下,被柔毛;花一至数朵组成腋生的伞形花序,花黄色,蒴果近圆柱形,长 1~1.5 cm,有 5 棱,被短柔毛,室背开裂,果瓣宿存于中轴上。花果期 2~9 月。

【地理分布】 产江苏各地。生于山坡草丛、荒地、田野、道旁。

分布于辽宁、内蒙古、山西、河北、河南、山东、安徽、浙江、福建、台湾、江西、湖北、湖南、广东、海南、广西、贵州、云南、西藏、青海、四川、甘肃及陕西。亚洲温带及亚热带、地中海地区及欧洲北美也有。

【毒害性】 牛羊食其过多可中毒致死。茎叶含多量草酸盐。另有谓叶含柠檬酸及大量酒石酸,茎含苹果酸。

苦皮藤(马断肠)*Celastrus angulatus* Maxim.

【形态特征】 落叶藤本。小枝有 4~6 角棱,皮孔密而明显,髓心片状;冬芽卵球形,长 2~5 mm。叶互生,宽卵形或近圆形,长 9~16 cm,宽 6~15 cm,花序顶生,花梗粗壮,有棱顶部有关节;黄绿色,果序长达 20 cm,蒴果黄色,近球形,直径达 1.2 cm;种子近椭圆形,长 3~5 mm,有红色假种皮。花期 5~6 月,果期 8~10 月。

【地理分布】 产苏南地区和盱眙。生于山坡林中及灌丛中。

分布于甘肃南部、陕西南部、河南、河北南部、山东南部、安徽、浙江北部以及河南、江西、湖北、湖南、广东、广西、贵州、云南及四川。

【毒害性】 为中国植物图谱数据库收录的有毒植物,其毒性为有小毒。

江苏常见同属有毒植物:

南蛇藤 *C. orbiculatus* Thunb. 产江苏各地。生于山沟及山坡灌丛中。

雷公藤 *Tripterygium wilfordii* Hook. f.

【形态特征】 落叶藤状灌木,高达 3 m。小枝棕红色,有 4~6 纵棱,密生瘤状皮孔及锈色短毛。叶椭圆形至宽卵形,叶柄密被锈色毛。花序顶生及腋生,长 5~7 cm,被锈色毛;花杂性,白绿色。蒴果长圆形,具三片膜质翅,长 1.5 cm,宽 1.2 cm,翅上有斜生侧脉;种子粒细柱状。花期 5~6 月,果期 9~10 月。

【地理分布】 产宜兴。生于背阴多湿的山坡、山谷、溪边灌木丛中。

分布于台湾、福建、浙江、安徽、江西、湖北、湖南、广东、广西、贵州、四川、西藏、云南、青海及辽宁;朝鲜、日本及缅甸也有。

【毒害性】 全株有毒。对人的毒性很大,农村常有中毒发生。有人误服其叶 2～3 片可中毒,服嫩芽 7 个或根皮 30 g 以上可以引起死亡,甚至食其花蜜也可发生中毒。中毒症状一般在 2 小时后出现,主要有剧烈腹痛、腹泻、呕吐、血便、胸闷气短、血压下降、心跳无力、发绀、体温下降、休克及呼吸衰竭等。中毒后急救措施为催吐、洗胃、灌肠、导泻等一般方法。

地锦(爬山虎) *Parthenocissus tricuspidata* Planch.

【形态特征】 落叶大藤本。枝条粗壮;卷须短,有 5～9 分枝,顶端幼时膨大呈圆球形,遇附着物时成吸盘。单叶互生,宽卵形,通常 3 裂,幼苗或下部枝上的叶较小,常分成 3 小叶,或 3 全裂。聚伞花序通常生于短枝顶端的两叶之间有浆果球形蓝黑色,直径 1～1.5 cm。花期 6～7 月,果期 9 月。

【地理分布】 产江苏各地。生于山坡石壁、树干或灌丛中。

分布于辽宁、吉林、河北、河南、山东、安徽、浙江、福建、台湾、江西、湖北、湖南、广东北部、广西、贵州、四川、山西西南部以及甘肃南部及陕西南部;朝鲜及日本也有。

【毒害性】 为中国植物图谱数据库收录的有毒植物,全草有毒。

黄常山 *Dichroa febrifuga* Lour.

【形态特征】 落叶灌木,高 1～2 m。小枝绿色,常带紫红色。叶对生椭圆形、长圆形、倒卵状椭圆形,伞房花序圆锥形;顶生,花蓝色或青紫色;浆果蓝色,有多数种子。花期 6～7 月,果期 8～10 月。

【地理分布】 产苏南地区,南京有栽培。生于阴湿林中。

分布于安徽、浙江、福建、江西、湖北、湖南、广东、海南、广西、贵州、云南、西藏、四川以及陕西南部和甘肃南部;印度、东南亚以及日本琉球群岛也有。

【毒害性】 全株有毒;根、叶可作退热和抗疟药,用量4.5～9.0 g,过量则引起头昏、剧烈呕吐、腹泻,大量食入可抑制循环中枢,引起心悸、心律不齐、紫绀及血压下降,因循环衰竭而死亡。有毒成分主要有喹唑啉类生物碱黄常山碱等,对良性和恶性疟疾均有疗效,但具有强烈的恶心、呕吐等副作用。

喜树 *Camptotheca acuminata* Decne.

【形态特征】 落叶乔木,高达 25 m。树皮灰色,纵裂成浅沟状。叶互生,长卵形,全缘或微呈波状,下面疏生短柔毛,脉上较密。头状花序近球形,常2～9 个组成圆锥花序,

顶生或腋生,花5,淡绿色,果序头状,矩圆形翅果,顶端具宿存花盘,无果梗。花期5～7月,果期9月。

【地理分布】 江苏各地常栽培为行道树、庭荫树。

分布于安徽、浙江、福建、江西、湖北、湖南、广东、广西、贵州、云南及四川。

【毒害性】 全株含喜树碱,果实含量约为根的2.5倍。中毒后对胃肠道有强烈刺激作用,表现为恶心呕吐,食欲下降,膀胱炎症状,尿痛,腹胀,白细胞下降,大量腹泻,呼吸困难,昏迷,最后死于呼吸麻痹。

八角枫 *Alangium chinense*（Lour.）Harms

【形态特征】 落叶灌木或小乔木。枝成"之"字形,无毛或有黄色疏柔毛。叶互生,卵形或圆形,先端渐尖,基部心形,两侧偏斜,全缘或3～7裂,基出掌状脉3～5条。花8～30朵组成腋生二歧聚伞花序;花白色,核果卵圆形,成熟后黑色,顶端有宿存的萼齿和花盘,种子1粒。花期5～7月和9～10月,果期7～11月。

【地理分布】 产连云港、南京、镇江、宜兴、南通。生于向阳灌丛中。

分布于山东、河南、安徽、浙江、福建、台湾、江西、湖北、湖南、广东、海南、广西、贵州、云南、四川、甘肃、陕西以及西藏南部。亚洲东南部及非洲东部各国也有。

【毒害性】 根有毒,须根最毒。《本草纲目拾遗》中记载:"木八角(八角枫)性热、力猛、有毒,……虽壮实人亦宜少用。"须根煎服一次超过15 g,即可引起中毒;服后半小时左右感觉头昏、眼花、胸闷、口干、恶心、心率减慢,继而全身无力、困倦、思睡;重症者1 h左右出现手脚软瘫,但神志清楚。一般服后10余小时或数天后能自行恢复。严重中毒,则全身软瘫、脸色苍白,最后因呼吸抑制而死亡。根主要含毒藜碱和喜树次碱,以及一些未定结构的酚性生物碱;其含量以须根为最高,粗根皮和枝条含量甚微。

江苏常见同属植物:

毛八角枫 *A. kurzii* Craib 产江苏各地。生山坡、灌丛或疏林中。有毒植物。瓜木 *A. platanifolium*（Sieb. et Zucc.）Harms 产江阴、南京、常州、无锡。毒性与八角枫相似,人服用过量出现头晕、周身麻痹、软瘫等中毒反应。具有横纹肌松弛作用。根含毒藜碱、喜树次碱等生物碱,还有水杨苷、树脂等成分。

刺楸 *Kalopanax septemlobus*（Thunb.）Koidz.

【形态特征】 落叶乔木,高达30 m。树干布有粗大硬棘刺。叶近圆形,5～9裂。伞形花序聚生成顶生圆锥花序,花白色;子房下位,2室。核果球形,熟时蓝黑色,花柱宿存。

花期7~9月,果期9~12月。

【地理分布】 产江苏各地。生于山地疏林。

分布于吉林、辽宁、河北、山西、河南、山东、安徽、浙江、福建、江西、湖北、湖南、广东、广西、贵州、云南、四川、西藏、甘肃及陕西。

【毒害性】 为中国植物图谱数据库收录的有毒植物,其小鼠腹膜内注射树皮氯仿和甲醇提取物1 000 mg/kg,出现活动减少、眼睑下垂、四肢无力、翻正反射消失、呼吸抑制、死亡。

攀倒甑(白花败酱)*Patrinia villosa* Juss.

【形态特征】 多年生草本,高50~100 cm。根茎短,有特殊臭味;茎枝被倒生粗白毛,或沿叶柄相连的侧面有纵裂倒生粗伏毛。基生叶丛生,宽卵形或近圆形,茎生叶对生,叶片卵形或菱状卵形,上部渐近无柄;花序顶生;花冠白色。瘦果倒卵形,与宿存增大苞片贴生;苞片近圆形,径约5 mm,膜质,脉网明显。花期8~10月,果期9~11月。

【地理分布】 产江苏各地。生于山坡草地或灌丛间。

分布于黑龙江、吉林、辽宁、山东、河南、安徽、浙江、福建、台湾、江西、湖北、湖南、广东、广西、贵州、四川及陕西等省区;日本也有。

【毒害性】 为中国植物图谱数据库收录的有毒植物,全草有小毒。

半边莲 *Lobelia chinensis* Lour.

【形态特征】 多年生草本,有白色乳汁。茎平卧,在节上生根。狭披针形或条形,叶无柄或近无柄,花通常1朵,生分枝上部叶腋,蒴果倒锥状解毒。种子椭圆形、扁压、肉质。花期5~8月,果期8~10月。

【地理分布】 产江苏各地。生于水边、水田边、沟边、墙边及潮湿草地,常成片生长。

分布于河南、山东、安徽、浙江、福建、台湾、江西、湖北、湖南、广东、海南、广西、贵州、云南及四川;印度以东的亚洲其他各国也有。

【毒害性】 食多量引起流涎、恶心、头痛、腹泻、血压增高、脉搏先缓后速,严重者痉挛、瞳孔散大,最后因呼吸中枢麻痹而死亡。解救方法:先催吐,洗胃,后饮浓茶,注射葡萄糖液。对症治疗:如出现惊厥,可给解痉剂,针刺人中、合谷、涌泉等穴位;呼吸麻痹时给以强心剂和兴奋剂,保暖,必要时给氧或行人工呼吸。民间用黄豆汁、甜桔梗煎水服,或甘草煎水内服或饮盐水,或榨姜汁口服。

艾蒿（艾）*Artemisia argyi* Levl. et Vant.

【形态特征】 多年生草本,高 50～120 cm;茎有白色茸毛,上部分枝。叶片 3～5 深裂或羽状深裂,边缘有不规则锯齿,表面有白色小腺点,背面密生白色毡毛;上部叶渐小,3 裂或全缘。头状花序排列成复总状,总苞片边缘膜质;花带红色,外层雌性,内层两性。瘦果。花果期 7～10 月。

【地理分布】 产江苏各地。生于路边、荒野、林缘。

东北、华北、华东、华南、西南以及陕西、甘肃等区域均有分布;蒙古、日本、朝鲜半岛及俄罗斯远东地区也有。

【毒害性】 全草含挥发油,对皮肤有刺激,可使局部发热、潮红,皮肤吸收后则使肢体末梢神经麻痹;口服对咽喉及肠胃道有刺激,产生咽喉部干燥、胃肠不适、恶心、呕吐等反应,并有头晕、耳鸣、四肢震颤、痉挛、谵妄、惊厥,甚至瘫痪。

艾中毒能引起肝脏细胞的代谢障碍,出现黄疸型肝炎。艾油能延长戊巴比妥钠睡眠时间,大剂量对心脏有抑制作用。艾叶药用量一般不能超过 10 g,超过此量 2～3 倍,即有中毒之可能。对人致死量为 100 g。孕妇服用不当,可造成子宫出血及流产。

天名精（鹤虱）*Carpesium abrotanoides* Linn.

【形态特征】 多年生草本,高 50～100 cm,稍有臭气。茎直立,上部多分枝呈二叉状。茎下部的长椭圆形叶子互生。头状花序多数,腋生,花黄色,全为管状花;外围花雌性,花冠细长呈丝状;中央花两性,瘦果褐黑色。

【地理分布】 产江苏各地。生于林下、林缘、村旁、路边。

分布于华东、华南、华中、西南各省区及河北、陕西等地;

朝鲜半岛、日本、越南、缅甸、锡金、伊朗及俄罗斯高加索地区也有。

【毒害性】 为中国植物图谱数据库收录的有毒植物,全草有小毒,接触皮肤能引起过敏性皮炎、疮疹;动物实验有中枢麻痹作用。

佩兰 *Eupatorium fortunei* Turcz.

【形态特征】 多年生草本,高 30～100 cm。全株揉搓后有香味。茎被短柔毛,单叶对生,长卵形或卵状披针形,头状花序在茎顶或短花序分枝的顶端排列成复伞房花序;花红紫色。瘦果无毛及腺点。花果期 7～11 月。

【地理分布】 产苏南地区。生于路边、灌丛、山坡,林下。

分布于山东、浙江、安徽、江西、河南、湖北、湖南、广东、海南、广西、贵州、云南、四川、陕西;日本及朝鲜半岛也有。

【毒害性】 佩兰能引起牛羊慢性中毒,侵害肾、肝导致糖尿病。鲜叶或干叶的醇浸出物含有一种有毒成分,具有急性毒性,家兔给药后,能使其麻醉,甚至抑制呼吸,使心率减慢,体温下降,血糖过多及引起糖尿诸症。口服佩兰能引起小鼠动情周期暂停,排卵受到抑制。

江苏常见同属有毒植物:

多须公(华泽兰)*E. chinense* Linn. 产江苏各地。生于山坡灌丛或路边草地。全草有毒,以叶为甚。

千里光 *Senecio scandens* Buch. - Ham. ex D. Don

【形态特征】 多年生攀援,草本,茎长1~5m,曲折,多分枝。叶卵状披针形或长三角形,头状花序在茎及枝端排列成复总状的伞房花序,花黄色。瘦果圆柱形,有纵沟,被短毛;冠毛白色,约与筒状花等长。花果期8月至翌年4月。

【地理分布】 产江苏各地。生于林下、路边、林缘灌丛中。

分布于吉林、河北、山西、河南、安徽、浙江、福建、台湾、江西、湖北、湖南、广东、香港、海南、广西、贵州、云南、西藏、四川、陕西、甘肃及新疆;印度、尼泊尔、不丹、缅甸、菲律宾、日本以及中南半岛也有。

【毒害性】 世界各地不同种的千里光,人和家畜食后都可引起中毒,尤可致肝硬化。千里光属中所含类生物碱具有抗肿瘤作用,这与引起肝脏毒性间有一定的关系。

苍耳 *Xanthium strumarium* Linn.

【形态特征】 一年生草本,高达90 cm。茎被灰白糙伏毛。叶三角状卵形或心形,两面被贴生的糙伏毛;基出三脉。成熟的具瘦果的总苞变坚硬,绿色、淡黄色或红褐色,外面疏生具钩的总苞刺,苞刺长1~1.5 mm,喙长1.5~2.5 mm;瘦果2,倒卵形。花期7~8月,果期9~10月。

【地理分布】 产江苏各地。生于荒坡草地或路旁。

除台湾外全国各省区均产;俄罗斯、伊朗、印度、日本以及朝鲜半岛也有。

【毒害性】 苍耳,可致皮炎;家畜(特别是猪)吃未生真叶之幼苗,可致中毒。

醉鱼草 *Buddleja lindleyana* Fort.

【形态特征】 落叶灌木,高可达2 m。小枝四棱形,嫩枝被棕黄色星状细毛,单叶对生,卵形或卵状披针形,叶背疏生棕黄色星毛。穗状花序顶生,直立,长7~20 cm,花密集,紫色,蒴果矩圆形,长约5 mm,具鳞片,种子细小,无翅。花期6~8月,果期10月。

【地理分布】 产江苏各地。生于沟边、路旁、灌丛中也有栽培。

分布于浙江、安徽、江西、福建、广东、广西、湖南、湖北、四川等地。

【毒害性】 人及家畜食花和叶后引起的中毒,症状为头晕、呕吐、呼吸困难、四肢麻木和震颤。解救方法为:洗胃,导泻,服大量糖水或静脉滴注葡萄糖盐水,肌注维生素 B_1 及对症治疗。

江苏常见同属有毒植物:

驳骨丹(狭叶醉鱼草)*B. asiatica* Lour. 产苏南地区。全株大毒。大叶醉鱼草 *B. davidii* Franch. 产苏南地区。有毒植物。密蒙花 *B. officinalis* Maxim. 产苏南地区。有毒植物。

夹竹桃 *Nerium oleander* Linn.

【形态特征】 常绿大灌木,高达 5 m,无毛。叶 3～4 枚轮生,在枝条下部为对生,窄披针形,全绿,革质,下面浅绿色;侧脉,密生而平行。夏季开花,聚伞花序的顶生;花桃红色或白色,蓇葖果矩圆形,长 10～23 cm,直径 1.5～2 cm;种子顶端具黄褐色种毛。花期 6～10 月,果期 12 月至翌年 1 月,很少结果。

【地理分布】 常在公园、风景区、道路旁或河湖边周围栽培。原产伊朗、印度、尼泊尔。我国各地栽培。

【毒害性】 叶、树皮、根、花、种子均有毒,人、畜误食能致死。包含了多种毒素,其中最大量的毒素是强心苷类的欧夹竹桃甙。新鲜树皮的毒性比叶强,干燥后毒性减弱,花的毒性较弱。人中毒后初期以胃肠道症状为主,有食欲不振、恶心、呕吐、腹泻、腹痛,进而出现心脏症状,有心悸、脉搏细慢不齐、期前收缩,心电图具有窦性心动徐缓、房室传导阻滞、室性或房性心动过速,神经系统症状尚有流涎、眩晕、嗜睡、四肢麻木。严重者瞳孔散大、血便、昏睡、抽搐死亡。动物中毒症状与之类似。

络石 *Trachelospermum jasminoides* (Lindl.) Lem.

【形态特征】 常绿木质藤本,长达 10 m,具乳汁。嫩枝被柔毛,枝条和节上攀援树上或墙壁生长、有气生。叶对生,椭圆形或卵状披针形,聚伞花序腋生和顶生,花冠白色,高脚碟状,花冠筒中部膨大,花冠裂片 5,向右覆盖;蓇葖果叉生,无毛;种子顶端具种毛。花期 5～7 月,果期 9～10 月。

【地理分布】 产江苏各地。生于山野、路旁、林缘或杂木林中,常缠绕于树上或攀援于岩石上。

分布于陕西、河南、山西、河北、山东、安徽、浙江、福建、台湾、江西、湖北、湖南、广东、海南、广西、贵州、云南、四川及西藏;日本、朝鲜及越南也有。

【毒害性】 乳汁有毒,对心脏有毒害作用。

白薇(白前) *Cynanchum atratum* Bunge

【形态特征】 多年生草本,高40~70 cm。茎直立,被密短柔毛,具白色乳汁。叶对生,宽卵形至椭圆形,全缘,两面均被白色茸毛。伞形状聚伞花序,腋生,花深紫色,蓇葖果纺锤形长达10 cm。种毛长3~4.5 cm。花期5~7月,果期6~8月。

【地理分布】 产苏北地区。生于河边、山沟、林下草地。

分布于黑龙江、吉林、辽宁、内蒙古、山东、河北、河南、陕西、山西、安徽、福建、江西、湖北、湖南、广东、广西、贵州、云南及四川;朝鲜、日本及俄罗斯也有。

【毒害性】 根中含有挥发油、强心苷等,其中强心苷中主要为甾体多糖苷,挥发油的主要成分为白薇素。白薇素有较强的强心作用,内服过量,可引起强心苷样中毒反应,中毒量为30~45 g,可出现心悸、恶心、呕吐、头晕、头痛、腹泻、流涎等症状,临床用药应谨慎。

萝藦 *Metaplexis japonica* (Thunb.) Makino

【形态特征】 多年生草质藤本,具乳汁。叶对生,卵状心形,无毛,下面粉绿色;叶柄顶端簇生腺体。聚伞花序腋生,花白色,蓇葖果角状,叉生,平滑;种子顶端具种毛。花期7~8月,果期9~12月。

【地理分布】 产江苏各地。生于林缘、山坡、田野、路边。

分布于黑龙江、吉林、辽宁、内蒙古、河北、河南、山西、陕西、甘肃、新疆、山东、安徽、浙江、江西、湖南、湖北、四川及贵州;朝鲜、日本及俄罗斯也有。

【毒害性】 根、茎有毒,小鼠腹膜内注射其氯仿提取物1 000 mg/kg,10余小时内全部死亡,多服可引起中毒。

杠柳 *Periploca sepium* Bunge

【形态特征】 藤状灌木,长达4 m。具乳汁。叶对生,膜质,卵状长圆形。聚伞花序腋生,常对生;花紫红色,蓇葖果双生,圆柱状,长7~12 cm,直径约5 mm;种子长圆形,顶端具白绢质长3 cm的种毛。花期5~6月,果期7~9月。

【地理分布】 产苏北地区。生于山坡林缘、路旁。

分布于吉林、辽宁、内蒙古、宁夏、河北、山东、安徽、江西、湖北、贵州、四川、甘肃、陕西、河南及山西。

【毒害性】 我国北方都称杠柳的根皮为"北五加皮",浸酒,功用与五加皮略似,但有毒,不宜过量和久服,以免中毒。

乙醇制剂对猫肠道给药的致死量为 1 g/kg。根皮强心作用很强,用量过多易中毒。注射于动物,可使其血压上升极高,3～20 min 即可致死。

七层楼(娃儿藤) *Tylophora floribunda* Miq.

【形态特征】 多年生缠绕藤本,有乳汁。根须状,淡黄色,具单列微柔毛。叶对生,窄长卵状心形或卵状披针形,下面密被乳头状突起。聚伞花序总状或伞状,腋生,花小,紫色。蓇葖果披针状圆柱形,近水平展开。种子卵圆形;顶端有一簇白色长毛。花期 7～8 月,果期 9～11 月。

【地理分布】 产南京、苏州、宜兴。生于向阳疏林或灌丛中。

分布于安徽、浙江、福建、江西、湖南、湖北、广东、广西、贵州、河南及陕西;朝鲜、日本也有。

【毒害性】 根有小毒。含娃儿藤碱、异娃儿藤碱、娃儿藤宁碱,娃儿藤碱对中枢神经系统有不可逆的毒性。

龙葵 *Solanum nigrum* Linn.

【形态特征】 一年生草本,高 0.3～1 m。茎直立,多分枝。叶卵形,全缘或有不规则的波状粗齿,花序短蝎尾状,有 4～10 朵花,花白色,浆果球形,熟时黑色,种子近卵形,压扁。花期 6～9 月,果期 8～10 月。

【地理分布】 产连云港以及铜山、邳县、射阳、吴江、江宁、溧阳。生于田边、荒地及村落附近。

分布于内蒙古、河北、山东、安徽、浙江、福建、台湾、湖北、湖南、江西、广东、广西、云南、贵州、四川、西藏、甘肃、陕西及河南;日本、印度及亚洲西南部、欧洲也有。

【毒害性】 全株有毒,果实毒性较大。牛、马中毒后,两星期内有恶臭血便、下痢、虚脱、死亡。绵羊中毒有心律失常、体温升高、呼吸急迫、步态不稳、散瞳、绿便。龙葵地上部分含澳洲茄碱、澳洲茄边碱、β-澳洲茄边碱。龙葵碱作用类似皂苷,能溶解血细胞。过量中毒可引起头痛、腹痛、呕吐、腹泻、瞳孔散大、心跳先快后慢、精神错乱,甚至昏迷。曾有报道小孩食未成熟的龙葵果实而致死亡(与发芽马铃薯中毒相同)。澳洲茄碱作用似龙葵碱,亦能溶血,毒性较大。

江苏常见同属有毒植物:

野海茄 *S. japonense* Nakai 产连云港、南京、宜兴、无锡。生于荒地、山谷、路旁。果有毒,为中国植物图谱数据库收录的有毒植物。白英 *S. lyratum* Thunb. 产江苏各地。生于山谷草地或路旁、田边。茎及果实含有茄碱(即龙葵碱)。果实含量为 0.3%～0.7%,茎含量 0.3%。

打碗花 *Calystegia hederacea* Wall.

【形态特征】 一年生草本,高 8～40 cm。茎缠绕或匍匐分枝,光滑。叶互生,具长柄,基部叶全缘,近椭圆形,基部心形,上部叶三角状戟形。花冠漏斗状,粉红色,蒴果卵圆形,光滑;种子卵圆形,黑褐色。花期 5～8 月,果期 7～10 月。

【地理分布】 产江苏各地。生于山坡草地、旷野、路旁、田间。

分布于内蒙古、辽宁、河北、山东、安徽、浙江、江西、湖北、湖南、贵州、云南、四川、西藏、新疆、青海、宁夏、甘肃、陕西、山西及河南;东非埃塞俄比亚、亚洲东部及南部至马来西亚也有。

【毒害性】 为中国植物图谱数据库收录的有毒植物。根茎有毒,含生物碱。

梓树 *Catalpa ovata* G. Don

【形态特征】 落叶乔木,高达 20 m;嫩枝无毛或具长柔毛。叶对生,有时轮生,宽卵形或近圆形,先端常 3～5 浅裂,基部圆形或心形。花多数,成圆锥花序,花淡黄色,内有黄色线纹和紫色斑点。蒴果长 20～30 cm,宽 4～7 mm,嫩时疏生长柔毛;种子长椭圆形,长 8～10 mm,宽约 3 mm,两端生长毛。花期 5～6 月,果期7～8 月。

【地理分布】 江苏各地栽培。多栽培于村庄附近路旁。

分布于安徽、甘肃、河北、黑龙江、河南、湖北、吉林、辽宁、内蒙古、宁夏、青海、陕西、山东、山西、四川、新疆;日本也有。

【毒害性】 树皮、果、叶有小毒,多量可使中枢神经麻痹、呼吸抑制、影响心脏而致死亡。

透骨草 *Phryma leptostachya* Linn. subsp. *asiatica* (Hara) Kitamura

【形态特征】 多年生草本,高达 60 cm。茎直立,不分枝,方形。叶对生,卵形至卵状披针形,叶柄长 5～30 mm,有细柔毛。穗状花序,顶生和腋生;花小,二唇形,多数,花淡紫色或白色,唇形,上唇 3 裂,下唇 2 裂。瘦果下垂,棒状,包在宿存花萼内。反折并贴近花序轴。花期 6～10 月,果期 8～12 月。

【地理分布】 产江苏各地。生于阴湿山谷或林下。

全国广泛分布;日本、朝鲜以及俄罗斯远东、越南北部、印度东北部、克什米尔及巴基斯坦北部也有。

【毒害性】 全草有毒。主要含别品碱、黄连碱、罂粟红碱

D、E 等。

马鞭草 *Verbena officinalis* Linn.

【形态特征】　多年生草本，高 30～80 cm。茎上部方形，叶对生，卵形至短圆形，长 2～8 cm，宽 1～4 cm，两面有粗毛，边缘有粗锯齿或缺刻，茎生叶多数 3 深裂，有时羽裂，裂片边缘有不整齐锯齿。穗状花序顶生或生于上部叶腋，花淡紫色或蓝色，近二唇形；熟时分裂为 4 个长圆形的小坚果。花期 6～8 月，果期 7～11 月。

【地理分布】　产江苏各地。生于山脚路旁、村边荒地。

分布于安徽、浙江、福建、台湾、江西、湖北、湖南、广东、广西、贵州、云南、西藏、四川、陕西、河南、山西及新疆。全世界温带至热带地区均有分布。

【毒害性】　为中国植物图谱数据库收录的有毒植物，全草有小毒，制剂可治疗疟疾、白喉、流行性感冒等。有些人服后有恶心、头昏、头痛、呕吐和腹痛等反应。

山慈姑(老鸦瓣) *Tulipa edulis*（Miq.）Baker

【形态特征】　多年生草本。鳞茎卵形，外层皮灰棕色，纸质，内面生茸毛。叶 1 对，条形。花葶单一或分叉成二，从一对叶中生出，高 10～20 cm，单花顶生，白色，有紫脉纹；蒴果近球形，直径约 1.2 cm。花期 3～4 月，果期 4～5 月。

【地理分布】　产江苏多地。生于山坡向阳草地或荒地。

分布于陕西、河南、山东、浙江、江西、安徽、湖北、湖南及辽宁；朝鲜及日本也有。

【毒害性】　全草有毒，鳞茎毒性较大，含秋水仙碱。中毒症状有呼吸促迫和挣扎、瞳孔散大、眼球凸出，很快窒息而死。

鸢尾 *Iris tectorum* Maxim.

【形态特征】　多年生草本。根状茎短而粗壮，坚硬，浅黄色。叶基生，剑形，无明显中脉。花葶与叶几等长，单一或二分枝，每枝具 1～3 花，；花蓝紫色，外轮 3 花被裂片近圆形或倒卵形，外折，具深色网纹，中部有鸡冠状突起及白色髯毛，内轮 3 花被裂片较小，倒卵形，蒴果狭矩圆形，外皮坚韧，有网纹；种子多数，球形。花期 4～6 月，果期 6～8 月。

【地理分布】　产宜溧山区。生于向阳坡地、林缘及水边湿地。

分布于山西、安徽、浙江、福建、湖北、湖南、江西、广西、陕西、甘肃、四川、贵州、云南、西藏；缅甸以及朝鲜半岛和日本也有。在庭园已久经栽培。

【毒害性】　全草有毒,以根茎和种子较毒,尤以新鲜的根茎更甚。牛和猪误食有竣下及呕吐作用,消化器官及肝有炎症。根茎含鸢尾苷,鸢尾甲黄苷 A. B,香荚兰乙酮苷,草夹竹桃苷及香荚兰双葡萄糖苷。花含恩比宁。

萱草 *Hemerocallis fulva*（Linn.）Linn.

【形态特征】　多年生宿根草本。具短根状茎和粗壮的纺锤形肉质根。叶基生,宽线形,对排成两列,长可达 50 cm 以上,背面有龙骨突起。高 60～100 cm,聚伞花序顶生,有花 6～10 朵,花大,漏斗形,橘黄色。内花被裂片长圆形,宽 2～3 cm。花期 6月上旬至 7 月中旬,每花仅放一天。蒴果长圆形,背裂,内有亮黑色种子数粒。花果期 5～9 月。

【地理分布】　产江苏各地。生于山沟边、林下阴湿处。

分布于华东、华中、华南北部和西南及河北、辽宁以及西藏;从日本经亚洲北部至欧洲南部均有分布。

【毒害性】　全株有毒,以根头的水液最甚。食后中毒,初为唇、舌、咽喉刺痛,继而麻木,腹上部烧灼痛,身体各部皮肤麻木、恶心、呕吐、腹泻带血、眩晕、四肢无力、眼睑沉重、怕光、呼吸困难、脉搏快而无力、惊厥,失去知觉而死亡。

小黄花菜 *Hemerocallis minor* Mill.

【形态特征】　草本,具短的根状茎和绳索状须根,根的末端稀膨大成纺锤状。叶基生,条形,长 30～50 cm。花葶纤细,具 1～2 朵花,有时为 3 花,黄色,芳香,蒴果椭圆形,长 2～2.5 cm。花期 6～7月,果期 7～9 月。

【地理分布】　产连云港。生于溪沟边、山坡或林下。
分布于我国北部诸省区。

【毒害性】　根部有毒,服用过量可致瞳孔扩大、呼吸抑制,甚至失明或死亡。含秋水仙碱、大黄酚、小萱草根素、萱草根素、大黄酸(70～4)、萱草酮等。

绵枣儿 *Barnardia japonica*（Thunb.）Schult. et Schult. f.

【形态特征】　多年生草本。鳞茎卵球形,下部有短根茎,其上生多数须根,鳞茎片内面具绵毛。基生,叶狭线形。总状花序,直立,先叶抽出;花小,淡紫红色;有深紫色的脉纹 1 条;蒴果倒卵形,3 棱,成熟时成 3 瓣开裂,长 2～3 cm。种子有棱,黑色,有光泽。花期 8～9 月,果期 9～10 月。

【地理分布】　产江苏各地。生于山坡、林下、草丛。
分布于广东、广西、河北、云南、黑龙江、河南、湖北、湖南、江西、吉林、辽宁、内蒙古、山西、四川、台湾；日本、朝鲜及俄罗斯也有分布。

【毒害性】 全株有毒，含毒成分为海葱苷，中毒症状与夹竹桃中毒症状相似。解救方法可按一般中毒急救原则处理，并对症治疗。

石蒜（龙爪花、蟑螂花、一枝箭）*Lycoris radiata*（L'Her.）Herb.

【形态特征】 多年生草本。鳞茎宽椭圆形或近球形，外有紫褐色鳞茎皮。叶基生，条形或带形，全缘。花葶在叶前抽出，实心，伞形花序有花 4～6 朵；苞片干膜质，棕褐色，披针形；花鲜红色或具白色边缘，蒴果常不成熟。花期 8～9 月。

【地理分布】 产江苏各地。生于山地阴湿处、林缘、路旁。

分布于安徽、浙江、福建、江西、湖北、湖南、广东、广西、贵州、云南、四川、陕西西南部及河南东南部；日本以及朝鲜半岛南部也有。

【毒害性】 全草含石蒜碱、加兰他敏等用于制药的原料，有大毒，石蒜碱接触皮肤后即红肿发痒，进入呼吸道会引起鼻出血。全株有毒，花毒性较大，其次是鳞茎。食鳞茎后常引起恶心、呕吐、头晕、水泻，泻出物混杂有白色腥臭黏液，舌硬直、心动过缓、手足发冷、烦躁、惊厥、血压下降、虚脱，多死于呼吸麻痹。花食入后常发生语言障碍，严重者死亡。

江苏常见同属植物：

安徽石蒜 *L. anhuiensis* Hsu et Fan 产南京江浦。黄花品系：花黄色，花被片较反卷而展开，边缘微皱缩；春出叶，带形。忽地笑（黄花石蒜）*L. aurea*（L'Her.）Herb. 产苏南地区。大花型，花鲜黄色或橙色，花被裂片背面具淡绿色中肋，强度褶皱和反卷；秋出叶，叶片阔条形，粉绿色，中间淡色带明显。中国石蒜 *L. chinensis* Traub 产南京、宜兴。黄花品系：大花型，花鲜黄色，花被裂片背面具淡黄色中肋，强度褶皱和反卷；春出叶。长筒石蒜 *L. longituba* Y. Hsu et Q. J. Fan 产南京和镇江句容。白花品系，花型较大，花朵纯白色，花被裂片腹面稍有淡红色条纹，顶端稍反卷，边缘不皱缩；春出叶。玫瑰石蒜 *L. rosea* Herb. 产苏南地区。红花品系：裂瓣反卷花型，花玫瑰红色，中度褶皱和反卷；秋出叶，带状，淡绿色，中间淡色带明显。换锦花 *L. sprengeri* Comes ex Baker 产宜兴和南京江浦、江宁、宜兴。复色品系：杯状花型，花型中等，花淡紫红色，花被裂片顶端带蓝色，边缘不皱缩；春出叶。紫花石蒜（鹿葱）*L. squamigera* Maxim. 产宜兴和连云港云台山。红花品系，杯状花型，花粉红色，边缘微皱缩；秋出叶，淡绿色，质地较软。

玉竹 *Polygonatum odoratum*（Mill.）Druce

【形态特征】 多年生草本，高 20～50 cm。根状茎圆柱形，结节不粗大，直径 5～14 mm。叶互生，椭圆形至卵状长圆形，花序腋生，具 1～3 花，花被白色或顶端黄绿色，

合生呈筒状,浆果扁球形直径 7~10 mm,蓝黑色。花期 5~6
月,果期7~9月。

【地理分布】 产江苏各地。生于山坡草丛、林下阴湿处。

分布于安徽、甘肃、广西、河北、黑龙江、河南、湖北、湖南、
江西、辽宁、内蒙古、青海、陕西、山东、山西、台湾、浙江;欧亚
大陆温带地区广布。

【毒害性】 果实有毒,不可食用。

万年青 *Rohdea japonica* (Thunb.) Roth.

【形态特征】 多年生常绿草本。根状茎粗短,有多数纤维
根,根密生白色绵毛。叶基生,3~6 枚,长圆形、披针形或倒披
针形,穗状花序侧生,密生多花,花淡黄色或褐色;肉质,浆果球
形,熟时鲜红色。花期 5~6 月,果期 9~11 月。

【地理分布】 产苏南地区。生于林下潮湿处或草地上。
各地常盆栽。

分布于山东、浙江、江西、湖北、湖南、广西、四川等地;日本
也有。

【毒害性】 根茎、叶、种子均含强心苷成分万年青苷。汁
液有毒,一般以茎部组织液最毒。黏液黏到皮肤上,会引起过
敏反应。过量内服约 1 h 后出现恶心呕吐、头痛头晕、流涎厌食、眼花、疲倦等症状,较重
时出现腹痛腹泻、心前区压迫感、四肢麻木、肢端厥冷、皮肤苍白、视力模糊、心跳缓慢、血
压下降,严重者病人烦躁、抽搐、昏迷、瞳孔散大,可能产生各种心律失常,如室性过早搏
动、房室传导阻滞、房性或室性心动过速、房室分离、心房纤颤,或窦性心动过缓、窦房传
导阻滞和结性心律等。病人极度虚弱,出现谵妄、心脏呈现完全性房室传导阻滞,甚至
死亡。

直立百部 *Stemona sessilifolia* (Miq.) Miq.

【形态特征】 多年生直立草本,茎高达 60 cm,不分枝。块根
肉质,纺锤形,簇生。叶轮生 3~5 枚,卵状长圆形或卵状披针形,
有基出脉5~7 条,中间 3 条最显著。花通常单生于茎下部鳞片状
的叶腋内,花淡绿色,雄蕊紫红色,蒴果扁卵形。花果期 3~6 月。

【地理分布】 产江苏各地。生于山坡灌丛或竹林下。

分布于山东、安徽、浙江以及福建西北部、江西东北部、河南、
湖北。

【毒害性】 块茎有毒,人中毒后,引起恶心、呕吐、头昏、头痛、
脸色苍白,严重时呼吸困难,呼吸中枢麻痹。小鼠腹膜内注射10~
20 g/kg块根的水煎剂,出现呼吸困难,攀爬力减弱、后肢无力,最后抽搐死亡。根含对叶

百部碱、异对叶百部碱、次对叶百部碱、斯替宁碱、氧化对叶百部碱、斯替明碱。还含有另一种不同结构的斯替毛宁碱和异斯替毛宁碱以及百部土伯碱。

江苏常见同属有毒植物：

百部(蔓生百部)S. japonica (Bl.) Miq. 产宜溧山区。生于草丛中、阳坡灌丛下或竹林。根含原百部碱、对叶百部碱、氧化对叶百部碱、霍多林、百部碱。

黄独(黄药子) *Dioscorea bulbifera* Linn.

【形态特征】 缠绕藤本。块茎卵圆形或梨形，棕褐色。茎圆柱形，左旋。叶腋内紫棕色的球形或卵圆形珠芽(或称零余子)；单叶互生，叶片宽心状卵形，顶端长尾状，全缘或微波状。雄花序穗状下垂，花紫色。蒴果反曲，翅长圆形，成熟时草黄色，表面密生紫色小斑点。种子深褐色，着生于果实每室顶端，翅向基部延长成矩圆形。

【地理分布】 产苏南地区。生于山谷、山谷阴沟或林缘。

分布于甘肃南部以及陕西、安徽、浙江、福建、台湾、江西、湖北、湖南、广东、海南、广西、海南、广西、贵州、云南、西藏、四川、河南；日本、朝鲜、印度、缅甸及大洋洲、非洲、美洲均有分布。

【毒害性】 为中国植物图谱数据库收录的有毒植物，在浙江、四川、广西等地均报道过其毒性；非洲也列为有毒植物。其块根误食和服用过量，可引起口、舌、喉等处烧灼痛，流涎、恶心、呕吐、腹泻、腹痛、瞳孔缩小，严重者出现昏迷、呼吸困难或心脏麻痹而死亡；也有报道称可引起中毒性肝炎。小鼠腹膜内注射 25.5 g/kg 块根的水提取液，出现四肢伸展、腹部贴地，6 h 内全部死亡。

东方泽泻 *Alisma orientale* (Samuels.) Juz.

【形态特征】 多年生沼生或水生植物，具地下球茎。叶基生，椭圆形至宽卵状披针形，花白色。瘦果倒卵形，扁平，背部有 1～2 浅沟，长 1.5～2 mm，花柱宿存。花果期 5～9 月。

【地理分布】 产江苏各地。

分布于黑龙江、吉林、辽宁、内蒙古、河北、陕西、山西、宁夏、甘肃、青海、新疆、山东、安徽、浙江、江西、福建、河南、湖北、湖南、广东、广西、四川、贵州、云南；俄罗斯、蒙古、日本亦有分布。

【毒害性】 全株有毒，地下块茎毒性较大。茎、叶中含有毒汁液，牲畜皮肤触之可发痒、发红、起泡；食后产生腹痛、腹泻等症状，还能引起麻痹。块茎具有肝毒性、肾毒性，服用不当，肝脏、肾脏出现肿胀以及其他中毒症状。

蘑芋(蛇头草、疏毛磨芋) *Amorphophallus kiusianus* (Makino) Makino

【形态特征】 多年生草本。块茎扁球形，直径可达 20 cm，暗红褐色。叶 3 全裂，小

裂片 8～30,羽状排列,叶柄粗壮,绿色,有紫褐色斑点。佛焰苞漏斗状,淡绿色,间有暗绿色斑块,边缘紫红色,外面绿色,内面深紫色,肉穗花序长 10～20 cm;附属器长圆柱形。浆果球形或扁球形,成熟时黄红色。花期 6～7 月,果期 7～9 月。

【地理分布】　产南京、宜兴、常州。生于疏林下、林缘或溪谷两旁湿润地。

分布于浙江、福建大部分地区。

【毒害性】　不宜生服。内服不宜过量。误食生品及过量食用炮制品,易产生中毒症状:舌、咽喉灼热,痒痛,肿大。

天南星(异叶天南星) *Arisaema heterophyllum* Bl.

【形态特征】　多年生草本,高 60～80 cm。块茎扁球形,直径达 3 cm。叶 1 片,鸟趾状全裂,裂片 9～17 枚,通常 13 枚左右,长圆形、倒披针形或长圆状倒卵形,总花梗比叶柄短,佛焰苞绿色和紫色,有时有白色条纹;肉穗花序单性,雌雄异株;浆果红色,球形。花期 4～5 月,果期 6～9 月。

【地理分布】　产苏南地区。生长于阴坡或山谷较为阴湿的地方。

分布于黑龙江、吉林、辽宁、内蒙古、北京、河北、上海、河南、安徽、浙江、江西、福建、湖南、湖北、广东、广西、贵州、四川、云南、西藏;日本、朝鲜也有。

【毒害性】　生天南星对黏膜刺激性较大,误食可致口舌麻木、咽喉烧灼感、黏膜糜烂、水肿,严重者可窒息;皮肤接触后可致瘙痒,有的可引起智力发育障碍。

半夏 *Pinellia ternata* (Thunb.) Breit.

【形态特征】　多年生草本,高 15～30 cm。块茎球形,直径 0.5～1.5 cm。叶 2～5,幼时单叶,2～3 年后为三出复叶;叶片卵圆形至窄披针形,中间小叶较大,两侧小叶较小,全缘。佛焰苞卷合成弧形管状,绿色,上部内面常为深紫红色;肉穗花序顶生;佛焰苞,绿色,附属器长鞭状。浆果卵圆形,绿白色。花期 5～7 月,果期 8 月。

【地理分布】　产江苏各地。生于山地、农田、溪边或林下。

全国广泛分布;日本、朝鲜也有。

【毒害性】　全株有毒,块茎毒性较大,生食 0.1～1.8 g 即可引起中毒。对口腔、喉头、消化道黏膜均可引起强烈刺激;服少量可使口舌麻木,多量则烧痛肿胀、不能发声、流涎、呕吐、全身麻木、呼吸迟缓而不整、痉挛、呼吸困难,最后麻痹而死。有因服生半夏多量而永久失音者。解救方法:服蛋清或面糊,果汁稀醋。

江苏常见同属有毒植物:

掌叶半夏 *P. pedatisecta* Schott 产江苏各地。生于林下、山谷或河谷阴湿处。

菖蒲 *Acorus calamus* Linn.

【形态特征】 多年湿生草本植物。有香气,根状茎横生,粗壮,直径达 1.5 cm。叶基生,剑形。花葶基出,短于叶片,佛焰苞叶状,肉穗花序圆柱形,长 4～7 cm,花药淡黄色,稍伸出于花被;子房顶端圆锥状,花柱短,3 室,每室具数个胚珠。果紧密靠合,红色,果期花序粗达 16 mm。花期 6～9 月。

【地理分布】 产江苏各地。生于水边或沼泽地。

全国大部分地区均有分布。朝鲜、日本以及俄罗斯西伯利亚至北美洲分布。欧洲有引种。

【毒害性】 全株有毒,根茎毒性较大。口服多量时产生强烈的幻视。

第十一章
野生蜜源植物

蜜蜂主要食料的来源,是花蜜和花粉。能分泌花蜜供蜜蜂采集的植物,叫蜜源植物;能产生花粉供蜜蜂采集的植物,叫粉源植物。一般通称为蜜源植物。蜜源植物是发展养蜂业的物质基础,一个地区蜜源植物的分布和生长情况,对蜜蜂的生活有着极为重要的影响。因此,养蜂人员必须对该地区的蜜源植物进行深入的调查研究,掌握蜜源植物的种类、分布、数量、开花流蜜规律和气候变化等情况。

主要蜜源植物指数量多、分布广、花期长、分泌花蜜量多、蜜蜂爱采、能生产商品蜜的植物。如江苏各地的油菜、紫云英,苏北山地的板栗、枣树、刺槐,沿海滩涂的棉花,苏南地区的茶树。江苏省各地的椴树、胡枝子、荆条、香薷、水苏等,是蜂群周期性转地饲养的主要蜜源。

辅助蜜源植物指种类较多、能分泌少量花蜜和产生少量花粉的植物,如桃、梨、苹果、山楂等各种果树,以及瓜类、蔬菜、林木、花卉等。在主要蜜源植物开花期不相衔接时,可用以调剂食料供应,特别是在主要蜜源植物流蜜期到来前可用以培育出大量青壮年蜂,为充分发挥主要流蜜期的优势,提高蜂蜜产品的产量和质量创造条件。

江苏各地辅助蜜粉源植物有 50 余种,一年四季基本上都有,早春流蜜的有野桂花、山茶花、早油菜、蚕豆、豌豆、油桐和泡桐等,这些蜜源对早春繁殖好蜂群很有价值。果树蜜源植物有柑橘、杨梅、桃、李、杏、梨、柿等,花期衔接,可满足定地及小转地饲养的蜂群采集利用。枣树、板栗蜜源期,同时还有拐枣、女贞等优良的辅助蜜粉源,花粉丰富,利用这些蜜源,以生产王浆为主。秋冬蜜源期植物主要是茶花、荞麦、野菊花、枇杷,各花期相接近 2 个月,是重要的晚秋蜜源粉源植物,可繁殖适龄越冬蜂。

马尾松 *Pinus massoniana* Lamb.

【形态特征】 常绿乔木,树干红褐色,呈块状开裂。树冠在壮年期呈狭圆锥形,老年期则开张如伞状。枝条无毛。叶线形,2 针一束,质地柔软,基部具鞘。球果长卵形,有短梗;鳞盾微隆起或平,鳞脐微凹,无刺;种子具翅。花期 4～5 月,果期翌年 10 月。

【地理分布】 栽培于长江沿岸(六合、仪征、盱眙)、宜溧山区及太湖丘陵山地。

分布极广,北自河南及山东南部,南至两广、台湾,东自沿海,西至四川中部及贵州,遍布于华中、华南各地。

【蜜源】 蜜量较少,常泌出甘露蜜;花粉粒近球形,淡黄色,对繁殖蜂群极有利。

杉木 *Cunninghamia lanceolata* (Lamb.) Hook.

【形态特征】 常绿乔木,高达 30 m。主干笔直,大枝近轮生。叶条状披针形,螺旋状着生,在侧枝上叶的基部扭转成二列状,上下两面均有气孔带。球果近圆球形或卵圆形;种子两侧具窄翅。花期 4 月,球果 10 月下旬成熟。

【地理分布】 产宜兴。生于山地。

我国分布较广的用材树种,广泛栽培于长江流域及秦岭以南地区。

【蜜源】 花粉丰富,淡黄色,为主要粉源植物。

侧柏 *Platycladus orientalis* (Linn.) Franco

【形态特征】 常绿乔木,高达 20 m,干皮淡灰褐色,条片状纵裂。小枝向上伸展或斜展,排成一平面,两面同形。叶鳞型,球果阔卵形,近熟时蓝绿色被白粉;种鳞木质,红褐色,种鳞 4 对,熟时张开,背部有一反曲尖头。种子卵形,灰褐色,无翅,有棱脊。花期 3～4 月,球果 9～10 月成熟。

【地理分布】 江苏各地栽培。栽培历史悠久,各地常见千年大树。

分布于甘肃、河北、河南、陕西、山西,引种于安徽、福建、广东、广西、贵州、湖北、湖南、江西、吉林、辽宁、内蒙古、山东、四川、西藏、云南、浙江;俄罗斯远东地区、朝鲜半岛以及越南也有。

【蜜源】 产粉极丰富,花粉粒近球状,是优良粉源植物。

山胡椒 *Lindera glauca* (Sieb. et Zucc.) Bl.

【形态特征】 落叶小乔木,高达 8 m。芽鳞片红褐色。叶长椭圆形至倒卵状椭圆形,长 3.5～10 cm,宽 2～4 cm,背面灰白色,密生细柔毛,叶全缘,叶枯后留存树上,来年新叶发出时始落。伞形花序腋生,花黄色。浆果球形,熟时黑色或紫黑色;果柄有毛,长 0.8～1.8 cm。花期 4 月,果期 9～10 月。

【地理分布】 产江苏各地。生于山坡灌木丛。

分布于山东、安徽、浙江、福建、广西、贵州、湖北、湖南、四川、甘肃、陕西及河南;印度、朝鲜及日本也有。

山鸡椒(山苍子)*Litsea cubeba* (Lour.) Pers.

【形态特征】 落叶灌木或小乔木,高 8～10 m,枝叶具芳香味。叶互生,纸质,通常披针形,下面粉绿色。雌雄异株,呈伞形束状聚伞花序,花冠淡黄色。核果,圆球形,熟时黑色。花期2～3月,果期7～8月。

【地理分布】　产宜兴、溧阳。生于向阳的丘陵、山地灌丛、疏林中。

分布于安徽、浙江、福建、台湾、江西、湖北、湖南、广东、海南、广西、云南、贵州、四川及西藏;东南亚亦有。

【蜜源】　泌蜜多,蜜淡黄色,味浓郁,汁浓稠,质良好,气温22～25℃;泌蜜最多。

紫楠 *Phoebe sheareri*（Hemsl.）Gamble

【形态特征】　常绿乔木,高达16 m。幼枝和幼叶密生褐色茸毛。倒卵状披针形或倒卵形,先端短尾尖,基部楔形,脉上密被棕色细毛,横脉及细脉密结成网格状。圆锥花序腋生,密被淡棕色茸毛;花被片淡黄色;核果卵圆形,基部为宿存的杯状花被片所包被;果柄有绒毛。花期5～6月,果期9～10月。

【地理分布】　产南京、镇江、常州、宜兴、苏州。生于沟谷溪边阔叶林中或成小片纯林。

广泛分布于长江流域及其以南和西南各省;中南半岛也有。

【蜜源】　泌蜜丰富,蜜腺着生于雄蕊基部,花粉黄色,蜜蜂特别喜采,是良好的辅助蜜源植物。

檫木 *Sassafras tzumu* Hemsl.

【形态特征】　落叶乔木,高达35 m。叶卵形或倒卵形,全缘或1～3浅裂,具羽状脉或离基三出脉。总状花序顶生,花先于叶发出;花被片花色。果近球形,蓝黑色而带有白蜡状粉末,生于杯状果托上;果梗长,上端渐增粗,果托和果梗红色。花期3～4月,果期8月。

【地理分布】　产宜兴、溧阳。生于向阳山坡、山谷林中。

分布于安徽、浙江、福建、江西、湖北、湖南、广东、广西、云南、贵州、四川及陕西。

【蜜源】　蜜汁多,花粉丰富,蜜蜂喜采。

蜡梅 *Chimonanthus praecox*（Linn.）Link.

【形态特征】　落叶灌木,高可达5 m。丛生,根颈部发达呈块状,称为"蜡盘"。叶对生,近革质,卵形或椭圆状披针形,全缘;表面绿色而粗糙,背面灰色而光滑。花单生于枝条两侧,黄色,有光泽,蜡质,具浓郁香味。瘦果。花期11月至翌年3月,果期4～11月。

【地理分布】　江苏各地栽培。

分布于华东及湖北、湖南、四川、贵州、云南等地;朝鲜、日本及美洲、欧洲也有。

【蜜源】 蜜汁丰富。

马齿苋 *Portulaca oleracea* Linn.

【形态特征】 一年生肉质草本,匍匐状,分枝多。叶互生,倒卵形,全缘,厚而柔软。花淡黄色,通常3～5朵簇生于枝端,午时盛开。蒴果,圆锥形;种子肾状卵形,黑色。花期6～9月,果期7～10月。

【地理分布】 产江苏各地。生于菜园、旱地和田埂、沟边、路旁。我国南北各地均产。

【蜜源】 花蜜和花粉较多,利于繁殖蜂群。

青葙(野鸡冠花) *Celosia argentea* Linn.

【形态特征】 一年生草本,高30～90 cm。全株无毛。茎绿色或红紫色,具条纹。单披针形或长圆状披针形,全缘。穗状花序,呈圆柱形或圆锥形,花被片白色或粉红色,披针形。胞果卵状椭圆形,盖裂,种子扁圆形,黑色,光亮。花期5～8月,果期6～10月。

【地理分布】 产江苏各地。生于坡地、路边、平原较干燥的向阳处。

分布于山东、安徽、浙江、福建、台湾、江西、湖北、湖南、广东、海南、广西、贵州、云南、四川、甘肃、陕西及河南;朝鲜、日本、俄罗斯、印度、越南、缅甸、泰国、菲律宾、马来西亚及非洲热带也有。

【蜜源】 泌蜜多。

何首乌 *Fallopia multiflora* (Thunb) Harald.

【形态特征】 多年生缠绕草本。块根长椭圆状,外皮黑褐色。茎红紫色,基部木质化。叶卵形或近三角形卵形,全缘,无毛;托叶鞘膜质,褐色。圆锥花序顶生或腋生,花小,白色;瘦果椭圆状三棱形,黑褐色,光滑。花期6～9月,果期10~11月。

【地理分布】 产江苏各地。生于山谷灌丛中、草坡、路边或石隙中。

分布于甘肃南部、陕西南部以及河南、山东、安徽、浙江、福建、台湾、江西、湖北、湖南、广东、海南、广西、云南、贵州及四川;日本也有。

【蜜源】 花蜜和花粉较多。

檵木 *Loropetalum chinense* (R. Br.) Oliv.

【形态特征】 落叶乔木或灌木状,高达12 m;小枝有锈色星状毛。叶卵形,全缘,下面密生星状柔毛;花先叶开放,花瓣白色,带状。蒴果褐色,近卵形,长约 1 cm,有星状毛,2 瓣裂,每瓣 2 浅裂;种子长卵形,长 4～5 mm。花期 5 月,果期 8 月。

【地理分布】 产宜兴、溧阳。生于山地阳坡及林下。

分布于安徽、福建、广东、广西、贵州、湖北、湖南、江西、四川、云南、浙江;日本及印度也有。

【蜜源】 泌蜜较多。

锥栗 *Castanea henryi* (Skan) Rehd. et Wils.

【形态特征】 落叶乔木,高 20～30 m;叶披针形至卵状披针形,基部圆形或楔形,锯齿具芒尖,壳斗球形,连刺直径 3～3.5 cm;苞片针刺形;坚果单生,卵形,具尖头,直径 1.5～2 cm。花期 5～7月,果期 9～10 月。

【地理分布】 产苏南山区。生于向阳、土质疏松的山地。

分布于上海、湖北、重庆、四川、江西、湖南、安徽、广西、贵州、福建、浙江、云南、广东等地。

【蜜源】 泌蜜丰富,产粉多。

江苏常见同属蜜源植物:

茅栗 C. *seguinii* Dode 产连云港及淮河以南。生于向阳、瘠薄土壤。花期 5～6 月。

苦槠 *Castanopsis sclerophylla* (Lindl.) Schottky

【形态特征】 常绿乔木,高 8～15 m。叶卵形、卵状长椭圆形或狭卵形,下面灰白色。壳斗近球形至椭圆形,几全包果实,不规则瓣裂,宿存于果序轴上;苞片贴生,细小,鳞片形或针头形,排列成连接或间断的 6～7 环;坚果圆锥形,直径 0.8～1.3 cm,成熟后无毛或有毛。花期 4～5 月,果期 10～11 月。

【地理分布】 产苏南地区。生于林中向阳山坡分布于长江中下游以南、五岭以北及贵州、四川以东各地。

【蜜源】 产粉多。

麻栎 *Quercus acutissima* Carr.

【形态特征】 落叶乔木,高达 30 m。幼枝被黄色柔毛。叶长椭圆状披针形,边缘具芒状锯齿,侧脉 13～18 对,叶下面脉腋有毛。壳斗杯状,包围坚果约 1/2,苞片锥形,粗长刺状,有灰白色茸毛,反曲;坚果卵球形或长卵形,直径 1.5～2 cm;果脐隆起。花期 4 月,果期翌年 10 月。

【地理分布】 产江苏各地,是本省落叶阔叶林的主要建群种

之一。生于土层深厚、排水良好的山坡。

分布于辽宁南部以及河南、山西、陕西和甘肃以南，东自福建、西自四川西部、南至海南、广西、云南等地，以黄河中下游和长江流域较多；日本、朝鲜也有。

【蜜源】 泌蜜多，花粉丰富。

江苏常见同属蜜源植物：

栓皮栎 *Q. variabilis* Bl. 亦为本省落叶阔叶林建群树种之一。生于土层深厚、排水良好的向阳山坡。花期4～5月。

槲树（柞栎）*Quercus dentata* Thunb.

【形态特征】 落叶乔木，高 25 m，小枝粗壮，有灰黄色星状柔毛。叶倒卵形至倒卵状楔形，边缘有4～6对波浪状裂片，下面有灰色柔毛和星状毛，侧脉4～10对；叶柄极短，长2～3 mm。壳斗杯形，包围坚果1/2，直径1.5～1.8 cm，长8 mm；苞片狭披针形，反卷，红棕色；坚果卵形至宽卵形，直径约1.5 cm，长1.5～2 cm，无毛。花期4～5月，果期9～10月。

【地理分布】 产江苏各地。生于山地阳坡林中。

分布于黑龙江、吉林、辽宁、河北、河南、山西、陕西、甘肃、山东、安徽、浙江、台湾、湖北、湖南、贵州、广西、云南及四川。

【蜜源】 泌蜜较少，有利于蜜深琥珀色，对繁殖蜂群、培育幼蜂，产粉很丰富。

鹅耳枥 *Carpinus turczaninowii* Hance

【形态特征】 落叶小乔木或乔木，高5～15 m。叶卵形、宽卵形、卵状椭圆形或卵状菱形，重锯齿，下面沿脉通常被柔毛，脉腋具髯毛，托叶条形，有时宿存。果苞变异大，宽半卵形至卵形，长6～20 mm，先端急尖或钝，基部有短柄，内缘近全缘，具一内折短裂片，外缘具不规则缺刻状粗锯齿或2～3个深裂片；小坚果卵形，具树脂腺体；坚果果序下垂，长6～20 mm。花期4～5月，果期8～9月。

【地理分布】 产连云港云台山。生于山坡或山谷林中。

分布于辽宁、河北、山西、陕西、甘肃、河南、山东、湖北、四川、贵州、云南；朝鲜、日本也有。

【蜜源】 花粉很多。

野核桃 *Juglans mandshurica* Maxim.

【形态特征】 落叶乔木，高 25 m；髓部薄片状；顶芽裸露，有黄褐色毛。羽状复小叶9～17枚，卵形或卵状长椭圆形，有明显细密锯齿，上面

有星状毛,下面密生短柔毛及星状毛。果序长,常生 6～10 果实,下垂。果实卵形,有腺毛;果核球形,有 6～8 条纵棱,各棱间有不规则皱折。花期 4～5 月,果期 8～10 月。

【地理分布】 产镇江、南京、宜兴等地。生于杂木林中。

分布于甘肃、陕西、山西、河北、河南、浙江、福建、江西、安徽、湖北、湖南、四川、贵州及云南。

【蜜源】 泌蜜丰富,花粉多。

微毛柃 *Eurya hebeclados* Ling

【形态特征】 常绿灌木或小乔木,高达 5 m;小枝圆柱形,连同顶芽密被灰色微毛。叶长圆状椭圆形或长圆状倒卵形,具浅锯齿,侧脉 8～10 对;叶柄长 2～4 mm,被微毛。花白色;苞片 2。浆果圆球形,蓝黑色,直径 4～5 mm。花期 12 月至翌年 1 月,果期 8～10 月。

【地理分布】 产宜兴。生于山坡林地以及路旁灌丛或竹林中。

分布于安徽南部、浙江、江西、福建、湖北、湖南、广东、广西、四川、重庆及贵州等地。

【蜜源】 优良的冬季蜜源植物。

江苏常见同属蜜源植物:

格药柃 *E. muricata* Dunn. 产宜兴。花期 9～11 月,优良的蜜源植物。窄基红褐柃 *E. rubiginosa* Chang var. *attenuata* H. T. Chang 产宜兴。花期 10～11 月。

木荷 *Schima superba* Gardn et Champ.

【形态特征】 常绿乔木,高 8～20 m;小枝无毛。叶革质,卵状椭圆形至矩圆形,两面无毛。花白色,蒴果扁球形,直径约 1.5 cm,室背开裂,中轴宿存,种子肾形,扁平,周围具翅。花期 4～5 月,果期 9～10 月。

【地理分布】 产苏州光福。生于向阳山坡林中。

分布于安徽南部以及台湾、浙江、福建、江西、湖北、湖南、广东、海南、广西及贵州。

【蜜源】 泌蜜多,蜜琥珀色,香甜。

猕猴桃 (中华猕猴桃) *Actinidia chinensis* Planch.

【形态特征】 落叶藤本;幼枝及叶柄密生灰棕色柔毛,老枝无毛;髓心、白色,片状。叶圆形、卵圆形或倒卵形,顶端突尖、微凹或平截,边缘有刺毛状齿,上面仅叶脉有疏毛,下面密生灰棕色星状茸毛。花被白色,后橙黄色;直径 1.5～3.5 cm,花萼片及花柄有淡棕色茸毛;雄蕊多数;花柱丝状,多数。浆果卵圆形或矩圆形,密生棕

色长毛。花期4～6月,果期8～9月。

【地理分布】 产宜兴等地。生于山坡林缘、灌丛。

分布于安徽、浙江、福建、江西、湖北、湖南、广东、广西、云南、贵州、四川、河南、陕西等地。

【蜜源】 泌蜜丰富,淡白色,浓郁香甜,质优良,花粉多。

江苏常见同属蜜源植物:

软枣猕猴桃 A. arguta(Sied. et Zucc.) Planch. ex Miq. 产连云港。生于林中。花期6～7月;泌蜜丰富,花粉多。

南烛(乌饭树) *Vaccinium bracteatum* Thunb.

【形态特征】 常绿灌木,高1～3 m,分枝多;幼枝有灰褐色细柔毛。叶椭圆状卵形、狭椭圆形或卵形,总状花序腋生,长2～6 cm,有微柔毛;苞片大,宿存,边缘有疏细毛;花白色,筒状卵形,5浅裂,通常下垂,有细柔毛。浆果紫黑色,径5～8 mm,被毛。花期6～7月,果期8～10月。

【地理分布】 产苏南地区。生于山坡林内或灌丛中。

分布于河南、安徽、浙江、福建、台湾、江西、湖北、湖南、广东、香港、海南、广西、贵州、云南及四川;日本南部、中南半岛、马来半岛以及印度尼西亚、朝鲜也有。

【蜜源】 泌蜜丰富,产粉丰富。

赤杨叶 *Alniphyllum fortunei* (Hemsl.) Makino

【形态特征】 落叶乔木,高达15 m。叶椭圆形至倒卵状椭圆形,边疏具细锯齿,老叶几脱净或下面密生星状短毛,具白粉。花白色带粉红,蒴果长圆形,成熟时黑色,5瓣裂。种子两端有翅,连翅长6～9 mm。花期4～7月,果期8～10月。

【地理分布】 产宜兴。生于疏林、湿润岩石上。

分布于安徽南部以及浙江、福建、江西、湖北、湖南、广东、海南、广西、贵州、云南,四川;印度、越南和缅甸也有。

【蜜源】 泌蜜丰富,产粉丰富。

白檀 *Symplocos paniculata* (Thunb.) Miq.

【形态特征】 落叶灌木或小乔木,高4～12 m。树皮灰褐色,条裂或小片状剥落。冬芽叠生。小枝灰绿色,幼时密被茸毛。单叶互生,叶纸质,卵状椭圆形或倒卵状圆形。花白色,芳香,核果成熟时蓝黑色,斜卵状球形,具宿存萼。花期5月,果期10月。

【地理分布】 产连云港和苏南地区。生于山坡、路边、林地。

分布于辽宁、河北东北部、山东、河南、安徽、浙江、福建、台湾、湖北、湖南、广东、海南、广西、贵州、云南、西藏、四川以及甘肃东南部及陕西西南部;朝鲜、日本及印度也有。

【蜜源】 泌蜜多,产粉多。

老鸦柿 *Diospyros rhombifolia* Hemsl.

【形态特征】 落叶灌木,高2~3 m;枝条有刺,有柔毛。叶卵状菱形至倒卵形。花白色;花冠壶形,果卵球形,熟时橘红色,有蜡质及光泽;宿存花萼花后增大,裂片革质,长约2 cm,宽约2 cm。花期4~5月,果期9~10月。

【地理分布】 产江苏各地。生于山坡向阳灌丛、林缘。

分布于安徽、浙江、台湾、福建、江西以及湖北东南部、湖南东北部。

【蜜源】 泌蜜颇多,产粉颇多。

江苏常见同属植物:

野柿 *D. kaki* Linn. f. var. *silvestris* Makino 产江苏各地。生于林中、山坡灌丛。花期4~5月;泌蜜丰富。粉叶柿(浙江柿)*D. glaucifolia* Metc. 产宜兴、溧阳。生于山坡林下、灌丛。花期4~5月。君迁子 *D. lotus* Linn. 产江苏各地。生于山坡、山谷也有栽培。花期5~6月。

山拐枣 *Poliothyrsis sinensis* Oliv.

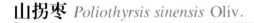

【形态特征】 落叶乔木,高达15 m。叶卵形至卵状长圆形,顶端渐尖,基部心形,边缘有钝锯齿,下面有短柔毛,掌状基出脉5。圆锥花序顶生,萼片5;无花瓣。蒴果纺锤形,3瓣开裂;外果皮革质,生毡状毛;内果皮木质;种子多数,周围生翅。花期夏初,果期5~9月。

【地理分布】 产宜兴、句容。生于山坡林中。

分布于陕西和甘肃河南、湖北、湖南、江西、安徽、浙江、福建、广东、贵州、云南东北部、四川。

【蜜源】 花多泌蜜丰富,芳香。

垂柳 *Salix babylonica* Linn.

【形态特征】 落叶乔木,高达18 m;小枝细长下垂。叶狭披针形或线状披针形,两面无毛,下面带白色。柔荑花序先叶开放或与叶同放;蒴果带黄褐色。花期3~4月,果期4~5月。

【地理分布】 产江苏各地。生于沟渠、湖泊平原地区。平原水边常见树种。

分布于黑龙江、吉林、辽宁、内蒙古、河北、山西、陕西、宁夏、甘肃、新疆、山东、安徽、浙江、福建、江西、河南、湖北、湖南、广东、香港、海南、广西、贵州、四川、云南及西藏;欧洲、美洲和亚洲其他国家均引种栽培。

【蜜源】 泌蜜较多,蜜深琥珀色,味略苦,久存减轻,花粉对繁蜂、养王、造脾均有价值。

旱柳(河柳)*Salix matsudana* Koidz.

【形态特征】 落叶乔木,高达 20 m。小枝直立或开展,有微柔毛或无毛。叶披针形至狭披针形,背面有白粉;托叶披针形,具腺锯齿。柔荑花序的,总花梗、花序轴和其附着的叶均有白色茸毛;蒴果 2 瓣裂开;种子细小,基部有白色长毛。花期 4 月,果期 4～5 月。

【地理分布】 产江苏各地。生于平原区。

分布于黑龙江、吉林、辽宁、内蒙古、河北、山西、河南、山东、安徽、浙江、福建、江西、湖北、湖南以及云南、四川、陕西、宁夏、甘肃、青海及新疆。

【蜜源】 早春蜜源树种。泌蜜多,蜜琥珀色,具柳皮气味,产粉非常丰富。

荠 *Capsella bursa - pastoris* (Linn.) Medic.

【形态特征】 一、二年生草本,高 6～20 cm,主茎中分出细茎。基生叶丛生,大头羽状分裂;茎生叶狭披针形,边缘有齿,总状花序顶生或腋生,花冠白色,花瓣为 4。角果倒三角形,扁平,含多数种子;种子小,淡褐色。花果期 4～6 月。

【地理分布】 产江苏各地。生于旷野、路边、住宅附近空地。

分布几遍全国;全世界温带地区广布。

【蜜源】 因其数量多,分布广,花期早,有蜜粉,对早春蜂群繁殖很有利。

播娘蒿 *Descurainia sophia* (Linn.) Webb ex Prantl

【形态特征】 一年生草本,高 30～70 cm。茎直立,多分枝,密生灰色柔毛。叶狭卵形,二回至三回羽状深裂,下部叶有柄,上部叶无柄。总状花序顶生,花淡黄色;长角果,

种子稍扁。花果期 6～9 月。

【地理分布】 产江苏各地。生于山坡、路边或田野。

分布于华北、西北、华东以及四川;亚洲其他地区、欧洲、非洲北部也有。

【蜜源】 泌蜜产粉,对繁殖蜂群有利。

蔊菜 *Rorippa indica*（Linn.）Hiern

【形态特征】 一年或二年生草本,高 10～50 cm,全体无毛。茎直立,柔弱,近基部分枝;下部叶有柄,羽状浅裂,顶生裂片宽卵形,侧生裂片小;上部叶无柄,卵形或宽披针形,先端渐尖,基部渐狭,稍抱茎,边缘具齿细或不整齐锯齿,稍有毛。总状花序顶生;花淡黄色;长角果线状圆柱形,果梗斜生或开展;种子 2 行,多数,细小,卵形,褐色。花期 4～6 月,果期 6～8 月。

【地理分布】 产江苏各地。生于、园圃、河旁。

分布于辽宁、河北、河南、陕西、甘肃、青海、山东、安徽、浙江、福建、台湾、江西、湖北、湖南、广东、海南、广西、贵州、四川及云南;日本、朝鲜、菲律宾、印度尼西亚及印度也有。

【蜜源】 泌蜜丰富,产粉多。

菥蓂（遏蓝菜）*Thlaspi arvense* Linn.

【形态特征】 一年生草本,高 9～60 cm。基生叶早枯萎,茎生叶倒披针形,基部抱茎,两侧箭形,边缘具疏齿。总状花序顶生,花冠白色。短角果近圆形;种子细小,黑褐色,有皱纹。花期3～4 月,果期5～6 月。

【地理分布】 产江苏各地。生于路旁、山坡、草地或田畔。

分布几遍全国;亚洲其他地区和欧洲、非洲北部也有。

【蜜源】 花粉淡黄色,有利蜂群繁殖。

南京椴 *Tilia miqueliana* Maxim.

【形态特征】 落叶乔木,高达 25 m;小枝长,顶芽密生星状毛。叶三角状卵形或卵圆形,上面无毛,下面密生星状毛;叶柄有星状毛。聚伞花序,花序轴有星状毛;苞片长匙形,长 5.5～13 cm,表面脉腋有星状毛,背面密生星状毛;花序有花 3～12;果近球形,基部有 5 棱,表面有星状毛。花期 5～6 月,果期 9 月。

【地理分布】 产连云港,云台山、句容宝华山。生于山坡、山沟、林中。

分布于山东、河南、安徽、浙江、江西、湖南及广东;日本也有。

【蜜源】 优良的蜜源植物。椴树花蜜颜色浅淡,气味芳香,含葡萄糖70%以上。

江苏常见同属植物:

糯米椴 *T. henryana* var. *subglabra* V. Engl. 产南京、镇江、宜兴、镇江。华东椴 *T. japonica* Simonk. 产江苏西南部。糠椴 *T. mandshurica* Rupr. et Maxim. 产连云港等地。粉椴(鄂椴) *T. oliveri* Szyszyl. 产苏南地区。

白背叶 *Mallotus apelta* (Lour.) Muell.-Arg.

【形态特征】 灌木或小乔木,高1~4 m;小枝密被星状毛。叶互生,宽卵形,不分裂或3浅裂,长4.5~15 cm,宽4~14 cm,两面被灰白色星状毛及橙黄腺体,下面尤密;基出3脉,具2腺体;叶柄密被淡黄色星状柔毛,长1.5~8 cm。花单性,雌雄异株,无花瓣;雄穗状花序顶生,雌穗状花序顶生或侧生;花萼3~6裂,外面密被茸毛;雄蕊50~65枚,花药2室;子房3~4室,被软刺及密生灰白色星状毛。蒴果近球形,直径7 mm,密生软刺及星状毛;种子近球形,花期6~9月,果期8~11月。

【地理分布】 产苏南。生于山坡或山谷灌丛中、丘陵。

分布于安徽、浙江、福建、江西、陕西、河南、湖北、湖南、广东、海南、广西、贵州、四川及云南;越南也有。

【蜜源】 产粉丰富。

油桐 *Vernicia fordii* (Hemsl.) Airy-Shaw

【形态特征】 落叶小乔木,高达9 m;树皮灰色;枝粗壮,无毛。叶卵状圆形,不裂或3浅裂,全缘,叶柄顶端有2红色扁平无柄腺体。花大,白色略带红色,核果近球形,直径3~6 cm;种子具厚壳种皮。花期3~4月,果期8~9月。

【地理分布】 产江苏各地。栽培于低山丘陵地区。

北至安徽、河南、陕西各省南部,西至四川中部,西南至贵州、云南,南至广东、广西均有栽培。至少有千年以上的栽培历史,直到1880年后,才陆续传到国外。

【蜜源】 泌蜜颇多,蜜琥珀色或深琥珀色,异味浓,花粉白色,表面具网状雕纹。

瓦松 *Orostachys fimbriatus* (Turcz.) Berger

【形态特征】 多年生肉质草本,高10~40 cm。茎略斜生,全体粉绿色。基部叶莲座状,线形至倒披针形,绿色带紫,或具白粉,边缘有流苏状的软骨片和1针状尖刺。茎上

叶线形至倒卵形,长尖。花呈顶生肥大穗状的圆锥花序,花淡红色,蓇葖果矩圆形,长约 5 mm。花期7~9月,果期8~10月。

【地理分布】 产江苏各地。生于石质山坡和岩石上,以及瓦房或草房顶上。

分布于黑龙江、吉林、辽宁、内蒙古、河北、山东、浙江、福建、安徽、湖北、河南、山西、陕西、甘肃、宁夏及青海;朝鲜、日本、蒙古及俄罗斯也有。

【蜜源】 泌蜜丰富。

毛樱桃 *Cerasus tomentosa* Mill.

【形态特征】 落叶灌木,通常高 0.3~1 m。小枝紫褐色或灰褐色,嫩枝密被绒毛到无毛。叶卵状椭圆形,上面被疏柔毛,下面密被灰色茸毛;花单生或 2 朵簇生,花叶同放;花瓣白色或粉红色。核果近球形,熟时红色,核棱脊两侧有纵沟。花期 4~5月,果期6~9月。

【地理分布】 产江苏各地。生于山坡林地或灌丛中。

分布于黑龙江、吉林、辽宁、内蒙古、河北、山西、河南、山东、安徽、浙江、福建、江西、湖北、贵州、云南、西藏、四川、陕西、甘肃、宁夏、青海及新疆。

江苏常见同属植物:

毛叶欧李 *C. dictyoneura* Mill. 产江苏各地。尾叶樱桃 *C. dielsiana* (Schneid.) Yu et Li 产宜兴。山樱花 *C. serrulata* (Lindl.) G. Don ex London 产江苏各地。

【蜜源】 花粉丰富。

木瓜 *Chaenomeles sinensis* (Thouin.) Koehne

【形态特征】 落叶灌木或小乔木,高 5~10 m。树皮片状剥落。枝无刺;小枝紫红色或紫褐色。叶椭圆形或椭圆状长圆形,边缘带刺芒状尖锐锯齿,齿尖有腺,先花后叶,花单生叶腋,花淡红色、白色,或白色带有红晕芳香;梨果长椭圆形,长 10~15 cm,暗黄色,木质,芳香,种子多数,果梗短。花期 4月,果期 9~10月。

【地理分布】 产连云港、淮安、南京、宜兴、苏州。习见栽培供观赏。

分布于山东、安徽、浙江、江西、广东、广西、湖北及陕西。

【蜜源】 花粉丰富,蜂群爱采。

华中栒子 *Cotoneaster silvestrii* Pamp.

【形态特征】 落叶灌木,高 1~2 m;小枝呈拱形弯曲,棕红色,嫩时具短柔毛。叶椭

圆形至卵形,下面被薄层灰色茸毛。聚伞花序有花3～9朵,花白色,近圆形,先端微凹,基部有短爪。果实近球形,红色,通常2小核联合为1个。花期6月,果期9月。

【地理分布】 产连云港、云台山、江浦狮子岭、南京紫金山。生于山地杂木林中、路边及溪旁。

分布于山西、河南、山东、安徽以及四川、甘肃、江西西北部、湖北西部、湖南西北部。

【蜜源】 泌蜜多,较稳定。

山楂(山里红) *Crataegus pinnatifida* Bunge

【形态特征】 落叶乔木,高达6 m。小枝紫褐色,有刺或无刺。叶宽卵形或三角状卵形,有3～5羽状深裂片,边缘有尖锐重锯齿,花白色。梨果近球形,直径1～1.5 cm,深红色,小核3～5。花期5～6月,果期9～10月。

【地理分布】 产连云港云台山。生于山坡林缘、灌丛中。

分布于黑龙江、吉林、辽宁、陕西、山西、河北、河南、山东以及安徽西南部、内蒙古东部、宁夏南部;朝鲜以及俄罗斯西伯利亚也有。

【蜜源】 泌蜜中上等,花粉多。

江苏常见同属植物:

野山楂(南山楂)*C. cuneata* Sieb. et Zucc. 产江苏各地。湖北山楂 *C. hupehensis* Sarg. 产宜兴、句容。

蛇莓 *Duchesnea indica* (Andr.) Focke

【形态特征】 多年生草本,具长匍匐茎,有柔毛。三出复叶,小叶,菱状卵形或倒卵形,两面散生柔毛。花黄色,单生于叶腋,萼片卵形,副萼片比萼片长,倒卵形,花瓣黄色。瘦果卵形,光滑或具不显明突起,鲜时有光泽。花期6～8月,果期8～10月。

【地理分布】 产江苏各地。生于山坡、河岸、草地、林缘、疏林下、路边、草地、荒坡及田边。

分布于吉林、辽宁、河北、山西、河南、山东、安徽、浙江、福建、台湾、江西、湖北、湖南、广东、海南、广西、贵州、云南、西藏、四川、陕西、甘肃及宁夏;从阿富汗东达日本,南达印度、印度尼西亚,至欧洲及北美洲均有。

【蜜源】 泌蜜丰富,产粉丰富。

枇杷 *Eriobotrya japonica* (Thunb.) Lindl.

【形态特征】 常绿小乔木,高约10 m;小枝粗壮,黄褐色,密生锈色或灰棕色茸毛。

叶披针形、倒披针形、倒卵形或椭圆状矩圆形,上面多皱,下面及叶柄密生灰棕色茸毛,侧脉11～21对。圆锥花序顶生,总花梗、花梗及萼筒外面皆密生锈色茸毛;花白色,梨果球形或长圆形,黄色或橘黄色。花期10～12月,果期翌年5～6月。

【地理分布】 苏州西山大面积栽培。

分布于四川、湖北,仍有野生。长江流域以南久经栽培。

【蜜源】 极好的蜜源植物,花期10～12月,在蜂蜜中,"枇杷蜜"质优。

光叶石楠 *Photinia glabra*(Thunb.)Maxim.

【形态特征】 常绿乔木,高达7 m。老枝灰黑色,无毛,皮孔棕黑色。叶椭圆形、长圆形或长圆状倒卵形,两面无毛。复伞房花序顶生,花瓣5,白色,倒卵形,反卷,内面近基部有白色茸毛。梨果卵形,红色,无毛。花期4～5月,果期9～10月。

【地理分布】 产宜兴。生于山坡林中。

分布于安徽南部以及浙江、福建、江西、湖北、湖南、广东、广西、贵州、云南、四川;日本、泰国、缅甸也有。

【蜜源】 泌蜜丰富,产粉丰富。

江苏常见同属植物:

石楠 *P. serrulata* Lindl. 产江苏各地。生于山坡、溪边的杂木林内。花期4～5月。

火棘 *Pyracantha fortuneana*(Maxim.)H. L. Li

【形态特征】 常绿灌木,高约3 m。侧枝短,先端成刺状;小枝暗褐色,幼时有锈色短柔毛,老时无毛。叶倒卵形或倒卵状矩圆形,中部以上最宽,先端圆钝或微凹,有时有短尖头,基部楔形,下延,边缘有圆钝锯齿,齿尖向内弯,近基部全缘。花白色,梨果近圆形,橘红或深红色,萼片宿存。花期3～5月,果期8～11月。

【地理分布】 产南京江宁等地。生于山区、溪边灌丛中。

分布于浙江、福建、广西、湖南、湖北、四川、贵州、云南、西藏以及甘肃南部等省区。

【蜜源】 泌蜜颇多,蜜黄色,味香甜,花粉丰富。

沙梨 *Pyrus pyrifolia*(Burm. f.)Nakai

【形态特征】 落叶乔木,高7～15 m。叶卵形或卵状椭圆形,边缘有刚毛状的锯齿,两面均无毛。春季开花,白色,与叶同时或略早开放,梨果近球形,褐色或带青白色,有浅色斑点。花期4月至5月初,果期8月。

【地理分布】 产江苏各地。生于山区。多为栽培。

分布于河北东部、山东东南部以及安徽、浙江、福建、湖北、湖南、广东、贵州、云南、四川、陕西及江西北部、广西东北部,多为栽培;老挝、越南也有,日本亦有种植。

【蜜源】 泌蜜多,产粉多。

江苏常见同属植物:

杜梨 *P. betulaefolia* Bge. 产江苏各地。生于平原、丘陵。花期4～5月。豆梨 *P. calleryana* Dcne. 产江苏各地。生于山地杂木林中。花期4～5月。全缘叶豆梨 *P. calleryana* Dcne. var. *integrifolia* Yu 产宜兴、溧阳、句容。生于山坡、林中。

小果蔷薇 *Rosa cymosa* Tratt.

【形态特征】 落叶攀援灌木,高2～5 m。小枝纤细,有钩刺。羽状复叶,小叶3～5,卵状披针形或椭圆形。花白色,萼裂片卵状披针形,羽状常5裂;蔷薇果小,近球形,红色。花期5～6月,果期7～11月。

【地理分布】 产江苏各地。生于向阳山坡、路旁及丘陵地。

分布于浙江、安徽、福建、台湾、江西、湖北、湖南、广东、广西、贵州、云南、四川、陕西及甘肃。

【蜜源】 泌蜜,产粉多。

金樱子(刺梨) *Rosa laevigata* Michx.

【形态特征】 常绿攀援灌木,高约5 m。小枝无毛,有钩刺和刺毛,幼时有腺毛,羽状复叶,3小叶,稀5,椭圆状卵形或披针状卵形,花单生于侧枝顶端,白色,花梗和萼筒外面均密生刺毛和腺毛。蔷薇果近球形或倒卵形,长2～4 cm,有直刺,顶端具长而扩展或外弯的宿存萼裂片。花期4～6月,果期7～11月。

【地理分布】 产苏南地区。生于向阳山坡、田边、溪边灌丛中。

分布于河南东南部、安徽、浙江、福建、台湾、江西、湖北、湖南、广东、广西、贵州、云南、四川、陕西南部及甘肃南部。

【蜜源】 泌蜜丰富,蜜淡黄色,味佳,花粉多,呈长球形。

江苏常见同属植物:

软条七蔷薇 *R. henryi* Boulenger 产宜兴。生于山谷、山坡林下、灌丛。花期5～6月。野蔷薇 *R. multiflora* Thunb. 产江苏各地。生于旷野、林缘。花期5～7月;蜜多,粉多。

茅莓 *Rubus parvifolius* Linn.

【形态特征】 落叶小灌木,高约 1 m。枝呈拱形弯曲,有短柔毛及倒生皮刺。奇数羽状复叶,3 小叶,顶端小叶菱状圆形至宽倒卵形,侧生小叶较小,宽倒卵形至楔状圆形,上面疏生柔毛,下面密生白色茸毛;伞房花序有花 3～10 朵,花粉红色或紫红色。聚合果球形,红色。花期 5～6 月,果期 7～8 月。

【地理分布】 产江苏各地。生于山坡林下、路旁、灌丛中。

分布于黑龙江南部以及吉林、辽宁、河北、河南、山西、山东、安徽、浙江、福建、台湾、江西、湖北、湖南、广东、海南、广西、云南、贵州、四川、陕西及甘肃;日本及朝鲜也有。

【蜜源】 泌蜜多,蜜琥珀色。

江苏常见同属植物:

掌叶复盆子 *R. chingii* Hu 产宜兴南部。生于山坡林下或灌丛中。花期 3～4 月。山莓 *R. corchorifolius* L. f. 产江苏各地。生于向阳山坡、溪边、山谷、荒地和灌丛中潮湿处。花期 3～4 月。蓬蘽 *R. hirsutus* Thunb. 产南京、镇江等地。生于山坡林中或林缘。花期 5～6 月。高粱泡 *R. lambertianus* Ser. 产江苏各地。生于山坡、沟边、路旁、岩石间。花期 6～7 月;泌蜜多,产粉多。乌泡子 *R. parkeri* Hance 产苏南地区。生于林缘、溪边、山谷。花期 7～8 月;泌蜜丰富,蜜浅琥珀色,味芳香清甜,质优,花粉丰富。

地榆 *Sanguisorba officinalis* Linn.

【形态特征】 多年生草本,高 1～2 m。根粗壮。奇数羽状复叶;小叶 2～5 对,稀 7 对,长圆状卵形至长椭圆形,基生叶托叶褐色,膜质,无毛,茎生叶托叶草质,半卵形,抱茎,近镰刀状,有齿。顶生、圆柱形的穗状花序;花紫红色,瘦果褐色,具细毛,有纵棱,包藏在宿萼内。花期 7～10 月,果期 9～11 月。

【地理分布】 产江苏各地。生于山坡、草地。

除台湾、香港和海南外广泛。分布于全国各地;亚洲其他地区以及欧洲也有。

【蜜源】 蜜洁白色,花粉粒灰绿色。

珍珠绣线菊(珍珠花)*Spiraea thunbergii* Sieb. ex Blume

【形态特征】 落叶灌木,高达 1.5 m。枝条弧形弯曲,小枝有棱,褐色,老时转红褐色,无毛。叶线状披针形,两面无毛。伞形花序无总梗,花 3～7 朵,花白色,蓇葖果开张,无毛。花期 4～5 月,果期 7 月。

【地理分布】 产江苏各地。庭园多有栽培。

分布于辽宁、陕西、河南、山东、浙江及福建;日本也有。

【蜜源】 花密集,蜜源植物。

江苏常见同属植物:

华北绣线菊 S. fritschiana Schneid. 产连云港云台山。生于山坡杂木林中、山谷、多石砾地。花期 6 月。

柳叶菜 *Epilobium hirsutum* Linn.

【形态特征】 多年生草本,高约 1 m。茎多分枝,密生展开的白色长柔毛及短腺毛。下部叶对生,上部叶互生,长圆形至长椭圆状披针形。总状花序直立,花粉红,玫瑰或浅紫色,蒴果圆柱形,室背开裂,长 4~6 cm,被短腺毛。种子椭圆形,密生小乳突,顶端具 1 簇白色种缨。花期 6~8 月,果期 7~9 月。

【地理分布】 产江苏各地。生于沟边或沼泽地。

分布于吉林、辽宁、内蒙古、宁夏、新疆、青海、甘肃、陕西、山西、河北、山东、河南、安徽、浙江、福建、江西、湖北、湖南、广东、广西、贵州、云南以及四川、西藏东部;广布欧亚大陆与非洲温带地区。

【蜜源】 泌蜜多,蜜淡白色,味甘香,汁浓稠,质优等。

皂荚 *Gleditsia sinensis* Lam.

【形态特征】 落叶乔木,高达 15~30 m。树干皮灰黑色,树干及枝条常具圆柱形刺,刺圆锥状多分枝,粗而硬直。一回偶数羽状复叶,小叶 3~7 对互生,长卵形,网脉明显。总状花序,腋生,花梗密被茸毛,花黄白色,荚果平直肥厚,长达 10~20 cm,不扭曲,熟时褐棕或红褐色,被霜粉。花期 5~6 月,果熟 9~10 月。

【地理分布】 产江苏各地。生于山坡向阳处、路旁,常在庭院或宅旁栽培。

分布于河北、山东、浙江、安徽、福建、江西、湖北、湖南、广东、广西、云南、贵州、四川、甘肃、陕西、山西及河南。

【蜜源】 蜜源植物,花粉丰富。

合欢 *Albizzia julibrissin* Durazz.

【形态特征】 落叶乔木,高可达 16 m。小枝有棱角。二回羽状复叶,总叶柄近基部及最上一对羽片着生处各有 1 腺体,具羽片 4~12 对;小叶 10~30 对,长圆形至披针形,长 6～12 mm,宽 1～4 mm,先端急尖,基部两侧极偏斜;托叶线状,早落。花序头状,多数,呈伞房状排列,腋生或顶生;花淡红色,连雄蕊长 25～40 mm,具短花梗;萼与花冠疏生短柔毛。荚果带状,扁平,长 9～15 cm,宽 12～25 mm,幼时有毛。花期 6 月,果期 9～11 月。

【地理分布】 产江苏各地。生于山坡也有栽培。

分布于吉林、河北、山西、河南、山东、安徽、浙江、福建、台湾、江西、湖北、湖南、广东、香港、海南、广西、贵州、云南、西藏、四川、陕西及甘肃;非洲、中亚至东亚也有。

【蜜源】 泌蜜颇多,花粉丰富。

紫穗槐 *Amorpha fruticosa* Linn.

【形态特征】 落叶灌木,高 1～4 m,丛生、枝叶繁密,直生;侧芽常两个叠生。奇数羽状复叶,互生,小叶 11～25,长椭圆形,具黑色腺点。总状花序密集顶生或近枝端腋生。荚果短镰形,下垂密被瘤状腺点,不开裂。花期 5～6 月,果期 7～8 月。

【地理分布】 江苏各地栽培或逸为野生,抗逆性极强,在荒山坡、道路旁、河岸、盐碱地均可生长。

原产美国东北部和东南部,20 世纪初我国引入栽培。

【蜜源】 泌蜜丰富,蜜琥珀色,略有异味,花粉红色,数量较多。

紫云英 *Astragalus sinicus* Linn.

【形态特征】 二年生草本。茎直立或匍匐,高 10～30 cm。羽状复叶;小叶 7～13,宽椭圆形或倒卵形,先端凹或圆形,基部宽楔形,两面有白色长毛。总状花序近伞形,有 5～10 朵花,紫红色或白色。荚果条状矩圆形,微弯,黑色,无毛,具突起的网纹。花期 2～6 月,果期 3～7 月。

【地理分布】 江苏各地栽培或逸为野生。

分布于台湾、福建、江西、湖北、湖南、广东、广西、贵州、四川、云南及陕西。

【蜜源】 紫云英是我国主要蜜源植物之一,花期 2～6 月,花期每群蜂可采蜜 20～30 kg,最高达 50 kg。

杭子梢 *Campylotropis macrocarpa* (Bunge) Rehd.

【形态特征】 落叶灌木,高达 2.5 m,幼枝近圆柱形,密被绢毛。复叶互生,3 小叶,

椭圆形至长圆形,叶背有淡黄色柔毛。花紫红色,排成腋生密集总状花序,花梗在萼下有关节。花期8～9月,果期9～10月。

【地理分布】 产江苏各地。生于山坡、山沟、林缘、疏林下。

分布于东北、华北、华东、西南以及陕西、甘肃、湖北、四川等地;朝鲜也有。

【蜜源】 泌蜜丰富。

锦鸡儿(金雀花) *Caragana sinica*(Buchoz.)Rehd.

【形态特征】 落叶灌木;高1～2 m。小枝有棱,无毛。托叶三角形,硬化成针刺状;叶轴脱落或宿存变成针刺状偶数羽状复叶。小叶4,上面一对小叶通常较大,倒卵形或矩圆状倒卵形,花单生,花梗中部有关节;花萼钟状,花黄色带红色。荚果圆筒状,稍扁,无毛。花期4～5月,果期7月。

【地理分布】 产苏南地区。生于山坡或灌丛中。

分布于辽宁、河北、陕西、甘肃、山东、浙江、安徽、福建、江西、湖北、湖南、广西、贵州、四川、云南及陕西。

【蜜源】 泌蜜丰富,花粉多。

黄檀 *Dalbergia hupeana* Hance

【形态特征】 落叶乔木,高10～17 m。树皮暗灰色,薄片状剥落。羽状复叶,小叶9～11,长圆形或宽椭圆形,圆锥花序顶生或生在上部叶腋间,花淡紫色或白色;荚果长圆形,扁平,有种子1～3粒。花果期7～10月。

【地理分布】 产江苏各地。生于山地林中、灌木丛、多石山坡、沟旁。

分布于山东、安徽、浙江、福建、江西、河南、湖北、湖南、广东、广西、云南、贵州、四川、陕西及甘肃。

【蜜源】 泌蜜较多。

华东木蓝 *Indigofera fortunei* Craib

【形态特征】 落叶小灌木,高约30 cm。茎直立,分枝具棱,无毛。羽状复叶,有小叶7～15枚,对生,卵形,卵状椭圆形或披针形,先端,有长约2 mm的短尖,基部圆形或阔楔形,全缘,无毛;小托叶针状。总状花序腋生,花紫红色或粉红色,荚果细长,线状圆柱形,无毛,成熟开裂,褐色。花期4～5月,果期5～9月。

【地理分布】 产江苏各地。生于山坡疏林中、灌丛中、溪边及草坡上。

　　分布于浙江、安徽、河南、湖北及陕西。

　　【蜜源】　泌蜜丰富。

河北木蓝(马棘) *Indigofera pseudotinctoria* Mats.

　　【形态特征】　小灌木,高 60～90 cm。茎多分枝,枝条有丁字毛。羽状复叶,小叶 7～11 片,互生;倒卵形或长圆形,两面被平贴的丁字毛。总状花序,腋生,花淡红色或紫红色。荚果线状圆柱形,幼时密生短丁字毛,果梗下弯。种子椭圆形。花期 5～8 月,果期 9～10 月。

　　【地理分布】　产宜兴、溧阳、六合。生于林缘、灌丛、草坡。

　　分布于山西、陕西、山东、浙江、安徽、福建、江西、河南、湖北、湖南、广西、辽宁、内蒙古、青海、新疆、甘肃、贵州、四川及云南;朝鲜半岛以及日本也有。

　　江苏常见同属植物:

　　多花木蓝 *I. amblyantha* Craib 产南京。苏木蓝 *I. carlesii* Craib 产镇江、南京、连云港。

　　【蜜源】　泌蜜丰富。

截叶铁扫帚 *Lespedeza cuneata* (Dum. Cours.) G. Don

　　【形态特征】　直立小灌木,高达 1 m。枝细长。三出复叶互生,密集,叶柄极短,长不及 2 mm;小叶极小,线状楔形,先端钝或截形,下面被灰色丝毛。花 1～4 朵生于叶腋,花淡黄色或白色,闭锁花簇生于叶腋。荚果宽卵形或近球形,被伏毛,长 2.5～3.5 mm。花期 7～8 月,果期 9～10 月。

　　【地理分布】　产江苏各地。生于山坡、路旁。

　　分布于山西、山东、河南、安徽、浙江、福建、台湾、江西、湖北、湖南、广东、广西、贵州、云南、西藏、四川、陕西及甘肃;朝鲜、日本、印度、巴基斯坦、阿富汗及澳大利亚也有。

　　【蜜源】　泌蜜中等,蜜浅黄色,味芳香清甜。

南苜蓿 *Medicago polymorpha* Linn.

　　【形态特征】　一、二年生草本,高 20～90 cm。茎匍匐或稍直立,基部有多数分枝。羽状三出复叶;小叶宽倒卵形,两侧小叶略小;托叶卵形,边缘具细锯齿。花 2～6 朵聚生成总状花序,腋生;花萼钟形,深裂,1 齿,披针形,尖锐,有疏柔毛;花冠黄色。荚果盘形,顺时针方向螺旋 1.5～3 圈,边缘具有钩的刺。花期 3～5 月,果期 5～6 月。

【地理分布】 产江苏各地。生于田野、路旁草地、沟边。
我国各地普遍栽培,在长江下游亦有野生。
【蜜源】 花期进行田间放蜂,可使蜂蜜产量大幅度提高。
江苏常见同属植物还有:
紫苜蓿 *M. sativa* Linn. 天蓝苜蓿 *M. lupulina* Linn.。

草木犀(黄香草木犀) *Melilotus officinalis*(Linn.)Desr.

【形态特征】 一或二年生草本,高 1～2 m,全草有香味。茎直立,多分枝。羽状三出复叶,小叶椭圆形至披针形,先端钝圆,基部楔形,边缘具钢锯齿。总状花序腋生,含花 30～60 朵,花黄色。荚果卵圆形,有网纹,被短柔毛,含种子 1 粒;种子长圆形,黄色或黄褐色,平滑。花期 5～9 月,果期 6～10 月。

【地理分布】 江苏各地栽培,或逸为野生。生于山坡、河岸、路旁及林缘。

分布于东北、华南、西南各地。其余各省区常见栽培。欧洲地中海东岸、中东、中亚及东亚也有。

【蜜源】 花多,泌蜜产粉丰富。

刺槐(洋槐) *Robinia pseudoacacia* Linn.

【形态特征】 落叶乔木,高达 25 m。树皮灰褐色,纵裂。小枝长刺,刺由托叶所成,叶柄基部长隐芽。奇数羽状复叶互生,小叶 7～19 枚,椭圆形,尖端圆钝或微凹,有小尖头。总状花序腋生,下垂,花白色。荚果长圆形,扁平种子肾形,黑色。花期 4～6 月,果期 7～8 月。

【地理分布】 产江苏各地。生于山坡、路旁、沟边。

原产北美,现欧、亚各国广泛栽培。19 世纪末先在中国青岛引种,后渐扩大栽培,目前已遍布全国各地。

【蜜源】 花是上等蜜源,刺槐花蜜色白而透明,具有香味适度、结晶慢的特点。

田菁 *Sesbania cannabina*(Retz.)Poir.

【形态特征】 一年生灌木状草本,高 1～3 m。偶数羽状复叶,小叶 20～20 对条状矩圆形。两面有紫色小腺点。总状花序腋生,花淡黄色。荚果细长圆柱状,种子矩圆形,黑褐色。花期 9 月,果期 10 月。

【地理分布】 产江苏各地。生于田间、路旁或潮湿地,耐潮湿和盐碱。

主要分布于东半球热带地区;广东、海南、福建、浙江等地均见,多生于沿海冲积地带。

【蜜源】 泌蜜丰富,蜜琥珀色,味香甜,花粉多,对繁蜂有利。

槐 *Sophora japonica* Linn.

【形态特征】 落叶乔木,高 15～25 m。树皮灰褐色,纵裂,小枝绿色,皮孔明显,芽隐藏于叶柄基部。奇数羽状复叶;小叶 9～15 片,卵状长圆形,下面灰白色,疏生短柔毛;叶柄基部膨大。圆锥花序顶生;花冠乳白色,并有紫脉,翼瓣、龙骨瓣边缘稍带紫色。荚果肉质,串珠状,无毛,不裂,种子 1～6 粒。种子肾形,褐色。花期 7～8 月,果期 8～10 月。

【地理分布】 产江苏各地。庭园多有栽培。

分布于辽宁、河北、山西、河南、山东、安徽、浙江、江西、湖北、湖南、广东、广西、贵州、云南、四川、陕西及甘肃;越南、朝鲜、日本经及欧洲、美洲有栽培

【蜜源】 花期长,花多,是优良的蜜源植物。

白车轴草(白三叶) *Trifolium repens* Linn.

【形态特征】 多年生草本,生长期达 5 年,高 10～30 cm。茎匍匐蔓生,上部稍上升,节上生根,全株无毛。三出复叶,小叶倒卵形至倒心形,先端圆或凹,基部楔形,边缘具锯齿,叶面具"V"字形斑纹或无;花序呈头状,含花 40～100 朵,白色,有时带粉红色。荚果倒卵状长形,含种子 1～7 粒;种子肾形,黄色或棕色。花果期 5～10 月。

【地理分布】 江苏各地栽培。原产欧洲。为优良牧草;我国各地均有引种或逸为野生,大片生于路边、林缘或草坪中。

【蜜源】 夏季蜜源植物。

窄叶野豌豆(紫花苕子) *Vicia angustifolia* Linn.

【形态特征】 一年生或二年生草本,高 20～50 cm。茎斜生、蔓生或攀援,多分枝,被疏柔毛。偶数羽状,叶轴顶端卷须发达;小叶 4～6 对,线形,花 1～2 朵腋生,花红色或紫红色。荚果条形,成熟时黑色;种子小,球形。花期 3～6 月,果期 5～9 月。

【地理分布】 产江苏各地。生于山沟、谷地、田边草丛。

分布于河北、山东、河南、江苏、安徽、浙江、福建、江西、湖北、湖南、广东、广西、贵州、云南、西藏、四川、陕西、宁夏、甘肃、青海及新疆;欧洲、北非及亚洲其他地区也有。

【蜜源】 早春蜜源。

江苏常见同属植物：

山野豌豆 V. amoena Fisch. 产徐州、连云港。花期 4～6 月；气温 20～28℃泌蜜最多。广布野碗豆（苕子）V. cracea Linn. 产苏南地区。花期 5～6 月。假香野豌豆 V. pseudo-orobus Fich. et Mey. 产连云港赣榆。花期 5～6 月。歪头菜 V. unijuga A. Br. 产江苏各地。花期 6～7 月。

栾树 *Koelreuteria paniculata* Laxm.

【形态特征】 落叶乔木，高达 15 m。树皮暗灰色，有纵裂，小枝深褐色。奇数羽状复叶或二回羽状复叶，互生，小叶 7～15 枚。大型圆锥花序，花淡黄色，蒴果肿胀，三角状卵形，由膜状果皮结合而成灯笼状，具 3 棱，红褐色或橘红色。花期 6～7 月，果期 9～10 月。

【地理分布】 产江苏各地。多生于石灰岩山地。

分布于东北、华北、华东、西南及陕西、甘肃；朝鲜、日本也有。

【蜜源】 优良蜜源。

五角枫 *Acer pictum* Thunb. subsp. *mono* (Maxim.) Ohashi

【形态特征】 落叶乔木，高达 20 m；小枝无毛，棕灰色或灰色。单叶，对生，通常 5 裂，裂片宽三角形，全缘，仅主脉腋间有簇毛，掌状脉 5，出自基部。伞房花序顶生枝端，花带绿黄色。小坚果扁平，卵圆形，果翅长圆形，开展成钝角，翅长约为小坚果的 2 倍。花期 5 月，果期 9 月。

【地理分布】 产江苏各地。生于山坡林中。

分布于黑龙江、吉林、辽宁、内蒙古、山西、河北、河南、山东、江苏、安徽、浙江、江西、湖北、湖南、四川、甘肃及陕西；朝鲜及日本也有。为我国槭树属中分布最广的一种。

【蜜源】 泌蜜丰富，蜜琥珀色，味香甜，结晶乳白色，产粉多。

江苏常见同属植物：

茶条槭（茶条）A. ginnala Maxim. 产江苏各地。生于向阳山坡、林缘、灌木丛中。花期 5 月。

香椿 *Toona sinensis* (A. Juss.) Roem.

【形态特征】 落叶乔木，高约 20 m。树皮赭褐色，片状剥落。偶数羽状复叶，小叶 16～20 卵状披针形，有特殊气味。圆锥花序顶生，花冠白色，芳香。蒴果狭椭圆形，种子具膜翅,褐色。花期 6～8 月,果期 10～12 月。

【地理分布】 产江苏各地。常生长于村边、路旁及房前屋后。

分布于华北至东南和西南。

【蜜源】 泌蜜颇多,花粉也多。

南酸枣 *Choerospondias axillaris* (Roxb.) Burtt et Hill

【形态特征】 落叶乔木,高 8～20 m。树皮灰褐色。单数羽状复叶互生,小叶 7～15,卵形或卵状披针形,对生,花淡紫红色,排成聚伞状圆锥花序,核果椭圆形或近卵形,黄色,中果皮肉质浆状,果核先端具 5 小孔。花期 4～5 月,果期 9～11 月。

【地理分布】 南京栽培。

分布于安徽、浙江、福建、江西、湖北、湖南、广东、香港、海南、广西、贵州、云南、四川以及甘肃南部、西藏东南部;日本、中南半岛北部、印度东北部以及日本也有。

【蜜源】 泌蜜丰富。

盐肤木 *Rhus chinensis* Mill.

【形态特征】 落叶小乔木,高 5～10 m,小枝被柔毛,有皮孔。叶互生,奇数羽状复叶,小叶 7～13,叶轴具宽翅,椭圆状卵形或长圆形边缘有粗锯齿,有柔毛。圆锥花序顶生,直立,宽大;花黄白色。核果近扁圆形,成熟后红色。花期 8～9 月,果期 10 月。

【地理分布】 产江苏各地。生于向阳山坡及沟谷、溪边的疏林、灌丛和荒地。

除黑龙江、吉林、内蒙古和新疆外,其余各省区均有分布。也见于日本、印度至印度尼西亚以及中南半岛。

【蜜源】 泌蜜丰富,蜜琥珀色,味清甜,质佳。初秋的优质蜜粉源。

漆(漆树) *Toxicodendron vernicifluum* (Stokes) F. A. Barkley

【形态特征】 落叶乔木,高达 20 m。树皮灰白色;小枝粗壮,被黄棕色柔毛。奇数羽状复叶互生;小叶 9～15,卵状椭圆形或长圆状、椭圆形,全缘,两面脉上均有棕色短毛。圆锥花序腋生,花密而小,黄绿色;果序下垂,核果扁圆形或肾形,棕黄色,光滑,无毛,中

果皮蜡质,果核坚硬。花期5~6月,果期10月。

【地理分布】 产江苏各地山区。生于向阳山坡、山谷湿润林中,常见栽培。

分布于辽宁、河北、山西、河南、山东、安徽、浙江、福建、江西、湖北、湖南、广东、广西、贵州、云南、西藏、四川、陕西及甘肃;日本、朝鲜半岛以及印度也有。

【蜜源】 泌蜜多。

江苏常见同属植物:

野漆(野漆树)*T. succedaneum* (Linn.) O. Kuntze 产苏南地区。生于山坡林中。花期5~6月。木蜡树 *T. sylvestre* (Sieb. et Zucc.) O. Kuntze 产连云港、南京镇江、常州、宜兴、无锡、苏州。生于向阳山坡疏林中,石砾地。花期5~6月。

铁冬青 *Ilex rotunda* Thunb.

【形态特征】 常绿乔木或灌木,高5~15 m。树皮淡灰色;小枝多少有棱,红褐色。叶互生;叶柄长7~12 mm;叶片纸质,卵圆形至椭圆形,长4~10 cm,宽2~4 cm,先端短尖,全缘,上面有光泽,侧脉5对,两面明显。花白色,雌雄异株,通常4~6(~13)花排成聚伞花序,着生叶腋处,雄花4数,雌花5~7数。核果球形,长6~8 mm,熟时红色;分核5~7颗,背部有3条纹和2浅槽,内果皮近木质。花期5~6月,果期9~10月。

【地理分布】 产宜兴。生于山地常绿阔叶林中。

分布于安徽南部以及湖北西南部、浙江、江西、福建、台湾、湖南、广东、海南、香港、广西、贵州及云南;朝鲜、日本及越南北部也有。

【蜜源】 泌蜜丰富,产粉丰富。

江苏常见同属植物:

冬青 *I. chinensis* Sims 产宁镇、宜溧山区。生于山坡林中。花期4~5月;泌蜜颇多,花粉多。枸骨 *I. cornuta* Lindl. et Paxt. 产南京、镇江、宜兴、无锡、苏州、上海。生于山坡、谷地、溪边杂木林或灌丛中。花期4~5月;泌蜜颇多,产粉颇多。大果冬青 *I. macrocarpa* Oliv. 产宜兴。生于山地林中。花期5~6月。

多花勾儿茶 *Berchemia floribunda* (Wall.) Brongn.

【形态特征】 落叶蔓性或直立灌木,高达1.5 m。茎黄绿色,光滑,有黑色块状斑。叶互生;卵形至卵状椭圆形,上面淡绿色,下面灰白色;全缘。宽圆锥花序,花小,粉绿色;

核果圆柱状椭圆形,基部有盘状宿存花盘,初绿色,后变紫黑色。花期7~8月,果期翌年4~7月。

【地理分布】 产南京、镇江、宜兴。生于山坡、林地或灌丛中。

分布于甘肃、陕西、山西、河北、河南、安徽、浙江、福建、江西、湖北、湖南、广东、广西、香港、海南、广西、云南、贵州、四川及西藏;印度、尼泊尔、锡金、不丹、泰国、越南、日本也有。

【蜜源】 泌蜜丰富。

枳椇(拐枣)*Hovenia acerba* Lindl.

【形态特征】 落叶乔木,高达10 m;幼枝红褐色。叶互生,卵形或卵圆形,先端渐尖,基部圆形或心形,边缘有粗锯齿;基生脉脉三出,上面无毛,下面沿脉和脉腋有细毛。腋生或顶生复聚伞花序;花淡黄绿色。果梗肥厚扭曲,肉质,红褐色;果实近球形,无毛,灰褐色;种子扁圆,红褐色,有光泽。花期5~7月,果期8~10月。

【地理分布】 产连云港云台山。生于山坡林中。

分布于山西、河北、山东、浙江、江西、河南、湖北、甘肃、陕西、四川及贵州、安徽、江西;日本、朝鲜也有。

【蜜源】 泌蜜多,蜜琥珀色,味芳香。

江苏常见同属植物:

北枳椇(枳椇)*H. dulcis* Thunb. 产苏南。生于向阳山坡、山谷、沟边、路旁。花期5~6月。

冻绿(鼠李)*Rhamnus utilis* Decne.

【形态特征】 落叶灌木或小乔木,高达4 m;小枝红褐色,顶端针刺状。叶在长枝上互生,在短枝端上簇生,椭圆形或长椭圆形,少有倒披针状长椭圆形或倒披针形,花黄绿色,核果近球形,黑色,2核;种子背面有短纵沟。花期4~6月,果期5~8月。

【地理分布】 产南京、宜兴、镇江。生于山地灌丛或疏林下。

分布于河北、山西、河南、山东、安徽、浙江、福建、江西、湖北、湖南、广东、广西、贵州、四川、云南、陕西及甘肃;朝鲜及日本也有。

【蜜源】 泌蜜较丰富。

江苏常见同属植物:

鼠李 *R. davuricus* Pall. 产江苏各地。生于山坡、林缘。花期5~6月。

酸枣 *Ziziphus jujuba* Mill. var. *spinosa* (Bunge) Hu ex H. F. chow

【形态特征】 落叶灌木,稀为小乔木,高1~3 m。老枝灰褐色,幼枝绿色分枝基部处

具刺 1 对, 1 枚针形直立, 长达 3 cm, 另 1 枚向下弯曲, 长约 0.7 cm。单叶互生; 托叶针状; 叶长圆状卵形, 先端钝, 基部圆形, 稍偏斜, 边缘具细锯齿。花黄绿色。核果肉质, 近球形, 成熟时暗红褐色, 果皮薄, 有酸味。花期 6～7 月, 果期 9～10 月。

【地理分布】 产苏北地区。生于向阳干燥山坡、路旁及荒地。

分布于辽宁、内蒙古、河北、河南、山西、陕西、甘肃、宁夏、新疆、山东、安徽。

【蜜源】 泌蜜丰富, 花芳香多蜜腺, 为华北地区重要蜜源植物之一。

胡颓子 *Elaeagnus pungens* Thunb.

【形态特征】 常绿直立灌木, 高 3～4 m, 具棘刺; 小枝密被锈色鳞片。叶椭圆形或宽椭圆形, 边缘微波状, 背面银白色, 被褐色鳞片。花 1～3 朵, 生于腋生, 银白色, 下垂, 被鳞片; 花被筒圆筒形或漏斗形。果椭圆形, 长 1.2～1.4 cm, 幼时被褐色鳞片, 熟时红色; 果核内面具白色丝状绵毛; 果柄长 4～6 mm。花期 9～12 月, 果期翌年 4～6 月。

【地理分布】 产苏南地区。生于山坡疏林下或林缘灌丛中。

分布于浙江、福建、台湾、安徽、江西、湖北、湖南、贵州、广东、广西; 日本也有。

【蜜源】 泌蜜较多, 产粉丰富。

江苏常见同属蜜源植物:

蔓胡颓子 *E. glabra* Thunb. 产连云港。生于山坡灌丛。花期 9～11 月; 泌蜜多, 产粉多。牛奶子 *E. umbellata* Thunb. 产苏南地区。生于向阳疏林或灌丛中。花期 5～6 月; 泌蜜丰富, 为优良的辅助蜜源植物之一。

山葡萄 *Vitis amurensis* Rupr.

【形态特征】 落叶木质藤本, 长达 15 m。叶宽卵形, 3～5 裂或不裂, 边缘具粗锯齿, 上面无毛, 下面叶脉有短毛。圆锥花序与叶对生, 花序轴具白色丝状毛。浆果球形, 直径约 1 cm, 蓝黑色。花期 6～7 月, 果期 9～10 月。

【地理分布】 产江苏各地。生于山坡、沟谷林中, 攀缠于灌木或乔木上。

分布于黑龙江、吉林、辽宁、内蒙古、河北、山西、山东、安徽、河南、浙江及福建; 朝鲜及俄罗斯也有。

【蜜源】 泌蜜较丰富, 产粉较丰富。

江苏常见同属蜜源植物:

　　刺葡萄 *V. davidii* Foex. 产宜兴、溧阳。生于山坡灌丛中。花期 5～7 月。葛藟葡萄（葛藟）*V. flexuosa* Thunb. 产江苏各地。生于山坡、林边、路旁灌丛中。花期 5～6 月。

毛梾 *Cornus walteri* Wanger.

　　【形态特征】　落叶乔木,高 6～14 m。叶对生,椭圆形至长椭圆形,下面密生贴伏的短柔毛,侧脉 4～5 对,网脉横出;伞房状聚伞花序顶生,花白色,核果球形,黑色,直径 6 mm。花期 5 月,果期 9～10 月。

　　【地理分布】　产南京明孝陵、苏州。生于林中、向阳山坡。

　　分布于河北、山西、河南、安徽、山东、浙江、福建、江西、湖北、湖南、广东北部、广西北部、贵州、云南、四川、陕西以及辽宁东南部、甘肃南部及宁夏南部。

　　【蜜源】　泌蜜丰富,产粉丰富。

五加 *Eleutherococcus gracilistylus*（W. W. Sm.）S. Y. Hu

　　【形态特征】　落叶灌木,高 2～5 m。枝灰棕色,软弱而下垂,蔓生状;枝无刺或在叶柄基部有刺。掌状复叶在长枝上互生,在短枝上簇生;小叶 5,中央小叶最大,倒卵形至倒卵状披针形。伞形花序单生于叶腋或短枝的顶端,花黄绿色;果近于圆球形,直径约 6mm,熟时紫黑色;内含种子 2 粒。花期 4～5 月,果期 6～10 月。

　　【地理分布】　产江苏各地。生于山坡林中、路旁灌丛。

　　分布安徽、浙江、福建、江西、湖北、湖南、广东、广西、云南、贵州、四川、陕西、河南以及甘肃、山西。

　　【蜜源】　泌蜜丰富,产粉丰富。

楤木 *Aralia chinensis* Linn.

　　【形态特征】　落叶灌木或乔木,有刺,高 5～10 m。二回或三回单数羽状复叶;叶柄粗壮,长达 50 cm;羽片有小叶 5～11,基部另有小叶一对;小叶卵形至阔卵形,边缘有锯齿。伞形花序聚为大型圆锥花序,白色,芳香。浆果状核果,圆球形,熟后黑色。花期 7～8 月,果期 9～10 月。

　　【地理分布】　产江苏各地。生于山坡林、路旁灌丛。

　　分布于甘肃、陕西、山西、河北、河南、山东、安徽、浙江、福建、江西、湖北、湖南、广东、广西、贵州、四川、云南及西藏。

　　【蜜源】　泌蜜多。

刺楸 *Kalopanax septemlobus*（Thunb.）Koidz.

【形态特征】 落叶乔木,高达 30 m。树干布有粗大硬棘刺,叶近圆形,5～9 裂。伞形花序聚生成顶生圆锥花序,花白色;子房下位,2 室。核果球形,熟时蓝黑色,花柱宿存。花期 7～9 月,果期 9～12 月。

【地理分布】 产江苏各地。生于山地疏林。

分布于吉林、辽宁、河北、山西、河南、山东、安徽、浙江、福建、江西、湖北、湖南、广东、广西、贵州、云南、四川、西藏、甘肃及陕西。

【蜜源】 泌蜜丰富,蜜淡黄色,质优味佳,为优良蜜。

金银木 *Lonicera maackii*（Rupr.）Maxim.

【形态特征】 落叶灌木,高达 5 m。小枝中空。单叶对生,卵状椭圆形至卵状披针形,两面脉上有毛。总花梗短于叶柄,具腺毛;相邻两花的萼筒分离,花先白后黄色,长达 2 cm,芳香。浆果球形,红色,直径 5～6 mm;种子具小浅凹点。花期 5～6 月,果期 8～10 月。

【地理分布】 产江苏各地。生于山中林地。

分布于黑龙江、吉林、辽宁、河北、山西、陕西、山东、浙江、安徽、江西、湖北、湖南以及河南西部、贵州东南部及西南部、云南东南部及西北部、西藏南部、四川东部、陕西、宁夏南部、甘肃东南部及新疆西北部;日本及俄罗斯远东地区也有。

【蜜源】 泌蜜丰富。

江苏常见同属蜜源植物:

忍冬(金银花)*L. japonica* Thunb. 产江苏各地。生于路旁、山坡灌丛或疏林中。花期 5～6 月。

败酱（黄花败酱）*Patrinia scabiosaefolia* Fisch. ex Link.

【形态特征】 多年生草本,高 1～1.5 m。茎枝被脱落性白粗毛。地下茎细长,横走,有特殊臭味。基生叶丛生,花时枯落;茎生叶对生,叶片披针形或窄卵形,二至三回羽状深裂,中央裂片最大,依次渐小,聚伞圆锥花序在枝端集成疏大型伞房状;花萼不明显;花黄色。瘦果长椭圆形,长 3～4 mm,无翅状苞片,子房室边缘稍扁展成极窄翅状。花期 7～9 月,果期 9～10 月。

【地理分布】 产江苏各地。生于山坡草丛。

分布于安徽、北京、福建、甘肃、广东、广西、贵州、河北、黑龙江、河南、香港、湖北、湖南、江西、山西、四川、台湾、云南、浙江、吉林、辽宁、内蒙古、陕西、山东;俄罗斯、蒙古、日本以及朝鲜半岛也有。

蓟 *Cirsium japonicum* Fisch. ex DC.

【形态特征】 多年生草本,高 50～100 cm。纺锤状宿根。基生叶有柄,矩圆形或披针状长椭圆形,中部叶无柄,基部抱茎,羽状深裂,边缘具刺,上面绿色,被疏膜质长毛,下面脉上有长毛,上部叶渐小。头状花序单生,总苞有蛛丝状毛;总苞片多层,条状披针形,外层较小,顶端有短刺,最内层的较长,无刺;小花紫或紫红色。瘦果长椭圆形,冠毛羽状。花果期 6～10 月。

【地理分布】 产江苏各地。生于山坡林地、灌丛、草地、荒地、田间、路旁或溪旁。

分布于内蒙古、陕西、河北、山东、浙江、福建、台湾、江西、湖北、湖南、广东、广西、云南、贵州、四川以及青海东北部;日本以及朝鲜半岛也有。

【蜜源】 泌蜜丰富,蜜淡黄色,味香甜。

泽兰 *Eupatorium japonicum* Thunb.

【形态特征】 多年生草本,高 1～2 m。叶对生,椭圆形或矩椭圆形,两面被柔毛,沿脉的毛较多并有黄色腺点。头状花序多数,在茎顶或分枝顶端排成伞房状;花淡红,白或紫红色,外面有较密的黄色腺点。瘦果椭圆形,有多发黄色腺点,冠毛白色。花果期 7～11 月。

【地理分布】 产江苏各地。生于山坡草地、灌丛。

分布于黑龙江、吉林、辽宁、山东、山西、陕西、河南、浙江、湖北、湖南、安徽、江西、广东、四川、云南、贵州;日本以及朝鲜半岛也有。

【蜜源】 泌蜜丰富,产粉颇多。

江苏常见同属植物:

多须公(华泽兰)*E. chinense* Linn. 产江苏各地。生于山坡灌丛或路边草地。花期 8～10 月。

旋覆花 *Inula japonica* Thunb.

【形态特征】 多年生草本,高 30～70 cm,被长伏毛。叶狭椭圆形,基部渐狭或有半抱茎的小耳,无叶柄,边缘有小尖头的疏齿或全缘,下面有疏伏毛和腺点。头状花序排成疏散伞房状,舌状花黄色。瘦果长 1～1.2 mm,圆柱形,有 10 条沟,顶端截,被疏短毛;冠毛白色。花期 6～10 月,果期 9～11 月。

【地理分布】 产江苏各地。生于山坡、河岸、水湿地。

全国各地广布;俄罗斯西伯利亚、朝鲜半岛以及日本、蒙古也有。

【蜜源】 泌蜜丰富,产粉丰富。

一枝黄花 *Solidago decurrens* Lour.

【形态特征】 多年生草本,高40～90 cm。根状茎粗短,有多数侧根。茎直立,单一,有时基部稍有分枝。叶互生,卵形、狭卵形或长椭圆形,头状花序排列呈总状或圆锥状;外围一层舌状花,黄色;瘦果圆柱状,有棱,冠毛白色,花果期7～10月。

【地理分布】 产苏南地区。生于林缘、草地、路旁。

分布于浙江、安徽、福建、台湾、江西、湖北、广东东、广西北部、贵州、云南、四川及陕西东南部。

【蜜源】 泌蜜丰富,蜜淡黄色,新蜜有浓异味,味佳质优。

蒲公英 *Taraxacum mongolicum* Hand.‑Mazz.

【形态特征】 多年生草本,高25 cm,全株含白色乳汁。叶基生,呈莲座状,长圆状倒披针形或匙形,边缘羽状浅裂或齿裂。头状花序单生于花茎顶,舌状花黄色。瘦果,长圆形有纵棱和横瘤。具白色冠毛。花期4～5月,果期6～7月。

【地理分布】 产江苏各地。生于山坡草地、路边、田野。

广布于东北、华北、华东、华中、西北、西南;朝鲜半岛以及蒙古及俄罗斯也有。

【蜜源】 泌蜜丰富,蜜琥珀色,新蜜味烈。产粉多。

醉鱼草 *Buddleja lindleyana* Fort.

【形态特征】 落叶灌木,高可达2 m。小枝四棱形,嫩枝被棕黄色星状细毛。叶对生,卵形或卵状披针形,背疏生棕黄色星毛。穗状花序,顶生,直立,长7～20 cm,花密集,花冠紫色,稍弯曲,蒴果矩圆形,长约5 mm,具鳞片;种子细小,无翅。花期6～8月,果期10月。

【地理分布】 产江苏各地。生于沟边、路旁、灌丛中也有栽培。

分布于浙江、安徽、江西、福建、广东、广西、湖南、湖北、四川等地。

【蜜源】 泌蜜多,蜜淡黄色,易结晶,味香质优。

江苏常见同属植物:

密蒙花 *B. officinalis* Maxim. 产苏南地区。生于山坡杂木林地,河边和丘陵常见。花期10～11月。流蜜多,蜜黄绿色,质较浓稠。

鸡仔木 (水冬瓜) *Sinoadina racemosa* (Sieb. et Zucc.) Ridsd.

【形态特征】 半常绿或落叶乔木,高 6~14 m。叶对生,卵形或椭圆形,头状花序顶生,花淡黄色,蒴果倒卵状楔形,长 5 mm,有稀疏的毛。花果期 5~12 月。

【地理分布】 产南京栖霞山以及宜兴。生于山谷沟边及林中、山坡疏林中。

分布于安徽南部、浙江、福建、台湾、江西、湖北、湖南、广西、云南、贵州及四川;日本、泰国及缅甸也有。

【蜜源】 泌蜜丰富,花粉多。

罗布麻 *Apocynum venetum* Linn.

【形态特征】 直立亚灌木,高 1.5~3 m。具乳汁;枝条,紫红色或淡红色。叶对生;椭圆状披针形至卵圆状矩圆形,两面无毛,叶缘具细齿。花冠紫红色或粉红色,圆筒形钟状,两面具颗粒突起;蓇葖果叉生,下垂,箸状圆筒形;种子细小,顶端具一簇白色种毛。花期 4~9 月,果期 7~12 月。

【地理分布】 产苏北地区。生于盐碱沙荒地、海岸、沟旁、河流两岸草丛。

分布于辽宁、内蒙古、河北、山东、安徽、河南、江西、陕西、甘肃、青海及新疆。广布于欧洲温带地区。

【蜜源】 泌蜜丰富,蜜琥珀色,味甜香,质优。花多,美丽,芳香,花期较长,具有发达的蜜腺,是一种良好的蜜源植物。

枸杞 *Lycium chinense* Mill.

【形态特征】 落叶灌木,高 1~2 m。枝细长,柔弱,常弯曲下垂,有棘刺。叶互生或簇生,卵状菱形或卵状披针形,全缘。花 1~4 朵簇生于叶腋,花冠漏斗状,淡紫色。浆果卵形或长椭圆状卵形,红色;种子肾形,黄色。花期 6~9 月,果期 7~10 月。

【地理分布】 产连云港、徐州、镇江、南京。生于山坡、荒地、路旁、村边或有栽培。

广布于我国各省区;日本以及朝鲜半岛、日本及欧洲、北美有栽培。

【蜜源】 泌蜜丰富,蜜琥珀色,芳香味佳。

厚壳树 *Ehretia acuminata* R. Br.

【形态特征】 落叶乔木,高 3~15 m。叶椭圆形、狭倒卵形或狭椭圆形。圆锥状聚伞花序顶生或腋生,长达20 cm,疏生短毛;花冠白色,有香气;花萼钟状,长约1.5 mm,5 浅

裂;核果橘红色或黄色,近球形,直径约 4 mm。花期 6 月,果期 7～8 月。

【地理分布】 产扬州、南京、宜兴、徐州。生于丘陵、山坡或河谷。

分布于广东、广西、贵州、河南、湖南、江西、山东、四川、台湾、云南、浙江、海南;日本、印度尼西亚、越南、印度、不丹及澳大利亚也有。

【蜜源】 泌蜜丰富。

江苏常见同属植物:

粗糠树 *E. dicksonii* Hance 产南京、镇江。生于山谷林中、宅旁。花期 3～5 月,盛开时具有浓郁的芳香,常招致成群的蜜蜂前来采蜜。

砂引草 *Tournefortia sibirica* Linn.

【形态特征】 多年生草本,有细长的根状茎。有白色长柔毛,通常分枝。叶窄长圆形至窄卵形,两面密生白色紧贴的毛,聚伞花序蝎尾状,花密集,花冠白色,核果椭圆形有棱,长约 8 mm,有短毛。花期 5 月,果实 7 月成熟。

【地理分布】 产大丰、赣榆以及连云港云台山。生于海滨沙滩。

分布于辽宁、内蒙古、宁夏、甘肃、陕西、山西、河北、山东及浙江;日本、朝鲜、蒙古、俄罗斯及亚洲西南部以及欧洲东南部也有。

【蜜源】 泌蜜丰富,产粉丰富。

女贞 *Ligustrum lucidum* Ait.

【形态特征】 常绿灌木或乔木,高 6～10 m。树皮灰褐色。叶对生,卵形、宽卵形、椭圆形或卵状披针形,全缘,无毛。圆锥花序顶生,花冠白色,钟状,浆果状核果,长圆形或长椭圆形,蓝紫色,被白粉。花期 6～7 月,果期 10～12 月。

【地理分布】 产江苏各地。生于林中、村边或路旁。

分布于河南、安徽、浙江、福建、江西、湖北、湖南、广东、香港、广西、贵州、云南、西藏、四川以及甘肃东南部、陕西南部。

【蜜源】 泌蜜丰富,蜜琥珀色,味特香,花粉极多。

楸树 *Catalpa bungei* C. A. Meyer

【形态特征】 落叶乔木,高达 30 m。树干耸直;叶对生,轮生或互生,三角状卵形至宽卵状椭圆形,全缘,有时基部边缘有齿或裂片,两面无毛,下面脉腋有紫色黑腺斑。总状花序呈伞房状,有花 3～12 朵;萼片顶端有 2 尖裂;花冠白色,内有 2 条黄色条纹及紫色斑点。蒴果线形,长 25～50 cm,宽约 5 mm;种子狭长椭圆形,两端生长毛。花期 5～6 月,果期 6～10 月。

【地理分布】 产连云港。生于山坡林中。

分布于陕西、山西、河北、河南、山东、浙江、安徽、湖北、湖南、广西、贵州、云南及四川。

【蜜源】 泌蜜丰富,产粉多。

梓树 *Catalpa ovata* G. Don

【形态特征】 落叶乔木,高达 20 m。叶对生,有时轮生,宽卵形或近圆形,先端常 3～5 浅裂,基部圆形或心形。圆锥花序顶生,花冠淡黄色,内有黄色线纹和紫色斑点,蒴果线形,长 20～30 cm,宽 4～7 mm,嫩时疏生长柔毛;种子长椭圆形,两端生长毛。花期 5～6 月,果期 7～8 月。

【地理分布】 江苏各地栽培。多栽培于村庄附近路旁。

分布于安徽、甘肃、河北、黑龙江、河南、湖北、吉林、辽宁、内蒙古、宁夏、青海、陕西、山东、山西、四川、新疆;日本也有。

【蜜源】 泌蜜颇多,蜜淡黄色,芳香。

白棠子树 *Callicarpa dichotoma* (Lour.) K. Koch

【形态特征】 落叶灌木,高 1～2 m,小枝带紫红色,略有星状毛。叶倒卵形或卵状披针形,两面无毛,下面有黄色腺点。聚伞花序,2～3 次分歧,花冠紫红色,子房无毛,有腺点。果实球形,紫色。花期 6～7 月,果期 9～10 月。

【地理分布】 产连云港、南京、无锡、苏州、宜兴。生于山溪边、山坡灌丛。

分布于河北、山西、河南、山东、安徽、浙江、福建、台湾、江西、湖北、湖南、广东、广西及贵州。朝鲜、日本及越南也有。

【蜜源】 花粉特别多。

马鞭草 *Verbena officinalis* Linn.

【形态特征】 多年生草本,高 30～80 cm。茎上部方形,老后下部近圆形。叶对生,卵形至短圆形,边缘有粗锯齿或缺刻,茎生叶无柄,多数 3 深裂,有时羽裂,裂片边缘有不整齐锯齿。穗状花序顶生或生于上部叶腋,开花时通常似马鞭,花冠管状,淡紫色或蓝色,蒴果熟时分裂为 4 个长圆形的小坚果。花期 6～8 月,果期 7～11 月。

【地理分布】　产江苏各地。生于山脚路旁、村边荒地。

分布于安徽、浙江、福建、台湾、江西、湖北、湖南、广东、广西、贵州、云南、西藏、四川、陕西、河南、山西及新疆。全世界温带至热带地区均有分布。

【蜜源】　泌蜜丰富,蜜浅黄色,质浓稠;花粉多。

荆条 *Vitex negundo* Linn. var. *heterophylla* (Franch.) Rehd.

【形态特征】　落叶灌木或小乔木,高1～2.5m。幼枝四方形,老枝圆筒形,灰褐色,密被微柔毛。掌状复叶,具小叶5,有时3,披针形或椭圆形披针形,边缘缺刻状锯齿,浅裂至羽状深裂。圆锥花序顶生,花小,蓝紫色,花冠二唇形。核果圆球形,包于宿存花萼内;种子圆形,具网纹,黑色。花期6～8月,果期7～10月。

【地理分布】　产连云港、南京。生于山坡、谷地、河边、路旁、灌木丛中。

分布于辽宁、内蒙古、河北、山西、陕西、甘肃、四川、贵州、湖南、湖北、河南、山东、安徽及江西;日本也有。

【蜜源】　含蜜量大,是优良的蜜源植物。荆条蜜乳白细腻,气味芳香,甜而不腻,为优质蜜,是我国四大名蜜之一(荆条蜜、枣花蜜、槐花蜜、荔枝蜜)。荆条花蜂蜜也叫荆花蜜,是我国大宗蜜源中每年最稳收的蜜品之一,同时是蜂业法规中明确指出的一等蜂蜜。

野芝麻 *Lamium barbatum* Sieb. et Zucc.

【形态特征】　多年生草本,高达1 m。根状茎,有地下长葡匐枝。四棱。叶卵形、卵状心形至卵状披针形,两面均被短硬毛;轮伞花序4～14花,生于茎顶部叶腋内;花冠白色或淡黄色,筒内有毛环,小坚果倒卵形。花期5～7月,果期7～8月。

【地理分布】　产江苏各地。生于路边、溪旁、田埂及荒坡上。

分布于黑龙江、吉林、辽宁、内蒙古、河北、山东、安徽、浙江、福建、江西、湖北、湖南、贵州、四川、甘肃、宁夏、陕西、河南及山西;朝鲜及日本也有。

【蜜源】　泌蜜丰富。

益母草 *Leonurus japonica* Houtt.

【形态特征】　一年生或二年生草本。茎高30～120 cm,有倒向糙伏毛。茎下部叶卵形,掌状3裂,其上再分裂,中部叶通常3裂成长圆形裂片,花序上的叶呈条形或条状披针形,全缘或具稀少细齿,轮伞花序圆形,花冠粉红至淡紫红,小坚果矩圆状三棱形。花期6～9月,果期9～10月。

【地理分布】 产江苏各地。生于田埂、路旁、溪边或山坡草地。

分布于全国各地。俄罗斯、朝鲜、日本及热带亚洲、非洲、美洲也有。

【蜜源】 泌蜜丰富,蜜白色,味芳香,质优。

石荠苎 *Mosla scabra* (Thunb.) C. Y. Wu et H. W. Li

【形态特征】 一年生草本,高20～100 cm。茎直立,密被短柔毛。叶对生,卵形或卵状披针形,上面被柔毛,下面被疏短柔毛,密布腺点。轮伞花序2花,组成顶生的总状花序;花冠粉红色,小坚果黄褐色,球形,直径约1mm,具凸起的皱纹。花期5～10月,果期6～11月。

【地理分布】 产江苏各地。生于山坡、路旁、灌丛。

分布于吉林、辽宁、安徽、浙江、福建、台湾、江西、湖北、湖南、广东、广西、贵州、四川、陕西及甘肃;越南北部以及日本也有。

【蜜源】 泌蜜丰富。

夏枯草 *Prunella vulgaris* Linn.

【形态特征】 多年生草本。茎高10～30 cm,被稀疏糙毛或近于无毛。叶片卵状矩圆形或卵形。轮伞花序密集,排列成顶生长2～4 cm的假穗状花序;花冠紫、蓝紫或红紫色,长约13 mm,下唇中裂片宽大,边缘具流苏状小裂片;花丝二齿,一齿具药。小坚果矩圆状卵形。花期4～5月,果期6～7月。

【地理分布】 产江苏各地。生于荒地、路旁及山坡草丛中。

分布于陕西、甘肃、新疆、山西、山东、河南、湖北、湖南、江西、安徽、浙江、福建、广东、广西、云南、贵州、四川及西藏。欧洲、北非、西亚、中亚以及俄罗斯、印度、巴基斯坦、尼泊尔、不丹、朝鲜、日本也有。澳大利亚以及北美偶见。

【蜜源】 泌蜜较多。

荔枝草 *Salvia plebeia* R. Br.

【形态特征】 直立草本。茎高15～90 cm,有稀疏黄褐色腺点,被向下的疏柔毛。叶椭圆状卵形或披针形。轮伞花序具6花,密集成顶生总状或圆锥花序;花冠淡红色至蓝

紫色,稀白色,小坚果倒卵圆形,光滑。花期4～5月,果期6～7月。

【地理分布】 产江苏各地。生于路边、田边或山坡草丛及林下。

分布于辽宁、河北、河南、陕西、山东、安徽、浙江、福建、台湾、江西、湖北、湖南、广东、海南、广西、云南、贵州及四川;阿富汗、朝鲜、日本、印度、缅甸、泰国、越南、马来西亚及澳大利亚也有。

【蜜源】 泌蜜丰富,蜜淡黄色,芳香;稍苦;花粉多。

山慈姑(老鸦瓣)*Tulipa edulis*(Miq.)Baker

【形态特征】 多年生草本。鳞茎卵形,横径1.5～2.5 cm,外层皮灰棕色,纸质,内面生茸毛。叶1对,条形,长15～25 cm,宽3～13 mm;花葶单一或分叉成二,从一对叶中生出,高10～20 cm,有2枚对生或3枚轮生的苞片,苞片条形。花1朵顶生,花被片6,白色,有紫脉纹;长圆状披针形,蒴果近球形,直径约1.2 cm。花期3～4月,果期4～5月。

【地理分布】 产宜兴。生于山坡草地、向阳山坡或荒地。

分布于陕西、河南、山东、浙江、江西、安徽、湖北、湖南及辽宁;朝鲜及日本也有。

【蜜源】 花粉极为丰富。

黄花菜 *Hemerocallis citrina* Baroni

【形态特征】 植株较高大;根近肉质,中下部常有纺锤状膨大。叶7～20枚,长50～130 cm,宽6～25 mm。花葶长短不一,一般稍长于叶,基部三棱形,上部略显圆柱形,有分枝。花被淡黄色,蒴果钝三棱状椭圆形,长3～5 cm;种子20多个,黑色,有棱,花果期5～9月。

【地理分布】 产江苏各地。生于山坡、山谷、荒地或林缘。

分布于安徽、山东、江西、湖北、湖南、贵州、甘肃、四川、陕西、山西及河南。

【蜜源】 泌蜜丰富,产粉多。

江苏常见同属植物:

小黄花菜 *H. minor* Mill. 产连云港。生于溪沟边、山坡或林下。花期6～8月。

菝葜 *Smilax china* Linn.

【形态特征】 攀援灌木,高1～5 m。根状茎粗厚,坚硬,粗2～3 cm。茎与枝条通常疏生刺。叶薄革质或纸质,干后一般红褐色或近古铜色,宽卵形或圆形,下面有时具粉霜;花绿黄色,多朵排成伞形花序,浆果球形,直径 6～15 mm,熟时红色,有粉霜。花期 2～5 月,果期 9～11 月。

【地理分布】 产江苏各地。生于山坡、路旁、林缘、疏林下、溪边草丛中。

分布于辽宁、山东、浙江、福建、台湾、江西、安徽、河南、湖北、湖南、广东、香港、海南、广西、贵州、云南及四川;缅甸、越南、泰国及菲律宾也有。

【蜜源】 泌蜜颇多,产粉颇多。

凤眼莲(水葫芦)*Eichhornia crassipes*(Mart.)Soms.

【形态特征】 多年生浮水草本,高 20～70 cm。须根发达,茎短缩,具匍匐走茎。叶呈莲座状基生,直立,叶片卵形、倒卵形或圆形,光滑,有光泽,叶柄中下部膨大呈葫芦状气囊。花茎单生,穗状花序有花 6～12 朵,蓝紫色。蒴果卵形,种子有棱。花期 6～9 月,果期 8～10 月。

【地理分布】 产江苏各地水塘、沟渠、湖泊。

原产巴西。现广布于我国长江、黄河流域及华南各地。

【蜜源】 泌蜜丰富。

棕榈 *Trachycarpus fortunei*(Hook f.)H. Wendl.

【形态特征】 乔木状,高达 15 m。树干有残存不易脱落的老叶柄基部网状纤维。叶半圆形,掌状深裂,直径 50～70 cm;裂片多数,皱折成线形,坚硬,顶端浅 2 裂,钝头,叶鞘纤维质,网状,暗棕色,宿存。肉穗花序排成圆锥花序式,腋生,花黄绿色。核果肾状球形,直径约 1 cm,蓝黑色,有白粉。花期 4 月,果期 12 月。

【地理分布】 产江苏各地。通常栽培,也见野生疏林中。

分布于我国长江中下游地区。

【蜜源】 泌蜜多,产粉丰富。

香蒲 *Typha orientalis* Presl

【形态特征】 多年生水生或沼生草本,高 1～2 m。根状茎粗壮,乳白色,有节。叶线形,基部鞘状,抱茎,具白色膜质边缘。穗状花序圆锥状,小坚果椭圆形或长椭圆形,有 1 纵沟;果皮有长形褐色斑点。花果期 5～8 月。

【地理分布】 产南京、南通。生于湖泊、池塘、河旁、沟边。

分布于黑龙江、吉林、辽宁、内蒙古、陕西、山西、河北、河南、安徽、浙江、台湾、江西、湖北、湖南、广东、广西、贵州、四川、西藏及云南；菲律宾、日本、俄罗斯以及大洋洲也有。

【蜜源】 花粉多,是良好的蜜源植物。

江苏常见同属植物：

水烛 *T. angustifolia* Linn. 产江苏各地。生于湖泊、池塘边缘或浅水处。花期6～7月。